高｜等｜学｜校｜计｜算｜机｜专｜业｜系｜列｜教｜材

群体智能导论

谭营 著

清华大学出版社
北京

内 容 简 介

本书系统介绍群体智能的基本概念、主要方法与算法及其典型应用,首先简要介绍了有关群体智能的基本概念、研究现状与未来发展以及一般最优化问题及典型方法;其次重点介绍了三种典型的群体智能优化算法——粒子群优化、蚁群优化和烟花算法;然后介绍了多种新型群体智能优化算法和基于群体的进化计算方法,这些覆盖了更为广泛的新型方法;之后专门介绍了基于图形处理器(GPU)的群体智能优化算法的并行实现,以此加速群体优化算法并促进群体智能优化算法在广泛实际领域中的应用;接着还介绍了群体智能算法的一些典型应用实例;最后介绍了群体机器人,它是群体智能与机器人学相结合的产物,是群体智能的最成功落地应用之一。

本书可以作为高等院校智能科学与技术、人工智能、计算机科学与技术、控制与自动化、数据科学、物联网技术、信息技术等专业的高年级本科生和研究生的教材,也可作为相关专业科研人员、工程技术人员和对群体智能感兴趣读者的参考书。

图书在版编目(CIP)数据

群体智能导论 / 谭营著. --北京:清华大学出版社,2024.12.
(高等学校计算机专业系列教材). ISBN 978-7-302-67700-0

Ⅰ. TP18

中国国家版本馆 CIP 数据核字第 2024U9B824 号

责任编辑: 龙启铭　王玉梅
封面设计: 何凤霞
责任校对: 王勤勤
责任印制: 沈　露

出版发行: 清华大学出版社
　　　　　网　　址: https://www.tup.com.cn,https://www.wqxuetang.com
　　　　　地　　址: 北京清华大学学研大厦 A 座　　　　邮　编: 100084
　　　　　社 总 机: 010-83470000　　　　　　　　　　邮　购: 010-62786544
　　　　　投稿与读者服务: 010-62776969, c-service@tup.tsinghua.edu.cn
　　　　　质量反馈: 010-62772015, zhiliang@tup.tsinghua.edu.cn
　　　　　课件下载: https://www.tup.com.cn,010-83470236
印 装 者: 三河市龙大印装有限公司
经　　销: 全国新华书店
开　　本: 185mm×260mm　　　　　印　张: 18.75　　　　字　数: 455 千字
版　　次: 2024 年 12 月第 1 版　　　　　　　　　　印　次: 2024 年 12 月第 1 次印刷
定　　价: 59.00 元

产品编号: 079942-01

前言

　　大自然中,存在许许多多成群的社会性生物,例如鸟群、蚂蚁群体、蜜蜂群体等。这些群体生物的共同特点是群体中每个个体都非常简单,个体能力也很有限,然而这些由简单个体组成的群体却有着非常强大的能力或复杂群体行为,比如鸟群可以在广袤的区域,有效地找到它们赖以生存的食物,维持群体的生存;蚂蚁群体可以通过每只蚂蚁在环境中行走的路径,来间接地相互交流经验和最新信息,从而轻松地找到从食物到巢穴的最短路径;小小的蜜蜂通过协作,可以搭建结构复杂而优美的蜂巢。这种群体中的个体间通过交互信息进行相互作用,以达到相互协同,最后在群体层面呈现出十分复杂的涌现行为,从而形成一个功能强大的有机体,就是群体智能。简单地说,群体智能就是研究这种由简单个体通过一些规则进行相互作用,通过个体的相互协同作用,在群体层面表现出十分复杂的群体行为的方法或算法以及这些方法或算法的实际应用。

　　在人类的科技发展进程中,我们通常希望一个系统具有强大的能力,并且希望用其来解决我们实际面临的绝大多数的问题。但是,随着科学技术的发展,单个系统变得越来越复杂,其制造和维护的成本急剧上升,反而其能力提升越来越有限,即遇到性能提升的瓶颈,这阻碍了我们继续提升性能。所以我们放弃研究或制造一个越来越复杂的单一系统,转而借鉴大自然中的社会性生物,去发展由大量能力有限的简单个体组成的群体,希望利用群体智能的研究成果,发展出一个由大量简单个体组成的群体以突破单个复杂个体碰到的性能瓶颈,以便极大地提升整体系统的能力,且使系统的维护成本很低。

　　比如,现在的无人机群,通过控制单个无人机,让无人机之间实现协作互动,就可以完成许多其他复杂有人驾驶飞机无法完成的困难任务;现在的超级计算机,就是一个由大量简单计算处理单元组成的大型分布式群体计算系统,它通过简单计算处理单元的相互协同实现计算力的大幅提升;现代的互联网也是一个由大量单个智能体通过互联形成的十分强大的超级群体系统,它具有十分强大的能力,拓展了人类的认知边界,形成了一个超级知识库和交流场所。

　　目前群体智能已经成为计算智能领域受到广泛关注的研究热点,吸引了大量科技人员投入群体智能领域进行研究,因此大量的新型群体智能方法被提出,大量的实际应用逐渐涌现。

　　在此作者希望将到目前为止的群体智能研究成果进行一个系统总结,争取形成一部有用的高等教育教材,为培养群体智能研究的后备力量和未来的生力军做出自己的一份努力,从而为进一步推进群体智能的快速发展做出自己应有的贡献。

本书是介绍群体智能的专业教材,共分 10 章,下面进行简要说明。

第 1 章简要介绍群体智能的相关基本概念、发展历程、研究现状以及未来发展,建立起群体智能的总体概念;第 2 章详细回顾各种经典最优化问题及其方法,为后续章节提供必要的基础;第 3 章详细介绍粒子群优化算法(PSO),它是通过模拟鸟群觅食行为发展出来的典型群体智能优化算法,已经得到了广泛的实际应用;第 4 章详细介绍另一种典型的群体智能优化算法——蚁群算法(ACO),它是模拟蚂蚁群体寻找并搬运食物到巢穴的方式而发展出来的典型群体智能优化算法,是求解许多离散优化问题的重要手段;第 5 章详细介绍由作者提出的一种群体智能优化算法——烟花算法(FWA),它是模拟烟花在空中爆炸的形态而发展出来的一种全局优化算法,对于多模优化问题的求解具有非常优异的性能,近年在业界受到了广泛关注;第 6 章介绍一些新型群体智能优化算法,包括人工蜂群算法(ABC)、萤火虫算法(FA)、布谷鸟搜索算法(CS)、头脑风暴算法(BSO)、鱼群算法(FSA)、磷虾群算法(KHA)、细菌觅食算法,以及其他算法(蝙蝠算法(BA)、磁铁优化算法(MOA)和智能水滴算法(IWD))等;第 7 章介绍那些基于群体的进化计算方法,包括遗传算法、遗传编程、进化策略、差分进化、文化算法和协同进化,它们在许多方面与前面典型的群体智能优化算法具有相似的工作方式和共同特点;第 8 章介绍基于 GPU(图形处理器)群体智能优化算法的并行实现,通过采用商用 GPU,可以实现对群体优化算法的廉价加速,从而极大地促进群体智能优化算法在广泛实际领域中的应用;第 9 章介绍群体智能优化算法的应用,在学术应用方面,包括神经网络训练、博弈学习、聚类分析、子集问题、非负矩阵分解等,在工业应用方面,包括用于求解大规模的规划、组合优化问题,即调度与规划、物流规划、分组、混杂应用等问题;第 10 章介绍群体机器人,它受启发于社会性的昆虫、鱼类等生物群体,是群体智能与机器人学的一个交叉学科,主要关注如何设计大量简单的实物个体,以使得期望的群体行为能够从个体之间或个体与环境之间的交互过程中涌现出来。群体机器人是泛中心化的系统,具有低成本、高效、并行、可扩展和鲁棒性等众多特点。

在本书的写作过程中,作者尽量让本书的内容覆盖到群体智能的两大主要研究领域:群体智能优化算法和群体机器人。但本书重点主要放在群体智能优化算法的介绍方面,书中系统全面地介绍了群体智能优化算法的重要内容,选择了目前大家公认的一些典型算法进行了详细介绍,希望读者可以从中理解群体智能的精髓,掌握这类算法的内在机理,窥见群体智能的本质。

本书的特色是从算法的角度来全面介绍群体智能的基本概念、主要方法与算法及其典型应用实例。书中首先简要介绍了有关群体智能的基本概念、术语、目前的研究状况;然后重点论述了粒子群优化算法、蚁群算法和烟花算法三种典型的群体智能优化算法;接着介绍了一些近年来陆续提出的新型群体智能优化算法,以及基于 GPU(图形处理器)群体智能优化算法的并行实现;最后介绍了群体智能的典型应用实例,除了在各种领域的优化应用,也包括群体智能的最成功落地应用之一的群体机器人。所有这些为读者勾勒出群体智能的全息图像,展现出群体智能的内在生命力。

本书可以作为高等院校智能科学与技术、人工智能、计算机科学与技术、控制与自动化、数据科学、物联网技术、信息技术等专业的高年级本科生和研究生的教材,也可作为相关专业科研人员、工程技术人员和对群体智能感兴趣读者的参考书。

重要信息

为了配合本书的课堂教学,方便任课老师准备教案,与本书配套的材料有《群体智能习题册与答案》、群体智能教学 PPT 电子文件包和群体智能典型算法程序源代码包,有需要的请联系 longqm@163.com。

致谢

在本书的写作过程中,作者得到自己所指导的博士生李骏之、李洁、徐威迪、王权彬、刘翔宇、李逸峰、马涛、陈人龙,以及硕士生张晓霖、史博、吴俊霖的大力支持和帮助。他们查阅和整理了大量相关资料,没有他们本书可能不会这么快与广大读者见面。再者,感谢清华大学出版社龙启铭编辑在本书出版过程中的大力帮助。另外,感谢作者的家人在本书整个写作过程中的默默支持和奉献。本书在撰写过程中得到了国家自然科学基金项目(62250037,62276008,62076010)的资助。最后,感谢所有为本书的写作与出版提供过帮助的人。

2024 年 12 月
北京燕园

目录

第 5 章　烟花算法　　/105

第8章　基于GPU群体智能算法的并行实现　　/204

第9章　群体智能算法的应用　　/225

第 10 章　群体机器人　　/254

第1章

绪　论

我们生活的大自然已经存在了几十亿年,经过漫长的岁月演进,呈现出婀娜多姿、千姿百态、圆满和谐的完美状态。这种完美状态的背后,蕴藏着许多的奥秘和奇迹,为我们解决各种棘手问题提供了丰富的灵感和借鉴。因此,我们生活的大自然中蕴含的大智慧和大道理,是我们探索前进的动力。尽管大自然中还存在许多奥秘等待着我们去探索和发掘,但人们已经在这条探索的路上行进着,并必将矢志不渝继续前行,直到完全揭开大自然的神秘面纱,造福于全人类,服务人类社会。

1.1　自　然　计　算

通常,人们将研究启发于各种自然现象和规律以发展解决复杂问题的手段和能力的学科称为自然计算(Natural Computation)。具体上,它通过模拟自然系统(包括生物、化学、物理乃至社会系统)的演化过程,借鉴自然科学学科的原理与理论来解决各种实际问题。例如早期的计算智能学科主要依靠对生物的模仿来实现新的计算方法,比如遗传算法、蚁群算法、鸟群算法、鱼群算法等。这样通过生物系统的启发来设计新的启发式计算方法的方式已经被证明是有效的和可行的。通常,人们只要将生物系统的组织形式、运动规律、发展进程、作用方式等规律,通过类比(analogy)的方式,甚至隐喻(metaphor)的方式,映射到信息科学领域的问题上,就能发展出相应的快速高效的方法,从而有效解决许多十分棘手的计算问题,例如路径规划问题、各种模式识别问题和动态非线性控制问题等。

在对生物系统模仿成功之后,计算科学家逐步把目光投放到整个自然界的事物上,一切可以被人类感知的规律和现象,都可以使我们在计算方法上有所启发和激发。也就是说,人们逐渐认识到利用在其他领域已掌握的经验知识进行计算方法上的启发和激发,能够使计算方法解决目前尚未解决的复杂问题,或者没有被解决的新领域的问题。这种利用自然界的启发而实现的一系列计算机软硬件方法组成了自然计算的内容。

一直以来,探究自然现象和过程的规律与研究自然计算方法都是相互促进、共同发展的,自然现象启发智能计算方法开拓注入神经网络、遗传算法、粒子群优化算法等诸多新的领域,而智能计算又可以通过生物信息学、神经信息学等帮助人们更深刻地理解自然的本质。在人们开始向自然学习经验之后,自然规律和现象在计算机科学的诸多领域为我们提供了启发性的灵感提示,由此更多的新型计算手段被发展出来,提高了我们解决复杂问题的能力。自然计算的组成如图1-1所示。

首先,自然计算的第一方面是面向问题的自然计算。它是指在自然界的各种规律的指导下,人类开发出来的新的计算技术致力于解决各领域复杂问题的方法,这一部分是自然计

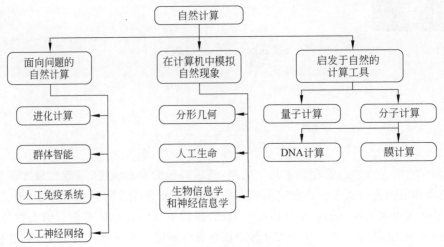

图 1-1 自然计算的组成

算的重中之重,也是目前研究最为丰富且取得成果最多的方向。常用的方法与算法包括如下几种:

(1) 神经网络(Neural Network,NN)。它是一种模仿生物神经网络(动物的中枢神经系统,特别是大脑)的结构和功能的数学模型或计算模型,用于对函数进行估计或近似。神经网络由大量的人工神经元联结进行计算。大多数情况下,人工神经网络能在外界信息的基础上改变内部结构,是一种自适应系统。

(2) 遗传算法(Genetic Algorithm,GA)。它是在计算中模拟生物系统的遗传进化过程并用于解决最优化问题的一种概率搜索算法。对于一个最优化问题,一定数量的候选解(也称为个体)可抽象表示为染色体群体,通常用二进制(即 0 和 1 的串)表示这种染色体,算法就是使这种染色体种群向更好的解进化的过程。进化先是从完全随机个体的种群开始,之后一代一代迭代。在每一代中评价整个种群的适应度,从当前种群中随机地选择多个个体(基于它们的适应度),通过自然选择和突变产生新的生命种群,该种群在算法的下一次迭代中成为当前种群。一代一代迭代,直到给出满意的最优解。

(3) 人工免疫系统(Artificial Immune System,AIS)。它是根据免疫系统的机理、特征开发的解决工程问题的计算信息系统。自然免疫系统是一种复杂的分散式信息处理学习系统,具有免疫防护、免疫耐受、免疫记忆、免疫监视功能,有较强 的自适应性和丰富的多样性。基于这些特点,研究人员开发出了克隆选择算法、B 细胞 网络算法、阴性选择算法、免疫遗传算法等人工免疫系统方法。

(4) 蚁群算法(Ant Colony Algorithm,ACO)。它是一种用来在图中寻找优化路径的概率型算法,其灵感来源于蚂蚁在寻找食物过程中发现路径的行为。通常将图中的终点节点视为食物,寻找这个食物的智能体是蚂蚁。每一只蚂蚁都不知道食物在哪里。当其中一只蚂蚁找到食物后,会释放一种挥发性物质,即信息素,它会吸引其他蚂蚁过来,同时会随着时间的推移消失。信息素越浓的地方表示离食物越近。这样蚂蚁都会被信息素吸引。当然,有一些蚂蚁可能会在靠近食物的过程中发现到达食物更近的路线,那么在信息素的作用下,就会有更多的蚂蚁被吸引到这条路上来。一段时间后,大多数蚂蚁会分布在图中的最优路径上,这样我们就求得了问题的最优解。

(5) 粒子群优化算法(Particle Swarm Optimization,PSO)。该算法最初来源于对一个简化社会模型的模拟。在对鸟群行为进行观察后,人们发现了鸟群信息交流的规律,并以此作为开发算法的基础。可将在搜索空间内寻找最优解的智能体称为粒子,若干粒子在搜索空间内游走并分享自己找到的最优解。再通过加入近邻的速度匹配,并考虑多维搜索和根据距离的加速,形成 PSO 的最初版本。之后引入惯性权重 w 来更好地控制开发和探索之间的平衡,形成标准 PSO 版本。

(6) 鱼群算法(Fish Swarm Algorithm,FSA)。它是根据鱼群在一片水域中,能够自行或者未随其他鱼找到营养物质更多的地方这一特点,构造人工鱼模仿鱼群觅食、聚集和追尾行为来实现最优解的寻找的。通常情况下,鱼数目比较多的地方就是水域中营养物质最多的地方。通过定义每一个智能体的觅食行为(鱼在水中随机地自由游动,当发现食物时,则会向食物逐渐增多的方向快速游去)、聚集行为(鱼在游动过程中为了保证自身的生存和躲避危害会自然地聚集成群)和追尾行为(当鱼群中的一条或几条鱼发现食物时,其邻近的伙伴会尾随其快速到达食物点)来实现对解空间的搜索,达到寻找最优解的目的。

(7) 烟花算法(Fireworks Algorithm,FWA)。它是受到空中烟花爆炸的启发提出的群体智能优化算法。烟花算法具有随机性、局部性、隐并发性、多样性和瞬时性的特点。它利用爆炸算子、变异算子、映射规则和选择策略实现最优解的搜索。烟花算法的工作过程与一般群体智能优化算法相似,首先随机选择 N 个烟花组成初始化群体,然后让群体中的每个烟花经历爆炸操作和变异操作,并应用映射规则保证变异后的个体仍处于可行域内,最后在保留最优个体的前提下,应用选择策略从生成的所有个体(烟花和火花)中选择出余下的 N−1 个个体共同组成下一代的群体。这样周而复始,逐一迭代下去。这样交互传递信息(直接或间接地)使群体对环境的适应性逐代变得越来越好,从而求得问题的全局最优解的足够好的近似解。

其次,自然计算的第二方面是在计算机中模拟自然现象。对自然界具体规律现象进行建模,可达到更深入了解自然进程的目的。这种方法专注于对自然和计算科学的集成,从而达到对自然界的模拟。

主要方法包括分形几何学、人工生命、生物信息学和神经信息学等。

(1) 分形几何学。这是一门以不规则几何形态为研究对象的几何学。传统几何学的研究对象为整数维数,分形几何学的研究对象为非负实数维数。它的研究对象普遍存在于自然界中。虽然分形是一个数学构造,但它们同样可以在自然界中被找到,它们是大自然复杂表面下的内在数学秩序。

(2) 人工生命。这是通过人工模拟生命系统,在计算机上来研究生命的领域,主要是指属于计算机科学领域的虚拟生命系统,涉及计算机软件工程与人工智能技术。

(3) 生物信息学和神经信息学。它们是研究生物信息的采集、处理、存储、传播、分析和解释等各方面的学科,综合利用生物学、计算机科学和信息技术来揭示大量而复杂的生物数据所赋有的生物学奥秘。

最后,自然计算的第三方面是启发于自然的计算工具。这是一个正在发展的新型分支,其目的是由自然界启发,发展新型计算平台或工具,从而颠覆冯·诺依曼计算机系统设计体系,获得运算力更强、解决问题性能更好的新一代计算机硬件设备。在对新型计算机体系结

构进行开发的过程中,主要涉及如下工具:

(1)分子计算机。它尝试利用分子计算的能力进行信息的处理,以分子进行数据存储和运算,可以做到体积骤降,在相同体积的芯片下获得更高的运算力。

(2)量子计算机。它是一种使用量子逻辑进行通用计算的设备。它利用量子计算来存储数据,它的单位是量子比特,其算法也与传统计算机不同,使用量子算法来进行数据操作。马约拉纳费米子(Majorana fermion)是一种费米子,它的反粒子就是自己本身,利用这一量子的神奇属性可以使量子计算机成为现实。

总之,目前自然计算已经成为我们解决复杂问题的重要手段,是未来智能科学发展的主流方向,也是发展新型计算方法的源泉。当然,目前自然计算已经被广泛应用于如计算机图形、图像与语音处理、模式识别和分类、函数估值、搜索与优化等诸多领域,发展前景十分广阔,值得广泛深入研究与关注。

1.2 什么是群体智能

群体智能(Swarm Intelligence)是研究由多个简单个体相互协作在群体层面表现出的复杂行为的科学。通常,在生物学中,群居性生物通过协作表现出来的宏观智能行为称为群体智能。它通常是无中心控制、具有自我组织能力和自适应能力的自然的或者人工的系统所表现出来的能够完成特定任务的某种区别于个体行为的群体行为。

在自然界中,我们常看到复杂的智能现象在由许多简单个体组成的系统中涌现,如昆虫群落、动物群体,甚至非生物元素。这些个体通过基本的相互作用和功能表现出群体智能。尽管这些个体缺乏复杂的分析或推理能力,但它们作为整体能够实现更高水平的智能行为。在自然界中,动物可以通过相互协调来高效地完成特定任务。例如,狼群通过紧密的沟通和合作,逐渐包围和分离猎物,然后共同狩猎,如图1-2所示。

图 1-2 狼群捕猎场景

昆虫尽管个头不大,但它们却表现出非凡的协调能力。如图1-3所示,蚁群建造复杂的地下结构,通过相互合作优化食物运输路径。蜜蜂群落建造复杂的蜂巢,利用"舞蹈"行为进行交流并动态分配任务,以实现高效的蜂群发展。除了生物系统之外,许多非生物自然系统也表现出类似的集体智能。从大气和海洋等宏观现象到微观结构和粒子模型,这些系统根据物理和化学规则相互作用和演化,从而具有显著的稳定性、适应性和自我调节能力。

图 1-3　蚂蚁群体共同觅食

与个体层面的智能相比,这些群体往往不依赖于复杂的推理过程,而是基于简单的交互和规则,进而具有稳健性、稳定性和适应性。当系统的单个组件发生故障时,整个系统通常还可以继续运行;当环境条件发生变化时,系统也可以相对稳定地进行调整和适应。

如上所述,社会性动物的群体活动往往能产生惊人的自组织行为。自 1991 年意大利学者 Dorigo 提出蚁群算法(ACO)开始,群体智能作为一个理论正式被提出,并逐渐吸引了大批学者的关注,从而掀起了研究高潮。1995 年,Kennedy 与 Eberhart 提出粒子群优化算法(PSO),此后群体智能研究迅速展开,但大部分工作都是围绕 ACO 和 PSO 进行的。对群体智能的研究首先来自对社会昆虫和社会动物的研究。因此,群体智能是指由大量简单个体组成的群体,通过个体间的协同机制,在群体层面所表现出来的不同于个体行为的总体上的复杂行为,即群体涌现行为。

正是基于群体智能的这些良好特性,智能科学的研究者近年从自然界的诸多群体行为中借鉴,开发了一系列群体智能算法。群体智能算法旨在探索简单个体群体如何通过交互产生复杂的集体智能行为,它是一类通过模拟生物种群的行为,使一群简单个体遵循特定的交互机制完成给定任务的优化算法。优化问题求解是群体智能算法的经典应用之一,通过研究群体智能,我们已经开发了许多新型优化算法,如粒子群优化和蚁群优化,它们已应用于各个行业和学术界,推动了社会和科学进步的发展。

1.3　群体智能研究的意义

群体智能的研究在于通过研究个体简单行为和局部交互规则,揭示出系统如何自发地表现出复杂和智能的整体行为。通过模仿自然界中的自组织机制,群体智能可以应用于优化问题、机器人团队协作、分布式计算、网络流量管理和经济市场分析等领域,从而实现高效、灵活和鲁棒的解决方案。此外,群体智能研究有助于开发新的人工智能方法,使得机器能够在复杂和动态的环境中进行自主决策和适应。接下来从涌现效应、系统可扩展性和并行计算效率三方面介绍群体智能研究的意义。

1. 涌现效应

群体智能研究中的涌现效应是指通过简单个体之间的局部交互和反馈机制,产生复杂而有序的全局行为。群体智能依赖于个体之间的简单交互,这些交互可以通过涌现行为展现出来,群体智能的表现往往是通过个体的涌现行为实现的。涌现效应是群体智能的核心概念之一,典型的例子包括蚁群的觅食行为、鱼群的游动模式、市场经济中的价格波动等。涌现效应揭示了系统如何通过个体的简单规则和交互模式实现复杂的整体功能,这对于解决复杂问题和适应动态环境具有重要意义。

通过研究群体智能的涌现效应,研究人员可以更好地理解和模拟自然和社会现象。例如,研究蚂蚁觅食行为和鸟群飞行队形的形成机制,不仅揭示了这些现象背后的基本原理,还可以将这些原理应用于解决实际问题。同样,研究社会网络中的信息传播和舆论形成过程,通过模拟个体之间的局部交互和反馈,可以更准确地预测和控制信息传播的路径和速度。这些研究成果不仅拓展了我们对自然和社会现象的认识,还为政策制定和管理提供了科学依据。

涌现效应在群体智能中的研究意义还体现在为未来研究提供了广阔的方向。随着计算能力的提升和大数据技术的发展,研究人员可以模拟更大规模和更复杂的群体行为,探索涌现效应在更多领域中的应用。例如,结合人工智能和机器学习技术,开发更加智能和高效的群体智能系统;研究人机协同中的涌现效应,优化人机互动和协作;探索涌现效应在生物医学、环境保护和社会治理中的应用,提供创新的解决方案。

涌现效应在群体智能研究中具有深远的意义,它不仅揭示了如何通过简单的个体行为实现复杂的系统功能,还为开发高效、灵活和鲁棒的分布式系统提供了新的思路和方法。通过研究涌现效应,研究人员能够更好地理解和模拟自然界中的群体行为,并将这些原理应用于实际问题的解决。

2. 系统可扩展性

群体智能可以通过增加个体数量来提升其群体的整体性能。这种特性在群体智能中尤为显著,也称为群体可扩展性。其设计理念本质上是去中心化和高度并行的,群体智能系统中的个体通常是简单且功能有限的,但通过局部交互和协作,这些智能体可以在整体上表现出复杂而强大的行为。正是这种从简单到复杂的演变过程,使得群体智能能够在面对大规模和复杂问题时展示出独特的优势。

群体可扩展性意味着系统可以轻松应对规模扩展。在传统的集中式系统中,系统规模的扩大往往伴随着通信和计算资源的瓶颈问题。然而,在群体智能系统中,由于个体智能体只需要与其邻近的少数其他个体进行通信和协作,这种局部化的通信模式显著减少了全局通信的负担。例如,在蚁群优化算法中,蚂蚁通过释放和感知信息素来进行路径选择,每只蚂蚁的决策都是基于局部信息的。这种方式不仅使得系统能够高效地扩展,还能在大规模问题上保持良好的性能。

群体可扩展性使得群体智能在资源利用方面具有显著优势,通过增加个体数量,系统可以在不显著增加资源消耗的情况下提高性能。每个智能体的简单性和低成本使得整体系统的扩展更加经济高效。例如,在农业应用中,多个简单的农业机器人可以协同工作进行播种、施肥和收割等任务,相较于单一大型机器,这种多机器人系统在应对不同任务和环境变化时更具灵活性和效率。同时,增加机器人的数量可以进一步提高农田的作业覆盖率和生产效率。

群体的可扩展性不仅使得系统能够应对规模扩展和复杂环境,还为解决实际问题提供了经济高效和灵活的途径。通过对自然界中群体行为的模拟,群体智能揭示了如何通过简单个体的局部交互实现复杂全局行为。这一研究方向不仅可以拓展对智能系统的理解,也为未来的科技发展提供了新的思路和方法。随着群体智能理论和技术的不断进步,其在更多领域中的应用将展示出更大的潜力和价值。

3. 并行计算效率

群体智能研究的另一个关键方面是其并行计算效率,即系统能够通过多个个体同时执行任务来显著提高计算效率。并行计算效率是群体智能的核心优势之一,因为它直接关系到系统在处理大规模、复杂问题时的性能表现。并行计算效率源于群体智能系统的去中心化结构和个体智能体之间的简单而高效的局部交互。这种设计使得群体智能系统能够在不增加复杂性的情况下,通过增加智能体数量来提升整体计算能力。

在传统的集中式计算系统中,任务的分配和执行通常受到中央控制器的管理,这种结构在处理大规模任务时往往会遇到瓶颈和单点故障问题。与此不同,群体智能系统采用了去中心化的架构,个体智能体独立且并行地执行任务。每个智能体只根据局部信息和简单规则进行操作,无须全局协调,从而避免了集中式系统中的瓶颈问题。在粒子群优化算法中,每个粒子作为独立的计算单元,可以并行计算其位置和速度更新,从而整体上加速了优化过程。随着粒子数量的增加,系统的计算能力可以线性甚至超线性地增长。

除了算力优势,并行计算效率在群体智能的研究中还体现在其鲁棒性和容错性方面。群体智能系统由于其去中心化和高度并行的特性,能够在某些个体智能体失效或出错的情况下继续高效运行。例如,在机器人群体中,如果某些机器人因故障停止工作,其他机器人可以继续完成任务,甚至可以通过自适应行为重新分配任务,弥补故障机器人留下的空缺。这种容错能力在复杂和动态环境中尤为重要,确保系统在面对不确定性和突发事件时仍能保持高效运行。

总之,群体智能的并行计算不仅提高了系统在大规模、复杂问题上的计算能力,还通过动态负载均衡和自适应行为,确保系统在不确定环境中的高效运行。群体智能系统的去中心化和高度并行特性,使其在解决实际问题时具有显著的优势。群体智能的并行计算能力可以为各个领域提供创新和高效的解决方案。

1.4　常见的群体智能算法

1. 粒子群优化算法

粒子群优化算法(PSO)是在一定的假设前提下对鸟类捕食过程进行模拟的一种新型仿生优化算法。PSO 起源于模拟简化的社会模型,它是在受到鸟群群体行为规律的启发提出的。

20 世纪 70 年代,生物学家 Reynold 通过模拟鸟群群体飞行提出了 Boids 模型。该模型指出,群体中每个个体的行为只受到它周围邻近个体行为的影响,且每个个体需遵循 3 条规则:避免与其邻近的个体相碰撞;与其邻近个体的平均速度保持一致;移动方向为邻近个体的平均位置。通过多组仿真实验发现处在初始态的鸟通过自组织能力聚集成一个个小的群体,并且以相同的速度向着同一方向运动,之后几个小的群体又会聚集成一个大的群体,大的群体在之后的运动过程又可能分散为几个小的群体。这些仿真实验的结果和现实中鸟群的飞行过程基本一致。

1975 年,生物社会学家 Wilson 对生物捕食行为进行研究后,提出了一个思想:"至少在理论上,在搜索食物的过程中,群体中个体成员可以得益于所有其他成员的发现和先前的经验。当食物源不可预测地零星分布时,这种协作带来的优势是决定性的,远大于对食物的竞争带来的优势。"

1988 年,Boyd 等在对人类的决策过程进行研究后,提出了个体学习和文化传递的概念。通过研究发现在人们决策过程中一般会用到两种有效信息:一种是自身的历史信息,表示他们根据自己的尝试和经历,积累了一定的经验,知道怎样的状态对之后的决策起到积极作用;另一种是其他人的历史信息,表示人们作他们周围一些人的经历,并能据此判断出哪些选择是有利的,哪些选择是不利的。这就表示人们所作的决策往往会根据他人和自身的经验来进行。

1995 年,粒子群优化算法由 Kennedy 和 Eberhart 在 IEEE 神经网络国际会议上发表的论文首次提出,其基本思想是受到对鸟群的种群行为进行建模与仿真得到的结果的启发。鸟群在觅食过程中,有时候需要分散地寻找,有时候需要鸟群集体搜寻。对于整个鸟群来说,它们在找到食物之前会从一个地方迁徙到另一个地方,在这个过程中总有一只鸟对食物的所在地较为敏感,对食物的大致方位有较好的侦察力,从而,这只鸟也就拥有了食物源的较为准确信息。在鸟群搜寻食物的过程中,它们一直都在互相传递各自掌握的食物源信息,特别是这种较为准确的信息。所以在这种"较准确消息"的吸引下,鸟群都集体飞向食物源,在食物源的周围群集,最终达到寻找到食物源的结果。

原始粒子群优化算法就是模拟鸟群的捕食过程,将待优化问题看作捕食的鸟群,解空间看作鸟群的飞行空间,在飞行空间飞行的每只鸟即粒子群优化算法在解空间的一个粒子,也就是待优化问题的一个解。粒子被假定为没有体积和质量,其本身的属性只有速度和位置。每个粒子在解空间中运动,它通过速度改变其方向和位置。在算法的进化过程中,粒子一直都跟踪两个极值:一个是个体历史最优位置,另一个是种群历史最优位置。通常粒子将追踪当前的最优粒子以经过最少代数搜索到最优解。

2. 蚁群算法

蚁群算法(ACO)是一种基于模拟蚂蚁觅食行为的仿生优化算法。蚁群算法起源于对蚂蚁群体行为的观察和研究,蚂蚁在寻找食物的过程中,通过释放信息素(pheromone)来相互通信,从而找到最优路径。

20 世纪 50 年代,生物学家对蚂蚁觅食行为进行了深入研究,发现蚂蚁在寻找食物时会释放信息素,这种化学物质能够吸引其他蚂蚁沿着相同的路径前进。随着时间的推移,信息素会逐渐挥发,但如果路径上有更多的蚂蚁经过,信息素的浓度会增加,从而形成一种正反馈机制。这种机制使得蚂蚁群体能够在多个可能的路径中找到最短路径。

1971 年,生物学家 Deneubourg 等通过实验验证了蚂蚁能够通过信息素找到最短路径的现象。他们在实验中设置了一个双路径系统,其中一条路径较短。实验结果显示,蚂蚁能够逐渐集中在较短路径上,从而验证了信息素在路径选择中的关键作用。

1992 年,意大利学者 Dorigo 在其博士论文中首次提出了蚁群算法,并在随后的一系列研究中进一步完善了这一算法。蚁群算法的基本思想是模拟蚂蚁在觅食过程中的行为,通过人工蚂蚁在解空间中移动并释放虚拟信息素,从而找到优化问题的最优解。

蚁群算法最初被用于解决旅行商问题（TSP），其在 TSP 中的成功应用验证了其有效性和优越性。随后，蚁群算法在车辆路径问题（VRP）中被广泛应用，帮助优化物流配送、快递服务等领域的路径规划，显著降低了运输成本和时间。在通信网络中，蚁群算法被用于动态路由选择，提高网络资源的利用率，以及数据传输的效率和可靠性。在制造业和服务业的调度问题中，蚁群算法通过优化资源配置，提高生产效率和服务质量。此外，蚁群算法在图像处理和模式识别领域也取得了成功应用，如图像分割、边缘检测等，提升了图像处理的精度和效率。在生物信息学中，蚁群算法被用于基因序列比对、蛋白质结构预测等问题，帮助揭示生物大分子的结构和功能关系。蚁群算法还在金融工程中应用于投资组合优化、风险管理和金融市场预测等方面，通过优化投资策略，降低风险，提高收益。

总之，作为一种基于群体智能的启发式算法，蚁群算法具有广泛的研究价值和应用前景。其在解决复杂优化问题中的优越表现，使其成为学术研究和实际应用中的重要工具。随着研究的深入和技术的进步，蚁群算法的应用领域将不断拓展。

3. 烟花算法

2010 年，谭营和朱元春通过模拟烟花的爆炸现象，提出了烟花算法。烟花算法是一种随机搜索算法，也是一种典型的群体智能优化算法。烟花算法操作简单，由爆炸、变异、映射和选择四部分组成。烟花算法与一般的群体智能算法相似，首先随机初始 N 个烟花作为初始群体，然后这些烟花按照一定的策略产生火花，最后再通过一定的选择策略选择出较优的个体组成下一代的烟花，这样通过一代代的迭代，可以保证整个群体的适应度越来越高，从而求得问题的全局最优解。

烟花算法被提出后，由于其良好的性能和优秀的寻优效果，已经受到了广泛的关注。目前也有许多研究者针对烟花算法的不足之处提出了一些改进算法，以弥补烟花算法的不足。

2013 年，郑少秋提出了增强烟花算法（Enhanced Fireworks Algorithm，EFWA），对烟花算法爆炸方式、变异方式、映射方式进行了改进，实验证明相对于烟花算法，增强烟花算法有更好的性能。2014 年，郑少秋提出了动态搜索烟花算法（Dynamic Search Fireworks Algorithm，dynFWA），对增强烟花算法进行了改进，提出了动态确定爆炸范围的方法。实验证明该算法在寻优方面有更好的性能。2014 年，李骏之和谭营提出了自适应烟花算法（Adaptive Fireworks Algorithm，AFWA），对烟花算法与增强烟花算法的爆炸半径机制进行了改进，引入了一种自适应爆炸半径机制，该机制可以根据搜索结果自适应地调节爆炸半径。实验结果表明该算法有效提升了烟花算法的局部搜索能力。2015 年，余超和谭营针对动态搜索烟花算法进行改进，提出了一种新的基于协方差调整的变异机制，从而提出了动态协方差变异烟花算法（Dynamic Fireworks Algorithm with Covariance Mutation，dynFWACM）。实验表明该算法的效果比自适应烟花算法和动态搜索烟花算法的效果都好。2015 年，郑少秋、李骏之和谭营提出了协同框架烟花算法（Cooperative Framework for Fireworks Algorithm，CoFFWA），对烟花的选择方式进行了改进，增强了烟花算法的性能。2017 年，李骏之和谭营提出了败者淘汰烟花算法（Loser-Out Tournament-Based Fireworks Algorithm，LoTFWA），该算法增加了末位淘汰机制，对没有竞争力的烟花将重新初始化。这一过程可以重启陷入局部极大值的烟花，避免了算法早熟。

近年来，谭营领导的北大计算智能实验室（CIL@PKU）在烟花算法的发展方面继续进行着努力探索，先后提出了多种新型的烟花算法版本用于求解大规模复杂优化问题。这些算法已成功应用于求解数百万维的复杂问题,并正在向求解更大规模的复杂问题迈进。

1.5　群体智能的典型应用

群体智能算法具有良好的全局搜索能力,在复杂和变化的环境下具有鲁棒性和适应性,被广泛应用于工业参数优化、路径规划和避障、数值计算、任务分配和资源调度、决策支持、数据聚类、模式识别等多个领域,总体情况如图 1-4 所示。下面对在工业参数优化路径规划和避障、数值计算上的应用进行详细介绍。

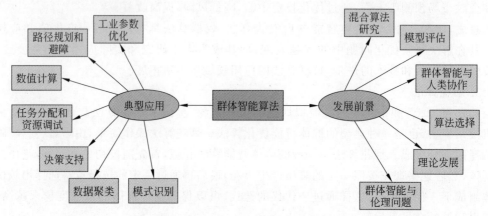

图 1-4　群体智能算法的典型应用和发展前景

1. 工业参数优化

在工业生产过程中,不同的生产参数是影响工业产品品质、生产质量和生产效率的重要因素。对于工业参数的优化过程,通常涉及对复杂系统的建模、数据收集和分析,以及采用适当的优化算法来搜索最佳的参数组合。群体智能技术被广泛应用于航空航天、芯片制造等多个工业领域,依赖其强大的全局搜索能力和适应性,可以在高复杂性和高维度的参数空间取得较好的结果。

粒子群优化算法被广泛应用在航空航天领域,在飞行控制和飞机设计方面发挥了重要作用。在飞机的飞行控制中,粒子群优化算法主要应用于飞行控制系统的参数调整,如自动驾驶系统中的 PID 控制器参数优化、航空器防滑制动系统的主动干扰抑制控制。例如:Xu Fengrui 等使用 PSO 的改进版本来调整防滑制动主动干扰抑制控制器的参数,这有助于提高飞机制动系统的性能和安全性。在飞机设计中,粒子群优化算法可用于优化飞机的结构设计、重量分配和气动性能,以提高飞行效率和提升经济效益。例如,PSO 可以用于设计机身轮廓、机翼以及飞机发动机布局。Jiang Tieying 等使用一种改进的粒子群优化算法对无人机纵向参数进行识别,并通过实验验证了该方法的有效性。

在其他工业领域,Gao Hongyuan 等提出一种文化算法和烟花算法的混合算法,用于数字滤波器的设计。Goswami 和 Chakraborty 测试了布谷鸟搜索算法和烟花算法对激光加工过程的参数优化。同时,他们还测试了引力搜索算法和烟花算法在超声加工过程中参数优化的性能。Sangeetha 等将烟花算法用于光伏系统中的最大功率点跟踪。

2. 路径规划和避障

路径规划和避障是自动驾驶、群体机器人和车路协同等众多领域中的常见问题,其具有高维、非线性和高度复杂的特点。群体智能技术目前被广泛应用于各种路径规划和避障任务中,并在复杂动态环境中表现出良好的性能。

蚁群算法具有良好的搜索和优化能力,适合解决这类问题。Dai Xiaolin 等利用 A* 算法和 MMAS 的特点,将改进的 ACO 应用于机器人实时避障路径优化。Deng Tao 等通过引入偏航角,对 ACO 进行改进,使其应用于为低空穿越的无人机生成路径。为了提高基于 ACO 的路径规划和避障性能,研究人员开发了多种技术,如混合算法和自适应启发式函数。Chaari 提出了将 ACO 与其他优化技术相结合的混合算法,以提高搜索过程的效率。针对陷入局部最优、搜索效率低和收敛速度慢等问题,Zheng Yan 等提出了一种自适应启发式函数,该函数根据蚂蚁行进的最短实际距离更新启发式信息。

烟花算法也同样被广泛应用于路径规划和避障问题中。Cai Yanguang 等建立了"多时间窗口车辆路径问题",并提出一种量子烟花算法来求解该问题。Wei Zhenchun 提出了一种用于无线可充电传感器网络充电路径规划的多目标离散烟花算法。Ding Hui 设计了一个旅游推荐系统,并提出了一种离散烟花算法来解决旅游行程的优化问题。

3. 数值计算

数值计算是一种利用数值方法和计算机技术来解决数学问题的方法。它使用近似计算和数值算法来处理各种数学模型和方程,以获得数值解或数值近似解。数值计算问题通常涉及在大范围的解空间中搜索最优解。传统的优化方法可能受限于局部搜索策略,很难找到全局最优解。而群体智能算法通过并行搜索和全局优化的方式,具有强大的全局搜索能力,能够更好地找到全局最优解。同时,数值计算问题中存在各种不确定性和变化,如误差、噪声、参数波动等。群体智能算法具有鲁棒性和适应性,能够在不确定的环境下自适应地调整搜索策略和参数配置,以应对变化。

Srinivas Reddy 等使用烟花算法来估计 Bezier 曲线/平面拟合的控制点。Li Hao 等使用多个不同版本的烟花算法来优化混沌系统中的参数。Guan Jun-xia 等使用烟花算法对数值积分的积分区间中的节点进行优化。Mu Bin 等在 dynFWA 中引入了线性递减维度数量策略,并进行并行化,以找到非线性模型的最优扰动。Krishnanand 等使用萤火虫算法对多模态函数进行多重局部最优搜索。

1.6　群体智能研究的发展前景

目前群体智能算法通过模拟真实生物或事物集群的集体行为,展现出强大的性能。然而,它们也存在一些局限性,如稳定性问题、问题的依赖性、对初始条件的敏感性和对参数调整的复杂性等。其中,稳定性问题源于算法中个体之间复杂的交互,导致不可预测的结果。问题依赖性主要由不同类型问题上的结果不一致性体现,强调了对自适应算法的需求。对初始条件的敏感性为算法的行为中引入了不可预测性。参数调整的复杂性源于需要找到适合每个问题特征的最佳参数,这使其成为一项具有挑战性和特定于问题的任务。成功应对这些挑战不仅需要对算法有细致的理解,还需要具有在特定领域调整的能力,以增强算法的稳健性和有效性。

目前群体智能的研究还存在如下多方面的挑战。

1. 理论发展

由于群体智能算法或元启发式算法在数学分析上存在挑战,当前很多群体智能算法缺少理论分析。尽管有理论著作,但研究领域仍然有限,缺少对群体智能算法内在机理的研究。为了深入理解群体智能算法为什么以及如何在具体任务中通过协同发挥作用,在未来应当加强对于群体智能算法理论性的研究。

2. 混合算法研究

当下群体智能算法面临的问题越来越复杂,研究者正在进行混合算法的研究以应对不同的问题。混合算法将不同的机制、策略和其他算法进行结合,以提升群体智能算法的性能。这可能包括结合进化算法、神经网络、模拟退火等方法,以及引入协同、竞争、学习和自适应机制等思想。通过混合算法的研究,研究者们希望能够克服群体智能算法面临的挑战,提高算法的性能和适应性,以应对现实世界中的复杂问题。这将为各个领域的应用提供更好的解决方案,并推动群体智能算法的发展和应用。

3. 模型评估

随着数据分析技术的进步,数据驱动研究已成为群体智能研究的热点。然而,很多研究的结果仍然是基于自己设计的方法进行模拟验证,缺少统一的实验数据标准,由于所使用的方法和搜索空间的不同特性,有必要针对不同的问题类别,例如连续、离散和约束问题,定义不同的实验评估标准。

4. 群体智能与人类协作

自主无人集群系统的研究已在许多国家展开,但无人系统和人类的协作集群系统研究仍处于起步阶段。将群体智能的优势与人类参与决策相结合是一个可行的研究方向。通过深入研究人类与群体智能系统之间的交互方式,可以实现更紧密的人机协作,提高系统的适应性和可用性。

5. 算法选择

从群体智能诞生至今,已经提出了许多群体智能算法。对于一个特定的问题,学者很难直观地选择群体智能算法。如何选择合适的群体智能算法自身已经成为一个优化问题,经验和根据实验结果不断尝试仍然是当前作出选择的主要方式。因此,找到最适合一类问题或具有特定类型属性的问题的正确算法也将是未来研究中有趣的话题。

6. 群体智能与伦理问题

随着群体智能的应用范围扩大,涉及伦理和社会问题的讨论也将变得更为重要。研究者在未来需要关注群体智能系统的道德和社会影响,探索如何确保安全性、隐私保护和公平性。

本章参考文献

第 2 章

最优化问题与方法

"优化"是指找到问题的众多可行的解决方案中的最佳解决方案。可行的解决方案是满足优化问题中所有约束条件的解决方案。最佳的解决方案可以是最小化一个过程的成本，或者最大化一个系统的效率。机器分配和饮食配比问题是一些能想到的最简单的优化问题。在机器分配问题中，必须将工作分配给不同容量、不同运行成本的机器，以最小的成本达到生产目标。在饮食配比问题中，不同的食物类型可以以不同的成本获得不同的营养成分。其目的是估计不同数量的食物，以最小的成本满足个体的营养需求。

尽管 20 世纪人们对优化问题进行了严格的数学分析，但其根源可以追溯到大约公元 300 年，当时希腊数学家欧几里得（Euclid）评估了一个点与一条线之间的最小距离。另一位希腊数学家 Zenedorous 在公元 200 年指出由具有给定周长的最大面积的线所限定的图形是圆形。

17 世纪，法国数学家皮埃尔·德·费马（Pierre de Fermat）奠定了微积分的基础。他指出，函数的梯度在最大点或最小点消失。之后，牛顿（Newton）和莱布尼茨（Leibniz）为变分法提供了更多的数学细节。这种方法被用来求解函数的最大值或最小值。18 世纪，变分法的基础被欧拉（Euler）和拉格朗日（Lagrange）提出，因为他们提供了有关这一问题的严谨的数学细节。随后，高斯（Gauss）和勒让德（Legendre）提出了最小二乘法，即使在今天它也仍被广泛使用着。另外，柯西（Cauchy）采用最速下降法来解决无约束的优化问题。

哈里斯·汉考克（Harriss Hancock）撰写了世界上第一本优化教科书，并于 1917 年公开出版。1939 年，利奥尼德·康托罗维奇（Leonid Kantorovich）提出了线性规划（Linear Programming，LP）模型和求解它的算法。1947 年，乔治·丹齐格（George Dantzig）提出了解决 LP 问题的单纯形法。理查德·贝尔曼（Richard Bellman）提出了动态规划问题的原理，其中一个复杂的问题被分解成更小的子问题来求解。拉尔夫·戈莫里（Ralph Gomory）对整数规划的发展做出了突出贡献，在这种类型的优化问题中，设计变量只能取整数值，如 0 和 1。

随着 20 世纪 80 年代计算机的出现，许多大规模优化问题得到了解决。目前优化领域存在的问题是多变量、多目标以及动态变化的。目前复杂优化问题的解决方案不仅是基于梯度的算法，还包括非传统方法，如遗传算法、蚁群算法、粒子群优化算法、烟花算法等。

2.1 最优化问题

2.1.1 定义

在优化问题中，需要最小化或者最大化某个函数。被优化的函数被称为目标函数或损失函数。目标函数中的变量表示为设计变量或决策变量。

优化问题可以用如下数学公式表述。

最小化

$$f(\boldsymbol{x}) \tag{2-1}$$

约束

$$g_i(\boldsymbol{x}) \leqslant 0, \quad i=1,2,\cdots,m < n \tag{2-2}$$

$$h_j(\boldsymbol{x}) = 0, \quad j=1,2,\cdots,r < n \tag{2-3}$$

$$\boldsymbol{x}_1 \leqslant \boldsymbol{x} \leqslant \boldsymbol{x}_u \tag{2-4}$$

式中,$\boldsymbol{x}$ 是一个 n 维的决策变量的向量。

$$\boldsymbol{x} = \begin{bmatrix} x_1 \\ x_2 \\ \vdots \\ x_n \end{bmatrix} \tag{2-5}$$

函数 f、g_i 和 h_j 都是可微分的。决策变量以 $\boldsymbol{x}_1$ 和 $\boldsymbol{x}_u$ 为界。约束 g_i 称为不等式约束, h_j 称为等式约束。约束是决策变量的函数。此外,不等式约束或等式约束的数量要比决策变量(n)的数量少。如果决策变量满足所有的约束条件,则它们表示一个可行的集合,并且集合中的任何元素都被称为可行点。$f(\boldsymbol{x})$ 的最小值的决策变量由 $\boldsymbol{x}^*$ 给出。如果优化问题没有任何限制,则称其为无约束优化问题。如果目标函数和约束是 $\boldsymbol{x}$ 的线性函数,则优化问题被称为线性规划问题(Linear Programming Problem,LPP)。

2.1.2　凸性

考虑属于集合 S 的两个点 x_1 和 x_2。如果连接这两点的直线也在集合 S 内,则集合 S 是凸集。如果连接 x_1 和 x_2 的线不属于集合 S,则集合 S 是非凸集。凸集和非凸集如图 2-1 所示。在优化中,通常必须检查函数的凸性。考虑如图 2-2 所示的单变量函数 $f(x)$ 和函数值分别为 $f(x_1)$ 和 $f(x_2)$ 的两点 x_1 和 x_2。如果 $f(\tilde{x})$ 小于连接 $f(x_1)$ 和 $f(x_2)$ 的直线上对应点 $\hat{x}$ 的函数值,则 $f(x)$ 是一个凸函数。

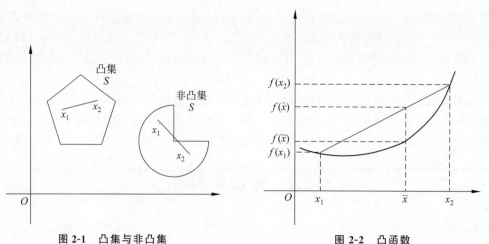

图 2-1　凸集与非凸集　　　　　　　　图 2-2　凸函数

由于凸函数的凸性,函数只有一个最小值。因此凸函数具有全局最小值。如果一个函数是非凸的,则达到的最优值可能是一个局部最优值(见图 2-3)。具有多于一个最小值或最大值的函数被称为多模态函数。传统的基于梯度的算法在定位全局最优解时会遇到困难。另外,由于约束条件的存在,设计者经常不得不寻找一个替代的全局最优解,因为决策变量的搜索是非常困难而且计算量极大的。

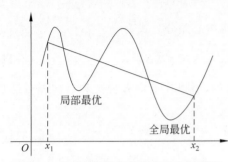

图 2-3　非凸函数的局部最优和全局最优

如果 $f(x)$ 是一个凸函数,则 $-f(x)$ 是一个凹函数。类似地,如果 $f(x)$ 是一个凹函数,则 $-f(x)$ 是一个凸函数。

通常,最优化算法默认最小化目标函数。正如前面所讨论的那样,凸性对于最小值所在的函数起着重要的作用。通过将目标函数的符号改变为 $-f(x)$,可以将最大化问题转换为最小化问题。

2.1.3　梯度、方向导数和海森矩阵

函数 $f(x)$ 在点 x 的导数或梯度[通常用 $f'(x)$ 表示]是该点处切线的斜率(见图 2-4),如下:

$$f'(x) = \tan\theta \tag{2-6}$$

式中,θ 是切线相对于 x 轴的角度。沿着梯度方向,函数的值有最大的变化。因此,梯度信息提供了必要的搜索方向来定位函数的最大值或最小值。

在大多数非线性优化问题中,必须对 $f'(x)$ 进行数值计算。我们可以使用前向差分、后向差分和中心差分方法来找到一个点上的函数的导数。如果函数 $f(x)$ 的值在点 x 处已知,则可以使用泰勒级数计算其邻点 $x+\Delta x$ 处的函数值:

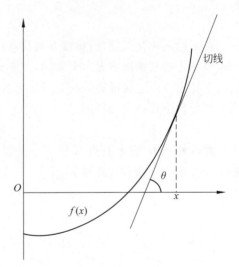

图 2-4　函数的切线

$$f(x+\Delta x) = f(x) + \Delta x f'(x) + \frac{\Delta x^2}{2!} f''(x) + \frac{\Delta x^3}{3!} f'''(x) + \cdots \tag{2-7}$$

重新整理式(2-7)得到

$$\frac{f(x+\Delta x) - f(x)}{\Delta x} = f'(x) + \frac{\Delta x}{2!} f''(x) + \frac{\Delta x^2}{3!} f'''(x) + \cdots \tag{2-8}$$

用于评估函数导数的前向差分公式可写为

$$f'(x) = \frac{f(x+\Delta x) - f(x)}{\Delta x} + O(\Delta x) \tag{2-9}$$

$O(\Delta x)$ 表示该公式是一阶精度的。以类似的方式,后向差分公式可以写为

$$f'(x) = \frac{f(x) - f(x - \Delta x)}{\Delta x} + O(\Delta x) \tag{2-10}$$

使用前向差分公式和后向差分公式,可以推导出中心差分公式为

$$f'(x) = \frac{f(x + \Delta x) - f(x - \Delta x)}{2\Delta x} + O(\Delta x^2) \tag{2-11}$$

因为计算函数导数的中心差分公式是二阶精度的,所以比前向差分法和后向差分法更精确。进一步,可以使用该公式来评估二阶导数:

$$f''(x) = \frac{f(x + \Delta x) - 2f(x) + f(x - \Delta x)}{\Delta x^2} \tag{2-12}$$

到目前为止,我们只考虑单变量函数的导数。梯度是包含函数关于变量$(x_1, x_2, \cdots, x_n)$的偏导数的矢量,数学上被写为

$$\nabla f = \begin{bmatrix} \dfrac{\partial f}{\partial x_1} \\[2mm] \dfrac{\partial f}{\partial x_2} \\[2mm] \vdots \\[2mm] \dfrac{\partial f}{\partial x_n} \end{bmatrix} \tag{2-13}$$

对于约束优化问题,沿梯度方向移动可能会导致移动到不可行区域。在这种情况下,人们希望在一些其他搜索方向上移动,并希望知道在这个方向上功能的变化率。方向导数提供关于特定方向上的函数的瞬时变化率的信息。如果$\boldsymbol{\mu}$是单位矢量,则函数$f(x)$在$\boldsymbol{\mu}$方向上的导数由式(2-14)给出:

$$\nabla f(x)^{\mathrm{T}} \boldsymbol{\mu} \tag{2-14}$$

海森矩阵$\boldsymbol{H}$表示具有多于一个变量的函数的二阶导数。对于具有三个变量的函数$f(x_1, x_2, x_3)$,海森矩阵写为

$$\boldsymbol{H} = \begin{bmatrix} \dfrac{\partial^2 f}{\partial x_1^2} & \dfrac{\partial^2 f}{\partial x_1 x_2} & \dfrac{\partial^2 f}{\partial x_1 x_3} \\[3mm] \dfrac{\partial^2 f}{\partial x_2 x_1} & \dfrac{\partial^2 f}{\partial x_2^2} & \dfrac{\partial^2 f}{\partial x_2 x_3} \\[3mm] \dfrac{\partial^2 f}{\partial x_3 x_1} & \dfrac{\partial^2 f}{\partial x_3 x_2} & \dfrac{\partial^2 f}{\partial x_3^2} \end{bmatrix} \tag{2-15}$$

2.2 无约束优化

本章介绍多变量无约束优化问题的解决方法。在现实中,优化问题受到限制,无约束优化问题很少。一个无约束优化问题的例子是数据拟合,即将数据点拟合为一条光滑曲线。但是,本章提出的算法也可以用来解决约束优化问题,通过适当修改目标函数来实现,比如加入违反约束条件的惩罚项。

无约束优化问题的解决方法可以大致分为基于梯度的方法和基于非梯度的方法。顾名思义,基于梯度的方法需要确定搜索方向的梯度信息。本章中讨论的基于梯度的方法是最

速下降法、牛顿(Newton)法、Levenberg-Marquardt 方法、Davidon-Fletcher-Powell(DFP)方法和 Broyden-Fletcher-Goldfarb-Shanno(BFGS)方法。这些方法确定搜索方向使用梯度信息、海森信息或这两者的组合。一些方法也使用海森矩阵的近似。一旦搜索方向被确定,就需要评估在这个方向上移动多少以使目标函数最小化。基于非梯度的方法不需要导出搜索方向或二阶导数信息。搜索方向由评估以及从先前迭代确定的搜索方向来确定。鲍威尔方法(Powell 共轭方向法)是一种基于非梯度的方法,因为它比其他非梯度方法(如单纯形法和模式搜索方法)要优越得多(二次收敛),所以本章详细阐述了 Powell 共轭方向法。Nelder-Mead 算法(单纯形法)也在最后一节中作为直接搜索方法进行了介绍。

对于单变量函数,函数的导数在最优时消失,函数的二阶导数在函数的最小值处大于零。同样可以扩展到多元函数。x^* 是最小解的必要条件是

$$\nabla f(x^*) = 0 \tag{2-16}$$

$$x^\top H x > 0 \tag{2-17}$$

基于梯度的方法需要函数的微分信息来指导搜索。一阶导数和二阶导数可以用中心差分公式来计算,如下:

$$\frac{\partial f}{\partial x_i} = \frac{f(x_i + \Delta x_i) - f(x_i - \Delta x_i)}{2\Delta x_i} \tag{2-18}$$

$$\frac{\partial^2 f}{\partial x_i^2} = \frac{f(x_i + \Delta x_i) - 2f(x_i) + f(x_i - \Delta x_i)}{\Delta x_i^2} \tag{2-19}$$

$$\frac{\partial^2 f}{\partial x_i \partial x_j} =$$

$$\frac{f(x_i + \Delta x_i, x_j + \Delta x_j) - f(x_i + \Delta x_i, x_j - \Delta x_j) - f(x_i - \Delta x_i, x_j + \Delta x_j) + f(x_i - \Delta x_i, x_j - \Delta x_j)}{4\Delta x_i \Delta x_j}$$

一阶导数的计算需要对每个变量进行两个函数评估。所以对于一个 n 元函数,需要 $2n$ 次函数评估来计算梯度向量。海森矩阵的计算需要 $O(n^2)$ 次函数评估。

下面讨论基于梯度的方法,如最速下降法、牛顿法、Levenberg-Marquardt 方法、DFP 方法、BFGS 方法,而鲍威尔方法和 Nelder-Mead 算法都是直接搜索方法。这些方法的效率可以通过三个标准来衡量:

- 函数评估的数量。
- 计算时间。
- 收敛率。表示 $x_i, x_{i+1}, \cdots$ 多快收敛到 x^*。

2.2.1　最速下降法

前面已经讨论过,沿着梯度方向,函数值有最大的变化。因此,沿着负梯度方向,函数值减小最多。负梯度方向称为最速下降方向:

$$-\nabla f(x_i) \tag{2-20}$$

在连续的迭代中,变量可以使用如下方程式更新

$$x_{i+1} = x_i - \alpha \nabla f(x_i) \tag{2-21}$$

式中,α 是可以使用线性搜索算法确定的正参数。

最速下降法确保了在每次迭代时函数值的减小。如果起点远离最小值,则梯度将会更

高,并且在每次迭代中函数值的减小程度将被最大化。由于函数的梯度值在最优值附近变化会下降到一个较小的值,因此函数值的减小是不均匀的,并且在最小值附近的减小变得迟缓(收敛慢)。因此该方法可用作其他基于梯度的算法的启动器。算法流程如下:

算法 2-1　最速下降法算法

---

1. 给定 $\boldsymbol{x}_i$(设计变量的起始值)

　　ε_1(先前迭代的函数值容差)

　　ε_2(梯度值的容差)

　　$\Delta \boldsymbol{x}$(用于梯度计算)

2. 计算 $f(\boldsymbol{x}_i)$ 和 $\nabla f(\boldsymbol{x}_i)$(函数值和梯度向量)

　　$\boldsymbol{S}_i = -\nabla f(\boldsymbol{x}_i)$

　　最小化 $f(\boldsymbol{x}_{i+1})$,并确定 α

　　$\boldsymbol{x}_{i+1} = \boldsymbol{x}_i + \alpha \boldsymbol{S}_i$

　　if $|f(\boldsymbol{x}_{i+1}) - f(\boldsymbol{x}_i)| > \varepsilon_1$ **or** $\|\nabla f(\boldsymbol{x}_i)\| > \varepsilon_2$

　　　　then　goto 步骤 2

　　　　else　goto 步骤 3

3. 收敛。输出 $\boldsymbol{x}^* = \boldsymbol{x}_{i+1}$, $f(\boldsymbol{x}^*) = f(\boldsymbol{x}_{i+1})$

2.2.2　牛顿法

该方法的搜索方向是基于一阶导数信息和二阶导数信息的,由式(2-22)给出:

$$\boldsymbol{S}_i = -\boldsymbol{H}^{-1} \nabla f(\boldsymbol{x}_i) \tag{2-22}$$

式中,$\boldsymbol{H}$ 是海森矩阵。如果这个矩阵是正定的,则 $\boldsymbol{S}_i$ 将是一个下降的方向。在最佳点附近的假设是相同的。但是,如果初始起点远离最优值,则搜索方向可能不总是下降。通常需要重新启动以避免这种困难。虽然牛顿法是以二次函数的单次迭代收敛而被广泛使用的,但在实际问题中很少有二次函数问题。然而,牛顿法经常被用作与其他方法结合的混合方法。算法流程如下:

算法 2-2　牛顿法算法

---

1. 给定 $\boldsymbol{x}_i$(设计变量的起始值)

　　ε_1(先前迭代的函数值容差)

　　ε_2(梯度值的容差)

　　$\Delta \boldsymbol{x}$(用于梯度计算)

2. 计算 $f(\boldsymbol{x}_i)$、$\nabla f(\boldsymbol{x}_i)$ 和 $\boldsymbol{H}$(函数值、梯度向量和海森矩阵)

　　$\boldsymbol{S}_i = -\boldsymbol{H}^{-1} \nabla f(\boldsymbol{x}_i)$

　　$\boldsymbol{x}_{i+1} = \boldsymbol{x}_i + \boldsymbol{S}_i$

　　if $|f(\boldsymbol{x}_{i+1}) - f(\boldsymbol{x}_i)| > \varepsilon_1$ **or** $\|\nabla f(\boldsymbol{x}_i)\| > \varepsilon_2$

　　　　then　goto 步骤 2

　　　　else　goto 步骤 3

3. 收敛。输出 $\boldsymbol{x}^* = \boldsymbol{x}_{i+1}$, $f(\boldsymbol{x}^*) = f(\boldsymbol{x}_{i+1})$

2.2.3　Levenberg-Marquardt 方法

最速下降法的优点在于即使初始点远离最优值,它在几次迭代后也能接近函数最小值的点。但是,该方法在最佳点附近收敛缓慢。相反,如果初始点离最小点就很近,牛顿法显示出更快的收敛性,而初始点离最佳点较远则牛顿法可能不会收敛。

Levenberg-Marquardt 方法是一种混合方法,结合了最速下降法和牛顿法的优点。这个方法的搜索方向由式(2-23)决定:

$$S_i = -[H + \lambda I]^{-1} \nabla f(x_i)$$ (2-23)

式中,I 是单位矩阵,λ 是在算法开始时被设定的一个参数。λ 的值在每次迭代期间都会改变,这取决于函数值是否正在减小。如果函数值在迭代中减小,则 λ 减小一些(在最速下降的方向上的权重较小);如果函数值在迭代中增大,则 λ 增大一些(在最速下降的方向上的权重更大)。算法流程如下:

算法 2-3　Levenberg-Marquardt 方法算法

---
1. 给定 x_i(设计变量的起始值)
   ε_1(先前迭代的函数值容差)
   ε_2(梯度值的容差)
   Δx(用于梯度计算)
2. 计算 $f(x_i)$、$\nabla f(x_i)$ 和 H(函数值、梯度向量和海森矩阵)
   $S_i = -[H + \lambda I]^{-1} \nabla f(x_i)$
   $x_{i+1} = x_i + S_i$
   if $f(x_{i+1}) < f(x_i)$
   　　then 　$\lambda = \dfrac{\lambda}{2}$
   　　else 　$\lambda = 2\lambda$
   if $|f(x_{i+1}) - f(x_i)| > \varepsilon_1$ or $\|\nabla f(x_i)\| > \varepsilon_2$
   　　then 　goto 步骤 2
   　　else 　goto 步骤 3
3. 收敛。输出 $x^* = x_{i+1}$,$f(x^*) = f(x_{i+1})$

2.2.4　DFP 方法

在 DFP 方法中,海森矩阵的逆矩阵用 A 近似,搜索方向由式(2-24)给出

$$S_i = -A \nabla f(x_i)$$ (2-24)

存储在矩阵 A 中的信息被称为度量,并且因为它随着每次迭代而变化,所以 DFP 方法被称为变度量方法。由于该方法采用一阶导数,具有二次收敛性,因此又称为拟牛顿法。海森矩阵的逆可以近似为

$$A_{i+1} = A_i + \frac{\Delta x \Delta x^{\mathrm{T}}}{\Delta x^{\mathrm{T}} \nabla g} - \frac{A_i \nabla g \nabla g^{\mathrm{T}} A_i}{\nabla g^{\mathrm{T}} A_i \nabla g}$$ (2-25)

式中

$$\Delta x = \Delta x_i - \Delta x_{i-1}$$ (2-26)

$$\nabla g = \nabla g_i - \nabla g_{i-1}$$ (2-27)

矩阵 A 被初始化为单位矩阵,算法流程如下:

算法 2-4　DFP 方法算法

---
1. 给定 x_i(设计变量的起始值)
   ε_1(先前迭代的函数值容差)
   ε_2(梯度值的容差)

$\Delta \boldsymbol{x}$（用于梯度计算）

$\boldsymbol{A}$（单位矩阵）

2. 计算 $f(\boldsymbol{x}_i),\nabla f(\boldsymbol{x}_i)$

$\boldsymbol{S}_i = -\nabla f(\boldsymbol{x}_i)$

$\boldsymbol{x}_{i+1} = \boldsymbol{x}_i + \alpha \boldsymbol{S}_i$

改变 α 以最小化 $f(\boldsymbol{x}_{i+1})$

3. 计算 $\Delta \boldsymbol{x}$ 和 ∇g

$$\boldsymbol{A}_{i+1} = \boldsymbol{A}_i + \frac{\Delta \boldsymbol{x} \Delta \boldsymbol{x}^{\mathrm{T}}}{\Delta \boldsymbol{x}^{\mathrm{T}} \nabla g} - \frac{\boldsymbol{A}_i \nabla g \ \nabla g^{\mathrm{T}} \boldsymbol{A}_i}{\nabla g^{\mathrm{T}} \boldsymbol{A}_i \nabla g}$$

$\boldsymbol{S}_{i+1} = -\boldsymbol{A}_{i+1} \nabla f(\boldsymbol{x}_{i+1})$

$\boldsymbol{x}_{i+2} = \boldsymbol{x}_{i+1} + \alpha \boldsymbol{S}_{i+1}$

改变 α 以最小化 $f(\boldsymbol{x}_{i+2})$

if $|f(\boldsymbol{x}_{i+2}) - f(\boldsymbol{x}_{i+1})| > \varepsilon_1$ **or** $\|\nabla f(\boldsymbol{x}_{i+1})\| > \varepsilon_2$

then goto 步骤 **3**

else goto 步骤 **4**

4. 收敛。输出 $\boldsymbol{x}^* = \boldsymbol{x}_{i+2}, f(\boldsymbol{x}^*) = f(\boldsymbol{x}_{i+2})$

2.2.5　BFGS 方法

在 BFGS 方法中，使用式（2-28）给出的矩阵 $\boldsymbol{A}$ 来近似海森矩阵：

$$\boldsymbol{A}_{i+1} = \boldsymbol{A}_i + \frac{g \ \nabla g^{\mathrm{T}}}{\nabla g^{\mathrm{T}} \Delta \boldsymbol{x}} - \frac{\nabla f(\boldsymbol{x}_i) \ \nabla f(\boldsymbol{x}_i)^{\mathrm{T}}}{\nabla f(\boldsymbol{x}_i)^{\mathrm{T}} \boldsymbol{S}_i} \tag{2-28}$$

值得注意的是，虽然矩阵 $\boldsymbol{A}$ 在 DFP 方法中收敛于海森矩阵的逆矩阵，但矩阵 $\boldsymbol{A}$ 在 BFGS 方法中收敛到海森矩阵本身。由于 BFGS 方法与 DFP 方法相比重新启动次数较少，因此比 DFP 方法更受欢迎。算法流程如下：

算法 2-5　BFGS 方法算法

1. 给定 $\boldsymbol{x}_i$（设计变量的起始值）

ε_1（先前迭代的函数值容差）

ε_2（梯度值的容差）

$\Delta \boldsymbol{x}$（用于梯度计算）

$\boldsymbol{A}$（单位矩阵）

2. 计算 $f(\boldsymbol{x}_i),\nabla f(\boldsymbol{x}_i)$

$\boldsymbol{S}_i = -\nabla f(\boldsymbol{x}_i)$

$\boldsymbol{x}_{i+1} = \boldsymbol{x}_i + \alpha \boldsymbol{S}_i$

改变 α 以最小化 $f(\boldsymbol{x}_{i+1})$

3. 计算 $\Delta \boldsymbol{x}$ 和 ∇g

$$\boldsymbol{A}_{i+1} = \boldsymbol{A}_i + \frac{g \ \nabla g^{\mathrm{T}}}{\nabla g^{\mathrm{T}} \Delta x} - \frac{\nabla f(\boldsymbol{x}_i) \nabla f(\boldsymbol{x}_i)^{\mathrm{T}}}{\nabla f(\boldsymbol{x}_i)^{\mathrm{T}} \boldsymbol{S}_i}$$

$\boldsymbol{S}_{i+1} = -\boldsymbol{A}_{i+1}^{-1} \nabla f(\boldsymbol{x}_{i+1})$

$\boldsymbol{x}_{i+2} = \boldsymbol{x}_{i+1} + \alpha \boldsymbol{S}_{i+1}$

改变 α 以最小化 $f(\boldsymbol{x}_{i+2})$

if $|f(\boldsymbol{x}_{i+2}) - f(\boldsymbol{x}_{i+1})| > \varepsilon_1$ **or** $\|\nabla f(\boldsymbol{x}_{i+1})\| > \varepsilon_2$

then goto 步骤 **3**

else goto 步骤 **4**

4. 收敛。输出 $\boldsymbol{x}^* = \boldsymbol{x}_{i+2}, f(\boldsymbol{x}^*) = f(\boldsymbol{x}_{i+2})$

2.2.6　鲍威尔方法

鲍威尔方法是一种直接搜索法(不需要梯度计算),具有二次收敛的性质。先前的搜索信息存储在记忆中,可用先前的信息确定新的搜索方向。该方法沿这些搜索方向进行一系列单向搜索。最后的搜索方向将替换新迭代中的第一个搜索方向,并继续该过程直到函数值不再变化。

算法 2-6　鲍威尔方法算法

---

1. 给定 x_i(设计变量的起始值)
   ε(先前迭代的函数值容差)
   S_i(方向)
   $f(X_{\text{prev}}) = f(x_i)$
2. $X = x_i + \alpha S_i$
   最小化 $f(X)$ 并确定 α
3. 设 $Y = X, i = 1$
   do
   最小化 $f(X)$ 并确定 α
   $X = x_i + \alpha S_i$
   $i = i + 1$
   while $i < (\text{number of variable}) + 1$
   if $\left| f(X) - f(X_{\text{prev}}) \right| < \varepsilon$
   　　then　goto 步骤 **4**
   　　else　**continue**
   $S_i = X - Y$
   $X = X + \alpha S_i$
   $f(X_{\text{prev}}) = f(X)$
   goto 步骤 3
4. 收敛。输出 $x^* = x_{i+1}, f(x^*) = f(x_{i+1})$

2.2.7　Nelder-Mead 算法

Nelder-Mead 算法又称单纯形算法,与线性规划中的单纯形法不同。单纯形是指在 n 维空间中由 $n+1$ 个点形成的几何图形。例如,在二维空间中的单纯形是一个三角形。Nelder-Mead 算法是一种直接搜索方法,仅使用函数信息(不需要梯度计算)从前一代移动到下一代。目标函数在单纯形的每个顶点进行计算。使用这些信息,单纯形在搜索空间中移动。每一代,目标函数在单纯形的每个顶点计算。重复整个过程一直持续到函数达到最优值。其中需要三个基本的操作来移动搜索空间中的单纯形,即反射、收缩和展开。

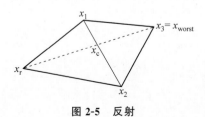

图 2-5　反射

在一个二维优化问题中,单纯形是一个三角形,其顶点由 x_1、x_2 和 x_3 给出。其中,目标函数最差的值为 $x_3 = x_{\text{worst}}$。如果点 x_{worst} 反射到三角形的另一边,则目标函数值可能会下降。设新的反射点为 x_r。新的单纯形(见图 2-5)由顶点 x_1、x_2 和 x_r 给出。质心点 x_c 是由所有点但不包括 x_{worst} 计算得到的:

$$x_c = \frac{1}{n} \sum_{\substack{i=1 \\ i \neq \text{worst}}}^{n+1} x_i \tag{2-29}$$

反射点的计算式为

$$x_r = x_c + \alpha(x_c - x_{\text{worst}}) \tag{2-30}$$

式中，α 是一个常数，通常等于 1。如果反射点没有使得结果变好，则取第二差的值，重复前面讨论的过程。有时反射会导致循环，目标函数值没有改善。在这样的条件下，收缩操作被执行。

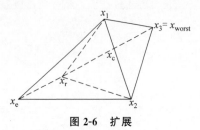

图 2-6 扩展

如果 x_r 是新的最小点，则可以进一步扩展新的单纯形（见图 2-6），以期进一步减小目标函数值。扩展点的计算式如下：

$$x_e = x_c + \gamma(x_c - x_{\text{worst}}) \tag{2-31}$$

其中，γ 是一个常数，通常等于 2。如果 x_e 是新的最小点，则它将取代 x_{worst} 点；否则，x_r 将取代 x_{worst} 点。

当确定反射点优于第二个最差点时，使用收缩操作。收缩点的计算式为

$$x_{\text{contr}} = x_c + \rho(x_c - x_{\text{worst}}) \tag{2-32}$$

其中，ρ 是一个常数，通常等于 -0.5。

继续前面的操作，直到在单纯形顶点计算的函数的标准偏差变得小于 ε。

$$\sum_{i=1}^{n} \frac{(f(x) - f(x_c))^2}{n+1} \leqslant \varepsilon \tag{2-33}$$

算法流程如下：

算法 2-7 Nelder-Mead 算法

---

1. 给定 x_i（设计变量的起始值）

   $\alpha, \gamma, \rho, \varepsilon$

   计算所有 $f(x_i)$

2. $x_c = \dfrac{1}{n} \sum\limits_{\substack{i=1 \\ i \neq \text{worst}}}^{n+1} x_i$

3. 反射

   $x_r = x_c + \alpha(x_c - x_{\text{worst}})$

   if $f(x_{\text{best}}) \leqslant f(x_r) \leqslant f(x_{\text{second worst}})$,

   　　then 用 x_r 替换 x_{worst}

   else **goto** 步骤 **1**

4. 扩展

   if $f(x_r) \leqslant f(x_{\text{best}})$

   　　then $x_e = x_c + \gamma(x_c - x_{\text{worst}})$

   if $f(x_e) \leqslant f(x_r)$

   　　then 用 x_e 替换 x_{worst}，**goto** 步骤 **1**

   else 用 x_r 替换 x_{worst}

   else **goto** 步骤 **5**

---

5. 收缩

$$x_{\text{contr}} = x_{\text{c}} + \rho(x_{\text{c}} - x_{\text{worst}})$$

if $f(x_{\text{contr}}) \leqslant f(x_{\text{worst}})$

then 用 x_{contr} 替换 x_{worst},**goto 步骤 1**

6. **if** $\displaystyle\sum_{i=1}^{n} \frac{(f(x) - f(x_{\text{c}}))^2}{n+1} \leqslant \varepsilon$

then 收敛

else goto 步骤 1

2.3 约 束 优 化

约束优化问题可以在数学上表示如下。

最小化

$$f(\boldsymbol{x}) \tag{2-34}$$

约束

$$g_i(\boldsymbol{x}) \leqslant 0, \quad i = 1, 2, \cdots, m < n \tag{2-35}$$

$$h_j(\boldsymbol{x}) = 0, \quad j = 1, 2, \cdots, r < n \tag{2-36}$$

$$\boldsymbol{x}_{\text{l}} \leqslant \boldsymbol{x} \leqslant \boldsymbol{x}_{\text{u}} \tag{2-37}$$

式中,$\boldsymbol{x}$ 是一个 n 维的决策变量的向量。

$$\boldsymbol{x} = \begin{bmatrix} x_1 \\ x_2 \\ \vdots \\ x_n \end{bmatrix} \tag{2-38}$$

函数 f、g_i 和 h_j 都是可微分的。决策变量以 $\boldsymbol{x}_{\text{l}}$ 和 $\boldsymbol{x}_{\text{u}}$ 为界。约束 g_i 称为不等式约束,h_j 称为等式约束。

本节内容安排如下。在讨论了最优性条件之后,我们将讨论惩罚函数法、增广拉格朗日乘子法、顺序二次规划、可行方向法等不同的解决方法。在惩罚函数法中,通过惩罚任何违反约束的目标函数,约束优化问题转换为无约束问题。增广拉格朗日乘子法是惩罚函数法和拉格朗日乘子法的混合。顺序二次规划方法在每次迭代中求解二次问题,其中目标函数用二次函数逼近并且使约束线性化。一些优化问题需要在每一次迭代中都满足约束条件,以确保目标函数有意义。可行方向法确保在每次迭代中满足约束条件。

2.3.1 最优性条件

式(2-39)为用等式和不等式约束来定义约束优化问题的拉格朗日函数:

$$L(\boldsymbol{x}, \lambda, \mu) = f(\boldsymbol{x}) + \sum_{j=1}^{r} \lambda_j h_j(\boldsymbol{x}) + \sum_{i=1}^{m} \mu_i g_i(\boldsymbol{x}) \tag{2-39}$$

最优性条件由式(2-40)～式(2-42)给出:

$$\nabla_x L = \boldsymbol{0} \tag{2-40}$$

$$\nabla_\lambda L = \mathbf{0} \tag{2-41}$$

$$\nabla_\mu L = \mathbf{0} \tag{2-42}$$

第一个最优性条件导出方程式为

$$\nabla_x L = \nabla f(\boldsymbol{x}) + \sum_{j=1}^{r} \lambda_j \nabla h_j(\boldsymbol{x}) + \sum_{i=1}^{m} \mu_i \nabla g_i(\boldsymbol{x}) = \mathbf{0} \tag{2-43}$$

如果一个特定的不等式约束是无效的($g_i(\boldsymbol{x}) \leqslant 0$),则相应的$\mu_i = 0$。这个条件也可以写成

$$-\nabla f(\boldsymbol{x}) = \sum_{j=1}^{r} \lambda_j \nabla h_j(\boldsymbol{x}) + \sum_{i=1}^{m} \mu_i \nabla g_i(\boldsymbol{x}) \tag{2-44}$$

也就是说,目标函数梯度的负值可以表示为约束梯度的线性组合。

对于任何可行的点x,不等式约束的集合表示为

$$A(\boldsymbol{x}) = \{i \mid g_i(\boldsymbol{x}) = 0\} \tag{2-45}$$

第二个和第三个最优性条件导致了它们自身的约束。乘数λ_j和μ_i称为拉格朗日乘子,在最佳点上它们必须大于或等于0。约束优化问题的最优性条件被称为 Karush-Kuhn-Tucker(KKT)条件。如果x是正则点,则这些条件是有效的。如果所有不等式约束和所有等式约束的梯度是线性独立的,则一个点是正则的。值得注意的是,KKT 条件是必要的,但不足以实现最优化。也就是说,在 KKT 条件满足的情况下,可能存在其他局部最优解。$f(\boldsymbol{x})$最小的充分条件是$\nabla_{xx}^2 L$必须是正定的。

2.3.2 惩罚函数法

惩罚函数法的动机是用无约束问题的算法求解约束优化问题。顾名思义,该算法在违反约束条件的情况下惩罚目标函数。具有惩罚项的目标函数写成

$$F(\boldsymbol{x}) = f(\boldsymbol{x}) + r_k \sum_{j=1}^{r} h_j^2(\boldsymbol{x}) + r_k \sum_{i=1}^{m} \langle g_i(\boldsymbol{x}) \rangle^2 \tag{2-46}$$

式中,r_k(大于0)是惩罚参数,函数

$$\langle g_i(\boldsymbol{x}) \rangle = \max(0, g_i(\boldsymbol{x})) \tag{2-47}$$

在约束条件满足的情况($g_i(\boldsymbol{x}) \leqslant 0$)下,$\langle g_i(\boldsymbol{x}) \rangle$为零,目标函数将不会受到惩罚。在违反约束条件的情况($g_i(\boldsymbol{x}) \geqslant 0$)下,$\langle g_i(\boldsymbol{x}) \rangle$是一个正值,导致对目标函数的惩罚。约束的不可行性越高,惩罚越高。函数$F(\boldsymbol{x})$可以使用无约束问题的算法进行优化。这种形式的惩罚函数法被称为外部惩罚函数法。参数r_k必须由算法适当选择。

惩罚函数法的主要优点如下:

- 它可以从一个不可行的点开始。
- 无约束的优化方法可以直接使用。

惩罚函数法的主要缺点如下:

- 随着惩罚参数r_k的增大,损失函数$F(x)$会变得失去意义。由于函数值的突然变化,梯度值可能变大,算法可能显示发散。
- 由于这种方法不能准确地满足约束条件,因此不适用于所有迭代必须保证可行性的优化问题。

到目前为止,我们已经讨论了外部惩罚函数法。即使是从不可行的点开始,一些问题也

需要在所有迭代中保持可行性。在内部惩罚函数法中，首先选择一个可行的点。目标函数将被修改以使得它不会离开可行的边界，因此经常被称为障碍函数方法。内部惩罚函数法的目标函数写成

$$F(\boldsymbol{x}) = f(\boldsymbol{x}) - r_k \sum_{i=1}^{m} \frac{1}{g_i(\boldsymbol{x})} \tag{2-48}$$

2.3.3　增广拉格朗日乘子法

顾名思义，增广拉格朗日乘子方法结合了拉格朗日乘子法和惩罚函数法。对于等式约束和不等式约束的优化问题，增广拉格朗日函数为

$$A(\boldsymbol{x}, \lambda, \beta, r_k) = f(\boldsymbol{x}) + \sum_{j=1}^{r} \lambda_j h_j(\boldsymbol{x}) + \sum_{i=1}^{m} \beta_i \alpha_i + r_k \sum_{j=1}^{r} h_j^2(\boldsymbol{x}) + r_k \sum_{i=1}^{m} \alpha_i^2$$

式中，λ_j 和 β_i 是拉格朗日乘子，r_k 是迭代开始时的惩罚参数。

$$\alpha_i = \max \left\{ g_i(\boldsymbol{x}), -\frac{\beta}{2r_k} \right\} \tag{2-49}$$

使用表达式在每次迭代（k）中更新拉格朗日乘子：

$$\lambda_j^{(k+1)} = \lambda_j^{(k)} + 2r_k h_j(\boldsymbol{x}) \tag{2-50}$$

$$\beta_i^{(k+1)} = \beta_i^{(k)} + 2r_k \max \left\{ g_i(\boldsymbol{x}), -\frac{\beta}{2r_k} \right\} \tag{2-51}$$

增广拉格朗日函数可以使用无约束优化算法来最小化。

2.3.4　顺序二次规划

考虑以下约束优化问题。

最小化

$$f(\boldsymbol{x}) \tag{2-52}$$

约束

$$h(\boldsymbol{x}) = 0 \tag{2-53}$$

相应的拉格朗日函数为

$$L(\boldsymbol{x}, \lambda) = f(\boldsymbol{x}) + \lambda h(\boldsymbol{x}) \tag{2-54}$$

并且一阶最优条件是

$$\nabla_x L(\boldsymbol{x}, \lambda) = \boldsymbol{0} \tag{2-55}$$

变量 $\boldsymbol{x}$ 和 λ 的更新公式为

$$\begin{bmatrix} \boldsymbol{x}^{k+1} \\ \lambda^{k+1} \end{bmatrix} = \begin{bmatrix} \boldsymbol{x}^k \\ \lambda^k \end{bmatrix} + \begin{bmatrix} \Delta \boldsymbol{x} \\ \Delta \lambda \end{bmatrix} \tag{2-56}$$

式中，$\begin{bmatrix} \Delta \boldsymbol{x} \\ \Delta \lambda \end{bmatrix}$ 可以通过求解线性方程式组来获得：

$$\begin{bmatrix} \nabla^2 L & \nabla h \\ \nabla h & 0 \end{bmatrix} \begin{bmatrix} \Delta \boldsymbol{x} \\ \Delta \lambda \end{bmatrix} = - \begin{bmatrix} \nabla L \\ \nabla h \end{bmatrix} \tag{2-57}$$

这相当于用线性约束求解二次问题。因此，具有等式约束和不等式约束的非线性优化问题可以转化成二次问题。

最小化

$$Q = \Delta x^T \nabla f(x) + \frac{1}{2} \Delta x^T \nabla^2 L \Delta x \qquad (2\text{-}58)$$

约束

$$h_j(x) + \nabla h_j(x)^T \Delta x = 0 \qquad (2\text{-}59)$$

$$g_i(x) + \nabla g_i(x)^T \Delta x = 0 \qquad (2\text{-}60)$$

顺序二次规划方法将目标函数逼近二次形式,并使每次迭代中的约束线性化。然后求解二次规划问题得到 Δx。x 的值用 Δx 更新。目标函数再次用二次函数近似,约束用 x 的新值线性化。重复迭代直到目标函数没有进一步的改进。

信赖域方法是解决二次问题的有用方法。在这种方法中,必须对 x 周围的区域进行评估 (Δx),其中函数的二次近似值保持不变。该区域被调整,使得 $f(x + \Delta x) < f(x)$。在顺序二次规划方法中拉格朗日函数通常被增广拉格朗日函数替代。

2.3.5 可行方向法

一些优化问题需要在每次迭代中都满足约束条件。考虑以下约束优化问题。

最小化

$$f(x) \qquad (2\text{-}61)$$

约束

$$g_i(x) \leqslant 0, \quad i = 1, 2, \cdots, m \qquad (2\text{-}62)$$

方向 S 在 x 点是可行的,如果

$$S^T \nabla g_i(x) < 0 \qquad (2\text{-}63)$$

且必须降低目标函数的值,则必须满足不等式:

$$S^T \nabla f(x) \leqslant 0 \qquad (2\text{-}64)$$

Zoutendijk 方法和 Rosen 梯度投影方法是本节要详细介绍的两种可行方向法。

1. Zoutendijk 方法

该方法从一个可行的点 x 开始,满足 $g_i(x) \leqslant 0$。将搜索方向设置为最陡的下降方向:

$$S = -\nabla f(x) \qquad (2\text{-}65)$$

如果至少有一个约束条件被满足,则 $g_i(x) = 0$,那么下面的优化子问题将被解决。

最小化

$$\beta \qquad (2\text{-}66)$$

约束

$$S^T \nabla g_i(x) + \beta \leqslant 0 \qquad (2\text{-}67)$$

$$S^T \nabla f(x) + \beta \leqslant 0 \qquad (2\text{-}68)$$

$$-1 \leqslant s_k \leqslant 1, \quad k = 1, 2, \cdots, n \qquad (2\text{-}69)$$

式中,n 是变量的数量,s_k 是搜索方向的分量。沿着梯度的方向可以确定下一个点 $\bar{x}$:

$$\bar{x} = x + \alpha S \qquad (2\text{-}70)$$

使得

$$f(\bar{x}) = f(x) \qquad (2\text{-}71)$$

$$g_i(\bar{x}) \leqslant 0 \qquad (2\text{-}72)$$

在 x 不满足约束条件的情况下,优化子问题必须用 x 再次求解以获得新 S。如果满足以下任何条件,则算法将被终止:

- 目标函数值没有随着成功的迭代而显著地改进。
- 自变量在连续迭代中不再改变。
- β 接近零。

2. Rosen 梯度投影方法

在这种方法中,搜索方向(目标函数的梯度的负值)被投影到约束的子空间切线中。这种投影的条件对于线性约束来说是满足的。但是,如果约束条件是非线性的,则投影搜索方向将远离搜索边界,如图 2-7 所示。在存在非线性约束的情况下,执行复位移动。

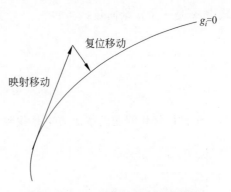

图 2-7　Rosen 梯度投影方法示意图

设矩阵 N 表示主动约束的梯度:

$$N = [\nabla g_1, \nabla g_2, \cdots, \nabla g_n] \tag{2-73}$$

投影矩阵为

$$P = I - N (N^T N)^{-1} N^T \tag{2-74}$$

搜索方向为

$$S = -P \nabla f(x) \tag{2-75}$$

复位移动为

$$-N (N^T N)^{-1} g_i(x) \tag{2-76}$$

结合投影和复位移动,自变量可以更新为

$$\bar{x} = x + \alpha S - N (N^T N)^{-1} g_i(x) \tag{2-77}$$

式中

$$\alpha = -\frac{\gamma f(x)}{S^T \nabla f(x)} \tag{2-78}$$

γ 指定目标函数所需的减小量。

2.4　多目标优化

在前面的章节中,我们讨论了单个目标函数的优化问题,包括无约束优化问题和约束优化问题。典型的单变量目标函数是成本最小化、效率最大化、权重最小化等。单变量优化问题的解决方案是空间中的单个点,并且相应的目标函数值给出该函数的最小值。

在多目标优化问题中,要同时优化两个或更多目标函数。例如,制造产品的标准是成本最小化和效率最大化。多目标优化问题的一般形式可以用数学公式表示如下。

最小化

$$f_k(x), \quad k = 1, 2, \cdots, K \tag{2-79}$$

约束

$$g_i(x) \leqslant 0, \quad i = 1, 2, \cdots, m < n \tag{2-80}$$

$$h_j(\boldsymbol{x}) = 0, \quad j = 1, 2, \cdots, r < n \tag{2-81}$$

$$\boldsymbol{x}_1 \leqslant \boldsymbol{x} \leqslant \boldsymbol{x}_u \tag{2-82}$$

式中，$\boldsymbol{x}$ 是一个 n 维向量：

$$\boldsymbol{x} = \begin{bmatrix} x_1 \\ x_2 \\ \vdots \\ x_n \end{bmatrix} \tag{2-83}$$

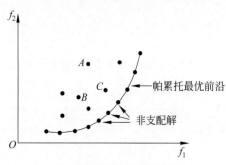

图 2-8　帕累托最优前沿

多目标优化问题的解决方案是找到目标函数空间中被称为帕累托最优解的点。对于具有两个目标函数（第一个函数是效率最大化，第二个函数是成本最小化）的多目标优化问题，典型的帕累托最优前沿如图 2-8 所示。第一个目标函数"效率"（f_1）沿着这个曲面的 x 轴，第二个目标函数"成本"（f_2）沿着这个曲面的 y 轴。帕累托最优前沿是通过支配原理获得的。在这个概念中，比较每个解决方案来检查是否支配另一个解决方案。

如果满足以下条件，则称解决方案 x_1 支配另一解 x_2：

- 在所有的目标中，解决方案 x_1 不逊于 x_2。
- 至少在一个目标中，解 x_1 优于 x_2。

考虑点 A 和 C 的支配关系。显然，在这两个目标函数中，C 点支配了 A 点。然而，C 点本身至少由帕累托最优前沿中的一个点支配。沿着帕累托最优前沿的点被称为非支配解。在图 2-8 中，帕累托最优前沿是凸面的。但是，帕累托最优前沿也可以是凹面的、部分凸面/凹面或不连续的。目标函数之间的权衡决定了帕累托最优前沿的形状。

在本节中，我们将讨论获得多目标优化问题的非支配解的方法。加权总和法、ε-约束方法、目标规划法和效用函数法是解决多目标优化问题的普遍方法。在加权总和法中，不同的目标使用不同的权重组合成一个单一的目标函数。这种方法简单易行。但是，它可以使用基于梯度的方法在一次优化运行中找到一个帕累托点。PSO 与其他解决方案结合，可以在一次运行中定位帕累托最优前沿。在 ε-约束方法中，一个目标函数被最小化并且其余的目标函数被转换成由用户指定的约束，然后使用基于梯度的方法解决变换的问题。该方法可以定位非凸性问题的帕累托最优前沿。在目标规划法中，为每个目标函数设定一个目标，最优化的目的是最小化与设定目标的偏差。在效用函数法中，所有的目标都被组合成一个单一的函数，然后结合约束一起解决。

2.4.1　加权总和法

解决多目标优化问题最简单的方法是将所有目标函数组合成一个单一的目标函数，然后使用前面章节中描述的方法来解决。不同的目标函数可以根据不同的问题，使用不同的权重来组合成一个单一的目标函数。

最小化

$$\sum_{k=1}^{K} w_k\, f_k(\boldsymbol{x}), \quad k=1,2,\cdots,K \tag{2-84}$$

约束

$$g_i(\boldsymbol{x}) \leqslant 0, \quad i=1,2,\cdots,m < n \tag{2-85}$$

$$h_j(\boldsymbol{x}) = 0, \quad j=1,2,\cdots,r < n \tag{2-86}$$

$$\boldsymbol{x}_l \leqslant \boldsymbol{x} \leqslant \boldsymbol{x}_u \tag{2-87}$$

式中，w_k 是第 k 个目标函数的非负权重：

$$\sum_{k=1}^{K} w_k = 1 \tag{2-88}$$

为目标函数选择的权值取决于该目标函数对其他目标函数的相对重要性。为了获得帕累托最优前沿，算法可能必须以不同的权重重复计算。

加权总和法的优点如下：

- 简单易用。
- 确保可以解决凸函数的问题。

加权总和法的缺点如下：

- 计算负担较重。
- 不同的权重可能会导致不同的结果。
- 无法解决非凸问题。
- 所有问题必须转换为相同的类型（求最小或最大）。

一种有趣的选择是使用进化算法（如 GA 或 PSO）来定位帕累托最优前沿，因为它同时在多个点上评估函数。在使用 PSO 时，权重在每次迭代时使用式（2-89）更新：

$$w_1(t) = \left| \sin\left(\frac{2\pi t}{F}\right) \right| \tag{2-89}$$

式中，t 是迭代次数，F 是权重的变化频率。迭代过程中权值的动态变化迫使 PSO 保持帕累托最优前沿的解。值得注意的是，改进的 PSO 能够定位非凸帕累托最优前沿，而加权总和法不能定位非凸帕累托最优前沿。

2.4.2　ε-约束方法

ε-约束方法中，决策者从 K 个需要最小化的目标中选择一个目标，剩余的目标作为某些目标值的约束（由决策者定义）。如果选择 $f_3(\boldsymbol{x})$ 作为需要最小化的目标函数，那么 ε-约束问题如下。

最小化

$$f_3(\boldsymbol{x}) \tag{2-90}$$

约束

$$f_k(\boldsymbol{x}) \leqslant \varepsilon_k, \quad k=1,2,\cdots,K \text{ 且 } k \neq 3 \tag{2-91}$$

对于有两个目标的简单的多目标优化问题，这个方法的概念可以通过图 2-9 来解释。使用不

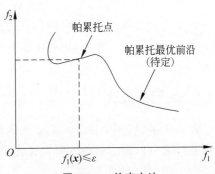

图 2-9　ε-约束方法

同的 ε 值,可以得到不同的帕累托最优解。该方法还可以为非凸帕累托最优前沿提供多目标优化问题的解。这种方法的缺点是需要先验信息才能获得合适的解决方案。

2.4.3　目标规划法

在目标规划法中,为每个目标函数设定需要达到的目标。那么最优化的目的是最小化与设定目标的偏差。例如,如果函数 $f_k(\boldsymbol{x})$ 被最小化,并且我们为这个函数设定一个目标 τ_k,则最优化问题转换成如下问题。

最小化

$$\sum_{k=1}^{K} w_{1,k} p_k + w_{2,k} n_k, \quad k=1,2,\cdots,K \tag{2-92}$$

约束

$$f_k(\boldsymbol{x}) + p_k - n_k = \tau_k \tag{2-93}$$

$$p_k, n_k \geqslant 0 \tag{2-94}$$

式中,$w_{1,k}$ 和 $w_{2,k}$ 是第 k 个目标的权重,p_k 和 n_k 是第 k 个目标的未达成和超额完成。目标规划法的主要优点是将多目标优化问题转换为单目标优化问题。

在 Lexicographic 目标规划法中,多目标优化问题的不同目标按照重要性或优先顺序排列。首先选择最重要的目标,求解 $\boldsymbol{x}^*$。然后选择优先顺序中的下一个目标函数,并以附加的约束条件作为从第一步获得的目标函数的值来求解。设 $f_1(\boldsymbol{x})$ 是设计者选择的最重要的目标函数,那么第一步是解决如下优化问题。

最小化

$$f_1(\boldsymbol{x}) \tag{2-95}$$

约束

$$g_i(\boldsymbol{x}) \leqslant 0, \quad i=1,2,\cdots,m \tag{2-96}$$

这个问题的最优解由 $\boldsymbol{x}^*$ 表示。在 Lexicographic 目标规划法的下一步中,选择第二个最重要的目标函数 $f_2(\boldsymbol{x})$ 进行优化,则问题可以表示为如下优化问题。

最小化

$$f_2(\boldsymbol{x}) \tag{2-97}$$

约束

$$g_i(\boldsymbol{x}) \leqslant 0, \quad i=1,2,\cdots,m \tag{2-98}$$

$$f_1(\boldsymbol{x}) = f_1(\boldsymbol{x}^*) \tag{2-99}$$

重复这个过程,直到所有的目标都被覆盖,并且多目标优化问题获得的最优解由 $\boldsymbol{x}^*$ 表示。需要注意的是,如果目标函数的优先级发生了变化,则所获得的最优解将是不同的 $\boldsymbol{x}^*$。

2.4.4　效用函数法

在效用函数法中,定义一个效用函数 U,它结合了多目标优化问题的所有目标函数。效用函数称为可以随约束条件解决优化问题的目标函数。效用函数法的描述如下。

最小化

$$U(f_k(\boldsymbol{x})), \quad k=1,2,\cdots,K \tag{2-100}$$

约束

$$g_i(\boldsymbol{x}) \leqslant 0, \quad i=1,2,\cdots,m<n \tag{2-101}$$

$$h_j(\boldsymbol{x})=0, \quad j=1,2,\cdots,r<n \tag{2-102}$$

$$\boldsymbol{x}_1 \leqslant \boldsymbol{x} \leqslant \boldsymbol{x}_u \tag{2-103}$$

2.5　动　态　优　化

动态优化问题具有随时间变化的目标函数。目标函数的这种变化会导致最佳位置以及搜索空间的特征的变化。现有的最佳状态可能会消失,而新的最佳状态可能会出现。2.5.1 节提供了一个动态问题的定义,2.5.2 节列出了不同类型的动态问题。基准测试问题示例在2.5.3 节给出。

2.5.1　动态优化问题的定义

动态优化问题的定义如下。

最小化

$$f(\boldsymbol{x},\boldsymbol{w}(t)) \tag{2-104}$$

约束

$$g_i(\boldsymbol{x}) \leqslant 0, \quad i=1,2,\cdots,m<n \tag{2-105}$$

$$h_j(\boldsymbol{x})=0, \quad j=1,2,\cdots,r<n \tag{2-106}$$

$$\boldsymbol{x}_1 \leqslant \boldsymbol{x} \leqslant \boldsymbol{x}_u \tag{2-107}$$

式中,$\boldsymbol{x}=(x_1,x_2,\cdots,x_{n_x})$,$\boldsymbol{w}(t)=(w_1(t),\cdots,w_{n_w}(t))$,$\boldsymbol{w}(t)$ 是时间依赖目标函数控制参数的向量。目标是找到

$$\boldsymbol{x}^*(t)=\min_x(f(\boldsymbol{x},\boldsymbol{w}(t))) \tag{2-108}$$

式中,$\boldsymbol{x}^*(t)$ 是在时间步骤 t 上找到的最优值。

动态环境的优化算法的目标是定位一个最优值并且尽可能紧密地跟踪它的轨迹。

2.5.2　动态环境类型

为了跟踪随着时间的推移而变化的最优值,优化算法需要检测和跟踪变化。环境可能在任何时间刻度上改变,称为时间剧烈性。变化可以在时间轴上连续展开,以不规则的时间间隔或是周期性的。由于这些变化,最佳的位置可能有不同尺度的变化,称为空间剧烈性。

Eberhart 等定义了 3 种类型的动态环境:

- 类型Ⅰ:这种环境下问题空间的最佳位置可能会发生变化。最优 $\boldsymbol{x}^*(t)$ 的变化剧烈性用参数 ζ 来刻画,ζ 衡量极值在位置上的跳跃。
- 类型Ⅱ:这种环境下问题的最优解的位置保持不变,但极值点的值 $f(\boldsymbol{x}^*(t))$ 发生变化。
- 类型Ⅲ:这种环境下最优解和值都发生变化。

环境中的变化由控制参数引起,可以发生在问题的一个或多个维度。如果变化是在所有维度上,那么对于类型Ⅰ环境,极值的变化定量为 $\zeta\boldsymbol{I}$ 量化,其中 $\boldsymbol{I}$ 是单位向量。

图 2-10 和图 2-11 为这些类型的动态环境的示例。图 2-10 说明了下面的动态函数:

$$f(\boldsymbol{x}, \boldsymbol{w}(t)) = \sum_{j=1}^{n_x} (x_j - w_1(t))^2 + w_2(t) \tag{2-109}$$

对于 $n_x = 2$,图 2-10(a)说明了两个控制参数都设置为零的静态函数。图 2-10(b)给出了一个类型 I 环境的说明,其中 $w_1 = 3, w_2 = 0$。在控制参数 $w_1 \neq 0$ 的情况下,最佳的位置在 $\boldsymbol{x}^* = (0,0)$ 剧烈移动,$\zeta = w_1^2$。图 2-10(c)说明了 $w_1 = 0, w_2 = 50$ 的类型 II 环境。极值位置保持在 $\boldsymbol{x}^* = (0,0)$,但其函数值从 0 变化到 w_2。图 2-10(d)说明了类型 III 环境,其中 $w_1 = 3, w_2 = 50$。

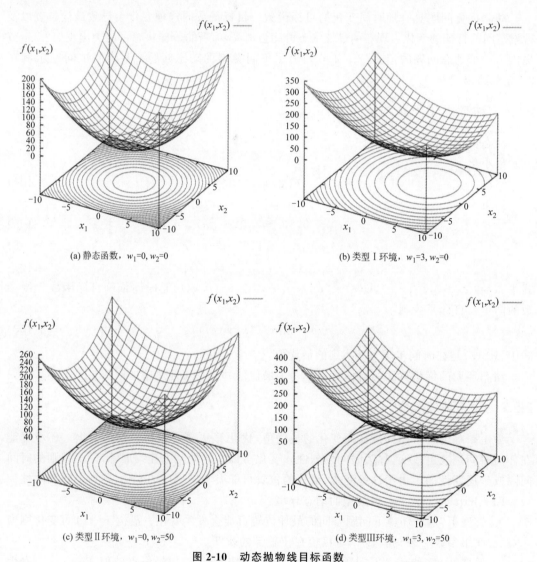

(a) 静态函数,$w_1=0, w_2=0$

(b) 类型 I 环境,$w_1=3, w_2=0$

(c) 类型 II 环境,$w_1=0, w_2=50$

(d) 类型 III 环境,$w_1=3, w_2=50$

图 2-10　动态抛物线目标函数

图 2-11(a)、图 2-11(b)、图 2-11(c)和图 2-11(d)分别阐释了以下函数的静态版,类型 I、类型 II、类型 III 环境:

$$f(\boldsymbol{x}, \boldsymbol{w}) = |f_1(\boldsymbol{x}, \boldsymbol{w}) + f_2(\boldsymbol{x}, \boldsymbol{w}) + f_3(\boldsymbol{x}, \boldsymbol{w})| \tag{2-110}$$

式中:

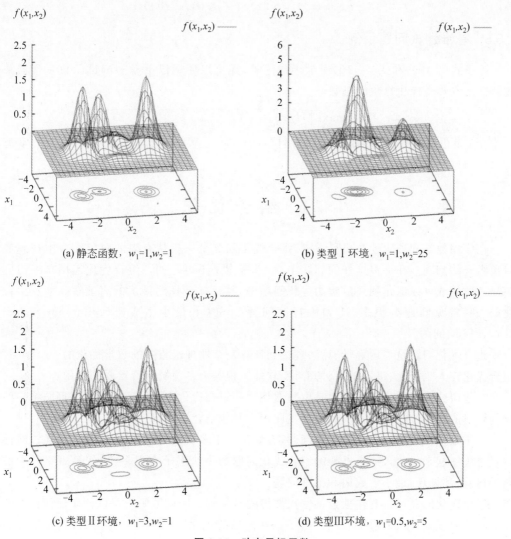

(a) 静态函数，$w_1=1, w_2=1$　　　　　　　(b) 类型 I 环境，$w_1=1, w_2=25$

(c) 类型 II 环境，$w_1=3, w_2=1$　　　　　　(d) 类型 III 环境，$w_1=0.5, w_2=5$

图 2-11　动态目标函数

$$f_1(\boldsymbol{x}, \boldsymbol{w}) = w_1(1-x_1)^2 \, \mathrm{e}^{(-x_1^2-(x_2-1)^2)} \tag{2-111}$$

$$f_2(\boldsymbol{x}, \boldsymbol{w}) = -0.1\left(\frac{x_1}{5} - w_2 x_1^3 - x_2^5\right)^2 \mathrm{e}^{(-x_1^2-x_2^2)} \tag{2-112}$$

$$f_3(\boldsymbol{x}, \boldsymbol{w}) = 0.5 \, \mathrm{e}^{(-(x_1+1)^2-x_2^2)} \tag{2-113}$$

其中：

- 静态函数，$w_1=1, w_2=1$。
- 类型 I 环境，$w_1=1, w_2=25$。
- 类型 II 环境，$w_1=3, w_2=1$。
- 类型 III 环境，$w_1=0.5, w_2=5$。

请注意，对于类型 II 环境，有更多的极大值出现，它变为了类型 III 环境的全局极值。

噪声环境（动态环境的一种特殊形式）可以通过向目标函数添加高斯噪声来轻松地进行可视化操作和测试：

$$f(\boldsymbol{x}, \boldsymbol{w}(t)) = f(\boldsymbol{x})(1 + N(0, \boldsymbol{w}(t))) \tag{2-114}$$

2.5.3 基准测试问题示例

除了式(2-109)和式(2-110)所示函数之外,还可以使用以下动态测试函数发生器来生成测试动态环境优化算法的函数:

$$f(x_1, x_2) = \max_{l=1, \cdots, n_x} \left[H_l - R_l \sqrt{(x_1 - x_{1l})^2 + (x_2 - x_{2l})^2} \right] \tag{2-115}$$

式中,n_x 是极值的数目,而第 l 个极值用位置(x_{1l}, x_{2l})表示,H_l 是高度,R_l 是斜率。动态环境可以通过随时间改变这些参数来模拟。

2.6　组　合　优　化

在应用数学和理论计算机科学中,组合优化问题是一个从有限的对象集合中找到最优对象组合的问题。在许多这样的问题中,穷举搜索是不可行的。组合优化运用在一组可行解是离散的或可以退化到离散解的优化问题中,其目标是找到最优的离散解。涉及组合优化的一些常见问题有很多,比如旅行商问题(TSP)和最小生成树(Minimum Spanning Tree,MST)问题。

组合优化问题是与运筹学、算法理论和计算复杂性理论相关的数学优化的一个子问题。组合优化在人工智能、机器学习、博弈论、软件工程等众多领域有着重要的应用。

一些研究文献认为离散优化是由整数规划和组合优化(反过来,它是由处理图结构的优化问题组成的)组成的,尽管所有这些主题都紧密地结合在一起。

对于某些特殊类别的组合优化问题,有大量关于多项式时间算法的研究,可通过线性规划理论统一起来。落入这个框架的组合优化问题的一些例子有很多,比如最短路径和最短路径树、流和循环、最小生成树和拟阵问题。

组合优化问题可以看作搜索某些离散解的最优解。因此原则上可以使用任何种类的搜索算法或启发式算法来解决它们。由于一些离散的优化问题是 NP 完全的,例如旅行商问题,因此通用搜索算法并不能保证找到最优解,也不能保证以多项式时间快速计算,除非 P=NP。

下面主要介绍几种较为简单的组合优化问题。

2.6.1 分配问题

分配问题是数学优化分支或运筹学研究的基本组合优化问题之一。它包括在加权二分图中找到最大权重匹配(或最小权重完美匹配)。

最常见的问题如下:

设有 n 项任务需分配给 m 位员工,员工 i 完成任务 j 所需时间为C_{ij},如何分配可使完成所有任务所用总时间最少?

如果任务和员工的数量相等,并且所有任务的分配总成本等于每个员工的成本总和,则这个问题就称为线性分配问题。通常,在没有任何额外条件的情况下谈到分配问题时,就是指线性分配问题。

分配问题(或线性分配问题)的正式定义如下：

给定两个大小相等的集合 A 和 T 以及一个权重函数 $C:A\times T\rightarrow\mathbf{R}$。找到一个双射 $f:A\rightarrow T$ 使得目标函数

$$\sum_{a\in A}C(a,f(a)) \tag{2-116}$$

达到最小。通常权重函数被视为一个实数方阵 C，所以成本函数被写成

$$\sum_{a\in A}C_{a,f(a)} \tag{2-117}$$

问题被称为"线性的"，是因为要优化的目标函数以及所有约束仅包含线性项。

这个问题可以直接表示为一个标准的线性规划问题：

$$\sum_{i\in A}\sum_{j\in T}C(i,j)x_{ij} \tag{2-118}$$

约束

$$\sum_{j\in T}x_{ij}=1,i\in A \tag{2-119}$$

$$\sum_{i\in A}x_{ij}=1,j\in T \tag{2-120}$$

$$x_{ij}\geqslant 0,i,j\in A,T \tag{2-121}$$

变量 x_{ij} 表示员工 i 到任务 j 的指派，如果指派完成则取值为 1，否则取值为 0。这个公式也允许取分数变量值，但总是有一个最优解，其中变量取整数值。这是因为约束矩阵是幺模矩阵。第一个约束条件是每个员工只能分配一个任务，第二个约束条件是每个任务只能分配一个员工。

匈牙利算法是解决分配问题的许多算法中的一种，它可以在员工数量的多项式时间内解决线性分配问题。其他算法包括原始单纯形算法的变形和拍卖算法等。

分配问题是运输问题的一个特例，运输问题是最小费用流问题的一个特例，最小费用流问题又是线性规划问题的一个特例。尽管使用单纯形算法可以解决任何这些问题，但每个特殊的问题都有更高效的算法来设计利用其特殊结构。

当有许多员工且任务的数量非常大时，可以应用具有随机性的并行算法。寻找最小权重最大匹配的问题可以转换为寻找最小权重完美匹配的问题。通过添加具有大权重的人造边，可以将二分图扩展到完整的二分图。这些权重应该超过所有现有匹配的权重，以防止在可能的解决方案中出现人造边缘。可以将最小权重完美匹配问题转换为在图的邻接矩阵中寻找子式。使用隔离引理，可以以至少 1/2 的概率找到图中的最小权重完美匹配。对于具有 n 个顶点的图，它需要 $O(\log^2(n))$ 的时间。

2.6.2　背包问题

背包问题是组合优化问题中的一个问题：给定一组物品，每件物品都有一个重量和一个价值，求这一组物品的子集，使得在总重量小于或等于给定限制的情况下，总价值尽可能大。这个问题的名字来源于受固定尺寸背包约束的人所面临的问题——必须用最有价值的物品来填充背包。

这个问题常常出现在有资金约束的资源分配中，并在诸如组合学、计算机科学、复杂性理论、密码学、应用数学等领域进行研究。

对背包问题的研究已经持续一个多世纪,早期的研究可以追溯到 1897 年。"背包问题"这个名字可以追溯到数学家 Tobias Dantzig(1884—1956)的早期著作,它指的是包装最有价值或有用的物品而不会超载行李的问题。

　　最简单的被解决的背包问题是 0-1 背包问题,它将每种物品的份数 x_i 限制为 0 或 1。给定 n 个物品,每个物品具有重量 w_i 和价值 v_i 以及最大权重容量 W。

　　最大化

$$\sum_{i=1}^{n} v_i x_i \tag{2-122}$$

　　约束

$$\sum_{i=1}^{n} w_i x_i \leqslant W \tag{2-123}$$

$$x_i \in \{0,1\} \tag{2-124}$$

　　这里 x_i 表示包含在背包中的物品 i 的数量,目标是最大化背包中物品的价值总和,使得重量的总和小于或等于背包的容量。

　　有界背包问题(Bounded Knapsack Problem,BKP)消除了每个物品只有一个的限制,但限制了每种物品的数目 x_i 小于或等于一个非负整数值 c。

　　最大化

$$\sum_{i=1} v_i x_i \tag{2-125}$$

　　约束

$$\sum_{i=1}^{n} w_i x_i \leqslant W \tag{2-126}$$

$$0 \leqslant x_i \leqslant c \tag{2-127}$$

　　无界背包问题(Unbounded Knapsack Problem,UKP)对每种物品的数量没有上限限制:

　　最大化

$$\sum_{i=1}^{n} v_i x_i \tag{2-128}$$

　　约束

$$\sum_{i=1}^{n} w_i x_i \leqslant W \tag{2-129}$$

$$x_i \geqslant 0 \tag{2-130}$$

从计算机科学的角度来看,背包问题很有意思,原因如下:

- 背包问题的决策问题形式是 NP 完全的,因此在所有情况下都没有已知的正确和快速的算法(多项式时间)。
- 当决策问题是 NP 完全的时,优化问题是 NP 难的,并且没有已知的多项式算法可以确定给出一个解是否为最优的。
- 有一个使用动态规划的伪多项式时间算法。
- 有一个完全多项式时间近似方案,它使用伪多项式时间算法作为子程序。

决策和优化问题之间存在着联系。一方面,如果存在解决决策问题的多项式算法,则可以通过反复应用该算法在多项式时间中找到优化问题的最优解。另一方面,如果算法在多项式时间内找到优化问题的最优值,则可以通过比较该算法输出的解的值来在多项式时间内解决决策问题。因此,解决这两种问题是同样困难的。

有几种算法可用于解决背包问题,如动态规划算法、分支定界算法或两种算法的混合。

下面我们给出一种动态规划算法。

如果重量 $w_1, \cdots, w_n$ 和 W 都是非负数,则进行动态规划,用伪多项式时间解决背包问题。下面描述了无界背包问题的解法。

简便起见,我们假定重量都是正数 ($w_j > 0$)。在总重量不超过 W 的前提下,我们希望总价值最高。对于 $Y \leqslant W$,我们在总重量不超过 Y 的前提下,将总价值所能达到的最高值定义为 $A(Y)$。$A(W)$ 即为问题的答案。

显然,$A(Y)$ 满足

$$A(0) = 0 \tag{2-131}$$

$$A(Y) = \max\{A(Y-1), \{v_j + A(Y - w_j) \mid w_j \leqslant Y\}\} \tag{2-132}$$

式中,v_j 为第 j 种物品的价值。

对式(2-132)进行解释。总重量为 Y 时,背包的最高价值可能有两种情况。第一种是该重量无法被完全填满,这对应于表达式 $A(Y-1)$。第二种是刚好填满,这对应于一个包含一系列刚好填满的可能性的集合,其中的可能性是指当最后放进包中的物品恰好是重量为 w_j 的物品时背包填满并达到最高价值。而这时的背包价值等于重量为 w_j 的物品的价值和当没有放入该物品时背包的最高价值之和。故归纳为表达式 $v_j + A(Y - w_j)$。最后把所有上述情况中背包价值的最大值求出就得到了 $A(Y)$ 的值。

如果总重量为 0,总价值也为 0。然后依次计算 $A(0), A(1), \cdots, A(W)$,并把每个步骤的结果存入表中供后续步骤使用,完成这些步骤后 $A(W)$ 即为最终结果。由于每次计算 $A(Y)$ 都需要检查 n 种物品,并且需要计算 W 个 $A(Y)$ 值,因此动态规划算法的时间复杂度为 $O(nW)$。如果将 $w_1, \cdots, w_n, W$ 都除以它们的最大公因数,则算法的时间复杂度将得到很大的提升。

尽管背包问题的时间复杂度为 $O(nW)$,但它仍然是一个 NP 完全问题。这是因为 W 同问题的输入大小并不呈线性关系。原因在于问题的输入大小仅仅取决于表达输入所需的比特数。事实上,$\lfloor \log_2 W \rfloor + 1$,即表达 W 所需的比特数,与问题的输入长度呈线性关系。

2.6.3　整数规划

整数规划问题是一种数学优化问题,其中一些或全部变量被限制为整数。而整数线性规划(Integer Linear Programming, ILP)是指问题中目标函数和约束(整数约束除外)都是线性的。

整数规划是 NP 难的。它的一种特殊情况是 0-1 整数线性规划,其中未知数是二进制的,限制必须被满足,是卡尔普 21 个 NP 完全问题之一。

标准形式的整数规划表示如下。

最大化

$$c^{\mathrm{T}} x \tag{2-133}$$

约束

$$Ax \leqslant b \tag{2-134}$$

$$x \geqslant 0 \tag{2-135}$$

$$x \in \mathbf{Z}^n \tag{2-136}$$

标准形式的 ILP 表示如下。

最大化

$$c^{\top} x \tag{2-137}$$

约束

$$Ax + s = b \tag{2-138}$$

$$s \geqslant 0 \tag{2-139}$$

$$x \geqslant 0 \tag{2-140}$$

$$x \in \mathbf{Z}^n \tag{2-141}$$

式中，c、b 是矢量，A 是一个矩阵，其中所有项都是整数。与线性规划一样，可通过引入松弛变量 s 来消除不等式，并将非标准约束的变量替换为标准形式的 ILP。

将问题建模为线性问题时，使用整数变量有两个主要原因：

- 整数变量表示只能是整数的量。例如，制造 3.7 辆汽车是不可能的。
- 整数变量表示决定，所以应该只取值 0 或 1。

这些情况在实践中经常发生，因此整数线性编程可应用于许多领域，如生产计划、调度、电信网络、蜂窝网络等。

解决 ILP 问题最简单的方法是直接去除 x 是整数的约束，求解相应的 LP（称为 ILP 的 LP 松弛），然后将解四舍五入到 LP 松弛。但是，这个解决方案不仅不是最优的，甚至可能是不可行的。也就是说，它可能违反了一些约束条件。

一般来说，如果 ILP 的形式为 $\max(c^{\top} x)$，则 LP 松弛的解决方案将不能保证是不可或缺的。由单纯形算法返回的解决方案可以保证是不可或缺的。为了表明每一个基本的可行解都是不可或缺的，让 x 是一个任意的基本可行解，由于 x 是可行的，且已知 $Ax = b$，令 $x_0 = [x_{n_1}, x_{n_2}, \cdots, x_{n_j}]$ 是与基本解相对应的元素 x，根据定义，有 A 的一些子方阵 B 具有线性独立的列，满足 $Bx_0 = b$。

由于 B 的列是线性无关的，B 是正方形的，因此 B 是非奇异的。假设 B 是幺模的，则 $\det(B) = \pm 1$。另外，因为 B 是非奇异的，所以它是可逆的，则 $x_0 = B^{-1} b$。根据定义，$B^{-1} = \dfrac{B^{\mathrm{adj}}}{\det(B)} = \pm B^{\mathrm{adj}}$。请注意，$B^{\mathrm{adj}}$ 表示 B 的组合，并且是整数。因为 B 是整数，所以 B^{-1} 是整数，$x_0 = B^{-1} b$ 是整数，每一个基本解都是整数。

因此，如果一个 ILP 的矩阵 A 是完全幺模，则可以用单纯形算法来求解 LP 松弛，并且解也将是整数。

当矩阵 A 不是完全幺模时，可以使用多种算法来精确地求解 ILP 问题。一类算法是切割平面算法，它们通过求解 LP 松弛，然后添加线性约束来驱动解逼近整数，而不排除任何整数可行点。

另一类算法是分支定界算法的变体。例如，结合了分支和边界切割算法的分支和剪切算法。与仅使用切割平面算法相比，分支定界算法具有许多优点。首先，其可以提前终止，只要找到至少一个整体解，就可以返回一个可行但不一定是最佳的解决方案。其次，LP 松弛的解可以用来提供最佳情况估计,即返回解的最优性。最后,分支定界算法可以用来返回多个最优解。

Lenstra 在 1983 年表明,当变量的数目固定时,可行的整数规划问题可以在多项式时间内求解。

由于 ILP 是 NP 难的,许多问题是棘手的,因此必须使用启发式方法。例如,禁忌搜索可用于搜索 ILP 问题的解决方案。要使用禁忌搜索来解决 ILP 问题,可以将移动定义为递增或递减可行解的整数约束变量,同时保持所有其他整型约束变量不变。然后再求解无限制的变量。短期记忆可以由先前尝试的解决方案组成,而中期记忆可以由整数约束变量的值组成。最后,长期记忆可以指导搜索以前没有尝试过的整数值。

其他可用于 ILP 的启发式方法包括:

- 爬山法。
- SA。
- ACO。
- Hopfield 神经网络。

另外还有其他各种问题特定的启发式方法,例如旅行商问题(TSP)的 k-opt 启发式方法。请注意,启发式方法的一个缺点是,如果它们找不到解决方案,就不能确定是否因为没有可行的解决方案,或者算法是否无法找到解决方案。而且,通常也不可能量化这些方法返回的最优解。

本 章 小 结

在数学和计算机科学中,优化问题是从所有可行的解决方案中寻找最佳解决方案的问题。根据变量是连续的还是离散的,优化问题可以分为两类。离散变量的优化问题被称为组合优化问题。在一个离散优化问题中,我们要从一个有限的(或者可能是无限的)集合中寻找一个对象,比如一个整数、排列或者图形。连续变量的优化问题包括无约束优化、约束优化和多目标优化等问题。最优化问题的研究方法被广泛地应用在其他重要领域,包括但不限于力学、经济和金融、电气工程、土木工程、运筹学、控制工程、地球物理、分子建模。本章简要介绍了一些基本的优化问题,以及对应的解决方法。

习　　题

习题 2-1　对于函数 $f(x) = x_1^2 + 3x_1x_2 + 2x_2$,给出最速下降法在点 $(1,2)$ 上的方向。

习题 2-2　最小化函数:

$$f(x) = 10000x_1x_2 + \mathrm{e}^{x_1} + \mathrm{e}^{x_2} - 2$$

请分别运用 BFGS 方法、DFP 方法和最速下降法从初始点 $(2,2)$ 开始优化。

习题 2-3　尝试用 MATLAB 复现 Nelder-Mead 算法,并优化习题 2-2 中的函数。

习题 2-4　以下约束优化问题:

$$f(x) = 2x_1 + x_2$$

约束

$$1 + x_1^2 - x_2 \leqslant 0$$

下面哪些点是可行解？

A. $(0, 0)$ B. $(1, 2)$ C. $(2, 1)$ D. $(1, 3)$

习题 2-5   以下优化问题：

$$f(x) = (3x_1 - 2x_2)^2 + (x_1 + 2)^2$$

约束

$$x_1 + x_2 = 7$$

请用代数法求解。

习题 2-6   尝试用 MATLAB 复现增广拉格朗日乘子法，并优化习题 2-5 中的问题函数。

习题 2-7   画出下面多目标优化问题的帕累托最优前沿。

最小化

$$f_1 = x^2$$
$$f_2 = (x - 2)^2$$
$$x \in [-10^5, 10^5]$$

习题 2-8   运用 PSO，求解习题 2-7 中的优化问题。

本章参考文献

第3章

粒子群优化

3.1 引　言

粒子群优化算法(PSO)起源于 1994 年提出的复杂适应系统理论(Complex Adaptive System,CAS)。PSO 从鸟群种群行为特性中获得启发,通过模拟鸟群的行为方式,来发掘同一鸟群同步飞行的模式,以及在最优形式重组时突然改变方向的模式,将其应用于求解优化问题。

设想这样的一个场景:一群鸟在随机地寻找食物,在整个区域内只存在一块食物,所有的鸟在初始时都不知道食物的位置,但它们知道自己的位置距离食物还有多远,那么最简单的觅食策略就是"搜索目前距离食物最近的那只鸟的位置的周围区域"。

在 PSO 中,每个优化问题的潜在解都可以理解成多维搜索空间上的一个点,即"粒子" (particle),所有粒子都有一个被目标函数决定的适应度值(fitness value),影响它们移动的方向和速度,决定它们移动的距离。然后粒子们就在这样的条件下开始追随当前的最优粒子在解空间中进行搜索。

3.2 基本粒子群优化

PSO 的基本思想是:通过群体中个体之间的协作和信息共享在给定的高维搜索空间中搜寻最优解。PSO 中的粒子都存在一种基本行为:效仿别的粒子的成功行为,并继续保持自身的成功行为。这种基本行为使得整个群体表现出能够搜寻最优解的群体行为。

一个 PSO 维护了一群粒子,每个粒子代表一个潜在的解。和进化计算范式进行类比,一个群类类似于一个种群,其中的每个粒子类似一个个体。每个粒子在高维搜索空间中飞行,通过自身的经验和其周围个体的经验来不断调整自己的位置。令 $x_i(t)$ 表示粒子 i 在时刻 t 时处于搜索空间中的位置,t 为离散的时间步。粒子的位置通过对当前位置增加速度 $v_i(t)$ 来改变,即

$$x_i(t+1) = x_i(t) + v_i(t+1) \tag{3-1}$$

其中,$x_i(0) \sim U(x_{\min}, x_{\max})$。

速度向量 v 是驱动优化过程的关键因素,它反映了粒子自身的经验累积,以及它邻域内的各个粒子与它的交互信息。粒子自身的经验累积通常称为认知部分,与粒子到它找到过的最佳位置(称为个体最佳位置)的距离成正比。交互信息则称为速度方程式的社会部分。

根据邻域的大小不同,将基本粒子群优化分成了全局最佳粒子群优化(gbest PSO)和局

部最佳粒子群优化(lbest PSO)。

3.2.1　全局最佳粒子群优化

gbest PSO 是指每个粒子的邻域都是整个群体。gbest PSO 使用的社会网络是星型拓扑结构(详见 3.2.6 节),粒子速度方程式中的社会部分代表着粒子从整个群体中获取到的交互信息。因此,在 gbest PSO 中,社会部分就是整个群体所找到的最佳位置,记作 $\hat{y}(t)$。

对于 gbest PSO,粒子 i 的速度计算公式如下:

$$v_{ij}(t+1) = v_{ij}(t) + c_1 r_{1j}(t)[y_{ij}(t) - x_{ij}(t)] + c_2 r_{2j}(t)[\hat{y}_j(t) - x_{ij}(t)] \quad (3\text{-}2)$$

式中,$v_{ij}(t)$ 表示粒子 i 在时刻 t 时在维度 j 上的速度;

$x_{ij}(t)$ 表示粒子 i 在时刻 t 时在维度 j 上的位置;

c_1 和 c_2 分别界定了认知部分和社会部分贡献的加速常数(都为正数);

r_{1j} 和 r_{2j} 是处于区间 $[0,1]$ 上的随机值,服从均匀分布,为算法引入了随机性。

y_i 表示粒子 i 的个体最佳位置,是指从第一次迭代开始找到的最佳位置。在 $t+1$ 时刻,个体最佳位置可以按照如下公式进行计算:

$$y_i(t+1) = \begin{cases} y_i(t), & f(x_i(t+1)) \geqslant f(y_i(t)) \\ x_i(t+1), & f(x_i(t+1)) < f(y_i(t)) \end{cases} \quad (3\text{-}3)$$

式中,$f: \mathbf{R}^{n_x} \rightarrow \mathbf{R}$ 表示适应度函数,n_x 是搜索空间的维度。适应度函数反映了某个解距离最优解的远近,定量地描述了一个粒子(解)的好坏。

$\hat{y}(t)$ 表示 t 时刻的全局最佳位置,定义如下:

$$\hat{y}(t) \in \{y_0(t), \cdots, y_{n_s}(t)\} \mid f(\hat{y}(t)) = \min\{f(y_0(t)), \cdots, f(y_{n_s}(t))\} \quad (3\text{-}4)$$

式中,n_s 是群中的粒子总数。$\hat{y}(t)$ 表示所有粒子到目前为止找到的最佳位置。在实际的计算过程中,取个体最佳位置中的最优值。全局最佳位置也可以通过当前群中粒子位置的最优值获得,即

$$\hat{y}(t) = \min\{f(x_0(t)), \cdots, f(x_{n_s}(t))\} \quad (3\text{-}5)$$

gbest PSO 算法如下。

算法 3-1　gbest PSO

创建并初始化一个维度为 n_x 的群;

repeat

　　for 每个粒子 $i=1, \cdots, n_s$ **do**

　　　　//设置个体最佳位置

　　　　if $f(x_i) < f(y_i)$ **then**

　　　　　　$y_i = x_i$;

　　　　end

　　　　//设置全局最佳位置

　　　　if $f(y_i) < f(\hat{y})$ **then**

　　　　　　$\hat{y} = y_i$;

　　　　 end

　　end

　　for 每个粒子 $i=1, \cdots, n_s$ **do**

　　　　更新每个粒子的速度 $v_{ij}(t+1)$;

更新每个粒子的位置 $x_i(t+1)$;
end
until 满足终止条件;

3.2.2　局部最佳粒子群优化

lbest PSO 中每个粒子的邻域都比较小,速度方程式中的社会部分反映了粒子邻域的信息交互,以及局部环境的知识。lbest 使用的社会网络是环型拓扑结构(详见 3.2.6 节)。社会部分对粒子速度的贡献跟粒子与该粒子邻域最佳位置之间的距离成正比。速度计算公式如下:

$$v_{ij}(t+1) = v_{ij}(t) + c_1 r_{1j}(t)[y_{ij}(t) - x_{ij}(t)] + c_2 r_{2j}(t)[\hat{y}_{ij}(t) - x_{ij}(t)] \quad (3\text{-}6)$$

式中,$\hat{y}_{ij}$ 表示粒子 i 处于维度 j 的邻域内找到的最佳位置。局部最优粒子的位置 $\hat{y}_i$ 是在邻域 N_i 中的最佳位置,定义如下:

$$\hat{y}_i(t+1) \in \{N_i \mid f(\hat{y}_i(t+1)) = \min\{f(x)\}, \forall x \in N_i\} \quad (3\text{-}7)$$

邻域 N_i 的定义如下:

$$N_i = \{y_{i-n_{N_i}}(t), y_{i-n_{N_i}+1}(t), \cdots, y_{i-1}(t), y_i(t), y_{i+1}(t), \cdots, y_{i+n_{N_i}}(t)\} \quad (3\text{-}8)$$

对于大小为 n_{N_i} 的邻域,局部最佳位置也称为邻域最佳位置。

在基本 PSO 中,同一个邻域中的粒子之间是没有关系的,邻域的选择是基于粒子索引进行的。随着 PSO 的发展,又有人提出了一些新的寻找邻域的策略,例如根据空间的相似性来确定邻域。

基于粒子索引来确定邻域有如下两个原因。

(1) 计算代价降低。基于粒子索引的方法不需要确定粒子的空间顺序,如果要确定粒子的空间距离来决定邻域,则需要计算所有粒子之间的欧氏距离,计算的时间复杂度为 $O(n_s^2)$。

(2) 在所有粒子之间传播信息。基于粒子索引的方法会忽略粒子在搜索空间中的位置,从而将了解的信息传播到所有粒子。

需要注意的是邻域的重叠问题。一个粒子可能属于多个邻域,邻域的互相重叠有助于邻域之间的信息共享,并确保了群体能够收敛于一个点,也就是全局最优粒子。gbest PSO 其实就是 $n_{N_i} = n_s$ 时的 lbest PSO。

lbest PSO 算法如下。

算法 3-2　lbest PSO

创建并初始化一个维度为 n_x 的群;
repeat
　　for 每个粒子 $i = 1, \cdots, n_s$ **do**
　　　　//设置个体最佳位置
　　　　if $f(x_i) < f(y_i)$ **then**
　　　　　　$y_i = x_i$;
　　　　end
　　　　//设置邻域最佳位置
　　　　if $f(y_i) < f(\hat{y})$ **then**

$$\hat{y} = y_i;$$
    end
    end
    for 每个粒子 $i=1,\cdots,n_s$ **do**
        更新每个粒子的速度 $v_{ij}(t+1)$；
        更新每个粒子的位置 $x_i(t+1)$；
    end
until 满足终止条件；

3.2.3 gbest PSO 与 lbest PSO 的比较

以上介绍的两种版本的 PSO 在"速度更新的社会部分导致粒子向全局最优解移动"方面是相似的。

两种算法在收敛性方面的主要区别如下。

（1）gbest PSO 有更大的粒子互联度，所以它收敛得会比 lbest PSO 更快。然而，这种更为快速的收敛却导致了较差的多样性。

（2）lbest PSO 具有更好的多样性（能够覆盖搜索空间的绝大部分），因此不容易陷入局部极值。一般来说（取决于研究的问题），邻域的结构，例如 lbest PSO 中使用的环形拓扑结构，能够进一步提升性能。

3.2.4 速度成分

速度方程式由三部分组成。

（1）之前的速度，$v_i(t)$，它代表之前飞行方向的记忆，即不久之前的移动情况。这种记忆可以看作一种动量或者趋势，能够防止粒子突然改变方向，继续偏向现在的方向。这个分量也被称为惯性分量。

（2）认知部分，$c_1r_1(y_i-x_i)$，可以评估粒子 i 相较于过去的表现。在某种程度上，认知部分模拟了粒子的最佳位置的个体记忆。这一项的作用是可以将粒子拉回到它们各自的最佳位置，表明了粒子回到过去最佳位置的一种趋势。Kennedy 和 Eberhart 也将认知部分称为粒子的"怀旧"。

（3）社会部分，在 gbest PSO 中表示为 $c_2r_2(\hat{y}-x_i)$，在 lbest PSO 中则表示为 $c_2r_2(\hat{y}_i-x_i)$。它评估了粒子相对于群体或者其邻域的表现。社会部分可以认为是粒子试图达到的一种群体的标准，其作用是将粒子拉回到其邻居找到的最佳位置。

认知部分和社会部分的作用分别由随机变量 c_1r_1 和 c_2r_2 来控制。

3.2.5 几何描述

速度方程式的效果可以很容易地在一个二维向量空间中进行表示。为了更好地进行说明，先考虑二维搜索空间中的一个粒子。

图 3-1 展示了粒子的一种典型的移动方式。为了方便说明，图中粒子的下标被省略。图 3-1(a)描述了时刻 t 时的群体状态。注意新的位置 $x(t+1)$ 向全局最佳位置 $\hat{y}(t)$ 靠拢了。对于时间步 $t+1$，如图 3-1(b)所示，假定个体最佳位置不变，图中说明了惯性分量、认

知部分和社会部分是如何帮助粒子向全局最佳位置移动的。

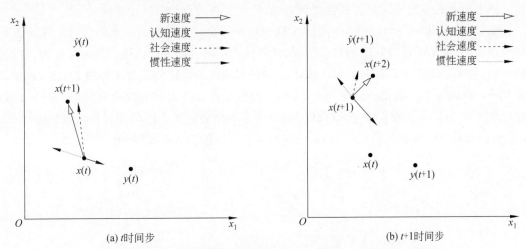

图 3-1 二维向量空间下的单一粒子的速度更新和位置更新示意图

当然,一个粒子的位置是有可能超越全局最佳位置的,主要是由于惯性成分的存在。这将会导致以下两种情况:

(1)新的位置,是在当前全局最佳位置的前提下产生的,因此有可能超越当前的全局最佳位置。在这种情况下,新的全局最佳位置就会吸引其他所有粒子向它移动。

(2)新的位置仍然不如当前的全局最佳位置,在之后的时间步骤之中,速度方程式中的认知部分和社会部分将使得粒子朝着全局最佳位置的方向移动。

粒子在所有位置上更新操作的累积效应就是每个粒子都会收敛到连接全局最佳位置和粒子个体最佳位置连线上的一点。

下面回到多个粒子的情况。图 3-2 中使用了 gbest PSO 优化,求解一个包含两个变量 x_1 和 x_2 的二维函数最小化问题。最优值在原点处,用符号"×"标记。图 3-2(a)表示了 8 个粒子的初始位置,同时全局最优值如图所示。在时刻 t 时,认知部分对每个粒子的速度贡献为零,只有社会部分会对粒子的移动产生影响。需要注意的是,全局最优值是不会改变的。

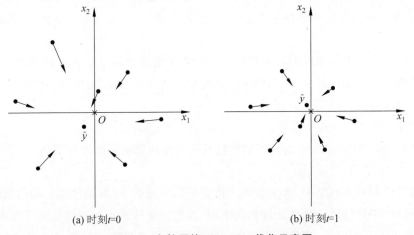

图 3-2 多粒子的 gbest PSO 优化示意图

图 3-2(b)表示经过一次迭代后的所有粒子的新位置,并且已经找到了一个新的全局最佳位置。图中所有粒子的速度方程式都受到影响,都朝着新的全局最佳位置移动。

最后,关于 lbest PSO,图 3-3 展示了粒子是如何受到其邻居的影响的。为了保证图示的可读性,只展示了部分粒子的移动情况,并只标出了向全局最优值聚合的速度方向。在邻域 1 中,粒子 a 和粒子 b 都向粒子 c 移动,c 是此邻域内的最优值。对于邻域 2 来说,粒子 d 和粒子 e 都向粒子 f 移动。在下一次迭代中,粒子 e 将会是邻域 2 内的最优值。图 3-3(b)显示粒子 d 和粒子 f 都向粒子 e 移动。图中的方块代表粒子之前的位置。值得注意的是,e 依然是邻域 2 内的最优值,整体的运动都是朝着最小值的方向移动的。

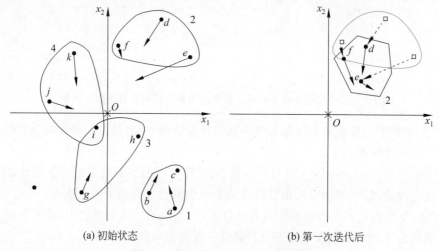

(a) 初始状态   (b) 第一次迭代后

图 3-3   多粒子 lbest PSO 优化示意图

3.2.6   社会网络结构

社交互动是驱动 PSO 工作的本质属性。群体中的粒子之间相互学习,并根据获取的知识,使自身变得更接近"比自己更好"的邻居粒子。PSO 的社会结构由重叠的邻域信息决定,邻域内的粒子之间互相影响。这个特点类似动物观察的行为,区域中的生物个体最有可能受到其周围邻居个体的影响,并且"更为成功"的个体对其周围个体的影响力也会更大。

在 PSO 中,同一个邻域内的粒子通过和每个粒子交换成功信息来进行交流。所有粒子都向着被认为是更好的位置移动。PSO 的表现很大程度上依赖社会网络的结构。通过社会网络的信息流取决于以下三方面。

(1) 网络节点之间的连接程度。

(2) 聚类的数量(当一个节点的邻居也是其他节点的邻居时会发生聚类)。

(3) 节点之间的平均最短距离。

在高度互联的社会网络中,大多数的个体是可以互通的,使得最佳位置的信息能够迅速地在社会网络中进行传递。从优化的角度来说,这意味着搜索最优解的收敛速度将会更快。然而,对于高度互联的网络,更快的收敛速度将会导致更容易陷入局部极值,主要是因为搜索空间的覆盖范围小于互联程度较低的网络。对于在邻域中存在大量聚类的稀疏连接网络,还可能发生搜索空间未被充分覆盖,导致不能获得最优解的情况,因为每个聚类只能包含搜索空间的一小部分。在这样的网络结构中存在若干聚类,而不同的聚类之间通常联系很少,因此,搜索空间某一有限部分的信息在聚类之间的流动速度将会非常缓慢。

目前已经存在多种 PSO 的社会网络结构,这里介绍一些主要的社会网络结构。其他部分可以参考文献中的内容。

- 星型(star)社会网络结构。如图 3-4(a)所示,在这种网络结构中,所有粒子互相连接,因此每个粒子都可以和其他所有粒子进行通信。在这种情况下,每个粒子都向着全局最佳位置移动。一般 gbest PSO 都是用这种网络结构实现的。
- 环型(ring)社会网络结构。如图 3-4(b)所示,每个粒子和其直接邻居进行通信,试图从邻域空间中寻找最佳位置,并向着最佳位置移动。信息在社交网络中的流动速度较慢,因此收敛速度也会较慢。但是,与星型社会网络结构相比,搜索空间的大部分都会被覆盖。这种网络结构能够在处理多模问题时提供更好的性能。一般 lbest PSO 都是用这种网络结构实现的。
- 轮型(wheel)社会网络结构。如图 3-4(c)所示,邻域中的个体是相互独立的。一个粒子作为中心焦点,所有信息都通过焦点粒子进行传递。焦点粒子比较邻域中所有粒子的性能,并根据最优的邻居调整自己的位置。如果焦点粒子的新位置代表了更好的解,那么它就会将这个信息传递给所有的粒子。这种网络结构同样降低了信息的传播速度。
- 金字塔型(pyramid)社会网络结构。如图 3-4(d)所示,这种网络结构形成了三维有线连接框架。
- 四聚类型(four clusters)社会网络结构。如图 3-4(e)所示,四个集群由集群之间的两个连接构成,集群内的粒子分别和五个邻居粒子相连。
- 冯·诺依曼(von Neumann)社会网络结构。如图 3-4(f)所示,粒子以网络结构连接,这种结构在许多实证研究中显示出了比其他网络结构更好的性能。

3.2.7　算法的其他部分

1. 算法初始化

PSO 的第一步是群的初始化,并且设置控制参数。在基本 PSO 优化中,控制参数 c_1 和 c_2、初始速度、粒子位置和个体最佳位置都需要赋初值。在 lbest PSO 中,还需要制定邻域范围内的粒子个数。

一般情况下,粒子的初始位置是在搜索空间中均匀分布的,但是,PSO 的搜索效果会很大程度上依赖初始群的分布,即覆盖了多少搜索空间以及粒子的分布情况。如果初始群没有覆盖到极值所在的区域,那么 PSO 优化将很难搜索到这个值。或者粒子的速度方程式的惯性因素将粒子引向了未覆盖区域,那么也有可能搜索到这个极值。

假设极值在 x_{min} 和 x_{max} 所定义的区域内,它们分别表示在每一维上的最小值和最大值,粒子位置的初始化可以表示为

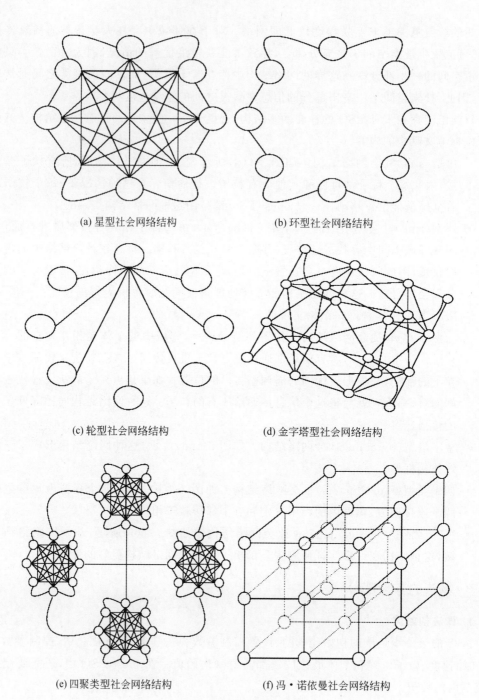

(a) 星型社会网络结构　　　　　　　(b) 环型社会网络结构

(c) 轮型社会网络结构　　　　　　　(d) 金字塔型社会网络结构

(e) 四聚类型社会网络结构　　　　　(f) 冯·诺依曼社会网络结构

图 3-4　社会网络结构示例

$$x(0) = x_{\min,j} + r_j (x_{\max,j} - x_{\min,j}), j = 1, \cdots, n_x \qquad (3-9)$$

式中，$r_j \sim U(0,1)$。

初始速度可以初始化为 0，即

$$v_i(0) = 0, \ i = 1, \cdots, n_s \qquad (3-10)$$

位置的随机初始化可以保证搜索的随机性,速度也可以随机初始化,但不能太大,过大的初始速度会包含较大的惯性成分,导致每次位置更新时的幅度较大,这样很容易引起粒子偏离搜索区域,使得群难以收敛。

粒子的个体最佳位置可以初始化为粒子在时刻 $t=0$ 时的位置,即

$$y_i(0) = x_i(0), i = 1, \cdots, n_s \tag{3-11}$$

2. 算法的终止条件

选择终止条件时,需要考虑两个因素:

(1) 终止条件不能在种群尚未进化完全时停止优化,否则会得到次优解而不是最优解。

(2) 终止条件不能导致频繁地计算适应度函数,否则计算的复杂度会急剧提升。

目前经常选用的终止条件如下:

(1) 设置最大迭代次数。当达到最大迭代次数时,就终止算法。

(2) 设置可接受的解的范围。当解达到可接受的程度时,即终止算法。

(3) 在一定迭代次数内,解没有得到优化,则终止算法。

3.3　粒 子 轨 迹

3.3.1　简化 PSO 模型的粒子轨迹

对于一个简化的 PSO 模型,只包含一个粒子($n_s = 1$)和一个维度($n_x = 1$),同时假设个体最佳和全局最佳位置相同且保持不变,即 $\hat{y}(t) = y(t) = p$,进而假设一个确定的 PSO 模型(没有随机因素的存在),没有惯性权重、速度限制以及收缩系数。在以上假设下,速度和位置更新方程式表示如下:

$$v(t) = v(t-1) + (\phi_1 + \phi_2)(p - x(t-1)) \tag{3-12}$$

$$x(t) = x(t-1) + v(t) \tag{3-13}$$

式中,$\phi_1 = c_1 r_1$,$\phi_2 = c_2 r_2$。粒子和维数的下标都被省略掉了,因为只考虑了单个粒子和一个维度的情况。令 $\phi = \phi_1 + \phi_2$,则速度方程式和位置方程式变为

$$v(t) = v(t-1) + \phi x(t-1) + \phi p \tag{3-14}$$

$$x(t) = x(t-1) + v(t-1) + \phi x(t-1) + \phi p \tag{3-15}$$

进一步可得

$$x(t-1) = x(t-2) + v(t-1) \tag{3-16}$$

$$v(t-1) = x(t-1) + x(t-2) \tag{3-17}$$

综上各式,可以得到如下非齐次递归关系:

$$x(t) = (2 - \phi)x(t-1) + x(t-2) + \phi p \tag{3-18}$$

初始条件为 $x(0) = x_0$,$x(1) = (1 - \phi) + v_0 + \phi p$。

改写成矩阵-向量乘法形式:

$$\begin{bmatrix} x(t) \\ x(t-1) \\ 1 \end{bmatrix} = \begin{bmatrix} 2-\phi & -1 & \phi p \\ 1 & 0 & 0 \\ 0 & 0 & 1 \end{bmatrix} \begin{bmatrix} x(t-1) \\ x(t-2) \\ 1 \end{bmatrix} \tag{3-19}$$

根据上述矩阵方程式,可得特征方程式如下:

$$(1-\lambda)(1-\lambda(2-\phi)+\lambda^2)=0 \tag{3-20}$$

可得如下解：

$$\begin{cases} \alpha=\dfrac{2-\phi+\gamma}{2} \\[2mm] \beta=\dfrac{2-\phi-\gamma}{2} \\[2mm] \gamma=\sqrt{\phi^2-4\phi} \end{cases}$$

因此，非齐次递归式(3-18)可以写成

$$x(t)=k_1+k_2\,\alpha^t+k_3\,\beta^t \tag{3-21}$$

式中的三个系数是由系统的初始条件所确定的常数，由于有三个未知系数，因此需要列方程式如下：

$$\begin{bmatrix} x(0) \\ x(1) \\ x(2) \end{bmatrix}=\begin{bmatrix} 1 & 1 & 1 \\ 1 & \alpha & \beta \\ 1 & \alpha^2 & \beta^2 \end{bmatrix}\begin{bmatrix} k_1 \\ k_2 \\ k_3 \end{bmatrix} \tag{3-22}$$

通过求解上述方程式，可得

$$k_1=p$$
$$k_2=x_0-p-k_3$$
$$k_3=\frac{(x_0-p)(\gamma+\phi)}{2\gamma}-\frac{v_0}{\gamma}$$

令 $x_0=p$，可得粒子的轨迹方程式：

$$x(t)=\frac{v_0}{\gamma}(\alpha^t-\beta^t)+p \tag{3-23}$$

式中，$\gamma=\sqrt{\phi^2-4\phi}$。当 $\phi^2-4\phi>0$ 时，$\gamma\in\mathbf{R}$，否则 $\gamma\in\mathbf{C}$。下面分情况进行讨论。

1. $\gamma\in\mathbf{R}$

(1) $\phi=0$，可得递归轨迹方程式如下：

$$x(t)=2x(t-1)-x(t-2) \tag{3-24}$$

粒子的轨迹如下：

$$x(t)=(x_0-p)v_0t \tag{3-25}$$

如果 $x_0=p$，则粒子会沿着初始方向一直移动下去。

(2) $\phi=4$，可得递归轨迹方程式如下：

$$x(t)=-2x(t-1)-x(t-2)+4p \tag{3-26}$$

粒子的轨迹如下：

$$x(t)=((x_0-p)+(2(x_0-p)-v_0)t)(-1)^t+p \tag{3-27}$$

如果 $x_0=p$，则轨迹方程式变成

$$x(t)=-v_0t\,(-1)^t+p \tag{3-28}$$

由于 $(-1)^t$ 的存在，粒子将在连续的时间步上做相反方向的运动。

(3) $\phi>4$，粒子轨迹如式(3-23)所示，粒子将做振动运动(以指数函数为界)。初始速度 v_0 越大，粒子的步长也会越大。

综上可知，当 $\gamma\in\mathbf{R}$ 时，粒子的步长的增大需要加以限制，以保证粒子不会偏离搜索空间。

2. $\gamma \in \mathbf{C}$

（1）$0 < \phi < 4$，轨迹方程式如下：

$$x(t) = k_2 \alpha^t + k_3 \beta^t \tag{3-29}$$

式中，

$$\alpha = \frac{2 - \phi + \gamma'}{2}$$

$$\beta = \frac{2 - \phi - \gamma'}{2}$$

$$k_3 = \frac{(x_0 - p)(\gamma' + \phi)}{2\gamma'} - \frac{v_0}{\gamma'}$$

$$k_2 = x_0 - p - k_3$$

$$\gamma' = \mathrm{i}\sqrt{|\phi^2 - 4\phi|}$$

对于任意一个复数 $z \in \mathbf{C}$，它的模由 l_2 范数度量，即

$$\|z\| = \sqrt{(R(z))^2 + (G(z))^2} \tag{3-30}$$

需要注意的是，复数可以写成如下形式：

$$z^t = (\|z\|\mathrm{e}^{\mathrm{i}\theta})^t = \|z\|^t \, \mathrm{e}^{\mathrm{i}\theta t} = \|z\|^t (\cos\theta t + \mathrm{i}\sin\theta t) \tag{3-31}$$

式中，$\theta = \arg(z)$。

若 $x_0 = p$，则轨迹方程式变成

$$x(t) = \frac{2v_0}{\|\gamma'\|}\sin\left(\arctan\left(\frac{\|\gamma'\|t}{2 - \phi}\right)\right) \tag{3-32}$$

式（3-22）表明，一个具有复数值 γ 的粒子的轨迹是一条正弦波，其中初始条件和参数的选择将决定波的振幅和频率，其实决定的是粒子的方向和步长。振幅和频率的表达形式如下：

$$A = \frac{2v_0}{\|\gamma'\|} \tag{3-33}$$

$$V = \frac{\arctan\left(\dfrac{\|\gamma'\|t}{2 - \phi}\right)}{2\pi} \tag{3-34}$$

周期 $T = \dfrac{1}{V}$，轨迹方程式的周期性可以使粒子重复地搜索已经访问过的空间，除非其邻域中的另一个粒子找到了更好的解。

（2）$\phi = 2$，由式（3-18）可得

$$x(t) = -x(t - 2) + \phi p = v_0 \sin\left(\frac{t\pi}{2}\right) + 2p \tag{3-35}$$

（3）$0 < \phi < 2$ 或 $2 < \phi < 4$，轨迹方程式如下：

$$x(t) = T_s \sin\theta t + r_c \cos\theta t \tag{3-36}$$

式中，

$$T_s = \frac{2v_0 - \phi x_0 - \phi p}{\gamma}$$

$$T_c = x_0 - p$$

$$\theta = \arctan\left(\frac{\gamma}{|2 - \phi|}\right)$$

$$\gamma = \sqrt{|\phi^2 - 4\phi|}$$

当 $x_0 = p$，$0 < \phi \leqslant 2 - \sqrt{3}$ 和 $2 + \sqrt{3} < \phi < 4$ 时，正弦波的振幅随着 ϕ 的减小而增大，因为 $\|\gamma'\| < 1$，频率也随着周期的增大而减小。

当 $2 - \sqrt{3} < \phi \leqslant 2$ 和 $2 < \phi \leqslant 2 + \sqrt{3}$ 时，$\|\gamma'\| > 1$，由于 $\|\gamma'\|$ 的上界为 $\sqrt{5}$，正弦波的振幅接近 v_0。

3.3.2 轨迹示例

下面是一个简化 PSO 系统的部分粒子轨迹展示。这些图例展示出了一个简化粒子的不同类型的行为，比如收敛、周期性和发散等行为。其中的参数 ϕ_1 和 ϕ_2 是随机选取的，由此产生的轨迹图像展示出了随机粒子的探索能力。

为了简化模型，令 $y = 1.0$，$\hat{y} = 0$，初始条件为 $x(0) = 10$，$x(1) = 10 - 9\phi_1 - 10\phi_2$。由此可以构建一个简单的模型。下面是模型的部分行为的图例展示。

如图 3-5 所示，简化的系统收敛到了一个平衡点。图 3-5(a) 显示的是粒子的探索行为，在探索的初期，粒子需要覆盖尽可能多的搜索空间，随着时间步数的增大，振荡幅度逐渐减小，直至归零。其中的参数 $\omega = 0.5$，$\phi_1 = \phi_2 < 1.4$。

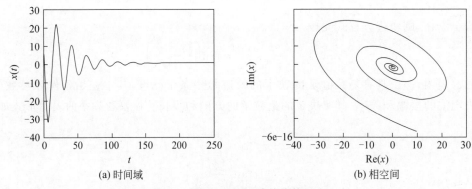

(a) 时间域   (b) 相空间

图 3-5　简化 PSO 系统的收敛行为

图 3-6 展示的是系统的周期性行为，粒子并没有收敛到平衡点。其中的参数 $\omega = 1.0$，$\phi_1 = \phi_2 = 1.999$。

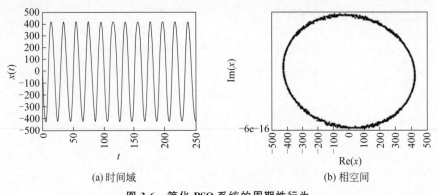

(a) 时间域   (b) 相空间

图 3-6　简化 PSO 系统的周期性行为

图 3-7 展示的是系统的发散行为,在探索初期,粒子的振荡幅度很小,随着时间步数的增大,振荡幅度逐渐变大,最后导致粒子偏离了搜索空间。

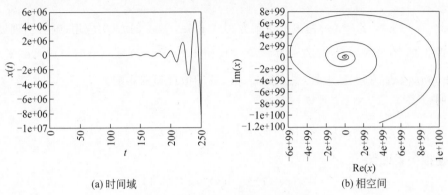

(a) 时间域　　　　　　　　　　(b) 相空间

图 3-7　简化 PSO 系统的发散行为

3.4　收敛性证明

3.4.1　局部收敛性

关于基本 PSO 优化的收敛性证明,证明基本 PSO 不是一个局部最小化算法。首先考虑单模最优化问题。

定义:

$$x_0 = \underset{x_i}{\mathrm{argmax}}\{f(x_i)\}, \quad i = 1, 2, \cdots, n_s \tag{3-37}$$

在最小化问题中,x_0 使得 f 的值最大,因此 x_0 表示种群中最差的粒子,作为初始位置。

定义紧集:

$$L_0 = \{x \in S : f(x) \leqslant f(x_0)\} \tag{3-38}$$

紧集表示的是所有满足 f 值小于或等于 $f(x_0)$ 的粒子。

假设所有粒子都在函数 f 的同一个"盆地"中,因此 $x_i, y_i \in L_0$。由速度方程式和位置方程式可得,PSO 的方程式 A 定义如下:

$$A(\hat{y}_t, x_{i,t}) = \begin{cases} \hat{y}_t, & f(g(x_{i,t})) \geqslant f(\hat{y}_t) \\ g(x_{i,t}), & f(g(x_{i,t})) < f(\hat{y}_t) \end{cases} \tag{3-39}$$

式中,$g(x_{i,t})$ 表示 PSO 优化中的更新操作,$\hat{y}_t$ 表示所有粒子在时间步 t 之前所找到的最佳位置。

证明的过程考虑 $x_{i,t}$ 值的计算是对 g_1、g_2 和 g_3 三个方程式的成功应用。每个方程式都在原有结果的基础上增加了一项,代表着位置更新中的一部分。即

$$x_{i,t+1} = g(x_{i,t}) = g_1(x_{i,t}) + g_2(x_{i,t}) + g_3(x_{i,t}) \tag{3-40}$$

式中,

$$g_1(x_{i,t}) = x_{i,t} + \omega v_{i,t} \tag{3-41}$$

$$g_2(x_{i,t})_j = c_1 r_{1j}(t)(y_{ij,t} - x_{ij,t}), \quad j = 1, \cdots, n_x \tag{3-42}$$

$$g_3(x_{i,t})_j = c_2 r_{2,j}(t)(y_{ij,t} - x_{ij,t}), \quad j = 1, \cdots, n_x \tag{3-43}$$

$g_k(x_{i,t})_j$ 表示向量方程式 g_k 的第 j 维。

根据紧集的定义,假设所有粒子在初始状态时都属于 L_0,即

$$x_{i,0}, y_{i,0} \in L_0 \tag{3-44}$$

因此 $\hat{y}_0 \in L_0$,令 $g^N(x_{i,t})$ 表示更新方程式 g 在 $x_{i,t}$ 上的 N 次应用,则有引理 3.1。

引理 3.1   存在一个值 $N(1 \leqslant N \leqslant +\infty)$,使得 $\|g^{t'}(x_{i,t}) - g^{t'+1}(x_{i,t})\| < \epsilon, \forall t' \geqslant N$, $\epsilon > 0$,在 $\max\{\|\alpha\|, \|\beta\|\} < 1$ 时,受参数 ω、ϕ_1、ϕ_2 的值选择的影响。

证明:

$$\lim_{t \to +\infty} x(t) = \lim_{t \to +\infty} (k_1 + k_2 \alpha^t + k_3 \beta^t) = \frac{\phi_1 y + \phi_2 \hat{y}}{\phi_1 + \phi_2} \tag{3-45}$$

由递推关系可得

$$x(t+1) - x(t) = v(t+1) \tag{3-46}$$

因此,当 $\max\{\|\alpha\|, \|\beta\|\} < 1$ 时,有

$$\lim_{t \to +\infty} v(t+1) = \lim_{t \to +\infty} (x(t+1) - x(t)) = \lim_{t \to +\infty} (k_2 \alpha^t (\alpha - 1) + k_3 \beta^t (\beta - 1)) = 0 \tag{3-47}$$

进一步,有

$$x(t+1) = x(t) + v(t+1) = x(t) + \omega v(t) - x(t)(\phi_1 + \phi_2) + y \phi_1 + \hat{y} \phi_2 \tag{3-48}$$

根据式(3-45)可得,在 t 的极限情况下,$x(t+1) = x(t)$。根据式(3-46)可得,在 t 的极限情况下,$v(t) = 0$。因此,在极限条件下,有

$$x(t) = x(t) - x(t)(\phi_1 + \phi_2) + y \phi_1 + \hat{y} \phi_2 \to 0 \tag{3-49}$$

当 $x(t) = y = \hat{y}$ 时,式(3-49)成立,系统将会收敛。需要注意的是,这个点不一定是一个局部最优值。

根据上述证明可以发现,一旦算法达到如下状态,即 $x(t) = y = \hat{y}$,表示算法不会取得进步,则算法就会终止,但此状态中的 $\hat{y}$ 不一定是全局最优值,可能只是一个局部最优值。

综上所述,基本 PSO 并非是一个局部搜索算法,因为它不能保证从任意一个初始状态都能收敛到一个局部最优值。

3.4.2 全局收敛性

3.4.1 节已经证明了,基本 PSO 不能保证收敛到一个局部极小值,因此也不能保证可以收敛到全局极小值。在本节中继续讨论基本 PSO 的全局收敛性。

由收敛性条件可知,任意一个集合 $A \subset S$,必须有一个非零的概率被算法能够无限地进行检查。因此,条件必须在所有时间步上都要满足,或者在有限个数的时间步上例外。由于 $R_\ell \subset S$,则存在一个非零的概率使得样本可以在 S 的任何子集中产生,并且一个样本 $x' \in R_\ell$ 最终会产生。同时,一个算法如果一致性地忽略搜索空间的任何区域,则不能保证可以产生一个样本 x' 使得 $x' \in R_\ell$,除非算法有关于全局最小值的先验信息。因此,为了保证全局最小值能够以渐近概率 1 被发现,一个算法必须可以产生遍布于 S 的无限多的样本。

引理 3.2   基本 PSO 不满足全局搜索的收敛条件。

证明: 令 $M_{i,t}$ 表示粒子 i 在第 t 步的采样空间的支撑。所有粒子的采样空间的并集必须覆盖 S,即

$$S \subseteq \bigcup_{i=1}^{n_s} \mathcal{M}_{i,t} \tag{3-50}$$

根据非齐次递推关系可得，$\mathcal{M}_{i,t}$ 的计算公式如下：

$$
\begin{aligned}
\mathcal{M}_{i,t} &= (1 + \omega - \phi_1 - \phi_2) x_{ij,t} - \omega x_{ij,t-2} + \phi_1 y_{ij} - \phi_2 \hat{y}_j \\
&= x_{ij,t-1} + \omega (x_{ij,t-1} - x_{ij,t-2}) + \phi_1 (y_{ij} - x_{ij,t-1}) + \phi_2 (\hat{y}_j - x_{ij,t-1})
\end{aligned} \tag{3-51}
$$

式中，$x_{ij,t}$ 表示第 i 个粒子在时刻 t 时处于维度 j 时的值。同时注意 $0 \leqslant \phi_1 \leqslant c_1, 0 \leqslant \phi_2 \leqslant c_2$。

因此，$\mathcal{M}_{i,t}$ 是一个超矩形，其中的参数由 ϕ_1 和 ϕ_2 决定，其中一个角定义为 $(\phi_1, \phi_2) = (0,0)$，另一个角定义为 $(\phi_1, \phi_2) = (c_1, c_2)$，很明显，当满足如下条件时，

$$\max\{c_1 | y_{ij} - x_{ij,t-1} |, c_2 | \hat{y}_j - x_{ij,t-1} | \} < 0.5 \times \mathrm{diameter}_j(S) \tag{3-52}$$

有 $\mathcal{L}(\mathcal{M}_{i,t} \cap S) < m(S)$，而不管超矩形的角的位置如何；其中 $\mathrm{diameter}_j(S)$ 是 S 位于维度 j 上的长度。

根据 3.4.1 节的内容可知，每一个 x_i 会收敛到一个稳定的点，$(c_1 y_i + c_2 \hat{y})/(c_1 + c_2)$，因此，当 $t \to +\infty$ 时，$\mathcal{M}_{i,t}$ 的长度趋于 0。由于每个 $\mathcal{M}_{i,t}$ 的体积会随着时间步 t 的增大而减小，因此 $\mathcal{L} \left(\bigcup_{i=1}^{n_s} \mathcal{M}_{i,t} \right)$ 也会随之减小。这表明，除了 $t < t'$（其中 t' 是有限的），有

$$\mathcal{L} \left(\bigcup_{i=1}^{n_s} \mathcal{M}_{i,t} \cap S \right) < L(S) \tag{3-53}$$

式中，$\mathcal{M}_{i,t}, i = 1$ 不能覆盖整个 S，因此，存在一个有限的 t''（$t'' = 0$ 也是有效状态），使得对于所有 $t' \geqslant t''$，存在一个可能的不相交的集合 $A \subset S$，并且满足

$$\sum_{i=0}^{n_s} \mu_{i,t}(A) = 0 \tag{3-54}$$

因此，基本 PSO 不满足全局搜索的收敛条件，不能作为一种全局优化算法。

3.5　单解与多解粒子群优化

基于基本 PSO 优化，提出了大量的变体，主要目的是提高解的精度、群体的多样性和收敛性。大部分变体用于求解单解问题，部分变体用于求解多解、多目标优化、动态优化、约束优化以及在离散空间进行优化的问题。

3.5.1　单解粒子群优化

根据操作的不同，单解 PSO 可以分为以下 6 种类型。

（1）基于社会结构的 PSO：通过引入一个新的社会拓扑结构，或者改变计算个体最佳与邻域最佳位置的方法的 PSO 变体。

（2）混合算法：结合了进化计算的思想（如选择、交叉、变异等）、蚁群优化算法（ACO）的概念和操作的 PSO 变体。

（3）基于子群的 PSO：实现子群策略的 PSO，这些子群之间可以是互相关联的，也可以是各自独立的。

（4）拟基因算法：基于基本 PSO，并加入了局部搜索策略的拟基因算法。

（5）多次重启 PSO：在满足一定条件的情况下，重启整个种群或者部分种群的 PSO

变体。

（6）排斥算法：为了提高粒子的多样性，从而加入了避免粒子之间互相排斥或碰撞的机制的 PSO。

以下介绍基于社会结构的 PSO、混合算法、基于子群的 PSO 和多次重启 PSO。

1. 基于社会结构的 PSO

1）空间社会网络

这种情况下的邻域一般是在粒子索引的基础上形成的。例如，在一个简单的环型社会网络中，索引为 i 的粒子的直接邻居的索引是 $(i-1 \bmod n_s)$ 和 $(i+1 \bmod n_s)$，其中的 n_s 是群中粒子的总数。一般情况下，邻域是基于粒子之间的欧氏距离确定的。大小为 m 的邻域，便是由最靠近中心粒子的 m 个粒子组成的。

空间邻域的计算，需要在每一代中计算所有粒子之间的欧氏距离，因此会明显提升算法的计算复杂度。如果算法执行了 n_t 代，则空间邻域的计算复杂度就会提升 $O(n_t n_s^2)$。但这种根据距离来确定邻域的方法可以在每一代中动态地改变邻域。

2）基于适应度值的空间网络

基于适应度值的空间网络是空间邻域的一个变种，其中的粒子会朝着已经找到了较好解的邻域粒子移动。假设一个最小化问题，粒子 i 的邻域定义为使以下表达式的值最小的 m 个粒子：

$$\varepsilon(x_i, x_{i'}) \times f(x_{i'}) \tag{3-55}$$

式中，$\varepsilon(x_i, x_{i'})$ 表示粒子 i 和粒子 i' 之间的欧氏距离，$f(x_{i'})$ 表示粒子 i' 的适应度值。在这种计算机制下，邻域是有可能重叠的。

基于以上决定邻域的机制，使用标准 lbest PSO 速度方程式，以及式（3-55）来确定邻域的最佳位置 $\hat{y}_i$。

算法 3-3　空间邻域的计算

N_i 为粒子 i 的邻域；

计算粒子之间的欧氏距离 $\varepsilon(x_{i_1}, x_{i_2})$，$\forall\, i_1, i_2 = 1, \cdots, n_s$；

$S = \{i: i = 1, \cdots, n_s\}$；

for $i = 1, \cdots, n_s$ **do**

　　$S' = S$；

　　for $i' = 1, \cdots, m$ **do**

　　　　$N_i = N_i \bigcup \{x_{i''}: \varepsilon(x_i, x_{i''}) = \min\{\varepsilon(x_i, x_{i''}), \forall\, x_{i''}\}\}$；

　　　　$S' = S' \setminus \{x_{i''}\}$；

　　end

end

3）增长的邻域

交互行为较低的社交网络的收敛速度会比较慢，这样可以对搜索空间进行更大范围的探索。连接紧密的拓扑结构更容易收敛，但也会因此而忽略掉部分搜索空间。为了结合邻域结构的探索能力和高度连接网络的快速收敛性，提出了一种综合方法。搜索过程使用 $n_N = 2$（即最小邻域）的 lbest PSO 来初始化，随着迭代次数的增大，不断增大邻域的大小，直到每个邻域都包含整个群（即 $n_N = n_s$）。

如果粒子位置 $x_{i_2}(t)$ 和粒子位置 $x_{i_1}(t)$ 满足如式(3-56)所示的关系,则将粒子位置 $x_{i_2}(t)$ 添加到粒子位置 $x_{i_1}(t)$ 的邻域之中。

$$\frac{\left\| x_{i_1}(t) - x_{i_2}(t) \right\|_2}{d_{\max}} < \varepsilon \tag{3-56}$$

式中,$d_{\max}$ 表示粒子之间的最大距离,ε 满足如下关系:

$$\varepsilon = \frac{3t + 0.6 n_t}{n_t} \tag{3-57}$$

式中,n_t 表示最大迭代次数。

这样的操作,可以在开始的几次搜索迭代中探索更多的搜索空间,在之后的迭代中则会更快地收敛。

4) 超立方体结构

如果问题中的值是二进制的,则可以使用一种超立方体结构。如果粒子索引位置的比特表示两个粒子之间的汉明距离为 1,则两个粒子位于一个邻域。为了利用超立方体的拓扑结构,粒子的总数必须是 2 的幂,粒子的索引从 0 到 $2^{n_N} - 1$,因此,超立方体结构具有如下属性:

(1) 每个邻域内正好有 n_N 个粒子。

(2) 粒子之间的最大距离恰好为 n_N。

(3) 如果粒子 i_1 和粒子 i_2 是邻居关系,则它们不会再有其他的共同邻居。

针对二进制问题,超立方体结构的表现会优于 gbest PSO。

5) 全信息 PSO(全知 PSO)

根据标准速度更新方程式,每个粒子的位置更新受个体最佳位置和邻域最佳位置的影响,一个粒子不仅受到另一个粒子的影响,而且受到其邻域的统计状态的影响。基于这个思想,粒子的速度更新方程式将受到邻域内所有粒子的影响。因此,此种 PSO 变体也称为全信息 PSO 或者全知 PSO(fully informed PSO)。

但这种 PSO 变体没有考虑到不同粒子的影响有可能互相抵消的问题。

2. 混合算法

1) 基于选择的 PSO

基于进化计算中的选择思想,在速度更新之前进行择优选择操作,算法如下。

算法 3-4　基于选择的 PSO

计算所有粒子的适应度值;
for 粒子 $i = 1, \cdots, n_s$ **do**
　　随机选择 n_{ts} 个粒子;
　　评估粒子 i 对这些随机选取的粒子的表现;
end
根据评估的表现得分对群进行排序;
用较好的一半粒子替换较差的一半,不改变个体最佳位置

表现较差的粒子虽然被替换,但它们找到的最优解却并未丢失,搜索过程依然会在已有的基础上继续进行。这种方法会增强基于选择的 PSO 的搜索能力,但却降低了种群的多样性,因为一半的粒子被替换掉了。

2）基于繁殖的 PSO

基于当前的粒子，可以产生后代。例如一个粒子在产生新的粒子之后，自身会消亡，新的粒子会根据环境修改自身的速度方程式中的系数。或者一个粒子的邻域如果没有得到改进，则在邻域内产生一个新的粒子；如果粒子的邻域得到了改进，则剔除表现最差的粒子。

在不同的情况下，可以使用不同的繁殖策略。

3）基于变异的 PSO

基于变异的 PSO，是在原有的位置更新 $x_i(t+1)$ 的基础上，加入了新的随机变异值。例如基于高斯变异的 PSO，位置更新的修改如下：

$$x_i(t+1) = x'_i(t+1) + \eta'N(0,1) \tag{3-58}$$

3. 基于子群的 PSO

将主群分成若干子群，这些子群可以是各自独立的，也可以有协作的机制。此处以协同分裂 PSO 和捕食 PSO 为例进行介绍。

1）协同分裂 PSO

协同分裂 PSO 由 van den Bergh 和 Engel Brecht 提出，是基于协同进化遗传算法的 PSO 变体。在协同分裂 PSO 中，每个粒子分裂成更小维度的 K 个独立的部分，每个部分都用一个单独的子群来进行优化。如果 $K = n_x$，每一维都由一个独立子群优化，可以使用任意 PSO。分裂的数目 K 称为分裂因子。

协同分裂 PSO 的难点在于粒子适应度值的计算，子群中的每个粒子的适应度值需要结合其他子群来进行计算，因此每个子群中的粒子仅代表着完整的 n_x 维中的解的一部分。为了解决这一问题，完整的解可以通过维护一个上下文信息来进行表示。最简单的方法是将全局最佳位置直接连成一串。除了与子群相关的元素之外，上下文向量中的其他元素都是常数。之后子群中的粒子替换向量中的对应位置，再使用原始的适应度值计算函数来评估向量的适应度值。然后将获得的适应度值指定为子群的相应粒子的适应度。

这个过程的优点在于适应度函数的值 f 在上下文向量的每个子部分更新完之后才会被评估，这样可以进行更细粒度的搜索。对完整的 n_x 维问题进行优化存在一个问题，即使适应度值获得改善，但向量中的一部分分量也有可能偏离最佳值。改善的适应度可以通过向其他分量的最佳值移动获得，而协同分裂 PSO 则通过独立调整解的各个子部分来解决这一问题。

虽然协同分裂 PSO 已经被证明可以取得比基本 PSO 更好的结果，但需要注意的是，当相关元素被分裂到不同的子群时，性能会降低。如果可以确定哪些参数是相关的，则可以将这些参数分组到相同的子群中，由此问题便可解决。然而实际情况下，这样的先验知识往往是无法得到的。当且仅当一个粒子改善了其上下文向量的适应度值时，它可以成为其所在子群的全局最优值或个体最优值，那么这个问题在实际操作中便可以得到一定程度的解决。

2）捕食 PSO

捕食者与被捕食者的关系在自然界中是天然存在的，是自然界竞争关系的一种反映。这种行为也被应用到 PSO 之中，用来平衡探索和挖掘的过程。通过引入捕食者粒子来构建第二个群，捕食者粒子的存在会导致被捕食者粒子被驱赶，因此被捕食者粒子会变得更为分散。这样的操作能够探索更大范围的搜索空间。

4. 多次重启 PSO

基本 PSO 的一个主要问题是：当粒子开始收敛于同一点时，多样性就会开始大幅地下降。为了防止 PSO 的迭代过早结束，开始引入多种方法来为群体增大随机性和混乱性。此类方法被统称为多次重启 PSO。

多次重启 PSO 的主要目的是提高多样性，从而探索更大的搜索空间。向群中引入混乱因素，从而造成负熵。需要注意的是，随机位置的连续注入会导致群永远都不能达到平衡状态。虽然并不是所有的方法都能考虑这一问题，但都可以通过减少时间来降低混乱度，以此来在一定程度上解决这一问题。

Kennedy 和 Eberhart 最早提出了随机重新初始化粒子的优势，他们将这个过程称为"疯狂"。当考虑为群增大随机性时，需要考虑一些因素，例如该初始化什么，什么时候应该初始化，如何进行初始化，以及初始化的过程会影响哪些部分等。

3.5.2　多解粒子群优化

虽然基本 PSO 是用于寻找优化问题的单一解的，但 PSO 能够实现对特殊函数的选择，因此标准 PSO 也存在着寻找多个解的潜在能力。Agrafiotis 和 Cedeno 在观察某个具体问题时，发现粒子能够进入几个局部极小值。

PSO 的主要驱动部分分为认知部分和社会部分。社会部分是阻止物种形成的主要因素。例如 gbest PSO，社会部分使得所有粒子被吸引至群体所获得的最佳位置，而如果全局自身位置和粒子自身的个体最佳位置不同，则认知部分对粒子自身的最佳位置施加反作用力，由此产生的效果使得粒子汇聚到全局最佳位置和个体最佳位置之中的一个点。如果 PSO 一直被执行直到群体达到平衡，则每个粒子都会收敛到全局最佳位置和各自的个体最佳位置之一，并且最终速度都会归零。

Brits 等通过实验证明了 lbest PSO 成功找到了一些函数的多个极值。然而，这些研究在算法超过函数评估的最大数目之后便会终止，而并不是达到平衡状态才停止的。因此粒子还会保留一些惯性因素，能够进一步探索搜索空间。在粒子数目增大时，更多的解被定位的可能性也会随之增大。如果运行的过程持续进行，则受到社会部分的影响，会有更多粒子收敛到全局最佳位置以达到平衡。

Niche PSO 被设计用于解决一般多模态环境的多解问题。Niche PSO 的基本原理是将粒子自组织成互相独立的子群。每个子群都被定位于并被保持在一个小的生存环境中。信息交互的范围仅被保留在子群内部，子群与子群之间没有信息交互的过程。子群之间的这种独立性能够使得子群保持在适当的位置。需要注意的是：每一个子群都是一个稳定、独立的群体，独立地进行演化，与其他子群中的粒子保持相互独立。

Niche PSO 起始于一个群（被称为主群，包含了所有的粒子）。一旦一个粒子收敛于一个潜在的解，就会很快地把靠近潜在解的粒子拉近组成一个子群，然后将这些粒子从主群中移除，并在子群内部继续进行细化并维持解。随着时间的推移，主群的规模会因子群的不断产生而减小，当子群不再改进它们所代表的解时，则认为 Niche PSO 已经收敛，最后将每个子群的全局最佳位置作为最优解，这样就有可能产生多个最优解。

Niche PSO 算法如下。

算法 3-5 Niche PSO

创建并初始化一个 n_x 维的主群, S;

repeat

    使用认知模型训练一代主群, S;

    更新主群中每个粒子的适应度, $S.x_i$;

    for 每个子群 S_k **do**

        使用全模型 PSO 来训练每个子群中的粒子, $S_k.x_i$;

        更新每个粒子的适应度值;

        更新种群的半径 $S_k.R$;

    end

    如果可能, 合并子群;

    允许子群从主群中吸收任何要进入子群的粒子;

    如果可能, 创建新的子群;

until 终止条件满足;

返回每个子群的最优值 $S_k.\hat{y}$ 作为最后的解

---

1. 主群训练

主群使用认知模型来促进对搜索空间的探索。由于社会部分会吸引所有的粒子, 因此需要将其从速度更新方程式中移除, 这样就能使得粒子在搜索空间中的不同部分汇聚。

需要额外注意的是, 主群中的各粒子的速度必须初始化为零。

2. 子群训练

子群是各自独立的群, 使用全模型基本 PSO 进行训练。在使用完整的模型来训练子群时, 允许粒子根据自身的经验(认知部分)和邻域群体的信息(社会部分)来调整自身的位置。虽然任何全模型 PSO 都可以用来训练子群, 但 Niche PSO 是使用保证收敛的 PSO (GCPSO)进行训练的, 因为它能够保证收敛到局部极值, 此外在群的规模较小时, GCPSO 也具有比较好的性能。第二个特性尤为必要, 因为子群最初只包含两个粒子, 而 gbest PSO 往往会在这种小规模群体上停滞不前。

3. 创建子群

当一个粒子收敛到一个解时, 就形成了一个子群。如果一个粒子的适应度值在多次迭代中都没有发生变化, 则用这个粒子及其最近的拓扑邻居来创建一个子群。从形式上来看, 观察每个粒子的适应度函数 $f(x_i)$ 的标准差 σ_i, 如果 $\sigma_i < \varepsilon$, 则创建一个子群。为了避免问题依赖, σ_i 需要根据域进行归一化处理。使用欧氏距离来计算与粒子 i 的位置 x_i 的最近邻 l, 具体计算公式如下:

$$l = \underset{a}{\arg\min}\{\|x_i - x_a\|\} \tag{3-59}$$

式中, $1 \leqslant i, a \leqslant S.n_s, i \neq a$, $S.n_s$ 是主群的大小。

创建子群的算法如下。

算法 3-6 Niche PSO 创建子群算法

---

if $\sigma_i < \varepsilon$ **then**

    $k = k + 1$;

    创建子群 $S_k = \{x_i, x_l\}$;

    $Q \cup S_k \rightarrow Q, S \backslash S_k \rightarrow S$;

end

算法中,Q 表示子群的集合,$Q=\{S_1,\cdots,S_K\}$,$|Q|=K$,K 初始化为 0,Q 初始化为空集。

4. 吸收粒子到子群

主群中的粒子可能移动到由子群 S_k 覆盖的搜索空间中。这样的粒子与子群进行合并,合并的原因如下:

(1) 合并穿过现有子群的搜索空间的粒子,可以提高子群的多样性。

(2) 将这些粒子纳入子群之中,能够在次级群体中增加社会信息,以此来加速粒子向最佳位置移动。

从形式上来看,如果对于粒子 i,

$$\|x_i - S_k.\hat{y}\| \leqslant S_k.R \tag{3-60}$$

则将粒子 i 合并到子群 S_k 之中,

$$S_k \bigcup \{x_i\} \rightarrow S_k \tag{3-61}$$

$$S \backslash \{x_i\} \rightarrow S \tag{3-62}$$

式中,$S_k.R$ 代表子群 S_k 的半径,具体定义如下:

$$S_k.R = \max\{\|S_k.\hat{y} - S_k.x_i\|\}, \quad \forall i = 1,\cdots,S_k.n_s \tag{3-63}$$

其中,$S_k.\hat{y}$ 代表子群的全局最优位置。

5. 合并子群

可能存在多个子群有着相同的最优值。这种情况的出现,是因为子群的半径通常很小,其中的解在一段时间的改进迭代之后,半径会减小直至近似为零。这样就有可能会出现,正在朝着潜在解移动的粒子不会被吸收到正忙于改进解的子群之中,因此,就需要创建一个新的子群。这就会导致多个子群对相同解进行冗余的表示细化。为了解决类似的问题,需要合并这样的子群。如果由粒子的位置和半径定义的超空间彼此相交,则认为两个子群是相似的。合并后的新子群将从原有的两个子群中获取社会信息和经验信息,相较于原有的子群,合并产生的新子群将表现出更好的多样性。

从形式上来看,两个子群 S_{k_1} 和 S_{k_2},在满足如下条件时则认为是相交的:

$$\|S_{k_1}.\hat{y} - S_{k_2}.\hat{y}\| < (S_{k_1}.R + S_{k_2}.R) \tag{3-64}$$

如果 $S_{k_1}.R = S_{k_1}.R = 0$,则式(3-64)的条件便无法成立,需要考虑测试以下合并条件:

$$\|S_{k_1}.\hat{y} - S_{k_2}.\hat{y}\| < \mu \tag{3-65}$$

式中,μ 是一个非常小的值,接近 0,例如 $\mu=0.0001$。如果 μ 太大,则可能并不相似的子群会被合并,导致一个潜在的解因此丢失。

为了方便在搜索空间的域上对 μ 进行微调,$\|S_{k_1}.\hat{y} - S_{k_2}.\hat{y}\|$ 被归一化到区间 $[0,1]$。

6. 终止算法

可以使用任何一种终止条件来终止多解算法的搜索。需要注意的是,终止条件需要确保每个子群收敛到一个唯一的解。

3.6　粒子群优化的典型处理机制

标准 PSO 已经在很多方面得到了成功的应用,包括标准函数优化问题、解决排列分配问题,以及训练神经网络等。虽然这些成功的应用能够基本说明标准 PSO 处理优化问题的能力,但也指出了标准 PSO 所存在的一些问题。为了提高收敛的速度,以及提高标准 PSO 寻找到的解的质量,在标准 PSO 的基础上加入了很多新的修改,形成了日常应用中的 PSO,这些修改包括引入速度钳制、惯性权重、约束系数、速度收缩、确定个体最佳位置和全局最佳位置的不同方式(同步更新和异步更新)以及不同的速度更新模型。

下面主要对速度钳制、惯性权重、约束系数、同步更新和异步更新进行介绍。

3.6.1 速度钳制

探索与挖掘之间的平衡,是一个决定优化算法的效率和准确性的重要方面。探索指的就是搜索算法探索不同区域的搜索空间的能力,有助于找到一个好的最优值。挖掘是将搜索集中在比较有可能产生最优解的区域,以提高探索解的能力和候选解的准确率。一个好的优化算法能够最佳地平衡这些互相矛盾的目标。在 PSO 中,这些目标通过速度更新方程式得到解决。

标准 PSO 中的速度更新方程式中,有三部分会对粒子的步长更新幅度产生影响。在早期的应用中,粒子的速度会迅速增大,尤其是那些偏离个体最佳位置和全局最佳位置的粒子,因此,这些粒子的位置更新幅度会很大,甚至可能导致粒子脱离搜索空间。为了实现全局搜索,防止粒子脱离搜索空间,需要将速度限制在约束的范围内。如果粒子的速度超过了速度上限,则粒子的速度就会被设定为速度上限。令 $V_{\max,j}$ 表示第 j 维中的速度上限,在位置更新之前先调整粒子的速度,

$$v_{ij}(t+1)=\begin{cases} v'_{ij}(t+1), & v'_{ij}(t+1) < V_{\max,j} \\ V_{\max,j}, & v'_{ij}(t+1) \geqslant V_{\max,j} \end{cases} \tag{3-66}$$

速度上限的确定是非常重要的,因为它控制了速度的增长,由此来控制搜索的力度。速度上限较大时,有利于全局的搜索;速度上限较小时,则有利于局部搜索。但需要注意的是,如果速度上限过小,则群体可能无法搜索到局部好的区域,还会增加达到收敛状态的时间,甚至会导致群体陷入局部极值。与此相对的是,如果速度上限过大,则可能无法探索到某个好的局部区域。虽然较大的速度上限有可能使得群体错失最优解,但能够加快群体的收敛速度。

那么就需要寻找一个合适的速度上限,不仅不能使粒子移动得太快或者太慢,还需要平衡探索与挖掘的操作,通常情况下,$V_{\max,j}$ 的值会被定为搜索空间的每一维的定义域的分数,即

$$V_{\max,j}=\delta(x_{\max,j}-x_{\min,j}) \tag{3-67}$$

式中,$x_{\max,j}$ 和 $x_{\min,j}$ 代表的是 x 在第 j 维上的最大和最小取值;系数 $\delta \in (0,1]$,系数的具体取值需要基于实际解决的问题,在实际问题的应用中,需要使用例如交叉验证之类的方法来确定具体的最优取值。

速度钳制并没有限制粒子的位置,而是限制了粒子位置更新的步长,能够防止速度过分地增大。但是,速度钳制在限制步长的同时,也改变了粒子移动的方向,这些改变有可能使得粒子对搜索空间进行更好的探索,也有可能导致粒子无法寻找到极值。

另外的一种情况是所有粒子的速度都变成了速度上限,在这种情况下,粒子将会一直在由 $[x_i(t)-V_{\max}, x_i(t)+V_{\max}]$ 定义的超立方的边界进行搜索。粒子可能会找到最优值,但在一般情况下是很难的。这种问题有几种解决的方法,最早被提出的方法是惯性权重的方

法,随着时间步的推移,逐渐减小速度上限。在开始时,速度上限取最大值,促进粒子进行全局搜索,在算法迭代的后期,速度上限逐步减小,进而转向于促进粒子进行局部搜索。

3.6.2 惯性权重

惯性权重是一种控制群体探索与挖掘能力的方法,作为削弱速度钳制影响的一种机制,能够一定程度上削弱速度钳制的影响,但并不能完全消除速度钳制的影响。惯性权重 w 通过控制前一时间步的速度的贡献控制粒子的动量,主要控制的是之前的飞行方向的记忆对新速度的影响。对于 gbest PSO,速度更新方程式将变为如下形式:

$$v_{ij}(t+1)=w\,v_{ij}(t)+c_1 r_{1j}(t)\big[y_{ij}(t)-x_{ij}(t)\big]+c_2 r_2(t)\big[\hat{y}_j(t)-x_{ij}(t)\big] \quad (3\text{-}68)$$

惯性权重对 lbest PSO 的速度更新方程式的修改也是如此。

惯性权重对于保证收敛有着非常重要的作用,并且能够最佳地平衡探索和挖掘的操作。权重 w 的取值不同,对群体会产生不同的影响:

- $w \geqslant 1$,速度会随着时间步的增加而增大,直到达到速度上限,并且群体也会分化,粒子将无法改变自身的飞行方向,不能回到具备潜在解的区域。
- $w < 1$,粒子的速度会逐步减小,直到归零,这取决于加速度系数的取值。

惯性权重取值较大时会促进探索的行为,提高多样性;取值较小时,则会促进局部挖掘。需要注意的是,权重取值如果过小,则前一时间步的速度冲量只有很小一部分被保留下来,粒子的速度方向快速变化,使得群体丧失探索的能力。权重越小,认知和社会部分对位置更新的控制则会越强。

和速度钳制一样,惯性权重的最优取值是和问题应用相关的。惯性权重的初始化,对整个搜索过程以及所有粒子的所有维度都使用一个静态取值,在后期的迭代中,则使用动态变化的惯性权重值。一般初始化时使用较大的惯性权重,随着时间步的增大,惯性值逐渐减小到一个较小值。这样的操作,可以在初期迭代时促进全局搜索,在后期则可以促进局部挖掘。一般情况下,权重 w 的取值是结合加速常量 c_1 和 c_2 而设定的,相关研究表明,取值需要满足以下条件:

$$w > \frac{1}{2}(c_1+c_2)+1 \quad (3\text{-}69)$$

这样的设定能够保证粒子轨迹的收敛。如果没有满足上述条件,则分散或者循环的情况可能会发生。

在动态调整惯性权重的过程中,有以下几类方法。

(1) 随机调整,在每一次迭代中选取不同的惯性权重。例如,使用高斯分布进行随机取样。

(2) 线性减小,从初始较大的权重值线性减小到较小值。

(3) 非线性减小,从初始较大的权重值非线性减小到较小值。

(4) 模糊适应惯性,惯性权重的值基于模糊集和模糊规则进行动态调整。

(5) 线性递增。

3.6.3 约束系数

约束系数和惯性权重的方法类似,也是一种平衡探索和挖掘的方法,速度更新方程式中

存在一个常数的约束,称为约束系数。速度更新方程式将变为如下形式:

$$v_{ij}(t+1) = \chi[v_{ij}(t) + \phi_1(y_{ij}(t) - x_{ij}(t)) + \phi_2(y_j(t) - x_{ij}(t))] \tag{3-70}$$

式中,约束系数 χ 的表达式如下:

$$\chi = \frac{2K}{|2 - \phi - \sqrt{\phi(\phi - 4)}|} \tag{3-71}$$

其中,$\phi = \phi_1 + \phi_2$,$\phi_1 = c_1 r_1$,$\phi_2 = c_2 r_2$。

约束系数可以保证群体收敛到一个稳定的点,并且无须加入速度钳制机制。在 $\phi \geqslant 4$ 且 $K \in [0,1]$ 时,可以保证群体收敛。约束系数的取值区间为 $[0,1]$,说明在每个时间步的迭代中,速度都在一直减小。

约束系数和惯性权重两种方法操作的目标都是平衡探索和挖掘的过程,同时改进收敛的速度和提高解的质量。但它们也有几点不同之处:

(1) 约束系数的方法不需要加入速度钳制机制。

(2) 约束系数能够保证群体收敛。

(3) 对于约束系数模型,常数 ϕ_1 和 ϕ_2 能够规划粒子的方向更新。

3.6.4   同步更新和异步更新

lbest PSO 和 gbest PSO 实现的是同步更新个体最佳位置和全局最佳位置。同步更新和粒子位置的更新是分开完成的。如果实现异步更新,则在每个粒子位置更新之后再重新计算新的最佳位置。异步更新操作的优势是能够及时反馈出搜索空间的最佳区域,而同步更新的反馈只能在每次的迭代中给出一次。Carlisle 和 Dozier 通过实验证明,异步更新更适合 lbest PSO,因为即时的反馈更适合连接较为松散的群体,而同步更新则更适合 gbest PSO。

3.7   粒子群优化用于求解约束优化问题

优化问题一般由三部分组成:待优化的目标函数、定义问题和目标函数所依赖的变量集合,以及限制这些变量可行域的约束集合。对于非约束优化问题,搜索空间中的任何一个解都是可行解。但是,在实际的应用中,很多问题都是存在约束条件的。由于约束条件的存在,可行的搜索空间缩小。约束优化问题便是在有约束的搜索空间中探索最优解。

3.7.1   剔除不可行解

最简单的处理约束优化问题的方法就是剔除不可行解。常用的处理不可行粒子的方法有以下几种:

(1) 在选取个体最佳位置和全局最佳位置时,不能选择不可行的粒子。如果这样操作,则不可行粒子便不会影响群体中的其他粒子。然而个体最佳位置和邻域的全局最佳位置都是存在于可行搜索空间内的,因此不可行的粒子依然有可能被吸引回可行空间中。只有在不可行粒子数目相对于可行粒子的数目很小时,这种方法才会比较有效。如果不可行粒子的数量比例太大,则这个群体可能没有足够的多样性来有效地覆盖可行搜索空间。

(2) 使用可行空间中随机生成的新位置来替换掉不可行的粒子。在可行空间内重新初始化,使得这些粒子有可能成为最优解。然而,这些粒子也有可能游离在边界之外。如果可行空间是由很多不连续的空间区域组成的,则这种方法可能会带来提升效果。

关于粒子的初始化,可以在整个搜索空间中重新初始化,也可以只在可行空间中进行初始化。

3.7.2　惩罚函数

惩罚函数的方法是通过对目标函数增加一个惩罚项来惩罚不可行解的方法。惩罚函数的效果是尽可能防止粒子向不可行区域移动。如果粒子违反了约束条件,那么就会在其适应度值上增加一个惩罚值,如果满足约束条件,则不会影响其适应度值。这样的方法也会使得单一优化问题转变成一个多目标优化问题,即平衡适应度值和惩罚函数值的约束满足问题。

惩罚函数的表示形式如下:

$$f(x_i) = f'(x_i) + \lambda p(x_i, t) \tag{3-72}$$

式中,$f(x_i)$ 表示的是粒子 i 的适应度函数值,$p(x_i, t)$ 是惩罚函数,常数 λ 为惩罚项的系数。

系数 λ 的值是和问题应用相关的,因此需要根据实际问题选择最优取值,但很难对目标函数和惩罚函数进行平衡。如果取值太小,则约束的强度可能不足,最后的解可能无法满足所有的约束条件;如果取值太大,则会直接剔除不可行解,即类似于上一种方法,与此同时,太大的取值也会抑制对不可行区域的探索。如果可行区域是由多个不连续的部分组成,则粒子从一个可行区域转到另一个可行区域时,势必要跨越边界,这其中就会经过不可行区域。如果系数的取值太大,则会抑制粒子进入不可行区域,进而抑制这种跨越边界的行为。

3.7.3　转换为非约束问题

原有的粒子群优化是处理非约束优化问题的,如果能够将约束优化问题转换为非约束优化问题,则可以直接使用原有的算法。

比较常用的方法是采用拉格朗日对偶法,将问题转换为对偶问题进行解决,由此就能将约束条件代入目标函数之中,从而使用原有的优化算法加以解决。

3.7.4　修复方法

修复方法是对不可行粒子进行修复操作,这种方法允许粒子进入不可行区域,之后再对粒子进行特殊的操作,可以将粒子的属性改为可行,或者将粒子引导至可行区域。在初始化阶段,粒子都被初始化为可行解。

主要的修复方法有以下两种:

(1) 使用粒子的个体最佳位置来替换掉不可行粒子。这种方法有一个假设前提:初始化粒子及其个体最佳位置都是可行解,或者仅可以被可行解替换。使用可行解替换掉不可行粒子,可以立即对粒子进行修复,粒子也会马上被拉回可行区域。由于粒子被替换,因此在探索不可行区域时,不可行粒子也不会对其他粒子产生影响。

(2) 对于不可行粒子 i,使用如下方法进行修复:

$$v_i(t) = 0$$

$$v_i(t+1) = c_1 r_1(t)(y_i(t) - x_i(t)) + c_2 r_2(t)(\hat{y}(t) - x_i(t))$$

简言之,删除不可行粒子之前的速度记忆(运动方向),且新的速度依赖认知部分和社会部分,惯性去除的效果是将不可行粒子拉回可行区域中。

3.8 粒子群优化用于求解多目标优化问题

实际应用问题中需要同时优化多个目标,在这些目标之间进行平衡的优化问题称为多目标优化问题。多目标优化问题和多解优化问题类似,但不同的是,多目标优化算法的目标在于找到一组解,这组解能够使得多个目标得到最好的平衡;而多解优化问题还是单目标优化问题,只是找到了多个解。

本节选择了几个典型的多目标优化算法进行简要的介绍。

3.8.1 动态邻域多目标优化算法

动态邻域多目标优化算法由 Hu 和 Eberhart 等提出。根据搜索空间中的距离,在每次的迭代过程中动态地为每个粒子设定一个新的邻域。邻域是根据最简单的目标函数确定的。

令 $f_1(x)$ 和 $f_2(x)$ 分别作为两个不同的优化目标,定义一个粒子的邻域是离目标函数 $f_1(x)$ 的值最近的粒子组成的集合,而邻域中的最优粒子是邻域集合中满足目标函数 $f_2(x)$ 的最优函数值的粒子。

动态邻域多目标优化算法存在以下几个缺点:

(1) 仅适用于双目标优化问题,即只能同时优化两个目标。

(2) 需要通过先验知识,确定使用哪个目标函数来定义邻域,然后使用另一个目标函数来定义最优粒子。

(3) 目标函数选取的顺序不同会产生不同的影响,重点还是在优化第二个目标函数。

3.8.2 向量评估遗传算法

Parsopoulos 和 Vrahatis 提出了向量评估遗传算法。该算法同时使用两个子群,各自优化一个目标,因此这个算法也仅适用于双目标优化问题。

向量评估遗传算法是一种基于协同进化的方法,第一个子群搜索得到的全局最优粒子被应用在第二子群的速度更新方程式之中,而第二个子群的全局最优粒子则被应用在第一个子群的速度更新方程式之中。具体的表达公式为

$$S_1.v_{ij}(t+1) = w\,S_1.v_{ij}(t) + c_1\,r_{1j}(t)(S_1.y_{ij}(t) - S_1.x_{ij}(t))$$
$$+ c_2\,r_{2j}(t)(S_2.\hat{y}_i(t) - S_1.x_{ij}(t)) \tag{3-73}$$

$$S_2.v_{ij}(t+1) = w\,S_2.v_{ij}(t) + c_1\,r_{1j}(t)(S_2.y_{ij}(t) - S_2.x_{ij}(t))$$
$$+ c_2\,r_{2j}(t)(S_1.\hat{y}_i(t) - S_2.x_{ij}(t)) \tag{3-74}$$

其中,子群 S_1 根据目标函数 $f_1(x)$ 来对粒子进行评估,而子群 S_2 则根据目标函数 $f_2(x)$ 来对粒子进行评估。

3.8.3 多目标粒子群优化算法

Coello 和 Lechuga 提出的多目标粒子群优化算法是第一个最先广泛使用档案的基于

PSO 的多目标优化算法。此算法基于帕累托档案进化策略,其中目标函数空间被分割成了一系列的超立方体。

非支配解被记录在各个被分解好的档案中。在每次的迭代过程中,如果档案的空间还有剩余,则代表一个非支配解的粒子便会被添加到档案中。但是,档案的大小是有限的,那些位于较低密度空间中的新非支配解会被赋予更高的优先级,更早地被纳入档案中,以此来保证多样性。

存在添加成员的情况,就存在必须删除某些成员的情况,因此那些位于高密度空间中的档案成员则会优先被删除掉。对粒子的删除操作在将目标函数空间分割成超立方体的过程中完成。如果档案的大小超过了上限,则高密度的超立方体将会被削减掉。每次迭代之后,档案成员的数量都会被进一步削减,其削减方式是清除档案中所有现在被其他档案成员支配的解。

在目标函数空间被分割成各个超立方体之后,就可以计算每个超立方体的密度 $H_h.n_s$ 了。群中的全局向导的选择是针对粒子分别完成的。高密度的超立方体会被分配到一个较低的适应度值,算法将根据各个立方体的适应度值来选择其中的一个,而粒子的全局向导便会从这个被选出的立方体中产生。各个粒子会有单独的向导,各自被导向一个单独的位置。而在一个群体中拥有多个不同的全局向导时,粒子就被导向了多个不同的解。

而每个粒子的局部向导就是该粒子的个体最佳位置,当新的位置 $x_i(t+1) < y_i(t)$ 时,个体最佳位置便会被更新。在位置更新方程式中,加入了一个变异系数,这个系数会随着时间步数的增大而减小,并且变异的概率也会随之减小。公式表述如下:

$$x_{ij}(t+1) = N(0, \sigma(t)) x_{ij}(t) + v_{ij}(t+1) \tag{3-75}$$

式中,

$$\sigma(t) = \sigma(0) e^{-t} \tag{3-76}$$

其中,$\sigma(0)$ 是最初的大变量。

Coello 和 Lechuga 提出的多目标粒子群优化算法如下。

算法 3-7 多目标粒子群优化算法

创建并初始化一个 n_x 维的群 S;
令 $A = \varnothing$ 且 $A.n_s = 0$;
评估群中的所有粒子;
for 所有非支配 x_i **do**
    $A = A \cup \{x_i\}$;
end
生成超立方体;
对所有粒子,令 $y_i = x_i$;
repeat
    选择全局向导,$\hat{y}$;
    选择局部向导,y_i;
    使用速度更新方程式更新速度信息;
    使用位置更新方程式更新位置信息;
    检查边界约束;
    评估群中的所有粒子;

更新库,A；

until 终止条件满足

3.9   动态环境下的粒子群优化

PSO 起初用于目标函数不变的静态问题中,能够取得相当好的表现。但实际问题往往都不是静态的,随着时间推移可能会有连续或者离散的变化,例如航空控制、电信网络路由、导弹的动态追踪目标等。PSO 用于动态问题需要改变速度或者记忆的更新方式,本节将讨论动态环境下 PSO 的实现方式。

3.9.1   影响 PSO 在动态环境下效率的因素

优化算法在应用于动态环境时要求求解速度快以便于快速重新优化,从而能够在新环境改变前找到新的解。只要能够在可接受的时间内使用可接受的资源找到可接受误差范围内的解,优化算法便可以称为有效率的。

搜索空间较小的 PSO 能够具有一定的追踪动态最优的能力。在 3.2 节中曾指出,粒子逐渐收敛到个体最佳位置与全局最佳位置的连线之上,粒子轨迹可以描述为围绕全局最佳位置振动并且振幅逐渐减小的正弦曲线,当发现附近更好的解时,其他粒子将被吸引到最佳位置附近。

对于搜索空间较大的问题,全局最优解位于群体半径之外时,环境变化会导致 PSO 失去种群多样性从而难以收敛到全局最优解。

动态环境下 PSO 的目标之一是定位并追踪最优解。当 PSO 群体处于平衡状态或收敛于一个解时,粒子速度保持为 0,冲量、认知部分和社会部分都为 0,这个时候即使最优解发生变化,群体中的粒子也会保持静止,因此在动态环境下,当连续改变的时间间隔较长时,群体有可能达到平衡态,算法停滞。

原始 PSO 中粒子记忆、速度限制和惯性权重是影响算法效率的比较重要的因素,下面简要探讨这三个因素在动态环境中对算法效率的影响。

(1) 粒子记忆:每个粒子保存个体最佳位置和全局最佳位置的记忆,当环境变化时,这些记忆将变得无用,对于粒子追踪动态最优是有害的,因此合理的处理方式一般是重新初始化粒子记忆。

(2) 速度限制:较小的最大速度限制容易引导粒子进入局部最优,不利于长期搜索最终变化的目标,因此在搜索过程中应当谨慎限制粒子的最大速度,保证粒子在环境中的活跃度。

(3) 惯性权重:通常惯性权重一开始初始为较大值鼓励探索,然后随时间递减加强开采。若采用原始的 PSO,在环境改变时权重有可能已经减小到较小值,不再具有强大的探索能力,此时的解决方法跟(1)类似,应当采取重新初始化的方式。

下面我们将更加详细地讨论 PSO 如何适应动态环境的变化。

3.9.2　动态环境的 PSO 方法

1. 环境变化检测

当检测到环境变化时,优化算法需要适当反应以适应环境变化。正确及时检测环境变化对于优化算法非常重要。已知环境变化规律的情况非常少,因此算法需要自行检测环境变化信息。

Carlisle 与 Dozier 提出利用一个或者多个哨兵的方法,每个哨兵通过重新计算适应度值可以监测局部的环境变化信息。一个较好的策略是每代随机挑选哨兵,以避免固定哨兵时,哨兵所在局部没有变化或者只有哨兵区域变化的情况。

使用多个哨兵可以提高环境检测的速度和可靠性,但每代需要计算两次适应度值会提高算法整体的复杂度。作为随机挑选哨兵方式的替代,还可以选择监测全局最优粒子和次优粒子的适应度值来检测环境变化。

2. 带电 PSO

为了增强 PSO 在环境变化之后的全局搜索的能力,Blackwell 和 Bentley 提出了带电 PSO 的想法,思路是在粒子上引入电荷 Q_i,在搜索过程中,粒子之间自然产生静电排斥力,使得群体能够自动检测并响应环境变化,在动态环境中十分有效。

具体而言,粒子 i 受到的排斥力可以用式(3-77)来计算:

$$a_i = \sum_{j \neq i} \frac{Q_i Q_j}{r_{ij}^3} r_{ij}, \quad p_{core} < r_{ij} < p \tag{3-77}$$

式中,$r_{ij} = |x_i - x_j|$,每个粒子所带电荷的值为 Q_i,中性粒子的 $Q_i = 0$,不会受到排斥力的影响;$Q_i > 0$ 的带电粒子会受到别的带电粒子的排斥力影响,当且仅当与另一个粒子的距离 r_{ij} 在给定的区间 (p_{core}, p) 之内,p 和 p_{core} 都是可以调节的参数。

在此基础上,我们可以修改速度更新公式如下:

$$v_i(t+1) = w v_i(t) + c_1 r_{1j}(t) [y_i(t) - x_i(t)] + c_2 r_2(t) [\hat{y}(t) - x_i(t)] + a_i \tag{3-78}$$

对比以下 3 种带电群体:

- 中性群体:粒子不带电。
- 带电群体:粒子带相同电荷,相互排斥。
- 原子群体:一半粒子带电,另一半粒子为中性。

实验发现,3 种群体中表现最好的是原子群体,其次是带电群体,最后是中性群体。分析后发现在带电群体中,粒子无法收敛到最优解,而在原子群体中,中性粒子可以收敛到最优解,同时带电粒子提高了多样性。

3. 其他策略

除了带电 PSO 方法以外,动态环境中还会采用的一些其他策略:

(1) 改变惯性更新公式。使用动态的随机选择的惯性系数,没有速度限制,增强群体探索能力。这种方式受限于粒子记忆,当群体处于平衡状态时,即使是变化的惯性也不足以将群体移出当前局部区域。

(2) 重新初始化粒子位置。重启粒子是将粒子重新设定一个随机位置并重新计算最佳位置,具体实现包括部分重启与全部重启方式。全部重启适用于环境发生巨大变化的情况,需要较大计算量,并有可能收敛到更差的局部最优;部分重启则可以保留全局最优粒子,重启一定比例的粒子,在提高了种群多样性的同时保留最优粒子的搜索空间,还可以根据环境变化程度调节变化的比例,使用相对灵活。

(3) 限制记忆。当检测到环境变化时,将粒子的个体最佳位置设为当前位置,结合部分群体初始化的方法,能够有效提高群体多样性,防止粒子回到过时位置。对于全局最佳位置则可以选择直接重新计算或在全局最佳位置变差时计算全局最佳位置。

(4) 局部搜索。当群体收敛到一个解后,若发生环境变化,则可以选择采用其他有效的局部搜索算法在最优解附近进行搜索。

3.9.3 动态环境的性能度量

静态环境中度量方法一般是给出固定迭代次数后的性能或对所有循环的性能描述,当环境变化时,第一种方案就无法反映环境变化后的能力。

Morrison 给出下面的度量方法来描述算法在一些代表性的动态环境下的性能:

$$PF_C = \frac{\sum_{m=1}^{n_{PF}} \left(\dfrac{\sum_{t=1}^{n_t} PF(t)}{n_t} \right)}{n_{PF}} \tag{3-79}$$

式中,PF_C 是共同的适应度值,$PF(t)$ 是 t 时刻的最优解,n_t 是总时间代数,n_{PF} 是在同一动态问题上的模拟次数。对于特定模拟 m,PF_{Cm} 是对于环境变化的平均性能。

上述方法度量性能的条件如下:
- 算法对各种环境都有合理恢复时间。
- 最优解适应度值在相对小的范围内。

尽管式(3-79)是为进化算法提出的,但完全可以直接应用于 PSO。

3.10 离散粒子群优化

原始的 PSO 适用于连续空间的最优化问题,但在现实中也有相当多的问题,其解空间是离散的,包括各种组合优化问题(如 n 皇后问题)等。PSO 中最关键的操作就是对速度和距离的更新,如果将其进行合理的离散化,并对速度、粒子轨迹、速度限制和冲量等意义进行一定改造,则能得到适用于离散空间的 PSO。

最简单的一种离散化方法,就是将向量每一维的连续值离散到最近的整数值,使用这种方式,位置、速度的更新方式都可以保持不变。另外一种方法则是根据实际问题重新定义速度与位置更新的算子以适应离散空间。相较而言,第二种方法对离散空间的搜索效率往往会更高一些,因此一般推荐使用第二种离散 PSO。

本节首先介绍一种比较典型的离散 PSO——二元 PSO,然后再以约束满足问题为例介绍更一般化的离散 PSO。

3.10.1 二元 PSO

二元 PSO(Binary Particle Swarm Optimization),最早由 Kennedy 和 Eberhart 提出。在二元 PSO 中,每个粒子的位置向量由二进制编码组成,粒子位置的改变意味着某些位从

0 变成 1 或者相反。我们可以使用汉明距离(Hamming Distance)来度量二元空间中两个粒子 $x_i(t)$ 与 $x_i(t+1)$ 的距离 $H(x_i(t), x_i(t+1))$。

参考原始的速度式(3-2),在二元空间里,若个体最佳位置 y_i 和全局最佳位置 $\hat{y}_i$ 的第 j 维都为 1,而当前位置 x_i 第 j 维为 0,则此时速度 v_i 的值较可能为一个正数,代表当前第 j 维有较大可能为 1,根据这个特点,我们在模型中定义二元空间中速度每一维的含义为位变量取 1 的概率,并使用 Sigmoid 函数将其转换到 $[0,1]$ 区间:

$$s(v_{ij}) = \frac{1}{1+e^{-v_{ij}}} \tag{3-80}$$

Sigmoid 函数具有以下特点:

$$s(v) \in (0,1)$$
$$s(0) = 0.5$$
$$\lim_{v \to \infty} s(v) = 1$$
$$\lim_{v \to -\infty} s(v) = 0$$

利用式(3-78)进行位置更新:

$$x_{ij}(t+1) = \begin{cases} 1, & \text{rand} < s(v_{ij}(t+1)) \\ 0, & \text{其他} \end{cases} \tag{3-81}$$

这里 rand 是一个 $[0,1]$ 的均匀分布抽样。注意,在粒子接近全局最优解时,$v \to 0$,但此时 $s(v) = 0.5$,粒子每一位的改变概率接近 0.5,所以我们可以发现二元 PSO 具有较强的全局搜索能力,但缺乏一定的局部开采能力。

下面是二元 PSO 的伪代码。

算法 3-8　二元 PSO

创建并初始化一个维度为 n_x 的种群
repeat
　　for 每个粒子 $i=1,\cdots,n_s$ **do**
　　　　//设置个体最佳位置
　　　　if $f(x_i) < f(y_i)$ **then**
　　　　　　$y_i = x_i$
　　　　end
　　　　//设置全局最佳位置
　　　　if $f(y_i) < f(\hat{y})$ **then**
　　　　　　$\hat{y} = y_i;$
　　　　end
　　end
　　for 每个粒子 $i=1,\cdots,n_s$ **do**
　　　　按式(3-2)更新每个粒子的速度 $v_{ij}(t+1)$
　　　　按式(3-78)更新每个粒子的位置 $x_{ij}(t+1)$
　　end
until 满足终止条件

在二元 PSO 中,速度代表位改变的概率,因此对最大速度 $V_{\max,j}$ 的限制实际是设定了位改变的最小概率。当限定最大速度为一个较小值时将提高探索的能力,特别是当 $V_{\max,j} = 0$

时,搜索退化为纯随机搜索;相反则会鼓励收敛到一个潜在的最优解,降低对新位置的搜索。通常在搜索初期将$V_{max,j}$设定为较小值,随迭代次数逐渐增大,可获取更小的改变概率。

3.10.2 一般的离散 PSO

我们以约束满足问题(Constraint Satisfaction Problem,CSP)为例介绍一般化的离散PSO。约束满足问题定义为一个三元组$<X,D,C>$,其中X是变量的集合$X=\{X_1,X_2,\cdots,X_n\}$,D是每个变量的定义域集合,$D=\{D_1,D_2,\cdots,D_n\}$,C是限制条件的集合,$C=\{C_1,C_2,\cdots,C_m\}$,CSP的目标是从X的定义域中找出一个可行解$(x_1,x_2,\cdots,x_n)$满足所有的限制条件。

使用离散PSO来求解CSP,通常一个位置代表搜索空间的一个解,位置与速度向量的每一维取对应变量域的值,对应连续域的算术操作如下。

1. 位置相减

速度公式中,速度主要由两个向量之差得到,设x、y代表位置,v表示速度,则

$$x \ominus y = v = (y_j \to x_j), \quad \forall j=1,\cdots,n$$

式中,箭头代表y_j到x_j的改变,如$x=(1,2,3)$,$y=(2,1,0)$,则$v=(2\to1,1\to2,0\to3)$。

2. 位置与速度相加

位置与速度之和产生新的位置,若x为一个位置,$v=z-y$,则

$$x \oplus v = p$$

这里

$$p_j = \begin{cases} z_j, & x_j = y_j \\ x_j, & \text{其他} \end{cases}$$

如$x=(2,4,1)$,$y=(1,4,0)$,$z=(1,3,2)$,则$(2,4,1)\oplus(1\to1,4\to3,0\to2)=(2,3,1)$。

3. 速度相加

两个速度之和产生新的速度,令$v=b \ominus a$,$w=y \ominus x$,则

$$v \circ w = u$$

其中

$$u_j = \begin{cases} a_j \to y_j, & b_j = x_j \\ a_j \to b_j, & \text{其他} \end{cases}$$

4. 系数乘速度

速度向量乘以一个系数可以得到新的速度,令$v=y \ominus x$,系数c,则

$$c \otimes v = w$$

其中

$$w_j = \begin{cases} x_j \to x_j, & \varphi \leqslant c \\ x_j \to y_j, & \text{其他} \end{cases}$$

适应度函数在CSP中通常定义为违反约束条件的个数。上式中φ是向量x不满足约束条件的个数,即适应度值。这种方式能够保证在当前位置解的适应度值不差于系数时粒子保持在原位置。

参考连续粒子群的更新公式,结合上面重新定义的操作算子,我们得到一般的离散PSO的位置和速度更新公式:

$$\boldsymbol{v}_i(t+1) = (\boldsymbol{\omega} \otimes \boldsymbol{v}_i(t)) \circ (c_1 \boldsymbol{r}_1(t) (\boldsymbol{y}_i(t) \ominus \boldsymbol{x}_i(t))) \circ (c_2 \boldsymbol{r}_2(t) (\hat{\boldsymbol{y}}(t) \ominus \boldsymbol{x}_i(t)))$$

$$(3\text{-}82)$$

$$\boldsymbol{x}_i(t+1) = \boldsymbol{x}_i(t) \oplus \boldsymbol{v}_i(t+1)$$

$$(3\text{-}83)$$

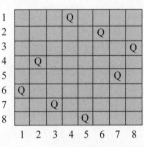

应用这一套离散 PSO 算子操作可以解决很多约束满足问题,特别地,著名的 n 皇后问题也是一个经典的 CSP,其目标是在 $n \times n$ 的棋盘上放置 n 个皇后,并且保证皇后之间互相安全不受攻击。八皇后问题的一个解如图 3-8 所示。

若对棋盘的每一个位置进行编码,则搜索空间将会是 $\{0,1\}^{n \times n}$,约束条件也相对比较复杂。Hu 等使用离散 PSO 来搜索 n 皇后问题的解,将每个粒子编码为 $1 \sim n$,依次表示每一列皇后的位置。这种方式不仅减小了搜索空间,而且把约束条件个数减小为只需考虑皇后对角冲突的个数。

图 3-8　八皇后问题的一个解

3.11　典型应用举例

前面的各节介绍了不同种类问题的 PSO,这些算法被成功地用于广大领域的问题,最早是用来训练神经网络的,其他应用覆盖所有关于优化的领域。本节将集中给出 PSO 的几个典型应用实例。

3.11.1　单目标优化函数

下面以 Rastrigin 函数为例介绍 PSO 在单目标优化函数上的应用。Rastrigin 函数是一个典型的非凸函数,经常被用来测试优化算法的性能,函数的表达形式如下:

$$f(\boldsymbol{x}) = An + \sum_{i=1}^{n} x_i^2 - A\cos(2\pi x_i)$$

$$(3\text{-}84)$$

其中,当 $A = 10, x_i \in [-5.12, 5.12]$ 时,函数在 $\boldsymbol{x} = \boldsymbol{0}$ 处取到全局最小 $f(\boldsymbol{x}) = 0$。

两个独立变量的 Rastrigin 函数如图 3-9 所示,两个独立变量的 Rastrigin 函数的等高线图如图 3-10 所示。

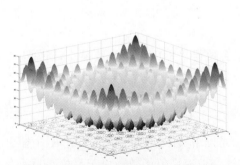

图 3-9　两个独立变量的 Rastrigin 函数

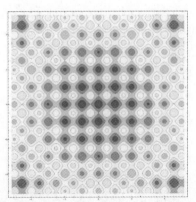

图 3-10　两个独立变量的 Rastrigin 函数的等高线图

Rastrigin 函数有非常多的局部极小点,而只有一个全局最小点,传统的基于梯度的方法很难求解出该函数的最优解。

应用 PSO 来求解有两个独立变量的 Rastrigin 函数,首先对粒子进行编码,第 i 个粒子的位置:

$$\boldsymbol{x}_i = (x_{i1}, x_{i2}) \tag{3-85}$$

适应度值:

$$f(\boldsymbol{x}_i) = 20 + x_{i1}^2 + x_{i2}^2 - 10\cos(2\pi x_{i1}) - 10\cos(2\pi x_{i2}) \tag{3-86}$$

设置粒子数 $n_s = 20$,随机初始化每个粒子的速度和位置,在算法 3-1 的基础上加上惯性权重 w,设置为 0.8,迭代 1000 次,最后求出的解为 $\boldsymbol{x} = (3.47 \times 10^{-6}, 6.13 \times 10^{-6})$,$f(\boldsymbol{x}) = 9.86 \times 10^{-9}$,迭代过程粒子分布如图 3-11 所示。

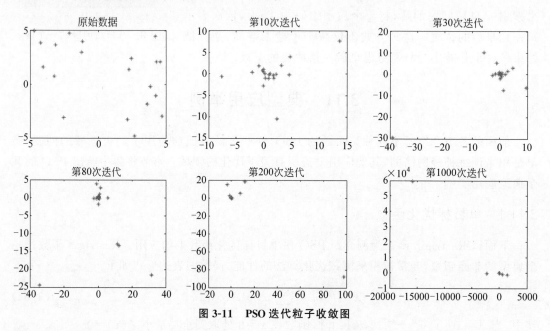

图 3-11 PSO 迭代粒子收敛图

3.11.2 神经网络

PSO 的第一个应用是训练前向神经网络(Feed-Forward Neural Network,FFNN),且研究表明 PSO 对训练神经网络是有效的。此后 PSO 被用于各种 NN 结构,且能够得到更加精确的解。

1. 监督学习

监督 NN 训练的主要目标是通过调整权重集合使得目标(误差)函数最小,通常误差函数是平方误差和(Sum Squared Error,SSE):

$$E = \frac{1}{2} \sum_{p=1}^{p_T} \sum_{k=1}^{K} (t_{pk} - o_{pk})^2 \tag{3-87}$$

式中,p_T 是训练样本的个数,t_{pk} 是样本的标签,o_{pk} 是网络实际的输出,NN 共有 K 个输出。

为了使用 PSO 训练 NN,需要合适的表示方式和适应度值函数。由于目标是最小化误差函数,因此适应度值函数可简单设为给定的误差函数[见式(3-87)]。每个粒子代表优化问题的一个候选解,由于 NN 的所有参数是一个解,因此,一个粒子代表一个完整网络。粒子的位置向量的每一维代表 NN 的一个权重,使用这些表示,任何 PSO 都可以用来寻找 NN 的权重以最小化误差函数。

He 等用基本 PSO 训练模糊 NN,然后从训练后的神经网络中提取精确规则。Engelbrecht 和 Ismail、van den Bergh 和 Engelbrecht 在具有乘积单元的神经网络训练中证实了 PSO 作为神经网络训练算法的优势,发现基本 PSO 与合作 PSO 性能优于梯度下降、蛙跳博弈、梯度和遗传算法的结合算法,Paquet 和 Engelbrecht 进一步证实了线性 PSO 训练支持向量机的性能。

Salerno 用基本 PSO 训练 Elman 递归神经网络(Recurrent Neural Network,RNN),PSO 虽然在简单问题上比较成功,但在训练解析语言的自然段的 RNN 中性能不佳。Tsou 和 Macnish 发现基本 PSO 训练某些 RNN 性能不佳,而基于牛顿方法的 PSO 很成功地训练了一个学习语言规则的 RNN。Juang 将 PSO 与 GA 结合起来优化 RNN,其中 PSO 用来强化精英个体。

使用基于梯度的方法训练神经网络对初始权重非常敏感,Van den Bergh 使用 gbest PSO 来初始化 FFNN,然后用基于梯度的方法训练神经网络,显著地提高了 FFNN 的性能。

2. 结构选择

Zhang 与 Shao 提出一个能够同时优化 NN 权重和结构的 PSO。其使用两个群体,一个群体优化结构,另一个群体优化权重。结构优化群体的粒子有两维,每个粒子代表隐节点个数与连接密度。算法第一步先在预定义范围内随机初始化结构粒子。

第二个群体中粒子代表实际的权重向量。每一个结构群体中的粒子都对应一个特定隐节点个数与连接密度的群体。每个群体通过 PSO 演化,适应度值使用 MSE 计算。群体收敛后,每个群体选择出代表权重的最优个体。然后用测试集获得结构粒子对应的最优个体的适应度值,使用这个适应度值,进一步用 PSO 优化结构群体。

这个过程一直进行直到满足停止条件,全局最优解就是最优的结构粒子以及对应的最优权重粒子的解。

本 章 小 结

本章介绍了 PSO,3.2 节是对基本 PSO 的简介,讨论了控制参数的影响,3.3 节对 PSO 的轨迹模型进行了理论研究,3.4 节说明了 PSO 的收敛能力,指出了基本 PSO 模型不能收敛到局部最优的缺点,3.5～3.10 节则列举了一些典型的 PSO 变种及其应用,3.11 节介绍了 PSO 的实际应用。

习　　题

习题 3-1　请写出 PSO 的基本思想。

习题 3-2　请写出基本 PSO 的速度方程式的三个影响部分,并解释各部分所代表的含义。

习题 3-3　请解释速度方程式中的随机系数 r_1 和 r_2 的作用。

习题 3-4　请比较 PSO 和遗传算法(GA)的异同。

习题 3-5　为什么基于粒子索引的邻域计算会比几何信息（例如欧氏距离）确定的邻域计算更好？

习题 3-6　请说明速度钳制的取值大小不同时会产生什么影响。

习题 3-7　请解释在动态调整惯性权重的操作中，为什么是从大到小调整权重值？

习题 3-8　在二元 PSO 中如果不限制最大速度会使算法具有怎样的性能？

习题 3-9　在动态环境中限制原始 PSO 的三个因素是什么？

习题 3-10　请使用代码实现 3.11.1 节的示例问题，并输出对应的结果图。

本章参考文献

第 4 章

蚁 群 优 化

蚁群优化是一种基于群体的启发式仿生进化算法,是群体优化算法中一项重要的内容,由意大利学者 Dorigo 等在 1991 年受到自然界中真实蚁群的觅食机制——蚂蚁总能找到蚁巢和食物之间的最短路径启发而提出的进化计算方法。最早的蚁群优化算法是由 Dorigo 提出蚂蚁系统(Ant System),随后研究者们通过不同策略对蚁群优化算法进行改进开发出不同版本的蚁群优化算法(Ant Colony Optimization,ACO),并将 ACO 成功地用在旅行商问题(TSP)、指派问题(Assignment Problem)、车间作业(Job-Shop)等组合优化问题当中。此外,还有一些研究者用 ACO 来解决实际生活问题。

Dorigo 于 1991 年在其论文中提出了蚂蚁系统,将其应用于解决计算机算法中经典的旅行商问题。随后 Dorigo 不断对这一算法进行完善,1996 年 Dorigo 和 Gambardella 发表论文,提出了蚁群系统(Ant Colony System),为后续的 ACO 研究提供了理论基础;1999 年 Dorigo 将完成的研究进行汇总,提出蚁群优化算法的框架,所有符合这一框架的算法都称为蚁群优化元启发算法(Ant Colony Optimization Meta-Heuristic,ACO-MH),随后许多研究者在这一框架下取得了丰富的研究成果。

蚁群是如何在缺乏视觉信息、主动协作机制和中心控制机制的条件下找到蚁巢和食物之间的最短路径的呢? 大量对蚁群的觅食行为的研究表明,觅食行为起始于一个随机的探索过程,当有蚂蚁发现食物之后,蚁群觅食的行为路径开始趋于有组织,越来越多的蚂蚁开始选择同一条路径,最后所有蚂蚁都会选择同一条最短路径。研究表明,这一现象的产生是由于蚂蚁在觅食过程中释放了一种包含了有关食物源信息的启发性信息素来召集其他蚂蚁,当某一只蚂蚁发现食物后,它将在把食物拖回蚁巢的同时在沿途留下信息素,其他正在觅食的蚂蚁通过不同路径上的信息素浓度来选择路径,路径上的信息素浓度越高意味着该路径被选择的概率也越大。当越来越多的蚂蚁选择同一条路径时,该路径的信息素浓度也会因为更多的蚂蚁经过而提高,从而使得该路径被选择的概率增大,吸引到更多的蚂蚁。这种自催化导致的协作方式行为形成一种正反馈机制,使得最优觅食路径能够吸引到越来越多的蚂蚁。

Denubourg 等通过研究阿根廷蚁的觅食行为来建立一种描述蚂蚁觅食行为的形式化模型。在实验中,研究人员将蚁巢和食物之间用等长的双分支桥进行连接(见图 4-1)。实验开始时路径 A 和路径 B 均没有信息素存在,经过一段时间,尽管这两条路径长度相等,仍会有一个分支被多数蚂蚁选择,其原因是在蚂蚁路径选择的过程中的正反馈现象导致某一条路径上的信息素累积。Pasteels 等对双桥实验中蚂蚁的路径选择过程进行了建模,他们假设各蚂蚁分泌等量的信息素并忽略信息素的挥发效应,得出了在 $t+1$ 时刻,蚂蚁选择路径 A

图 4-1　双桥实验

的概率如式(4-1)所示：

$$P_A(t+1) = \frac{(c+n_A(t))^\alpha}{(c+n_A(t))^\alpha + (c+n_B(t))^\alpha} = 1 - P_B(t+1) \tag{4-1}$$

式中，$n_A(t)$ 和 $n_B(t)$ 表示在 t 时刻，经过路径 A 和路径 B 的蚂蚁数量；c 表示原始路径(不考虑信息素浓度对蚂蚁路径选择的影响)对蚂蚁的吸引程度，c 越大，则需要越高的信息素浓度来对蚂蚁选择路径产生影响；α 表示蚂蚁受信息素浓度影响的程度，α 越大，则蚂蚁选择更高信息素浓度路径的可能性越大。Pasteels 等的实验表明，当 $c \approx 20$，$\alpha \approx 2$ 时，概率模型与实际情况的吻合性最好。

　　Goss 等在双桥实验的基础上又进行了扩展实验，将两条路径的长度设为不等长，如图 4-2 所示，路径 A 的长度短于路径 B。实验开始时，蚂蚁以几乎均等的概率随机选择一个分支(见图 4-2(a))。随着实验的进行，更多的蚂蚁开始选择较短的路径(见图 4-2(b))。较短路径上蚂蚁返回蚁巢的时间较短，因此信息素的累积速度更快，从而吸引到了更多的蚂蚁选择该路径。

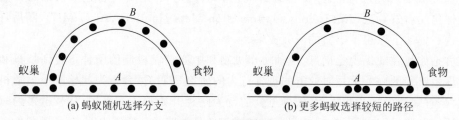

(a) 蚂蚁随机选择分支　　　　　　(b) 更多蚂蚁选择较短的路径

图 4-2　扩展双桥实验

　　蚂蚁通过对信息素浓度的感知做出行为选择。在总结自然界中蚂蚁的行为逻辑后，Goss 等给出人工蚂蚁决策算法的逻辑，具体实现如下。

算法 4-1　人工蚂蚁决策算法

1.　$r = U(0,1)$；
2.　**for** 可选路径 A **do**
3.　　　利用式(4-1)计算 P_A；
4.　　　**if** $r \leqslant P_A$ **do**
5.　　　　选择该路径；
6.　　　　**break**；
7.　　**end**；
8.　**end**；

　　算法 4-1 采用了一种简单的随机选择机制，其他更复杂的随机选择机制在本算法中同样适用。

4.1 基本蚁群优化

本节首先介绍简单蚁群优化算法(Simple ACO,SACO)。简单蚁群优化是对 Deneubourg 等双桥实验的算法实现。

4.1.1 简单蚁群优化

考虑最短路径问题,$G=(V,E)$,V 为图中所有节点的集合,E 为图中所有边的集合。图 G 中共包含 $n_G=|V|$ 个节点,假设忽略各边权重,L^k 为蚁蚁 k 经过的路径边数。对于任意边 (i,j),该边 t 时刻的信息素浓度表示为 $\tau_{ij}(t)$。每条边的初始信息素浓度 $\tau_{ij}(0)$ 为同一随机值,在时刻 0,蚁蚁 $k(k=1,\cdots,n_k)$ 被置于起点,所有蚁蚁随机选择路径。设时刻 t 时,蚁蚁 k 所在节点为 i,其位置转移概率方程式如式(4-2)所示。

$$p_{ij}^{k}(t)=\begin{cases} \dfrac{\tau_{ij}^{\alpha}(t)}{\sum\limits_{j\in N_i^k}\tau_{ij}^{\alpha}(t)}, & j\in N_i^k \\ 0, & \text{其他} \end{cases} \tag{4-2}$$

式中,N_i^k 为与节点 i 相连的蚁蚁 k 可选的所有节点的集合。$\alpha>0$ 为描述信息素浓度对路径选择影响程度的常量,过大的 α 会导致信息素浓度影响过大从而不能收敛到全局最优解。

当蚁蚁 k 到达终点后,蚁蚁 k 将会沿原路径返回起点,且在沿途的边 (i,j) 释放一定量的信息素 $\Delta\tau_{ij}^k$,设 $L^k(t)$ 为当前轮次蚁蚁搜索出路径的长度,则释放的信息素满足式(4-3)。

$$\Delta\tau_{ij}^{k}\propto\frac{1}{L^k(t)} \tag{4-3}$$

图中所有路径的信息素浓度转移公式为

$$\tau_{ij}(t+1)=\tau_{ij}(t)+\sum_{k=1}^{n_k}\Delta\tau_{ij}^{k}(t) \tag{4-4}$$

双桥实验表明,由于信息素的积累,蚁群对路径的选择很快收敛为单一路径。为了促进蚁群对路径的探索,避免出现过早收敛于次优解,我们引入信息素的挥发机制,即在每轮信息素浓度更新前,对原来存在于路径上的信息素进行如式(4-5)的挥发操作:

$$\tau_{ij}(t)=(1-\rho)\tau_{ij}(t) \tag{4-5}$$

式中,常量 $\rho\in[0,1]$ 表示信息素的挥发速率。ρ 越大,搜索随机性越高,当 $\rho=1$ 时,算法退化为完全随机搜索。

我们用 $x^k(t)$ 表示时刻 t 的解,$f(x^k(t))$ 表示对解的评估,常取路径长度作为对解优劣的评估。由此我们得到如下简单蚁群优化算法。

算法 4-2 简单蚁群优化算法

1. 设定 $\tau(0)$ 值,初始化所有路径上的信息素浓度,将全部蚁蚁(n_k 只)置于起点;
2. **while** 未满足终止条件 **do**
3.   **for** $k=1,\cdots,n_k$ **do**
4. $x^k(t)=\varnothing$;
5.   **while** 蚁蚁 k 未达到终点 **do**

6.	根据式(4-2)计算节点转移概率;
7.	向 $x^k(t)$ 添加边 (i,j);
8.	end;
9.	对 $x^k(t)$ 进行环检测,并去除所有环;
10.	计算路径长度 $f(x^k(t))$;
11.	end;
12.	根据式(4-5)对图中的每条边 (i,j) 执行信息素挥发操作得到新的 τ_{ij};
13.	for $k = 1, \cdots, n_k$ do
14.	for $(i,j) \in x^k(t)$ do
15.	计算 $\Delta \tau_{ij}^k$;
16.	更新 τ_{ij};
17.	end;
18.	end;
19.	$t = t + 1$;
20.	end;
21.	返回 $f(x^k(t))$ 最小的 $x^k(t)$;

算法可以采用多种终止条件,例如:

(1) 达到设定的最大迭代轮数 n_k。

(2) 设定可接受的最短路径上限 c,即满足 $f(x^k(t)) \leqslant c$ 时算法中止。

(3) 算法收敛到单一路径。

由算法 4-2 我们注意到,蚂蚁 k 对所有 n_k 只蚂蚁产生的信息素刺激均产生反馈,这恰当地反映了蚁群觅食行为中的正反馈效应,且每只蚂蚁在决策时仅取决于局部环境信息,在简单蚁群优化中,局部环境信息为与当前节点相连道路的信息素浓度信息。

Dorigo 和 Dicaro 在实验中发现对于简单蚁群优化:

(1) 对于节点数较少的图,SACO 有很大概率能收敛到最优路径。

(2) 当图的节点数增加时,SACO 的鲁棒性降低。

(3) 蚂蚁数量 n_k 较大会导致算法不收敛。

(4) 信息素浓度对路径选择的影响程度 α 过大会导致算法的收敛性变差。

(5) 信息素的挥发速率过小会导致算法不收敛,过大会导致算法最终收敛到次优解。

简单蚁群优化对于节点数较多的图性能较差,在实际使用中,人们对简单蚁群优化进行了一系列的改进。下面我们将详述由 Dorigo 等最初提出的蚂蚁系统并简要介绍一些常见的变种算法。

4.1.2 蚂蚁系统

相对于简单蚁群优化算法,蚂蚁系统增加了启发式信息和禁忌表,优化了位置转移概率公式。

蚂蚁 k 从节点 i 到节点 j 的位置转移概率公式为

$$p_{ij}^k(t) = \begin{cases} \dfrac{\tau_{ij}^\alpha(t)\, \eta_{ij}^\beta(t)}{\sum\limits_{j \in N_i^k(t)} \tau_{ij}^\alpha(t)\, \eta_{ij}^\beta(t)}, & j \in N_i^k(t) \\ 0, & \text{其他} \end{cases} \tag{4-6}$$

式中，η_{ij} 为蚂蚁从节点 i 到节点 j 的位置转移概率的先验信息（如人为指定某一条道路被选中的概率大于其他路径），通常由启发式信息给出；$N_i^k(t)$ 仅包含蚂蚁 k 尚未访问过的节点。

同式（4-2）相比，蚂蚁系统中的位置转移概率公式有以下两点改进：

（1）蚂蚁系统不仅考量了信息素浓度 τ_{ij} 对蚂蚁选择路径的影响，同时加入了通过启发式信息给出的先验信息，考虑了蚁群探索新路径和趋于选择局部最优路径间的平衡。两者的平衡可以通过调节 α 和 β 的值进行控制。当 $\alpha=0$ 时，信息素浓度对路径选择没有影响，算法退化为有先验信息的完全随机搜索；当 $\beta=0$ 时，先验信息对路径选择没有影响，算法退化为简单蚁群优化。给出式中先验信息的启发式信息通常为和问题独立的函数，如两节点转移的时间代价等。

（2）可选节点集合仅包含尚未访问的节点，每只蚂蚁每轮维护一个禁忌表，每访问一个新节点就将该节点加入禁忌表，禁忌表中的节点不参与位置转移概率计算，直接避免了环路的出现。

对于信息素增量，Dorigo 等提出了 3 种计算方法。

（1）蚁周（Ant-Cycle）模型：

$$\Delta \tau_{ij}^k(t) = \begin{cases} \dfrac{Q}{f(x^k(t))}, & (i,j) \in x^k(t) \\ 0, & \text{其他} \end{cases} \tag{4-7}$$

式中，Q 为一固定常量，表示信息素强度，在一定程度上影响算法收敛速度。Ant-Cycle 模型中信息素增量与路径长度 $f(x^k(t))$ 成反比。

（2）蚁密（Ant-Density）模型：

$$\Delta \tau_{ij}^k(t) = \begin{cases} Q, & (i,j) \in x^k(t) \\ 0, & \text{其他} \end{cases} \tag{4-8}$$

蚂蚁在当前轮次经过的边上释放等量的信息素，因此信息素浓度仅跟经过该边的蚂蚁数量有关，蚂蚁位置转移概率的后验信息仅取决于所考查的边经过的蚂蚁数量。

（3）蚁量（Ant-Quantity）模型：

$$\Delta \tau_{ij}^k(t) = \begin{cases} \dfrac{Q}{d_{ij}}, & (i,j) \in x^k(t) \\ 0, & \text{其他} \end{cases} \tag{4-9}$$

信息素浓度的更新相较蚁密（Ant-Density）模型增加了局部信息 d_{ij}，在蚁量（Ant-Quantity）模型中蚂蚁会倾向于选择开销更低的边。

蚁周（Ant-Cycle）模型相较于其他两种模型，信息素浓度的更新使用了全局信息，因此对于旅行商问题和二次分配等问题具有更好的性能。

蚂蚁系统的算法细节如下所示。

算法 4-3　蚂蚁系统

1.　$t=0$；
2.　初始化参数 $\alpha, \beta, \rho, Q, n_0, \tau_0$，放置蚂蚁 $k=1, \cdots, n_k$，初始化所有边的信息素浓度；
3.　**while** 未满足终止条件 **do**
4.　　　**for** 蚂蚁 $k=1, \cdots, n_k$ **do**
5.　　　　$x^k(t) = \varnothing$；

6.	**while** 蚂蚁 k 未达到终点 **do**
7.	根据式(4-6)计算位置转移概率;
8.	向 $x^k(t)$ 添加边 (i,j);
9.	**end**;
10.	计算 $f(x^k(t))$;
11.	**end**;
12.	**for** $(i,j) \in E$ **do**
13.	执行信息素挥发操作;
14.	计算 $\Delta \tau_{ij}(t)$;
15.	执行信息素浓度更新操作;
16.	$\tau_{ij}(t+1) = \tau_{ij}(t)$;
17.	**end**;
18.	$t = t+1$;
19.	**end**;
20.	返回 $f(x^k(t))$ 最小的 $x^k(t)$;

4.1.3　蚁群系统

此后 Gambardella 和 Dorigo 提出了蚂蚁系统的改进算法——蚁群系统。

蚁群系统进一步改进了位置转移规则,显式地平衡探索新路径和趋于选择局部最优路径。设时刻 t,蚂蚁 k 位于节点 i,其下一节点 j 由式(4-10)决定:

$$j = \begin{cases} \arg \max_{u \in N_i^k(t)} \{\tau_{iu}(t) \, \eta_{iu}^{\beta}(t)\}, & r \leqslant r_0 \\ J, & r > r_0 \end{cases} \tag{4-10}$$

式中,$r \sim U(0,1)$,$r_0 \in [0,1]$ 为固定常量;$J \in N_i^k(t)$,其选取概率由式(4-11)决定:

$$p_{iJ}^k(t) = \frac{\tau_{iJ}(t) \, \eta_{iJ}^{\beta}(t)}{\sum_{J \in N_i^k(t)} \tau_{iJ}(t) \, \eta_{iJ}^{\beta}(t)} \tag{4-11}$$

在蚁群系统中,r_0 控制了探索新路径和趋于选择局部最优路径间的平衡。当 $r > r_0$ 时,蚂蚁的转移规则和蚂蚁系统一致;当 $r \leqslant r_0$ 时,蚂蚁倾向于选择现有的局部最优路径。

与蚂蚁系统不同,蚁群系统中并非所有的蚂蚁都会进行信息素浓度更新,仅有满足特定条件的蚂蚁——如选择路径 $x^+(t)$ 的蚂蚁——才会进行信息素浓度更新,信息素浓度的全局更新规则如下:

$$\tau_{ij}(t+1) = (1-\rho_1) \tau_{ij}(t) + \rho_1 \Delta \tau_{ij}(t) \tag{4-12}$$

Gambardella 和 Dorigo 指出了两种选择种群的方式:

(1) 当前迭代最优路径:$x^+(t)$ 为第 t 轮迭代中的最优路径,记为 $\tilde{x}(t)$。

(2) 全局最优路径:$x^+(t)$ 为迭代的前 t 轮中的最优路径,记为 $\hat{x}(t)$。

蚁群系统还引入了局部更新规则:

$$\tau_{ij}(t) = (1-\rho_2) \tau_{ij}(t) + \rho_2 \tau_0 \tag{4-13}$$

式中,$\rho_2 \in (0,1)$,τ_0 为常量,Gambardella 和 Dorigo 的实验表明 τ_0 与图的节点数和最短路径长度(或其估计值)成反比时效果较好。

蚁群系统定义了候选节点列表,候选节点数量 $n_l < |N_i^k(t)|$,候选节点列表中的节点按与当前节点距离升序排列,蚂蚁进行节点转移时选择最优候选节点。从后继节点选取节点

加入候选节点列表可根据式(4-11)或直接选取剩余节点中距离当前节点最近的节点。

蚁群系统的算法细节如下所示。

算法 4-4　蚁群系统

1. $t=0$；
2. 初始化所有参数，放置所有蚂蚁，初始化所有边的信息素浓度；
3. $\hat{x}(t)=\varnothing$；
4. $f(\hat{x}(t))=\infty$；
5. **while** 未满足终止条件 **do**
6. 　　**for** 蚂蚁 $k=1,\cdots,n_k$ **do**
7. 　　　　$x^k(t)=\varnothing$；
8. 　　　　**while** 尚未达到终点 **do**
9. 　　　　　　**if** 候选列表非空 **do**
10. 　　　　　　　　根据式(4-10)和式(4-11)从候选列表中选择节点 j；
11. 　　　　　　**else**
12. 　　　　　　　　从非候选节点中选择节点 j 并将其加入候选列表；
13. 　　　　　　**end**；
14. 　　　　　　向 $x^k(t)$ 添加边 (i,j)；
15. 　　　　　　根据式(4-13)进行局部更新；
16. 　　　　**end**；
17. 　　　　计算 $f(x^k(t))$；
18. 　　**end**；
19. 　　选取本轮次最优 $x^k(t)$ 记为 x，计算 $f(x)$；
20. 　　**if** $f(x)<f(\hat{x}(t))$ **do**
21. 　　　　$\hat{x}(t)=x$；
22. 　　　　$f(\hat{x}(t))=f(x)$；
23. 　　**end**；
24. 　　**for** $(i,j)\in\hat{x}(t)$ **do**
25. 　　　　根据式(4-12)进行全局更新；
26. 　　**end**；
27. 　　**for** $(i,j)\in E$ **do**
28. 　　　　$\tau_{ij}(t+1)=\tau_{ij}(t)$；
29. 　　**end**；
30. 　　$\hat{x}(t+1)=\hat{x}(t),f(\hat{x}(t+1))=f(\hat{x}(t)),t=t+1$；
31. **end**；
32. 返回 $\hat{x}(t)$；

4.1.4　最大最小蚂蚁系统

Stutzle 等提出了最大最小蚂蚁系统(Max-Min Ant System，MMAS)来解决蚂蚁系统过早收敛到局部最优解的问题。该算法从四方面对蚂蚁系统的基本框架进行了改进：

（1）仅有当前迭代构建出最优路径的蚂蚁(或构建出全局最优路径的蚂蚁)才能释放信息素。

（2）信息素浓度取值被限制在 $[\tau_{\min},\tau_{\max}]$ 的范围内。

（3）信息素浓度的初始值被设定为 $\tau_{\max}$，且设定一个较小的挥发速率。

（4）在多轮迭代均没有提升全局最优解时，直接重置所有边上的信息素浓度。

4.2 蚁群优化算法的一般框架

在 4.1 节中，我们介绍了几种基本蚁群优化算法，这些算法均是对蚂蚁觅食行为的一种模拟，且算法框架的表述与其解决的离散优化问题无关，因此许多研究致力于总结出蚁群优化算法的一般框架。本节介绍三个蚁群优化的一般框架——蚁群优化元启发、蚂蚁系统元启发、蚂蚁规划。本节的最后将简要总结蚁群优化算法的特点。

4.2.1 蚁群优化元启发

Dorigo 和 Dicaro 结合了多种蚁群优化算法的特点，总结了这些算法的共同特征，将具体实现方法抽象提炼，首次提出了蚁群优化算法的一般框架——蚁群优化元启发（ACO-MH）。该框架将蚁群优化元启发过程分解为：

（1）根据位置转移概率进行路径搜索。

（2）执行信息素浓度更新操作。

算法 4-5   蚁群优化元启发

```
1.  \\蚁群优化元启发过程
2.     while 未满足结束条件 do
3.         while 存在可探索资源 do
4.             创建一个新蚂蚁；
5.             初始化蚂蚁；
6.             初始化蚂蚁的路径表 M；
7.             while 蚂蚁未达到终点 do
8.                 设 A 维护当前蚂蚁的路由表；
9.                 计算位置转移概率 P(A, M, Ω)；
10.                根据位置转移概率执行蚂蚁的移动操作；
11.                if 满足局部更新条件 do
12.                    在访问路径上积累信息素；
13.                    更新蚂蚁的路由表；
14.                end；
15.                更新路径表信息 M；
16.            end；
17.            if 满足全局更新条件 do
18.                for 每条访问过的边 do
19.                    在路径上积累信息素；
20.                    更新蚂蚁的路由表；
21.                end；
22.            end；
23.            处理该蚂蚁；
24.         end；
25.         执行信息素挥发操作；
26.         执行信息素浓度更新操作；
27.    end；
```

4.2.2 蚂蚁系统元启发

Taillard 等在蚁群优化元启发的基础上引入蚁后在真实蚁群中的协调效应,提出了蚂蚁系统元启发。在算法 4-6 中明确了蚁后的任务。蚂蚁系统元启发假设蚂蚁的行为可以通过一系列操作进行表述,分为两个主要操作:

(1) 蚂蚁直接产生候选解。

(2) 蚁后协调解的产生过程。

算法 4-6 蚂蚁系统元启发

---

1. \\蚂蚁操作
2.   从蚁后接收任务目标,共同记忆,算法参数;
3.   根据共同记忆和概率模型构建候选解;
4.   将产生的解提交给蚁后;
5. \\蚁后操作
6.   初始化共同记忆模块;
7.   **while** 未满足终止条件 **do**
8.   为蚂蚁操作生成参数;
9.   激活并执行新蚂蚁操作;
10.   从蚂蚁操作接收候选解并更新共同记忆模块;
11.   **end**;
12.   返回全局最优解;

4.2.3 蚂蚁规划

Birattari 等将蚁群优化的特征通过数学形式表达,提出一种蚁群优化算法的基本框架,称为蚂蚁规划。该框架可有效地解决能够划归为最短路径问题的离散组合优化问题。本节将简要介绍该框架的执行逻辑。

蚂蚁规划包含四个要素:

(1) 生成函数 f_r,算法使用 G_r 表示生成函数产生的图。

(2) 信息素信息 f_τ,表示图 G_r 中边的信息素信息。

(3) 算子 π 定义如何利用 f_τ 构建解。

(4) 算子 ν 和 σ 定义如何利用解的质量调整边信息 f_τ。

在蚂蚁规划的每次迭代中,每只蚂蚁通过前向阶段来建立路径,通过后向阶段来衡量如何根据解的质量影响下一轮迭代中路径的建立,当所有蚂蚁完成前向及后向阶段后,算法将会执行一个融合阶段来对算法中的参数进行更新。每个阶段的具体操作如下:

(1) 前向阶段:每只蚂蚁从起点执行路径选择直至抵达终点,执行位置转移的具体操作由算子 π 决定。

(2) 后向阶段:当蚂蚁抵达终点后原路返回,更新经过路径的信息素浓度,更新策略由算子 ν 决定。

(3) 融合阶段:使用算子 σ 融合蚂蚁的更新值,算子 σ 对当前 f_τ 和蚂蚁的更新信息进行线性或非线性的组合,最终决定如何修改 f_τ 的值。

算法 4-7　蚂蚁规划

1.　　初始化 f_τ；
2.　　制定蚁群蚂蚁数目；
3.　　**while** 未满足终止条件 **do**
4.　　　　**for** 蚂蚁 $\in$ 蚁群 **do**
5.　　　　　　执行前向阶段；
6.　　　　　　执行后向阶段；
7.　　　　**end**；
8.　　　　执行融合阶段；
9.　　**end**；
10.　返回最优解；

注意，算法 4-7 还需指定 f_τ 的初始化操作、蚁群大小及终止条件。

4.2.4　蚁群优化算法的特点

蚁群优化算法属于群体随机搜索算法的一种，其目标优化问题一般具有以下特点：

（1）搜索空间一般是离散的。

（2）约束条件有限。

（3）有固定的解的表示形式。

（4）节点集合及其搜索空间有限。

蚁群优化算法将目标优化问题表示为一个由有限节点和边组成的图，问题的解由节点序列构成，边表示节点之间的转移，每条边的权重信息反映了转移操作的开销。算法使用蚁群并行地对解空间进行搜索，在遍历过程中增量地建立候选解。在搜索过程中，蚂蚁利用局部信息（如信息素浓度和启发式信息等）决定解的构成，同时根据解的质量修改局部信息，从而与环境和群体产生交互，达到群体间合作的目的。

4.3　单种群的蚁群优化

本节将介绍一些仅利用单个蚁群的基本蚁群优化的改进算法，这些算法通过构建算法收敛速度和探索空间之间的平衡来提升基本蚁群优化算法解的质量和算法的运行效率。

4.3.1　带信息素排斥的蚁群优化

Varela 和 Sinclair 认为信息素对不同蚂蚁的影响是不均等的，蚂蚁应当对信息素进行区分，具体地，每只蚂蚁仅被自己释放的信息素吸引，而排斥其他蚂蚁释放的信息素。

因此带信息素排斥的蚁群优化算法在进行路径选择时，边 (i,j) 对蚂蚁 k 包含一个吸引权重 $\Lambda_{ij}^k(t)$ 以及一个排斥权重 $\Phi_{ij}^k(t)$。两者的定义如下：

$$\Lambda_{ij}^k(t) = \frac{\tau_{ij}^k(t)}{\sum_{j \in N_i^{k(t)}} \tau_{ij}^k(t)} \tag{4-14}$$

$$\Phi_{ij}^{k}(t) = \frac{\sum_{m \neq k} \tau_{ij}^{m}(t)}{\sum_{j \in N_i^{k}(t)} \sum_{m \neq k} \tau_{ij}^{m}(t)} \tag{4-15}$$

由式(4-14)和式(4-15),我们将位置转移概率重新定义为

$$p_{ij}^{k}(t) = \frac{\left(\frac{\Lambda_{ij}^{k}(t)}{\Phi_{ij}^{k}(t)}\right)^{\alpha}}{\sum_{j \in N_i^{k}(t)} \left(\frac{\Lambda_{ij}^{k}(t)}{\Phi_{ij}^{k}(t)}\right)^{\alpha}} \tag{4-16}$$

在带信息素排斥的蚁群优化算法中,每只蚂蚁分别维护各自的信息素,包括其更新和挥发操作。信息素浓度更新采取 Ant-Density 模型的更新策略,即释放等量的信息素。在所有蚂蚁都建立路径后,算法进行全局更新,规则如下:

$$\tau_{ij}^{k}(t+1) = \tau_{ij}^{k}(t) + \frac{Q^{k}}{f(x^{k}(t))} \tag{4-17}$$

带信息素排斥的蚁群优化算法通过吸引权重和排斥权重的比值平衡探索新路径和选择当前优势路径,在算法初期,蚂蚁自身释放的信息素相较全局影响较小,算法倾向于探索新路径,随着算法进行,比值会逐渐增大,从而使得算法倾向于选择当前优势路径以提升解的质量。

4.3.2 带候选集的蚁群优化

当目标图中节点和边过多时,每只蚂蚁在节点维护的邻接集合 N_i^{k} 变得过大,在计算位置转移概率时极为耗时。此时引入 N_i^{k} 的优质节点子集作为候选集可极大地缩短计算用时。

候选集的构建有多种方式,候选集可以是静态集合或动态集合。静态集合可以有效地降低计算的时间代价,但难点在于如何确定最优的静态集合大小。较小的候选集会导致算法陷入局部最优解;较大的候选集对算法复杂度的降低效果不显著。因此通常使用动态候选集对蚁群优化算法进行改进。下面将介绍一种实现动态候选集的控制策略(由 Watanabe 和 Matsui 提出)。候选集基于信息素浓度信息构建,其主要思想是初期候选集包含大多数可选节点,之后逐步挑选出最有潜力的节点构成候选集。

设候选集 $L_i^{k}(t) \subseteq N_i^{k}(t)$,该策略将所有 $N_i^{k}(t)$ 中的可选节点按与当前节点道路的信息素浓度递减排列,逐个将节点添加至 $L_i^{k}(t)$ 直至满足:

$$\frac{\sum_{j=1}^{|L_i^{k}(t)|} \tau_{ij}(t)}{\sum_{j=1}^{|L_i^{k}(t)|} \tau_{ij}(t) + \tau_{i,|L_i^{k}(t)|+1}(t) \times (|N_i^{k}(t)| - |L_i^{k}(t)| - 1)} \geqslant \epsilon \tag{4-18}$$

式中, $\tau_{i,|L_i^{k}(t)|+1}(t) \times (|N_i^{k}(t)| - |L_i^{k}(t)| - 1)$ 是对未包含在候选集中的其他可选节点与当前节点的边上信息素浓度总和的估计上界值。根据该策略,候选集的大小和包含节点均是动态变化的,当信息素积累至一定程度后,拥有较高信息素浓度的节点的优势将会显现出来,候选集包含的节点数目也将降低到少数几个"精英节点",候选集大小的控制可以通过调节 ϵ 的值进行间接调整。

4.3.3　带局部优化解的蚁群优化

Solnon 等通过在预处理过程中引入使用传统局部搜索算法得到的局部最优解来优化初始信息素浓度,提高基本蚁群优化算法的性能。

记用于优化初始信息素浓度的局部优化解集合为 X^*,各边的初始信息素浓度按式(4-19)进行设置:

$$\tau_{ij}(0) = \sum_{x^* \in X^*} \Delta \tau_{ij}(x^*) \tag{4-19}$$

式中, $\Delta \tau_{ij}(x^*)$ 为解 x^* 在边 (i,j) 上释放的信息素,在最短路径问题中,可按式(4-20)(Q 为一正常量进行计算):

$$\Delta \tau_{ij}(x^*) = \begin{cases} \dfrac{Q}{f(x^*)}, & (i,j) \in x^* \\ 0, & \text{其他} \end{cases} \tag{4-20}$$

完成初始化操作后,通常需要将信息素浓度限制在区间 $[\tau_{\min}, \tau_{\max}]$ 中,以免部分路径信息素浓度明显高于其他路径信息素浓度使得算法过早收敛到局部最优解。

然而,值得注意的是,在带局部优化解的蚁群优化中,局部最优解的数目过大时会导致初始化阶段计算复杂度过高;局部最优解的数目过小时会导致算法过早收敛。因此用于初始化信息素的局部最优解的数目对算法性能有很大影响,通常需要采用不同且独立的传统算法得到不同数量的局部最优解。

4.3.4　基于群体的蚁群优化

Guntsch 和 Middendorf 提出了基于群体的蚁群优化算法(population-based ACO,pbACO),利用群体机制来优化信息素浓度的更新操作。

在 pbACO 的第 t 轮迭代中,记 $\widetilde{X}(t)$ 为迭代最优解的集合,初始为空集。设待更新群体最大数目为 $n_{\max}$。当 $|\widetilde{X}(t)| < n_{\max}$ 时,直接将新解加入 $\widetilde{X}(t)$;当 $|\widetilde{X}(t)| = n_{\max}$ 时,需要采取群体更新策略来移除原本集合中的某一特定解以加入新解。常用的更新策略有:

(1) 先进先出:加入集合时间最长的解被移除,算法的每个迭代最优解都将对信息素浓度产生影响。

(2) 末位淘汰:集合中质量最差的解被移除,由于该方法会导致集合多样性的缺乏,因此算法可能会过早收敛。

(3) 概率淘汰:质量较差的解以较大概率被移除。

(4) 混合策略:综合先进先出和概率淘汰的特点,仅从入集合时间较长的子集中进行概率淘汰。

概率淘汰策略的具体方法之一如下:

$$p_{x_l} = \frac{f_l}{\left(\sum f_m\right) + f_{\text{new}}} \tag{4-21}$$

式中,

$$f_l = f(x_l) - \min_{m=1,\cdots,n_{\max}} \{f(x_m), f_{\text{new}}\} + \left(\frac{1}{n_{x(t)}+1} \sum_{m=1}^{n_{x(t)}+1} f(x_m)\right) - \min_{m=1,\cdots,n_{x(t)}+1} \{f(x_m)\}$$

$$\tag{4-22}$$

群体更新后,需要对信息素浓度进行更新,对第 t 轮迭代:

$$\tau_{ij}(t) = \tau_{ij}(t) + n_{\tilde{X}}(t)\frac{\tau_{\max} - \tau_0}{\delta} \tag{4-23}$$

对于被移除的解:

$$\tau_{ij}(t) = \tau_{ij}(t) - \frac{\tau_{\max} - \tau_0}{\delta} \tag{4-24}$$

此操作替代了基本蚁群优化中的信息素挥发操作。

4.4　多种群的蚁群优化

在基本蚁群优化算法中,仅有单种群的蚂蚁进行解空间的搜索。然而单种群的搜索能力有限,易使得算法过早进入搜索停滞状态并陷入局部最优解。为解决这一问题,本节将介绍多种群的蚁群优化算法。该算法不仅适用于在单目标问题中提升对解空间的搜索能力,由于多种群的引入,算法同样适用于解决多目标问题。

4.4.1　单目标问题

使用多种群进行搜索能够更好地探索解空间,可以解决搜索过程过早停滞的问题,有利于找到全局最优解。

在多种群的蚁群优化算法中,每个种群各自维护种群内的信息素信息,每个种群独立地对解空间进行探索,且在种群之间建立一种协同机制使得种群可以从其他种群的搜索结果中获益。算法 4-8 给出了多种群优化基本框架。

算法 4-8　多种群优化基本框架

1.　初始化全部 m 个种群:$c_1, c_2, \cdots, c_m$,每个种群包含$n_c = |c_c|$只蚂蚁;
2.　$t = 0$;
3.　$\hat{x}(t) = \varnothing$,$f(\hat{x}(t)) = \infty$;
4.　**while** 未满足终止条件 **do**
5.　　**for** $i = 1, 2, \cdots, m$ **do**
6.　　　激活种群c_i并在该种群内执行一次迭代搜索;
7.　　　从种群c_i获取本轮迭代最优解 $\hat{x}_i(t)$;
8.　　**end**;
9.　　执行种群间协同操作;
10.　**for** $i = 1, 2, \cdots, m$ **do**
11.　　　更新种群内信息素浓度信息;
12.　**end**;
13.　保存各种群本轮迭代的解的最优解为 $x(t)$,并计算 $f(x(t))$;
14.　**if** $f(x(t)) < f(\hat{x}(t))$ **do**
15.　　　$\hat{x}(t) = x(t)$;
16.　　　$f(\hat{x}(t)) = f(x(t))$;
17.　**end**;
18.　$t = t + 1$;
19.　**end**;
20.　返回$\hat{x}(t)$;

在算法 4-8 中,不同种群可以采用同一种蚁群优化算法,也可以采用不同的蚁群优化算法以使得搜索空间的探索更充分。算法中的协同操作在不同种群直接交换各自种群当前轮次迭代最优解的信息,有多种具体实现方法。下面简要介绍一些常见的实现方法。

Middendorf 等提出了如下几种实现方法。

(1) 将当前轮次所有种群得到的最优解取代各种群在各自搜索中得到的当前迭代最优解。

(2) 将种群按一定规则进行排序,使之构成环结构,将每个种群的当前迭代最优解传递给下一种群,取代目标种群的当前迭代最优解。

(3) 综合考虑种群内和相邻种群的前 n 个最优解进行信息素浓度的更新。

此外,Li 和 Wu 提出可以通过使用所有种群的前 n 优迭代解来更新所有种群的信息素浓度。Sim 和 Sun 提出可以在信息素浓度更新中引入排斥机制,一个种群仅被该种群释放的信息素吸引,对其他种群的信息素均排斥,该方法的更新策略与 4.3.1 节中的更新策略类似。

4.4.2 多目标问题

将多种群蚁群优化应用至多目标问题是通过让每个种群特定优化单一目标来实现的,因此种群数与待优化目标数一致,种群间通过共享解的信息实现种群间的协同操作以优化全部目标。

与单目标问题类似,在多目标问题中,每个种群维护一个自己的信息素,信息素浓度更新规则由式(4-25)给出。

$$\tau_{ij}(t+1) = \tau_{ij}(t) + \gamma \tau_0 f_{ij}(t) \tag{4-25}$$

式中,$\gamma \in (0,1)$,τ_0 为信息素浓度初始值。$f_{ij}(t)$ 表示适应度,其值由种群间协同操作给出。种群间协同操作有两种共享机制——局部共享和全局共享。

局部共享:当蚂蚁进行节点间的移动时进行局部共享。我们用 x^k 表示蚂蚁 k 当前时刻已经过路径对应的解向量,用 d_{ab} 表示 x^a 和 x^b 之间的欧氏距离,设共享值 σ_{ab} 满足

$$\sigma_{ab} = \begin{cases} 1 - \left(2 d_{ab} \sqrt{\dfrac{L}{n_p^*}}\right)^2, & 2 d_{ab} \sqrt{\dfrac{L}{n_p^*}} < 1 \\ 0, & \text{其他} \end{cases} \tag{4-26}$$

每个解 X^a 的适应度值满足

$$f_p^a = \frac{f_p}{\displaystyle\sum_{b=1}^{n_p} \sigma_{ab}} \tag{4-27}$$

式中,f_p 的递推公式为

$$f_{p+1} = f_{\min,p} - \epsilon_p \tag{4-28}$$

$$f_{\min,p} = \begin{cases} \displaystyle\min_{a=1,\cdots,n_p} f_p^a, & p > 1 \\ f_1, & p = 1 \end{cases} \tag{4-29}$$

其中,ϵ_p 为一个小的正常量,f_1 为一个正常量。

全局共享:当完成路径搜索后,得到的完整解再执行一次与局部共享类似的操作,为全

局最优解计算该轮次的适应度值。

4.5　混合蚁群优化

由蚁群优化的算法特点,我们可以发现,蚁群优化能够很快地在解空间搜索到近似最优解,但由于信息素的累积效应,若不能被很好地控制,极易出现过早收敛于局部最优解的情况。人们在蚁群优化框架中引入了其他搜索算法,本节我们将介绍此类混合蚁群优化算法。

4.5.1　引入局部搜索

局部搜索算法通常用于作为 ACO 的启发信息。Gambardella 等提出了混合蚂蚁系统(Hybrid Ant System,HAS)。混合蚂蚁系统通过修改已有解对解空间的探索进行优化,在执行蚁群优化的探索步骤前,需要为每只蚂蚁赋予一个解。算法首先使用局部搜索算法获得多个局部最优解,设 x^* 为这些局部最优解中的最优解,则算法将所有的信息素浓度初始化为

$$\tau_0 = \frac{1}{100f(x^*)} \tag{4-30}$$

解的修改通过随机交换路径中的某些元素完成,当算法连续迭代 n 轮而未改进全局最优解时,重新初始化全部信息素浓度。该算法采用的蚁群优化部分将会逐步建立解,但会倾向于最初的解。

4.5.2　引入禁忌搜索

在蚁群优化中引入禁忌搜索可以利用其长期记忆的特性来改进蚁群优化的搜索过程。

Kaji 提出以负信息素来记忆已访问节点:

$$\Phi_{ij} = \frac{\delta}{\lambda_{ij}(t)} \tag{4-31}$$

式中,δ 为一常量,$\lambda_{ij}(t)$ 表示前 t 轮探索边 (i,j) 被访问的次数,$\lambda_{ij}(0)=1$。因此,蚁群优化中的位置转移概率被重新定义为

$$p_{ij}^k(t) = \begin{cases} \dfrac{\tau_{ij}^\alpha(t)\,\eta_{ij}^\beta(t)\,\Phi_{ij}^\gamma(t)}{\displaystyle\sum_{j \in N_i^k(t)} \tau_{ij}^\alpha(t)\,\eta_{ij}^\beta(t)\,\Phi_{ij}^\gamma(t)}, & j \in N_i^k(t) \\ 0, & \text{其他} \end{cases} \tag{4-32}$$

从该位置转移概率中我们可以看到,边 (i,j) 被访问的次数越多,其负信息素越小,被选择到的概率越低,从而增加算法对解空间的探索。值得注意的是,控制负信息素对位置转移概率影响的参数 γ 过大会导致算法探索性的降低,无法充分利用禁忌搜索的优势,过小则会影响收敛性。因此,一个常用的策略是在算法初期使用较小的 γ 值,随着搜索的进行逐步增大 γ 值。

4.5.3　引入遗传算法

将遗传算法引入蚁群优化主要有两种方式:

（1）使用遗传算法优化蚁群优化的参数。

（2）使用遗传算法对蚁群优化得到的解进行交叉操作，产生新的解。

本小节简要介绍第二种方式。

Li 首先提出将交叉算子引入蚁群优化算法。其基本思想是，在全部蚂蚁完成搜索后，得到当前迭代最优解 $\hat{x}(t)$；对全部解进行一定次数的交叉操作，在全部交叉操作得到的解中选取最优解 $\hat{x}'(t)$，如果 $f(\hat{x}'(t)) < f(\hat{x}(t))$，则用 $\hat{x}'(t)$ 替换 $\hat{x}(t)$。

4.5.4 引入集束搜索

蚁群优化解的构建过程隐式地将搜索空间映射为搜索树，因此其与集束搜索有很好的相性。Blum 提出了带集束搜索的蚁群优化算法，利用加权函数给部分解的扩展赋予权重，并设置集束范围来控制扩展概率的数目。该算法采用概率性的位置转移策略，而非利用概率选择一个确定的节点。每只蚂蚁使用概率集束搜索维护得到的前 n_{beam}（集束宽度）优部分解，仅有这部分解会被用于解的下一步构建，当这个部分解集合为空时结束集束搜索过程。

4.6 蚁群优化的收敛性

蚁群优化算法是一种典型的基于群体间相互作用的随机优化过程，其算法的有效性在很多问题上均得到验证。作为一种元启发算法，蚁群优化算法在理论上是否能给出最优解，即蚁群优化算法的收敛性是人们关心的首要问题。

第一个给出 ACO 收敛性证明的是 Gutjahr。Gutjahr 证明了在基于有向图的蚂蚁系统（Graph-Based Ant System，GBAS）中，算法将会以 $1-\epsilon$ 的概率收敛到唯一的全局最优解，去掉唯一性限制的情况也在后续研究中得到证明。其后，Stutzle 和 Dorigo 给出了最大最小蚂蚁系统（MMAS）收敛性的证明，得到如下结论：

（1）对于任意小正实数 ϵ 和足够的迭代轮次数 t，算法找到全局最优解的概率为 $P^*(t) \geqslant 1-\epsilon$，并且有 $\lim\limits_{t\to\infty} P^*(t)=1$。

（2）当算法发现一个全局最优解后，该路径上的信息素浓度在有限迭代轮次内累积到比路径外边的信息素浓度更高，且当 $t\to\infty$ 时，任一蚂蚁以 $1-\hat{\epsilon}(\tau_{\min},\tau_{\max})$ 的最低概率找到全局最优解。

以下本节将根据 Stutzle 和 Dorigo 的研究，给出 MMAS 收敛性的具体推导。我们将依次证明如下子命题：

（1）给定足够长时间，MMAS 可以无限接近于 1 的概率收敛到最优解。

（2）当算法发现一个全局最优解后，该路径上的信息素浓度在有限迭代轮次内累积到比路径外边的信息素浓度更高。

（3）当 $t\to\infty$ 时，构建出最优解的概率大于 $1-\hat{\epsilon}(\tau_{\min},\tau_{\max})$。

为证明上述命题，我们首先引入如下两个引理。

引理 4-1 记 MMAS 中信息素浓度最大值为 $\tau_{\max}$，信息素挥发速率为 ρ，假设每次迭代中每条边的信息素增量不超过 $f(\pi^*)$，则图中所有边的信息素浓度满足下式：

$$\lim_{t\to\infty} \tau_{ij}(t) \leqslant \tau_{\max} = \frac{f(\pi^*)}{\rho} \tag{4-33}$$

证明：由于每次迭代中每条边的信息素增量不超过 $f(\pi^*)$，则易知，经过 t 轮迭代后，信息素浓度满足

$$\tau_{ij}^{\max}(t) = (1-\rho)^t \tau_0 + \sum_{i=1}^{t} (1-\rho)^{t-i} f(\pi^*) \qquad (4\text{-}34)$$

由 $0<\rho<1$ 可知，其和将收敛到

$$\tau_{\max} = \frac{f(\pi^*)}{\rho} \qquad (4\text{-}35)$$

证明完毕。

引理 4-2 记 MMAS 中信息素浓度最小值为 $\tau_{\min}$，算法采用全局最优信息素浓度更新策略，算法在搜索到最优解后，最优解路径上的信息素浓度 $\tau_{ij}^*(t)$ 单调增加，且满足

$$\lim_{t\to\infty} \tau_{ij}^*(t) = \tau_{\max} = \frac{f(\pi^*)}{\rho} \qquad (4\text{-}36)$$

证明：证明过程同引理 4-1，将式(4-34)中的 τ_0 替换为 $\tau_{ij}^*(t^*)$，其中 t^* 为首次搜索到最优解的迭代轮数。

定理 4-1 记 $P^*(t)$ 为在前 t 轮迭代中搜索到最优解的概率，则对于任意小的 $\epsilon>0$：

$$\exists t, \quad P^*(t) \geqslant 1-\epsilon \qquad (4\text{-}37)$$

且有

$$\lim_{t\to\infty} P^*(t) = 1 \qquad (4\text{-}38)$$

证明：由于 MMAS 将信息素浓度限值在一个范围内，则位置转移概率存在下界 $P_{\min}$ 满足

$$P_{\min} \geqslant \hat{P}_{\min} = \frac{\tau_{\min}^{\alpha}}{(n_G-1)\tau_{\max}^{\alpha} + \tau_{\min}^{\alpha}} \qquad (4\text{-}39)$$

因此 $P^*(t)$ 满足

$$P^*(t) \geqslant 1-(1-\hat{P}_{\min})^t \qquad (4\text{-}40)$$

由上式，显然式(4-38)成立，证毕。

子命题 1 得证。

定理 4-2 记最优解为 π^*，t^* 为首次搜索到该解的迭代轮数。存在 t_0 使得

$$\forall (i,j) \in \pi^*, (l,m) \notin \pi^*, t > t^* + \left\lceil \frac{1-\rho}{\rho} \right\rceil$$

$$\tau_{ij}(t) > \tau_{lm}(t) \qquad (4\text{-}41)$$

证明：由于 MMAS 仅允许全局最优路径进行信息素累积操作，因此当 $t > t^* + \left\lceil \frac{1-\rho}{\rho} \right\rceil$ 时，不在最优路径上的边的信息素浓度不如最优路径中的边的信息素浓度，且所有边在每轮更新时均有信息素挥发。

对所有 $(i,j) \in \pi^*, \tau_{ij}^*(t^*) = \tau_{\min}$，对所有 $(l,m) \notin \pi^*, \tau_{lm}(t^*) = \tau_{\max}$ 这一最坏情况下，在第 $t^* + t'$ 轮迭代时有

$$\tau_{ij}^*(t^*+t') = (1-\rho)^{t'}\tau_{\min} + \sum_{i=0}^{t'-1}(1-\rho)^i f(\pi^*) > t'(1-\rho)^{t'-1}f(\pi^*) \qquad (4\text{-}42)$$

$$\tau_{lm}(t^*+t') = \max\{\tau_{\min}, (1-\rho)^{t'}\tau_{\max}\} \qquad (4\text{-}43)$$

因此若式(4-41)成立则有

$$t' > \left\lceil \frac{\tau_{\max}(1-\rho)}{f(\pi^*)} \right\rceil = \left\lceil \frac{1-\rho}{\rho} \right\rceil \tag{4-44}$$

证毕。

子命题 2 得证。

定理 4-3 记蚂蚁 k 在第 $t > t^*$ 轮搜索到最优解 π^* 的概率为 $P^k(\pi^*, t)$，则有

$$\lim_{t \to \infty} P^k(\pi^*, t) \geqslant 1 - \hat{\epsilon}(\tau_{\min}, \tau_{\max}) \tag{4-45}$$

证明：位于位置 i 的蚂蚁 k 选择 π^* 中下一节点 j 的概率下界由式(4-46)给出：

$$\hat{P}_{ij}^*(t) = \frac{(\tau_{ij}^*(t))^\alpha}{(\tau_{ij}^*(t))^\alpha + \sum_{(i,m) \notin \pi^*} (\tau_{im}^*(t))^\alpha} \tag{4-46}$$

由于 MMAS 将信息素浓度限制在 $[\tau_{\min}, \tau_{\max}]$ 范围内，$\hat{P}_{ij}^*(t)$ 的渐进界满足

$$\hat{P}_{ij}^* = \lim_{t \to \infty} \hat{P}_{ij}^*(t) = \frac{\tau_{\max}^\alpha}{\tau_{\max}^\alpha + (n_G - 1)\tau_{\min}^\alpha} \tag{4-47}$$

因此若记 $n_{\max}$ 为最优解的最大长度，则 $P^k(\pi^*, t)$ 的下界为 $\hat{P}_{ij}^{* \, n_{\max}}$。令 $\hat{\epsilon}(\tau_{\min}, \tau_{\max}) = 1 - \hat{P}_{ij}^{* \, n_{\max}}$，式(4-45)得证，证毕。

子命题 3 得证。

除此之外，段海滨等运用离散鞅研究蚁群优化算法的马尔可夫链分析过程中，把最优解集序列转换为下鞅序列来分析信息素轨迹向量的收敛性，并对 ACO 的几乎处处(almost surely)收敛问题和算法中止问题进行研究。Yoo 等研究了分布式蚂蚁路由的收敛性问题。Hou 等基于不动点理论对一种广义蚁群算法(Generalized Ant Colony Optimization, GACO)的收敛性进行了初步研究。

4.7 蚁群优化的集体决策

群体智能在种群内部通过信息交互聚合成为一个有机整体，从而做出集体决策，本节将从外激励和变态分层结构两方面对蚁群优化中的集体决策进行分析，论证蚁群优化的有效性。

4.7.1 外激励

外激励由 Grasse 形式定义为以环境改变为媒介的间接交流机制。这个定义来源于白蚁种群筑巢时行为的协调和规范是通过巢的实时结构来触发，而不是在个体级别上进行。总结下来，个体可以通过感知能够触发特定行为的信号，这种行为会进一步强化或修饰信号，最终达到影响整个种群的效果。

目前人们根据已有的观察将外激励的形式分为了两类：告知构造或环境变化的外激励和基于符号的外激励。第一类外激励通过环境的物理特征来传递信息，如筑巢、清扫巢穴以及幼雏分类等现象；第二类则是通过信号机制进行交流，其中最典型就是蚂蚁觅食时通过释放信息素来引导其他个体。

ACO 充分利用了在蚁群中观察到的外激励交流形式，通过精确模拟信息素的数学模型

实现了一种人工外激励的机制即人工信息素,从而达到了模拟人工蚂蚁间接交流的目的。

4.7.2　人工信息素

蚂蚁在从食物源向巢穴移动时,每只蚂蚁会释放出一定的信息素,后来的蚂蚁根据信息素浓度按一定概率来选择路径,信息素浓度越高,相应路径被选择的概率越大。随着觅食过程的进行,较短的路径会拥有更多的信息素,同时由于信息素的挥发,较长路径上的信息素浓度会逐渐减少。人工信息素正是模拟了这一特点,可以对整个搜索空间产生长期记忆,从而能够较好地解决实际问题。

人工信息素浓度的基本更新规则由式(4-4)给出,挥发模型由式(4-5)给出。除此之外,人们还开发了更多的信息素浓度更新模型,大体上都可以用遗传模型来概括:

- $\forall \pi^k \in \hat{\pi}(t), \forall (i,j) \in \pi^k : \tau_{ij} \leftarrow \tau_{ij} + Q_f(\pi^k | \pi_1, \cdots, \pi_t)$
- $\forall (i,j) : \tau_{ij} \leftarrow (1-\rho)\tau_{ij}$

π_t 是第 t 次迭代的解集,$\hat{\pi}(t)$ 是参考集,$Q_f(\pi^k | \pi_1, \cdots, \pi_t)$ 是质量函数。在蚂蚁系统中,质量函数 $Q_f(\pi^k) = 1/f(\pi^k)$,f 可以是解 π^k 的长度,参考集就是当前迭代的解,即 $\hat{\pi}(t) = \pi_t$。

更新信息素浓度一方面是为了探寻全局最优解,另一方面也要避免搜索停滞。信息素的挥发可以有效降低停滞的概率。最基本的挥发策略是每次迭代后所有边都会递减其信息素浓度,在其他改进的策略中也会选择只对构成解的部分边进行挥发,这样能够增大对未探索边的选择概率。

原始的蚂蚁系统执行全局信息素浓度更新操作,当所有蚂蚁都找到解以后,根据解的适应度对每条用到的边进行浓度更新。

为了强化对最优解的开采,可能选择只对全局最优或者迭代最优进行信息素强化,而其他边则只进行挥发。采用这种策略时,若只对全局最优强化,局部过度开采,容易导致过快收敛到局部最优,搜索停滞;而对迭代最优强化则能够一定程度解决这个问题,因为每次迭代最优解都有可能不同。将以上策略进一步推广,可以得到 k 精英策略,允许对每次迭代最优的 k 个解来进行信息素增强。

一般来说信息素浓度全局更新有利于开采,而局部更新则有利于探索。蚁群系统中引入的局部更新算子(参考4.1.3节),使每只蚂蚁在完成转移之后更新边的信息素浓度,因此经常访问的边信息素浓度反而有所下降,从而把更多的探索机会留给较少使用的边。

无论是全局更新还是局部更新,都可以采用"老化"的方式来鼓励探索,即让每只蚂蚁释放的信息素随时间而减少。

除了上述常规的信息素浓度更新方式以外,Dorigo 等还曾提出基于随机梯度上升的更新规则以及相对熵更新规则等。

4.7.3　变态分层结构

在实际的蚁群中信息素并不是蚂蚁种群唯一的交互方式,在一些蚂蚁种群中,当要为新巢穴选址时,侦察蚁找到一个新地点后,会直接通过前后奔跑的方式来将其他蚂蚁从旧巢引导到新巢。基于这种行为,Dreo 等开发出连续交互蚁群(Continuous Interacting Ant Colony,CIAC),他们使用"稠密变态分层结构"来描述个体间的关系。在这种结构中存在两种交流渠道,包括基于信息素轨迹交流的通信渠道和蚂蚁个体间的直接交流渠道。

基于信息素的交流:每只蚂蚁在搜索空间的某一点释放一定量信息素,其浓度与该位置对应的目标函数值成正比。这些信息节点能被其他蚂蚁所感知,并随时间逐渐消失。蚂蚁会根据路径距离和路径上的信息素浓度来决定移动重心。令 G_j 表示第 j 只蚂蚁的重心,则

$$G_j = \sum_{i=1}^{n} \left(\frac{x_i \, \omega_{ij}}{\sum\limits_{i=1}^{n} \omega_{ij}} \right) \tag{4-48}$$

$$\omega_{ij} = \frac{\bar{\delta}}{2} \, e^{-\theta_i \delta_{ij}} \tag{4-49}$$

式中,n 表示节点数目;x_i 表示第 i 个节点的位置;ω_{ij} 表示蚂蚁 j 对节点 i 的"兴趣";$\bar{\delta}$ 表示蚂蚁间的平均距离;θ_i 表示第 i 个节点上的信息素浓度;δ_{ij} 表示蚂蚁 j 到节点 i 的距离。

个体直接交流:每只蚂蚁都可以给其他蚂蚁直接发送消息,每只蚂蚁将接收的信息存储到一个栈中,一条信息由发送者的位置和目标函数值组成。接收蚂蚁会将自己当前目标函数值与发送者比较,若发送方更优则向发送方的位置移动。

下面是连续交互蚁群算法的伪代码。

算法 4-9 连续交互蚁群算法

---

1. 初始化蚂蚁移动范围 $r_{\max}$;
2. 随机指定每只蚂蚁的初始位置;
3. **while** 未满足终止条件 **do**
4.   **for** 蚂蚁 $k=1,\cdots,n$ **do**
5.   计算重心;
6.   向重心移动随机距离 $r \sim U(0, r_{\max})$;
7.   读取信息;
8.   **if** 得到更好目标值 **do**
9.   向发送者移动;
10.   **else**
11.   向随机选择的蚂蚁发送信息;
12.   在当前位置附近随机移动;
13.   **end**
14.   **end**
15.   对所有信息素存放处进行挥发操作;
16. **end**
17. 返回最优位置;

4.8 多目标蚁群优化

多目标优化问题是指待优化目标在两个及以上,各目标之间不甚协调,甚至相互矛盾的问题。本节将首先简要介绍多目标优化问题的数学定义,然后基于对多目标问题处理方式的不同,介绍三种多目标蚁群优化的实现方法。

4.8.1 多目标优化问题及相关概念定义

Yu 等将多目标优化问题描述如下：

$$\min F(\boldsymbol{x}) = (f_1(\boldsymbol{x}), f_2(\boldsymbol{x}), \cdots, f_n(\boldsymbol{x}))^\mathrm{T}, \boldsymbol{x} \in \Omega \tag{4-50}$$

其中，$\boldsymbol{x} = (x_1, x_2, \cdots, x_n)$ 表示决策向量，函数 $F(\boldsymbol{x})$ 将决策向量从决策空间映射到目标空间，目标空间包含 $n \geqslant 2$ 个目标。

帕累托支配(Pareto Dominance)描述了两个解之间的关系。具体地，给定两个解 $\boldsymbol{x}, \boldsymbol{y}$ 当且仅当 $\forall i \in \{1, 2, \cdots, n\}, f_i(\boldsymbol{x}) \leqslant f_i(\boldsymbol{y})$ 且 $\exists j \in \{1, 2, \cdots, n\}, f_j(\boldsymbol{x}) < f_j(\boldsymbol{y})$ 时，$\boldsymbol{x}$ 帕累托支配 $\boldsymbol{y}$，记为 $\boldsymbol{x} \prec \boldsymbol{y}$。接着，我们给出帕累托最优解(Pareto Optimal Solution)的概念。决策空间中不存在被其他解支配的解称为帕累托最优解，故其又称为非支配解。

4.8.2 基于帕累托的方法

该方法将多个目标视为一个整体进行搜索，根据帕累托支配关系从候选解集中选取帕累托最优解。该方法的具体实现可以归为三类：多种群算法、多信息素矩阵法、多启发式函数法。其中后两种方法仅使用单种群进行搜索。

多种群算法在解决多目标问题时的一般处理方式是令每个种群特定地优化一个目标，算法将会在非支配空间的不同区域进行搜索，与此同时，种群之间存在一种信息交换机制。Gambardella 等采用的交换机制是一旦种群改进了当前最优解，则通过初始化种群的信息素浓度使得所有种群的搜索过程倾向于新解。Ippolito 等通过对非支配排序和局部、全局的信息素浓度的更新来实现种群间信息的共享。

多信息素矩阵法使用多个信息素矩阵，每个信息素矩阵对应一个子目标。Doerner 等的实现方式是对每个蚂蚁赋予子目标权重 ω_c，将蚁群系统的位置转移概率公式变为

$$j = \begin{cases} \arg \max_{u \in N_i(t)} \left\{ \left(\sum_{c=1}^{n} \omega_c \tau_{c,iu}(t) \right)^\alpha \eta_{iu}^\beta(t) \right\}, & r \leqslant r_0 \\ J, & r > r_0 \end{cases} \tag{4-51}$$

式中，J 的值由式(4-52)给出的概率进行随机选择：

$$p_{iJ}^c(t) = \frac{\left(\sum_{c=1}^{n} \omega_c \tau_{c,iJ}(t) \right)^\alpha \eta_{iJ}^\beta(t)}{\sum_{u \in N_i(t)} \left(\sum_{c=1}^{n} \omega_c \tau_{c,iu}(t) \right)^\alpha \eta_{iu}^\beta(t)} \tag{4-52}$$

局部信息素浓度的更新针对每个子目标单独进行，全局信息素浓度更新公式变为

$$\tau_{c,ij} = (1 - \rho) \tau_{c,ij} + \rho \Delta \tau_{c,ij} \tag{4-53}$$

在 Doerner 等的方法中，$\Delta \tau_{c,ij}$ 由式(4-54)给出：

$$\Delta \tau_{c,ij} = \begin{cases} 15, & (i, j) \in 最优解和次优解 \\ 10, & (i, j) \in 最优解 \\ 5, & (i, j) \in 次优解 \\ 0, & 其他 \end{cases} \tag{4-54}$$

多启发式函数法仅使用一个种群、一个信息素矩阵，但为每个目标设立一个独立的启发式矩阵。以双目标优化问题为例，蚁群系统的位置转移概率公式变为

$$j = \begin{cases} \arg\max_{u \in N_i(t)} \{\tau_{iu}(t)\, \eta_{1,iu}^{\phi\beta}(t)\, \eta_{2,iu}^{(1-\phi)\beta}(t)\}, & r \leqslant r_0 \\ J, & r > r_0 \end{cases} \tag{4-55}$$

式中，$\phi \in [0,1]$，类似地，J 的值由式(4-56)给出的概率进行随机选择：

$$p_{iJ}^k = \frac{\tau_{iu}(t)\, \eta_{1,iJ}^{\phi\beta}(t)\, \eta_{2,iJ}^{(1-\phi)\beta}(t)}{\sum_{u \in N_i(t)} \tau_{iu}(t)\, \eta_{1,iu}^{\phi\beta}(t)\, \eta_{2,iu}^{(1-\phi)\beta}(t)} \tag{4-56}$$

该方法使用两个目标各自得到的启发式解的均值积的倒数作为信息素浓度的初始值。全局信息素浓度的更新操作仅针对非支配解进行：

$$\tau_{ij} = (1-\rho)\,\tau_{ij} + \frac{\rho}{f_1(\boldsymbol{x})\, f_2(\boldsymbol{x})} \tag{4-57}$$

4.8.3 指标函数法

指标函数将相关帕累托集合的支配强度关系映射到实数集上，该方法根据指标函数的评价结果对解集的分布性做比较。常用的指标函数有 Hypervolume 指标(反映解的收敛性和多样性，当解集的 Hypervolume 指标值最大时，解集为帕累托最优)、Epsilon 指标(反映一个解要支配另一个解需移动的最短距离)和 R2 指标等。

Mansour 等提出了使用指标函数法解决多目标背包问题的蚁群优化算法。他们使用指标函数的估计值指导算法搜索帕累托最优前沿。该方法仅使用一个信息素矩阵和一个启发式信息矩阵，综合使用 Hypervolume 指标和 Epsilon 指标对搜索到的解进行比较，仅保留指标函数值最大的解作为全局非支配解，只有搜索到该解的蚂蚁对信息素矩阵进行更新。在每轮迭代结束后，算法将全局非支配解的指标值作为信息素矩阵的增量对其进行更新。

Falcón-Cardona 等提出了使用 R2 指标解决连续优化问题的蚁群优化算法。R2 指标定义由式(4-58)给出：

$$\mathrm{R2}(A, U) = \frac{\sum_{u \in U} \min_{a \in A} u(a)}{|U|} \tag{4-58}$$

式中，A 为近似集合；U 为效用函数 u 的集合，效用函数 u 将目标向量映射到实数空间。

值得注意的是，该类方法的性能十分依赖所选指标函数，且算法得到的次优解不具备可解释性，在实际使用时需要根据任务需求判断是否使用该方法及所选的指标函数是否合适。

4.8.4 目标分解法

该类方法通过对多目标优化问题进行权重分解，将问题转换为多个标量优化问题，每个子问题是一个单目标优化问题。与其他多种群算法类似，该类方法通过交换各自解的信息来提升算法的收敛性。由于邻近子问题通常对应的权重向量也相近，因此一般在邻近的子问题之间进行解的信息交换。常用的子问题之间的聚合方法有加权和法和切比雪夫法。

加权和法：

$$\max g(x \mid \boldsymbol{\lambda}) = \sum_{i=1}^{H} \lambda_i f_i(x), x \in \Omega \tag{4-59}$$

切比雪夫法：

$$\max g(x\mid\lambda,z^*)=\min_{1\leqslant i\leqslant H}\{\lambda_i\mid f_i(x)-z_i^*\mid\},x\in\Omega \qquad (4\text{-}60)$$

式(4-59)和式(4-60)中,$\lambda=\{\lambda_1,\lambda_2,\cdots,\lambda_H\}$为权重向量,且满足$\sum_{i=1}^{H}\lambda_i=1$。$z^*=(z_1^*,z_2^*,\cdots,z_H^*)^{\mathrm{T}}$为参考点,其取值满足$z_i^*=\min\{f_i(x)\mid x\in\Omega\}$。

多目标优化问题通过目标分解,每个标量子问题的最优解即一个帕累托最优解,因此问题被化归为求解多个单目标优化任务的最优解问题。

4.9 动态环境下的蚁群优化

对于动态优化问题来说,搜索空间随时间变化,当环境发生变化后,当前的最优解可能也随之发生变化。而在 ACO 中,到搜索后期时大多数蚂蚁已经选定了同一条路径,那么对应边上会达到一个较高的信息素浓度水平,此时即使环境发生了变化,蚂蚁也不太可能追踪到更新的最优解。为了使蚁群优化算法能够跟踪环境的实时变化,应当采取一些鼓励搜索的机制。

根据蚁群系统的转移概率[式(4-11)],探索程度的提高是通过选取小的r_0和增大β来实现的。这使得转移更加具有随机性,从而新的启发信息更倾向于改变后的环境中更具吸引的点。

另一个可选方案是只对构成解的边进行信息素浓度更新操作,并包含与蚁群系统中局部更新规则相似的信息素挥发机制。经过一段时间后经常使用的边的信息素浓度会下降,而那些不常使用的边则会被探索。

还有一个非常简单可操作的方案是每次检测到环境改变时就重新初始化信息素浓度,但保持与已找到最优解的关联性。如果能够确定出具体改变的位置,则将其附近的边上的信息素浓度设为最大值,这使得蚂蚁会更倾向于探索这些边,这些边如果质量较差,在一段时间后由于挥发机制也将逐渐失去吸引力。

当发生改变时,也可以采用直接修改解的方式,也就是进行局部搜索。具体方案是将受改变的部件从解中删除,并将该部件的前续和后续节点相连。然后基于贪心法则将新的部件插入解中,插入新部件的位置是使开销增加最少,或是使开销减小最大的位置。

4.4 节中提到的多种群系统由于每个种群都会排斥其他种群的信息素,也适合在可变环境下的探索性。

更加本质的方式是,通过修改信息素浓度的更新规则来使之倾向于搜索性从而适应环境变化。下面再介绍两种修改策略。

1. 信息素浓度更新策略一

修改局部更新规则如下:
$$\tau_{ij}(t+1)=(1-\rho_1(\tau_{ij}(t)))+\Delta\tau_{ij}(t) \qquad (4\text{-}61)$$
式中,$\rho_1(\tau_{ij})$是关于τ_{ij}的单调递增函数,如
$$\rho_1(\tau_{ij})=\frac{1}{1+e^{-(\tau_{ij}+\theta)}} \qquad (4\text{-}62)$$
式中,$\theta>0$。动态变化的挥发因子使得高信息素浓度比低信息素浓度挥发得更快。在环境动态变化的情况下,如果一个解不再是最优解,则相应边上的信息素浓度也会随时间而

下降。

全局更新操作与此类似,但只对全局最优和最差解更新:

$$\tau_{ij}(t+1)=(1-\rho_2(\tau_{ij}(t)))\tau_{ij}+\gamma_{ij}\Delta\tau_{ij}(t) \tag{4-63}$$

式中

$$\gamma_{ij}=\begin{cases}+1, & 边(i,j)属于全局最优解\\-1, & 边(i,j)属于全局最差解\\0, & 其他\end{cases} \tag{4-64}$$

2. 信息素浓度更新策略二

采用三种信息素浓度更新规则以寻求一种最优平衡,在搜索新解的同时保留之前搜索的足够信息来加速搜索。对每种策略首先计算重设值$\gamma_i\in[0,1]$,并根据下列公式初始化信息素浓度:

$$\tau_{ij}=(1-\gamma_i)\tau_{ij}+\gamma_i\frac{1}{n_G-1} \tag{4-65}$$

式中,n_G表示图中节点数量。下面是三种更新策略。

(1) 重设策略:

$$\gamma_i=\lambda_R \tag{4-66}$$

式中,$\lambda_R\in[0,1]$是策略特定参数,没有考虑环境变化位置

(2) η策略,根据启发式信息来决定信息素均等化程度:

$$\gamma_i=\max\{0,d_{ij}^\eta\} \tag{4-67}$$

式中

$$d_{ij}^\eta=1-\frac{\bar\eta}{\lambda_\eta\eta_{ij}}, \quad \lambda_\eta\in[0,\infty) \tag{4-68}$$

且

$$\bar\eta=\frac{1}{n_G(n_G-1)}\sum_{i=1}^{nG}\sum_{j=1,j\neq i}\eta_{ij} \tag{4-69}$$

这里γ_i与到变化部件的距离成比例,所有与变化部件相关联的边都会进行均等化。

(3) τ策略,离变化部件近的边上的信息素浓度会被更大程度地均等化:

$$\gamma_i=\min\{1,\lambda_\tau d_{ij}^\tau\}, \lambda_\tau\in[0,\infty) \tag{4-70}$$

式中

$$d_{ij}^\tau=\max_{N_{ij}}\left\{\prod_{(x,y)\in N_{ij}}\frac{\tau_{xy}}{\tau_{\max}}\right\} \tag{4-71}$$

其中,N_{ij}表示从i到j的所有路径。

4.10　典型应用案例

第一个ACO,即AS是为了解决经典的旅行商问题(TSP)而发展起来的。从那时起,ACO被应用到许多优化问题中,其中大部分是离散问题。这些优化问题包括二次分配、作业调度、子集问题等经典问题,以及网络路由、车辆路线规划、电力系统中的经济调度、数据挖掘、生物信息等实际问题。在发展和应用ACO解决离散优化问题的同时,解决诸如函数

拟合、神经网络训练、连续函数寻优等连续优化问题的算法变种也发展了起来。本节给出几个应用 ACO 解决的典型问题。

4.10.1　旅行商问题

TSP 是一个经典的寻找哈密顿最短旅行路程的路径优化问题。本小节将介绍怎样应用 ACO 解决 TSP。

1. 问题定义

给定 n_π 个城市的集合，目标是找到遍历每个城市的最短长度闭合（哈密顿）路径。令 π 表示 $\{1,\cdots,n_\pi\}$ 的一个排列的解，$\pi(i)$ 表示第 i 个访问的城市。$\prod(n_\pi)$ 是 $\{1,\cdots,n_\pi\}$ 所有排列的集合，即搜索空间。TSP 可形式化地定义为寻找最优排列：

$$\pi^* = \arg\ \min_{\pi \in \prod(n_\pi)} f(\pi) \tag{4-72}$$

式中

$$f(\pi) = \sum_{i,j=1}^{n_\pi} d_{ij} \tag{4-73}$$

是目标函数，d_{ij} 是城市 i 和 j 之间的距离。令 $\boldsymbol{D} = [d_{ij}]_{n_\pi \times n_\pi}$ 表示距离矩阵。

根据距离矩阵的特点可定义 TSP 的两个版本。如果对于所有的 $i,j=1,\cdots,n_\pi$，$d_{ij}=d_{ji}$，则称为对称 TSP(Symmetric TSP，STSP)；如果 $d_{ij} \neq d_{ji}$，距离矩阵是非对称的，则称为非对称 TSP(Asymmetric TSP，ATSP)。

2. 问题的描述

描述图是一个三元组，$G=(V,E,\boldsymbol{D})$，V 是节点集，每个节点代表一个城市，E 表示城市间的连接，$\boldsymbol{D}$ 是给每一个连接 $(i,j) \in E$ 赋权值的距离矩阵。一个解用表达城市访问顺序的有序序列 $\pi = \{1,2,\cdots,n_\pi\}$ 来表示。

3. 启发式倾向度

把城市 j 置于 i 之后的倾向度计算如下：

$$\eta_{ij}(t) = \frac{1}{d_{ij}(t)} \tag{4-74}$$

式中包含时间 t，可以涵盖距离随时间变化的动态问题。

4. 约束满足

TSP 定义了两个约束条件：

(1) 必须访问所有城市。

(2) 每个城市只能被访问一次。

为保证每个城市只被访问一次，为每个部分解维护一个包含所有已访问城市的禁忌表。Y^k 标记第 k 只蚂蚁的禁忌表。$N_i^k(t)=V/Y^k(t)$ 是到达城市 i 后尚未访问的城市集合。每个解包含 n 个城市，并根据禁忌表的结果来满足第一个约束条件。

5. 解的构造

将蚂蚁随机地放置在节点（城市）上，每只蚂蚁可利用前面所讨论的任意一个 ACO 的转移概率选择下一个城市，逐步构造出解来。

6. 局部搜索

广泛应用到 TSP 上的搜索启发式是 2-opt 和 3-opt 启发式。每一种启发式在路径中移

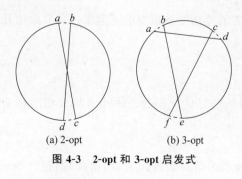

(a) 2-opt   (b) 3-opt

图 4-3　2-opt 和 3-opt 启发式

走两条边,并以唯一的另一可能方式重新连接节点。如果路径的代价改进了,便接受修改。2-opt 启发式如图 4-3(a)所示。3-opt 启发式从路径中移走三条边,并连接节点形成两条替代路径,保留原始路径和两个替代路径中的最优者。3-opt 启发式如图 4-3(b)所示。对于 ATSP,实现了 3-opt 的一个变体,它仅允许那些不改变城市访问顺序的交换。

7. 实验结果

使用最大最小蚂蚁系统在 MATLAB 上求解 eil51 和 eil101 的结果如图 4-4 和图 4-5 所示。

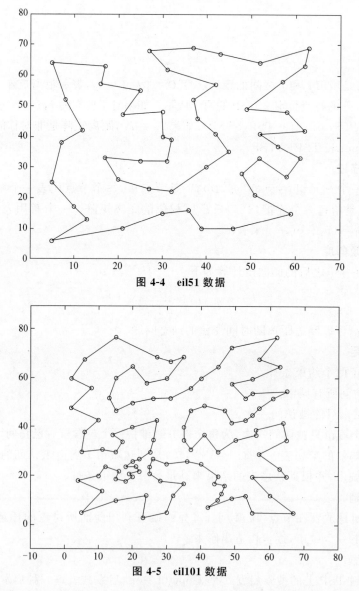

图 4-4　eil51 数据

图 4-5　eil101 数据

4.10.2　多背包问题

多背包问题(Multiple Knapsack Problem,MKP)属于子集问题。一般来说,子集问题(Subset Problem,SSP)的目标是从有 $n \geqslant n_s$ 个元素的集合中选择有 n_s 个元素的最优子集,使得给定的目标函数最优,并不破坏约束条件。因此,这里没有路径的概念。部分解并不定义解中各元素的顺序,下一元素的选择也不一定受上次进入部分解的元素的影响。而且SSP 的解不一定是同大小的。

1. 问题定义

多背包问题可以形式化地定义为

$$最大化 \sum_{i=1}^{n_\pi} d_i x_i$$

$$满足 \sum_{i=1}^{n_\pi} r_{ij} x_i \leqslant R_j, \quad j=1,\cdots,n_g \tag{4-75}$$

$$x_i \in \{0,1\}, \quad i=1,\cdots,n_\pi$$

式中,d_i 表示元素 i 的"收益",r_{ij} 表示元素 i 消耗资源 j 的单位数。R_j 表示资源 j 的可利用量,x_i 表示元素 i 是否在解当中。对所有的 $i,j,R_j \geqslant 0,d_i > 0,0 \leqslant r_{ij} \leqslant R_j \leqslant \sum_{i=1}^{n_\pi} r_{ij}$。

图的每个节点都表示集合中的一个元素,节点间是全连接的。一个解 π 包含 S 的一个子集,解的每个部分是集合 S 中的一个元素。

2. 解的构造

将蚂蚁放置在同一个节点,或者随机地放置到选定的节点上,每只蚂蚁基于转移概率 $p_i^k(t)$(可以采用任一转移概率,但如前所述,τ_i 和 η_i 的意义有所变化),每一步选择下一个节点(元素)来逐渐构造出解 π^k。当选择了 $n_{\max}$ 个元素或者解的质量达到一定的阈值后便停止解的构造。

由于多背包问题是一个最大化问题,解 π^k 的信息素释放量计算方法如下:

$$\Delta \tau_i^k(t) = \begin{cases} Qf(\pi^k(t)), & i \in \pi^k(t) \\ 0, & 其他 \end{cases} \tag{4-76}$$

式中,$f(\pi^k(t))$ 是解 $\pi^k(t)$ 的目标函数值,且 $Q = \dfrac{1}{\sum_{i=1}^{n_\pi} d_i}$。

3. 启发式倾向度

启发值 $\eta_i(t)$ 表示将集合 S 中的元素 i 加入由蚂蚁 k 构造的部分解 $\pi^k(t)$ 的倾向度。倾向度作为部分解的函数,计算方法如下:

$$\eta_i(t) = \frac{d_i}{\bar{\delta}_i^k(t)} \tag{4-77}$$

式中,$\bar{\delta}_i^k(t)$ 是所有约束的平均强度,$j=1,\cdots,n_g$,如果元素 i 应该被加入 $\pi^k(t)$,则

$$\bar{\delta}_i^k(t) = \frac{\sum_{j=1}^{n_g} \delta_{ij}^k(t)}{n_g} \tag{4-78}$$

式中,$\delta_{ij}^{k}(t)$ 给出约束 j 对元素 i 的约束强度,对应于部分解 $\pi^{k}(t)$:

$$\delta_{ij}^{k}(t) = \frac{r_{ij}}{R_j - u_j^{k}(t)} \tag{4-79}$$

式中

$$u_j^{k}(t) = \sum_{i \in \pi^{k}(t)} r_{ij} \tag{4-80}$$

是蚂蚁 k 的部分解在时间 t 消耗的资源 j。

基于式(4-77),S 中消耗较少资源的元素将比消耗较多资源的元素以更大的概率被选中。这个启发式有助于构造包含尽可能多满足约束条件的 S 中元素的解。

4. 约束满足

需要保证集合中的每个元素只能被选择一次,维持一个禁忌表 $Y^{k}(t)$ 来包含所有已选择的元素,然后从 $S \backslash Y^{k}(t)$ 中选择新的元素,即可满足所有约束条件。

本 章 小 结

本章对蚁群优化算法进行了详细介绍。4.1 节基于蚂蚁觅食模型介绍了简单蚁群优化算法,4.2 节总结了蚁群优化算法的一般框架,4.3~4.5 节介绍了一些主流的蚁群优化算法,4.6 节和 4.7 节分别从收敛性和集体决策方面探讨了蚁群优化算法的有效性,4.8 节和 4.9 节介绍了蚁群优化算法在多目标任务和动态环境下的应用,4.10 节主要以旅行商问题为例介绍了 ACO 的应用。

习　　题

习题 4-1　在蚂蚁系统中信息素浓度更新的两个步骤是什么?

习题 4-2　简要描述在蚂蚁系统中,Ant-Quantity 模型相较 Ant-Cycle 模型的劣势。

习题 4-3　讨论式(4-6)中参数 α 和 β 的作用。

习题 4-4　讨论信息素挥发速率的取值将会对蚂蚁搜索产生怎样的影响。

习题 4-5　简要描述仅对当前最优路径进行信息素浓度更新的优劣,以及如何消除其劣势。

习题 4-6　在连续交互蚁群算法中,应用了什么样的群体交互方式?

习题 4-7　列举 3-opt 的几种交换情况,假设断点依次是 (a, b)、(c, d)、(e, f)。

习题 4-8　使用最大最小蚂蚁系统求解一个 10 个城市的 TSP。

本章参考文献

第 5 章

烟 花 算 法

燃放烟花是中国传统节日尤其是春节的一个重要活动。在这一天,成千上万的烟花在夜空中爆炸并产生美丽的图案。通常,不同价格和规格的烟花在黑夜中爆炸产生不同的效果。一般价格高昂的烟花产生的火花数量比较多,爆炸产生的火花分布的范围也较集中;价格低廉的烟花产生的火花数量比较少,爆炸产生的火花分布的范围也较分散。

烟花算法(FWA)针对燃放的烟花在空中爆炸这种行为建立数学模型,通过引入随机因素和选择策略形成一种并行的搜索方法。它结合了群体智能算法中的交互机制和进化算法中的选择机制,是一种独树一帜的智能优化算法。

5.1 基本烟花算法

基本 FWA 由四大部分组成,包括爆炸算子、变异算子、映射规则和选择策略。爆炸算子的作用是在烟花的周围产生一批新的火花。产生火花的个数以及爆炸的幅度都由爆炸算子确定。另外,通过变异算子产生的火花服从高斯分布。在两种算子的作用下,如果产生的火花不在可行域范围内,需要运用映射规则将新产生的火花映射至可行域范围内,再利用选择策略选择新的火花作为下一代烟花。

FWA 开始迭代,依次利用爆炸算子、变异算子、映射规则和选择策略,直到达到终止条件,即满足问题的精度要求或者达到最大函数评估次数。FWA 的实现包括如下几个步骤:

(1) 在特定的解空间随机产生一些烟花,每个烟花代表解空间的一个解。

(2) 根据适应度函数计算每个烟花的适应度值,并根据适应度值产生火花。火花的个数是基于免疫学中的免疫浓度的思想计算的,即适应度值越高的烟花产生火花的数目越多。

(3) 根据现实中的烟花属性并结合搜索问题的实际情况,在烟花的辐射空间内产生火花(某个烟花的爆炸幅度的大小由该烟花在函数上的适应度值决定,适应度值越大,爆炸幅度越小,反之亦然)。每个火花代表解空间的一个解。为了保证种群的多样性,需要对烟花进行适当变异,如高斯变异。

(4) 计算种群的最优解,判定是否满足要求,如果满足则停止搜索,没有满足则继续迭代。迭代的初始值为此次循环得到的最好的解和选择的其他的解。

下面逐个介绍基本 FWA 的各个算子。

5.1.1 爆炸算子

FWA 的初始化是随机生成 N 个烟花的过程。接着,需要对生成的这 N 个烟花应用爆炸算子,以便产生新的火花。爆炸算子是 FWA 的关键核心并起关键性的作用,包含爆炸强度、爆炸幅度和位移操作。

1. 爆炸强度

爆炸强度是 FWA 中爆炸算子的核心,它模拟的是现实生活中烟花爆炸的方式。任何一个烟花爆炸时,这个烟花周围都会产生一片火花。FWA 首先需要确定每个烟花爆炸产生火花的个数,以及在什么幅度内产生这些火花。

通过观察一些典型优化函数的曲线图,可以直观地看出,最优点附近的优质点也相应较多较密。因此,通过爆炸强度让适应度函数值好的烟花,产生的火花个数较多。这样可以避免寻优时火花总是在最优值附近摆动,而无法精准地找到最优值。对于适应度函数值较差的烟花,由于产生适应度函数值好的火花的概率较小,为避免做过多的不必要的计算,通过爆炸强度使其产生火花数较少。这种适应度函数值差的烟花的作用是对其余空间做适度的探索,避免早熟。可根据各个烟花适应度值的大小,确定每一个烟花产生火花的数量,让适应度值好的烟花产生更多的火花,适应度值差的烟花产生更少的火花。

在 FWA 中,产生火花个数的公式如下:

$$S_i = m \cdot \frac{y_{\max} - f(x_i) + \varepsilon}{\sum_{i=1}^{N} (y_{\max} - f(x_i)) + \varepsilon}$$

式中,S_i 表示第 i 个烟花产生的火花个数,参数 i 的取值范围从 1 到 N。m 是一个常数,用来限制产生的火花总数。$y_{\max}$ 是当前种群中适应度值最差的个体的适应度值。$f(x_i)$ 表示个体 x_i 的适应度值。最后一个参数 ε 取一个极小的常数,以避免出现分母为零的情况。

每个烟花爆炸火花的数量限制公式如下:

$$\hat{S}_i = \begin{cases} \text{round}(a \cdot m), & S_i < am \\ \text{round}(b \cdot m), & S_i > bm \\ \text{round}(a \cdot m), & \text{其他} \end{cases}$$

式中,a 和 b 是常数,$a < b < 1$,S_i 是火花数量的界限,round() 是四舍五入函数。

2. 爆炸幅度

通过观察一些函数的曲线图,可以直观地看出,通常函数的最优值、局部极值附近的点的函数值通常也较优。因此在 FWA 中,通过控制爆炸幅度,让适应度函数值好的烟花爆炸幅度减小,这样才能更有效地收敛到各个极值,直至最终找到最优值。相反,适应度函数值较差的点,往往离最优值都较远,只有让这些适应度函数值差的烟花产生大幅度的变异,才能使其有效地到达最优值附近。这就是控制烟花爆炸幅度的基本思想。

烟花爆炸幅度范围的计算公式如下:

$$A_i = \hat{A} \cdot \frac{f(x_i) - y_{\min} + \varepsilon}{\sum_{i=1}^{N} (f(x_i) - y_{\min}) + \varepsilon}$$

式中,A_i 表示第 i 个烟花的爆炸幅度范围,即爆炸的火花将在这个范围内随机产生位移,但不能超出这个范围。$\hat{A}$ 是一个常数,表示最大的爆炸幅度。参数 $y_{\min}$ 是当前种群中适应度值最好的个体的适应度值。

3. 位移操作

在计算出爆炸幅度之后,需要确定烟花在爆炸幅度范围内的位移。这里用到的是随机位移的方法,对烟花进行位移变异。这样,每个烟花都有自己特定的火花数目和爆炸幅度。在某个爆炸幅度内,能随机产生一个位移,生成新的火花,保证了种群多样性。通过爆炸算子,每个烟花都能生成一批新的火花,为寻找全局最优解提供了保障。

位移操作是对烟花的每一维进行位移,其公式如下:

$$\Delta x_i^k = x_i^k + \text{rand}(0, A_i)$$

式中,$\text{rand}(0, A_i)$ 表示在幅度 A_i 内生成的均匀随机数。

算法 5-1 给出了 FWA 产生火花的伪代码。

算法 5-1 产生火花

---

1. 初始化烟花,并计算出每个烟花的适应度值 $f(x_i)$;
2. 计算每个烟花生成的火花个数 S_i;
3. 计算每个烟花生成火花的爆炸幅度 A_i;
4. $z = \text{rand}(1, \text{dimension})$ //随机选择维度集合 z;
5. **for** $k = 1 \rightarrow$ dimension **do**
6.   **if** $k \in z$ **then**
7. $\Delta x_i^k = x_i^k + \text{rand}(0, A_i)$;
8.   **end if**;
9. **end for**

评论:基本 FWA 通过两个计算爆炸火花数和爆炸幅度的公式来实现烟花之间的相互配合,即好的烟花在小范围内产生较多火花以进行开采,而差的烟花在大范围内产生较少火花以进行探索。尽管思路可取,但这两个具体公式有不合理之处。比如,最差的烟花的爆炸火花数和最好的烟花的爆炸幅度都很接近 0,这显然不符合算法设计的本意。尽管爆炸火花数通过阈值限制的方式进行了修补,但最好的烟花的爆炸幅度的问题是更致命的。这也引发了之后许多对基本 FWA 的探讨和改进。

5.1.2 变异算子

为进一步提高种群的多样性,在 FWA 中引入高斯变异。高斯变异火花产生的过程如下:在烟花种群中随机选择一个烟花,对选择得到的烟花随机选择一定数量的维度进行高斯变异。

高斯变异在选中的烟花和最好的烟花之间进行变异,产生新的火花。高斯变异可能产生超出可行“解空间”范围的火花。当火花在某一维度上超出边界时,将通过映射规则映射到一个新的位置。

用 x_i^k 表示第 i 个个体在第 k 维上的位置,此时高斯变异的计算方式如下:

$$x_i^k = x_i^k g$$

式中,g 是服从如下均值为 1、方差为 1 的高斯分布的随机数。

$$g = N(1, 1)$$

算法 5-2 给出了 FWA 中高斯变异的伪代码。

算法 5-2 高斯变异

---

1. 初始化烟花,并计算出每个烟花的适应度值 $f(x_i)$;
2. 计算高斯变异的系数 $g = N(1, 1)$;

```
3. z = rand(1,dimension)      //随机选择 z 个维度
4. for k = 1 → dimension do
5.    if k ∈ z then
6.        x_i^k = x_i^k g
7.    end if
8. end
```

评论：基本 FWA 中的高斯变异火花是在烟花位置上乘以一个随机数产生的，因而会导致这种火花在原点附近较为集中。而对于一般的优化问题，其实不应假设原点有任何特殊性。这意味着基本 FWA 在面对最优点在原点和不在原点的两类函数时性能会有所不同。

5.1.3 映射规则

如果某一个烟花靠近可行域的边界，而爆炸幅度范围又覆盖到边界以外的区域，则可能在可行域范围外产生火花。这种火花是无用的，因此需要通过一种规则将其拉回可行域范围内。这里采用映射规则来应对这种情况。映射规则确保所有个体留在可行的空间。如果在边界附近又产生一些越界的火花，则它们将被映射到可行域的范围。

采用模运算的映射规则，其公式如下：

$$x_i^k = x_{\min}^k + | x_i^k | \% (x_{\max}^k - x_{\min}^k)$$

式中，x_i^k 表示超出边界的第 i 个个体在第 k 维上的位置，$x_{\max}^k$ 和 $x_{\min}^k$ 分别表示第 k 维上的边界上下界。百分号表示模运算。

评论：映射规则是为了解决带边界约束的优化问题。但边界约束只是约束中的其中一种，除此之外还有其他类型的等式和不等式约束。关于如何处理带约束的优化问题，当前的研究还很不充分。另外，除了基于取模运算的映射规则之外，还有很多种其他可选的映射规则，例如映射到边界、随机映射、镜面映射等。

5.1.4 选择策略

运用爆炸算子和变异算子并保证产生的火花在可行域范围之后，需要从产生的火花中选择出一部分作为下一代的烟花。FWA 用到的是基于距离的选择策略。为了选择进入下一代的个体，选择策略采用的方式是每次都留下最优个体，再选择其他的 $N-1$ 个个体。为保证种群的多样性，采用 $N-1$ 个个体中和其他个体距离更远的个体有更多的机会被选中的选择策略。

在 FWA 中，采用欧氏距离用来度量任意两个个体之间的距离。$d(x_i, x_j)$ 表示任意两个个体 x_i 和 x_j 之间的欧氏距离。

$$R(x_i) = \sum_{j=1}^{K} d(x_i - x_j) = \sum_{j=1}^{K} || x_i - x_j ||$$

用 $R(x_i)$ 表示个体 x_i 与其他个体的距离之和，$j \in K$ 是指第 j 个位置属于集合 K。其中，集合 K 是爆炸算子和高斯变异产生的火花的位置集合。个体选择采用轮盘赌方式，每个个体被选择的概率用 $p(x_i)$ 表示。

$$p(x_i) = \frac{R(x_i)}{\sum\limits_{j \in K} R(x_i)}$$

离其他个体距离更远的个体具有更多的机会成为下一代个体。这种选择策略保证了 FWA 的种群多样性。

算法 5-3 是 FWA 的伪代码。

算法 5-3　FWA 的伪代码

---

1. 随机选择 n 个烟花的位置；
2. while 当前函数评估次数＜最大函数评估次数 do
3. 　对于 n 个烟花；
4. 　for 所有烟花 x_i do
5. 　　计算每个烟花产生的火花个数 S_i；
6. 　　计算每个烟花产生火花的幅度 A_i；
7. 　end for
8. 　随机产生火花；
// $\hat{m}$ 是烟花高斯变异产生的火花数；
9. 　for $k = 1 \rightarrow \hat{m}$ do
10. 　　随机选择一个烟花 x_i 并产生一个火花；
11. 　end for
12. 　依据映射规则对火花进行映射；
13. 　依据选择策略选择最好的烟花以及其他烟花；
14. end while

评论：选择机制在群体算法中非常少见，是 FWA 独有的设计。基于密度的选择机制有利于保持选出的烟花的多样性和代表性。但也有学者指出可以采用其他类型的选择机制，以适应不同的需要。

5.1.5　基本烟花算法特点分析

1. 爆发性

在 FWA 的一次迭代开始后，烟花在辐射范围内爆炸，会产生其他火花。等本次迭代结束后，FWA 选择 N 个火花作为下一代的烟花，恢复了烟花的数目，并为下次迭代的爆发做好准备。每次迭代，烟花都会爆发，说明 FWA 具有爆发性。

2. 瞬时性

当一次迭代计算开始后，各个烟花依据适应度值的不同，产生不同的火花个数和爆炸幅度。接着，FWA 将在爆炸算子和变异算子的作用下产生火花。最后，首先选出最优个体，再依据距离选择其他的 $N-1$ 个个体。这些选择出来的 N 个个体将作为下一代爆炸的烟花，其余的火花不再保留。不保留的火花或烟花将消亡，说明 FWA 具有瞬时性。

3. 简单性

和群体智能算法一样，每个烟花只需要感知自身周围的信息，遵循简单的规则，完成自身的使命。总体来看，FWA 本身并不复杂，由简单个体组成，说明 FWA 具有简单性。

4. 局部性

在 FWA 中，所有的烟花都会在相应的爆炸幅度内产生火花。除非超出可行域，产生的火花都局限在一定的范围内。FWA 的局部性特点体现了 FWA 强大的局部搜索能力,可以用在算法运算的后期更加精细地搜索最优解。因此,FWA 具有局部性。

5. 涌现性

烟花之间通过竞争与协作,群体之间表现出简单个体不具有的高度智能性。烟花之间相互作用,比单个个体的行为要复杂得多,因此 FWA 具有涌现性。

6. 分布并行性

在 FWA 的每次迭代过程中,各个烟花在不同坐标范围内依次爆炸,即对不同的坐标区间进行一次搜索,在最后会将所有的火花和烟花综合起来,进行下一代烟花的选择。在一次迭代中,算法实质上是并行搜索,表现出 FWA 的分布并行性。

7. 多样性

种群多样性是影响群体优化算法性能的关键。群体多样性的保持,可以保证算法跳出局部极值点,从而可以收敛到全局最优点,这正是群体优化算法与一般优化算法的显著区别。群体多样性越高,算法中的个体分布越广,找到最优值的可能性越大,同时还不会明显影响算法的收敛能力。因此,种群多样性是 FWA 的一个重要特点。FWA 的多样性主要体现在以下三方面。

(1)火花个数和爆炸幅度的多样性:在爆炸算子的作用下,依据各个烟花的适应度值,其产生不同个数的火花和不同的爆炸幅度。适应度值高的烟花产生更多的火花,爆炸幅度相对较小,而适应度值低的烟花产生更少的火花,爆炸幅度相对较大。因此,保证了火花个数和爆炸幅度的多样性。

(2)位移操作和高斯变异的多样性:FWA 有两种算子,第一种是爆炸算子,第二种是变异算子。在爆炸算子的位移操作中,对计算出来的幅度范围,随机产生一个位移,将在选中的烟花加上这个随机位移。在变异算子的作用下,选中的烟花需要乘以一个满足高斯分布的随机数。爆炸算子与烟花的适应度值有关,变异算子与烟花本身的坐标值有关。两种算子本质上是不同的,都保证了爆炸的多样性。

(3)烟花的多样性:通过一定的选择机制,保留下来的烟花坐标值各不相同,从而保证了 FWA 的多样性特点。另外,在选择策略中,距离其他火花距离更远的火花更容易被选中,也体现出 FWA 中烟花的多样性特点。

8. 可扩充性

FWA 中烟花和火花的数量不确定,可以依据问题的复杂度确定。烟花和火花的数目可多可少,增加和减少个体都能有效地求解问题,因此 FWA 具有可扩充性。

9. 适应性

FWA 求解问题时,不要求问题具有显式表达,只要计算适应度值就能求解问题。同时,FWA 对问题的要求低,也能求解显式表达的问题。因此 FWA 具有适应性。

5.2   烟花算法的收敛性与稳定性分析

本节讨论 FWA 的收敛性和时间复杂度等理论,内容包括 FWA 的随机模型、全局收敛性、时间复杂度的基本理论和时间复杂度分析。

5.2.1　随机模型

假设 FWA 的随机模型采用基本下确界(essential infimum)，并定义如下：

$$\varphi = \inf\,(t:v\,[n \in S \mid f(z) < t] > 0)$$

式中，$v[A]$ 是在集合 A 上的勒贝格测度(Lebesgue measure)。上述公式意味着在搜索空间的子集中，存在多个点，使得函数值趋近于 φ，使得在勒贝格可度量的非零集合中，φ 为函数值的下确界。

下面建立 FWA 的随机过程。

定义 5-1　$\{\xi(t)\}_{t=0}^{\infty}$ 为 FWA 的随机过程，其中 $\xi(t) = \{F(t), T(t)\}$，而 $F(t) = \{F_1(t), F_2(t), \cdots, F_n(t)\}$ 表示在 t 时刻 N 个烟花在解空间中的位置。$T(t) = \{A(t), S(t)\}$，其中 $A(t) = \{A_1(t), A_2(t), \cdots, A_n(t)\}$ 表示 N 个烟花爆炸的幅度，而 $S(t) = \{s_1(t), s_2(t), \cdots, s_n(t)\}$ 表示 N 个烟花爆炸的数目。

接下来定义最优区域。

定义 5-2　$R_\varepsilon = \{x \in S \mid f(x) - f(x^*) < \varepsilon, \varepsilon > 0\}$ 是函数 $f(x)$ 的最优区域，x^* 表示函数 $f(x)$ 在解空间的最优解。

根据定义 5-2，如果算法找到一个位于最优区域的点，视为算法找到了函数的接近全局最优的一个可接受的解。根据定义 5-1，最优解空间的勒贝格测度必须不为零，这意味着 $v(R_\varepsilon) > 0$。

定义 5-3　定义 FWA 的最优状态为 $\xi^*(t) = \{F^*(t), T(t)\}$，同时，存在 $F_i(t) \in R_\varepsilon$ 和 $F_i(t) \in F^*(t), i \in 1, 2, \cdots, n$。

定义 5-3 说明在 FWA 的最优状态 $\xi^*(t)$ 下，最好的烟花在最优区域 R_ε 中。所以这里存在 $F_i(t) \in R$ 和 $|f(F_i(t)) - f(x^*)| < \varepsilon, x^* \in R_\varepsilon$。

引理 5-1　FWA 的随机过程 $\{\xi(t)\}_{t=0}^{\infty}$ 是一个马尔可夫(Markov)过程。

证明略。

定义 5-4　(最优状态空间)用 Y 表示 FWA 的状态 $\xi(t)$ 的状态空间，$Y^* \subset Y$。只要存在一个解 $s^* \in F^*$ 使得 $s^* \in R_\varepsilon$ 在任意状态 $\xi^*(t) = \{F^*, T\} \in Y$ 下成立，那么 Y^* 就是最优状态空间。

定义 5-4 指出，$|f(s^*) - f(x^*)| < \varepsilon$ 对任意 $x^* \in F^*$ 都成立。如果 FWA 可以达到最优状态，则必定有一个火花达到了最优区域 R_ε，且 FWA 得到了最优解。此后，最优解一定在最优区域内。

定义 5-5　给定一个马尔可夫随机过程 $\{\xi(t)\}_{t=0}^{\infty}$ 和优化状态空间 $Y^* \subset Y$，$\{\xi(t)\}_{t=0}^{\infty}$ 如果满足 $P\{\xi(t+1) \notin Y^* \mid \xi(t) \in Y^*\} = 0$，则被命名为吸收马尔可夫过程。

引理 5-2　FWA 的随机过程 $\{\xi(t)\}_{t=0}^{\infty}$ 是一个吸收马尔可夫过程。

证明略。

5.2.2　全局收敛性

定义 5-6　(收敛性)给定一个吸收马尔可夫过程 $\{\xi(t)\}_{t=0}^{\infty} = \{F(t), T(t)\}$ 和一个优化状态空间 $Y^* \subset Y, \lambda(t) = P\{\xi(t) \in Y^*\}$ 表示在 t 时刻，随机状态达到最优状态的概率。如果

$\lim_{t \to \infty} \lambda(t) = 1$，则$\{\xi(t)\}_{t=0}^{\infty}$收敛。

根据上面的定义，马尔可夫随机过程的收敛取决于$P\{\xi(t) \in Y^*\}$的概率。如果在t时刻马尔可夫随机过程的收敛概率为1，可以认为马尔可夫过程$\{\xi(t)\}_{t=0}^{\infty}$收敛。

定理 5-1 给定FWA的一个吸收马尔可夫过程$\{\xi(t)\}_{t=0}^{\infty}$和一个优化状态空间$Y^* \subset Y$，如果对于任意的$t$，$P\{\xi(t) \in Y^* | \xi(t-1) \notin Y^*\} \geqslant d \geqslant 0$，且$P\{\xi(t) \in Y^* | \xi(t-1) \in Y^*\} = 1$成立，则$P\{\xi(t) \in Y^*\} \geqslant 1-(1-d)^t$。

证明略。

FWA包含高斯变异。为简化问题，假定该变异是一种随机变异。

定理 5-2 给定FWA的一个吸收马尔可夫过程$\{\xi(t)\}_{t=0}^{\infty}$和一个优化状态空间$Y^* \subset Y$，则$\lim_{t \to \infty} \lambda(t) = 1$意味着$\{\xi(t)\}_{t=0}^{\infty}$能收敛到最优状态$Y^*$。

证明略。

以上的定义和定理证明了FWA的马尔可夫过程将收敛到最优状态。

5.2.3 时间复杂度的基本理论

定义 5-7 （期望收敛时间）给定FWA的一个吸收马尔可夫过程$\{\xi(t)\}_{t=0}^{\infty}$和一个优化状态空间$Y^* \subset Y$，如果$\gamma$是一个随机非负值使得如果$t \geqslant \gamma$，有$P\{\xi(t+1) \in Y^*\} = 1$；如果$0 \leqslant t \leqslant \gamma$，有$P\{\xi(t+1) \notin Y^*\} < 1$。那么$\gamma$就是FWA的收敛时间。FWA的期望收敛时间用$E_\gamma$表示。

期望收敛时间E_γ描述的是FWA以1的概率初次得到全局最优解的时间。期望值E_γ越小，FWA的收敛就越快，FWA也就更加有效。但是，也可以用首次最优解期望时间（Expected First Hitting Time，EFHT）作为收敛时间的一个标志。

定义 5-8 （首次最优解期望时间）给定FWA的一个吸收马尔可夫过程$\{\xi(t)\}_{t=0}^{\infty}$和一个优化状态空间$Y^* \subset Y$；$\mu$是一个随机值，使得如果$t = \mu$，则$\xi(t) \notin Y^*$；如果$0 \leqslant t \leqslant \mu$，则$\xi(t) \notin Y^*$。期望值$E_\mu$称为首次最优解期望时间。

下面的定理给出了计算E_γ的方法。

定理 5-3 给定FWA的一个吸收马尔可夫过程$\{\xi(t)\}_{t=0}^{\infty}$和一个优化状态空间$Y^* \subset Y$。如果$\lambda(t) = P\{\xi(t) \in Y^*\}$并且$\lim_{t \to \infty} \lambda(t) = 1$，则期望收敛时间$E_\gamma = \sum_{t=0}^{\infty}(1-\lambda(t))$。

证明略。

因为很难得到$\lambda(t)$的值，所以很难计算出期望收敛时间E_γ。因此，只能给出估计的时间。

定理 5-4 给定两个随机非负变量u和v，并用$D_u(\cdot)$和$D_v(\cdot)$分别表示u和v的分布函数。如果$D_u(t) \geqslant D_v(t)(\forall t = 0,1,2,\cdots)$，则$u$和$v$的期望值$E_u < E_v$。

证明略。

定理 5-5 给定FWA的一个吸收马尔可夫过程$\{\xi(t)\}_{t=0}^{\infty}$和一个优化状态空间$Y^* \subset Y$，如果$\lambda(t) = P\{\xi(t) \in Y^*\}$使得$0 \leqslant D_l(t) \leqslant \lambda(t) \leqslant D_h(t) \leqslant 1(\forall t = 0,1,2,\cdots)$且$\lim_{t \to \infty} \lambda(t) = 1$，那么$\sum_{t=1}^{\infty}(1-D_h(t)) \leqslant E_\gamma \leqslant \sum_{t=1}^{\infty}(1-D_l(t))$。

证明略。

定理 5-6　给定 FWA 的一个吸收马尔可夫过程 $\{\xi(t)\}_{t=0}^{\infty}$ 和一个优化状态空间 $Y^{*}\subset Y$，如果 $\lambda(t)=P\{\xi(t)\in Y^{*}\}$ 且 $0\leqslant a(t)\leqslant\lambda(t)\leqslant b(t)$，则 $\displaystyle\sum_{t=1}^{\infty}\left[(1-\lambda(0))\prod_{t=1}^{\infty}(1-b(t))\right]\leqslant$
$E_{\gamma}\leqslant\displaystyle\sum_{t=1}^{\infty}\left[(1-\lambda(0))\prod_{t=1}^{\infty}(1-a(t))\right]$。

证明略。

推论 5-1　给定 FWA 的一个吸收马尔可夫过程 $\{\xi(t)\}_{t=0}^{\infty}$ 和一个优化状态空间 $Y^{*}\subset Y$ 和 $\lambda(t)=P\{\xi(t)\in Y^{*}\}$，如果 $a\leqslant P\{\xi(t+1)\in Y^{*}\,|\,\xi(t+1)\notin Y^{*}\}\leqslant b(a,b>0)$ 且 $\lim_{t\to\infty}\lambda(t)=1$，则 FWA 的期望收敛时间 E_{γ} 满足下列不等式：

$$b^{-1}[1-\lambda(0)]\leqslant E_{\gamma}\leqslant a^{-1}[1-\lambda(0)]$$

证明略。

上述推论和定理表明公式 $P\{\xi(t)\in Y^{*}\,|\,\xi(t-1)\notin Y^{*}\}$ 可以描述 FWA 的烟花从非最优状态到最优状态的概率。E_{γ} 值的估计范围可以通过 $P\{\xi(t)\in Y^{*}\,|\,\xi(t-1)\notin Y^{*}\}$ 的值来计算。

5.2.4　时间复杂度分析

FWA 的时间复杂度需要计算期望收敛时间 E_{γ}。依据推论 5-1，FWA 的时间复杂度主要和 FWA 的烟花从非最优区域到最优区域 R_{ε} 的概率相关，即 $P\{\xi(t+1)\in Y^{*}\,|\,\xi(t-1)\notin Y^{*}\}$。这里，将进一步分析此公式来得到 FWA 的时间复杂度。FWA 包含爆炸算子、变异算子、映射规则和选择策略，但与 FWA 的马尔可夫状态到达最优区域直接相关的是爆炸算子和变异算子。因此，有下面的定理。

定理 5-7　给定 FWA 的一个吸收马尔可夫过程 $\{\xi(t)\}_{t=0}^{\infty}$ 和一个优化状态空间 $Y^{*}\subset Y$，则有

$$\frac{v(R_{\varepsilon})\times n}{v(S)}\leqslant P\{\xi(t+1)\in Y^{*}\,|\,\xi(t)\notin Y^{*}\}\leqslant v(R_{\varepsilon})\left(\frac{n}{v(S)}+\sum_{i=1}^{n}\frac{m_{i}}{v(A_{i})}\right)$$

式中，$v(R_{\varepsilon})$ 是最优区域 R_{ε} 的勒贝格测度值，$v(S)$ 是问题搜索区域 S 的勒贝格测度值，$v(A_{i})$ 是第 i 个烟花的爆炸幅度 A_{i} 的勒贝格测度值。

上面的定理给出了非常粗糙的结果，因为实际的公式很难进行确定性的计算。FWA 很难准确计算出火花落在最优区域 R_{ε} 的概率。为了准确地实现，需要做如下变换：

$$P(\exp)=\sum_{i=1}^{n}\frac{v(S_{i}\bigcap R_{\varepsilon})\times m_{i}}{v(S_{i})}$$

式中，$v(S_{i}\bigcap R_{\varepsilon})$ 和 m_{i} 随着算法的运行在动态改变，所以它们非常重要。$v(S_{i}\bigcap R_{\varepsilon})$ 和烟花的位置 F_{i} 相关。FWA 的选择策略使得位置距离大的个体有更高的概率被选中，所以可以假定每次只有一个烟花处于最优区域 R_{ε}，进一步假设适应度值最高的烟花进入最优区域 R_{ε} 的概率最高。依据上述假设，$v(A_{i})>v(A_{\text{best}})$ 且 $m_{i}>m_{\text{best}}$，$i\in(0,1,2,\cdots)$。其中 A_{best} 和 m_{best} 分别是适应度值最高的烟花的爆炸区域和生成火花的数目。由此得到

$$\frac{v(A_{i}\bigcap R_{\varepsilon})\times m_{i}}{v(A_{i})}<\frac{v(A_{\text{best}}\bigcap R_{\varepsilon})\times m_{\text{best}}}{v(A_{\text{best}})}$$

考虑在算法运行初期 $(A_i \bigcap R_\varepsilon) \bigcap (A_{\text{best}} \bigcap R_\varepsilon) = \varnothing$，其中 $i \in (0,1,2,\cdots)$ 且 $i \neq \text{best}$，可得下面的公式：

$$P(\exp) = \sum_{i=1}^{n} \frac{v(S_i \bigcap R_\varepsilon) \times m_i}{v(S_i)} < \frac{v(S_{\text{best}} \bigcap R_\varepsilon) \times m_{\text{best}}}{v(S_{\text{best}})} < \frac{v(R_\varepsilon) \times m_{\text{best}}}{v(S_{\text{best}})}$$

所以

$$\frac{v(R_\varepsilon) \times n}{v(S)} \leqslant P\{\xi(t+1) \in Y^* \mid \xi(t) \notin Y^*\} \leqslant v(R_\varepsilon) \left(\frac{n}{v(S)} + \frac{m_{\text{best}}}{v(S_{\text{best}})} \right)$$

设 $a = \dfrac{v(R_\varepsilon) \times n}{v(S)}, b = v(R_\varepsilon) \left(\dfrac{n}{v(S)} + \dfrac{m_{\text{best}}}{v(S_{\text{best}})} \right)$，那么可以得到下面的公式：

$$\frac{v(S) \times v(S_{\text{best}})}{v(R_\varepsilon) \times (n \times v(S_{\text{best}}) + m_{\text{best}} \times v(S))} \times (1 - \lambda(0)) \leqslant E_\gamma \leqslant \frac{v(S)}{v(R_\varepsilon) \times n} \times (1 - \lambda(0))$$

FWA 初始种群中的 n 个烟花是随机生成的，因此可以得出 $\lambda(t) = P\{\xi(t) \in Y^*\}$。由于 $\lambda(0) = P\{\xi(0) \in Y^*\} \ll 1, 1 - \lambda(0) = 1$，因此

$$\frac{v(S) \times v(S_{\text{best}})}{v(R_\varepsilon) \times (n \times v(S_{\text{best}}) + m_{\text{best}} \times v(S))} \leqslant E\gamma \leqslant \frac{v(S)}{v(R_\varepsilon) \times n}$$

由此可以看出，R_ε 的值越大，并且 $v(S)$ 的值越小，将提高 FWA 的效率。但这两个变量都和搜索问题相关。$v(S_{\text{best}})$ 和 m_{best} 对于 FWA 的期望收敛时间非常重要。但上述结论是在一些假设条件下成立的。更精确的分析需要进一步考虑 FWA 公式的细节。

5.3 增强烟花算法和动态搜索烟花算法

在 FWA 被提出时，FWA 就表现出极为优异的性能。Zheng 等对 FWA 的算子进行了详细的分析，针对算法存在的缺陷进行了有效的改进并提出了增强烟花算法（EFWA）。EFWA 表现出比 FWA 更稳定可靠的优化性能。

在 EFWA 中，最小爆炸半径检测算子使得 EFWA 中适应度最优的烟花能够发挥其强大的搜索能力。然而，这种简单的仅仅根据当前的适应度值评估次数和最大适应度值评估次数确定的最小爆炸半径检测策略（MEACS）过于人为干预设定，并没有考虑到算法优化过程中的动态优化的信息。基于此，本章针对烟花种群中适应度值最优的烟花提出了依据算法优化过程中种群是否寻找到更优的解而动态地调整适应度值最优的烟花的爆炸半径的动态适应策略，并称其为动态搜索烟花算法（dynFWA）。

FWA 的搜索能力主要取决于烟花的爆炸算子的作用。在爆炸半径范围内，一个烟花能够同时产生一定数量的火花从而可以对烟花周围区域进行细致的搜索。在 FWA 和 EFWA 中，爆炸半径是用于调整烟花种群的局部搜索能力和全局搜索能力的关键参数。算法根据各个烟花当前位置的适应度值来计算其爆炸半径和爆炸火花数目。其主要思想是，一个烟花的适应度值越好（对最小化问题而言就是越小），它生成的火花数量就越多，而范围就越小；反之，一个烟花的适应度值越坏（越大），它生成的火花数量就越少，而范围就越大。从而，处于较好位置的烟花将在当前位置的较小区域周围进行局部搜索，而适应度值大的烟花将在更大范围进行全局搜索。相对于基本 FWA，EFWA 针对 FWA 存在的缺陷提出了多方面的改进。下面我们主要以 EFWA 为基准介绍 FWA，并分析其最小爆炸半径检测算

子的工作原理和缺陷。

5.3.1　增强烟花算法

在 EFWA 中,算法根据烟花的适应度值的大小来计算其爆炸半径和爆炸火花数目。对一个最小化的优化问题 f,适应度值较小(较优)的烟花其爆炸半径较小,爆炸火花数目相对较多;适应度值较大(较差)的烟花其爆炸半径较大,同时产生的爆炸火花数目较少。EFWA 执行过程如算法 5-4 所示。

算法 5-4　EFWA

---

1. 初始化 N 个烟花并评估其适应度值;
2. **while** 终止条件未满足 **do**;
3. 　　计算烟花的爆炸半径和爆炸火花数目;
4. 　　产生爆炸火花;
5. 　　产生高斯变异火花;
6. 　　在烟花、爆炸火花、高斯变异火花种群中选择适应度值最优的个体作为下一代烟花种群的烟花;
7. 　　选择其他 $N-1$ 个烟花;
8. **end**

其中爆炸火花数目的计算方式与 FWA 中相同,而爆炸半径计算方式如下:

$$A_i = \hat{A} \cdot \frac{f(x_i) - y_{\min} + \varepsilon}{\sum_{i=1}^{N}(f(x_i) - y_{\min}) + \varepsilon}$$

$$A_{ik} = \begin{cases} A_{\min,k}, & A_{ik} < A_{\min,k} \\ A_{ik}, & \text{其他} \end{cases}$$

$$A_{\min,k}(t) = A_{\text{init}} - \frac{A_{\text{init}} - A_{\text{final}}}{\text{evals}_{\max}} \sqrt{(2\,\text{evals}_{\max} - t)t}$$

式中,t 为当前的评估次数,$\text{evals}_{\max}$ 为最大评估次数,A_{init} 和 A_{final} 为初始和最终的爆炸半径检测值。

每个烟花根据其爆炸半径和爆炸火花数目产生爆炸火花,产生过程如算法 5-5 所示。此外,为了提高种群的多样性,烟花种群还会产生一定数量的高斯变异火花,高斯变异火花的产生方式如算法 5-6 所示。

算法 5-5　EFWA 爆炸火花产生方式

---

1. 初始化爆炸火花的位置:$x_i = X_i$;
2. 设置 $z^k = \text{round}(U(0,1))$, $k=1, 2, \cdots, D$ [$U(0,1)$表示生成[0,1]区间服从均匀分布的随机数];
3. **for** 每个维度上 x_i^k, **where** $z^k == 1$;**do**
4. 　　计算位移变异:$\Delta X_i^k = A_i \times U(-1,1)$;
5. 　　$x_i^k = x_i^k + \Delta X_i^k$;
6. 　　**if** x_i^k 超出边界;**then**
7. 　　　　将 x_i^k 映射到可行域内;
8. 　　**end if**
9. **end for**

算法 5-6　EFWA 高斯变异火花产生方式

---

1. 初始化高斯变异火花位置：$x_i = X_i$；
2. 设置 $z^k = \text{round}(U(0,1))$，$k = 1, 2, \cdots, D[U(0,1)$表示生成$[0,1]$区间服从均匀分布的随机数]；
3. 计算：$e = N(0,1)$；
4. **for** x_i^k 的每个维度，当 $z^k == 1$ **do**
5. 　　$x_i^k = x_i^k + (X_B^k - x_i^k)e$，$X_B$ 是当前适应度值最优的烟花；
6. 　　**if** x_i^k 超出边界 **then**
7. 　　　　将 x_i^k 映射到可行域内；
8. 　　**end if**
9. **end for**

在 EFWA 中，为了避免适应度值最优的烟花的爆炸半径接近零，从而无法发挥局部搜索能力，EFWA 引入了 MEACS。MEACS 是根据当前函数的评估次数非线性地减小最小爆炸半径的下界，这样它就严重依赖算法预先设定的最大评估次数。实验结果表明这种策略并不能在最好烟花位置的周围进行有效的局部搜索。基于此，我们提出一种新的爆炸半径计算法方式——基于目前搜索进程的优化信息来动态地改变爆炸半径，从而提出了 dynFWA。此外，我们还讨论了高斯变异算子对于算法的多样性的影响，在 dynFWA 中去掉 EFWA 中相当费时的高斯爆炸算子，并且实验结果表明这不会损失优化精度。因此，我们最终提出的 dynFWA 能够显著地改进 EFWA 的优化结果，同时显著地降低计算代价。

为了下面更加简便地叙述，这里我们首先引入了一些定义和说明。

1. 核心烟花

在每一次迭代的烟花种群中，有一个最小化优化问题 $\min\limits_{x \in \Omega} f(x)$。处于目前最优位置的烟花称为核心烟花（CF）。因此，对优化函数 f 而言，在 N 个烟花中烟花 X_{CF} 被选作核心烟花，当且仅当 $\forall i \in [1, N]: f(X_{\text{CF}}) \leqslant f(X_i)$。

2. 非核心烟花

在烟花种群中，除了核心烟花其余所有的烟花组成的集合称为非核心烟花（non-CF）。

3. 局部最小空间和局部最小点

对于一个最小化优化问题 $\min\limits_{x \in \Phi} f(x)$，在一个连续空间 $\Psi \subseteq \Phi$ 中，如果仅存在一个点 x，存在 ε，对所有 x_i，$|x_i - x| \leqslant \varepsilon$ 满足 $f(x_i) - f(x) \geqslant 0$，那么 x 是一个局部最小点。对区域 S，如果其中仅存在一个局部最小点，则 S 称为局部最小空间。

4. 烟花算法基本原则

一个适应度值较好的烟花能在一个更小的区域内生成更多爆炸火花，也就是其爆炸半径更小。相反，适应度值较差的烟花只能在更大的区域内生成更少的火花，也就是其爆炸半径更大。算法通过这种方式平衡探索和开采能力。探索指的是算法探索不同区域从而确定更有前途的解，而开采指的是在一个被认为有前途的小区域内进行彻底的搜索从而找到最优解。探索是通过那些爆炸半径较大（适应度值较差）的烟花来实现的，因为它们有能力跳出局部极值。而开采是由那些爆炸半径较小（适应度值较好）的烟花实现的，因为它们专注于在有前途的区域进行局部搜索。

在 EFWA 中，其 MEACS 在算法的早期增强了探索能力，更大的 $A_{\min}$ 更加侧重于全局搜索，而在算法最终阶段增强的是开采能力，更小的 $A_{\min}$ 更加侧重于局部搜索通过 $A_{\min}$ 的非线性递减,全局搜索能力和局部搜索能力被进一步增强了。显然,这种根据当前适应度值的评估次数减小相对于最大评估次数进行非线性递减计算的 MEACA 能够在一定程度上使得核心烟花具有一定的局部搜索能力。然而,MEACA 严重地依赖算法预先设定的最大适应度值评估次数(人为设定的参数)。事实上,MEACA 应该考虑搜索过程的信息而不是仅仅考虑适应度评估次数信息。为了解决这个问题,我们提出一种针对核心烟花的动态爆炸半径策略,从而能够动态地调整核心烟花的局部和全局搜索能力。

5.3.2　动态搜索烟花算法

在 dynFWA 中,烟花被分为两组,第一组由核心烟花组成,第二组由非核心烟花组成。核心烟花的主要职责是围绕目前的最优位置进行局部搜索,而非核心烟花的职责是保持全局搜索能力。

对两组烟花而言,爆炸半径都是有效改进烟花目前位置的关键变量。然而,对核心烟花而言,爆炸半径的选择尤其重要,因为它对于朝向局部最小点的收敛速度有极大的影响,同时核心烟花相对于非核心烟花能够确定性继承到下一代的烟花种群中。而且,核心烟花拥有更小的爆炸半径和更大的爆炸火花数目,从而产生适应度值最优的个体的可能性相对于非核心烟花的可能性更大。

与 EFWA 不同,在 dynFWA 中,核心烟花的爆炸半径大小不像 FWA 和 EFWA 中那样计算,而是由优化过程的局部信息(算法在上一次迭代是否改进了最优位置的信息)确定。对第二组的所有非核心烟花而言,爆炸半径的计算与 EFWA 相同,只不过没有 MEACA。注意,爆炸半径影响爆炸火花的计算,而对高斯火花没有任何影响。下面我们将进一步讨论,在 dynFWA 中高斯变异算子是可以完全移除而不影响精度的。

1. 核心烟花的动态爆炸半径策略

在烟花种群中,核心烟花存储着当前烟花种群优化过程中得到的最优解的位置。我们定义 $\hat{x}_b$ 为烟花种群中所有的烟花新生成的爆炸火花组成的种群中适应度值最优的,定义烟花种群爆炸火花产生的适应度值更新为

$$\Delta_f = f(\hat{x}_b) - f(X_{CF})$$

根据 Δ_f 的值的大小,有两种情况。

图 5-1(a)中,灰色虚线圆的半径表示 CF 在第 t 代的爆炸半径,而黑色实线圆表示第 $t+1$ 的爆炸半径;爆炸半径的增长表明在这种情况下,爆炸火花找到了一个更好的位置。在第 $t+2$ 代[图 5-1(b)],CF 能够进一步改进其位置,从而 CF 的爆炸半径又进一步增大。图 5-1(c)显示的是当 CF 的适应度值没有改进时的情况。这种情况下,CF 在第 $t+3$ 代的爆炸半径会减小。

情况一:一个或多个爆炸火花找到了相对于烟花种群的适应度值更好的位置,即 $\Delta_f < 0$(对最小化问题而言)。

在这种情况下,有可能(i)核心烟花产生的爆炸火花找到了更好的位置,或者(ii)非核心烟花的爆炸火花找到了更好的位置。无论哪种情况都表明群体找到了一个新的有前景的位置,而且 $\hat{x}_b$ 将会是下一代的核心烟花。

(i)多数情况下,$\hat{x}_b$ 是由当前烟花种群的核心烟花产生的,因为核心烟花能够产生更多的爆炸火花。这样,为了加速烟花算法的收敛,核心烟花的下一代的爆炸半径将会被提高。

图 5-1 (a) 第t+1代　　(b) 第t+2代　　(c) 第t+3代

图 5-1　CF 的爆炸半径的放大/缩小

图 5-1(a)和图 5-1(b) 显示了这种情况。

(ii) 其他情况——尽管概率很小——其他非核心烟花产生了 $\hat{x}_b$。这种情况更多地出现在优化过程的前期而不是后期。这种情况下,$\hat{x}_b$ 将成为下一代新的核心烟花(注意所有烟花、爆炸火花和高斯变异火花组成的集合中最优位置总是被确定性保留到下一代)。既然核心烟花的位置改变了,考虑了当前核心烟花的位置的优化信息的当前爆炸半径将不会对新选出的核心烟花有效。然而,有可能 $\hat{x}_b$ 的位置相当接近先前的核心烟花:因为核心烟花相比其他烟花产生更多的火花,随机选择机制可能选择几个由核心烟花生成的火花,而它们必然离核心烟花较近。如果是这样,(i)的说法仍然成立,而核心烟花的爆炸半径将会被增大。如果 $\hat{x}_b$ 是由一个离核心烟花不太近的烟花产生的,则爆炸半径可以被重新初始化为预先设定的值。然而,既然“接近”是很难定义的,我们不妨不计算 $\hat{x}_b$ 和 X_{CF} 之间的距离,信赖动态爆炸半径的更新能力,而不用担心其初始化值是多少。类似(i),爆炸半径将会变大。如果新的核心烟花不能在下一代改进其位置,新的核心烟花将能够在以后的迭代优化计算过程中动态地调节其爆炸半径的大小。

我们强调,增大的爆炸半径可能加快收敛速度——假定核心烟花的当前位置离全局/局部最小值较远。增大爆炸半径是一种直接和有效的方式来增大每一代朝着全局/局部最小点的步长,也就是说它使得算法更快地朝着最优点移动。然而,也应该指出,通常当爆炸半径增大时,找到一个更好适应度值的位置的概率将会因为搜索空间增大而减小(显然,这很大程度上取决于优化函数)。

情况二:无论是核心烟花还是非核心烟花的爆炸火花都没有找到相比于核心烟花有更好适应度值的位置,即 $\Delta_f \geqslant 0$。这种情况下,核心烟花的爆炸半径会减小,把搜索范围缩小到一个更小的区域,从而增强核心烟花的局部开采能力。通常,找到更好适应度值位置的概率随着爆炸半径减小而增大。图 5-1(b)和图 5-1(c)显示了烟花种群产生的爆炸火花的最优适应度值并没有使得核心烟花的位置发生更新的情况。

2. 讨论

算法 5-7 总结了前面讨论的动态更新策略,并用一种简化的方式予以实现。图 5-2 展示了优化 Sphere 函数 1000 次迭代的放大和缩小过程(算法 dynFWA)。可以看到,爆炸半径的缩小和放大以一种交替的方式进行。显然,缩小的次数比放大的次数要多,部分是因为 C_a 和 C_r 的值被分别设为 1.2 和 0.9,部分也是因为爆炸半径初始值设为搜索空间的大小,这是个相当大的初始值。

算法 5-7　核心烟花的动态爆炸半径更新

Require：定义：

X_{CF} 是核心烟花的当前位置；

$\hat{X}_{best}$ 是所有爆炸火花的最佳位置；

A_{CF} 是核心烟花的当前爆炸半径；

C_a 是放大因子；

C_r 是缩小因子；

Ensure：

1. **if** $f(\hat{X}_{best}) - f(X_{CF}) < 0$ **then**
2. 　　　　$A_{CF} \leftarrow A_{CF} \cdot C_a$；
3. **else**
4. 　　　　$A_{CF} \leftarrow A_{CF} \cdot C_r$；
5. **end if**

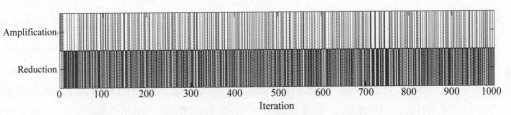

图 5-2　核心烟花的动态爆炸半径的缩小和放大（Sphere 函数上）

接下来，我们讨论为什么爆炸半径的缩小会提高找到更好位置的概率。我们用泰勒展开式来说明核心烟花周围局部区域的性质。假定一个 D 维连续二阶可微优化函数 f，如果核心烟花的位置不是一个局部/全局最小点，A_{CF} 是当前爆炸半径，那么根据泰勒展开式：

$$f(\boldsymbol{x}) - f(X_{CF}) = \nabla f(X_{CF})^T (\boldsymbol{x} - X_{CF}) + \frac{1}{2}(\boldsymbol{x} - X_{CF}) H(\boldsymbol{x})(\boldsymbol{x} - X_{CF})$$

$$H(\boldsymbol{x}) = \left[\frac{\partial^2 f}{\partial x_i \partial x_j} \right]_{D \times D}$$

根据"局部最小点"的定义（X_{CF} 不是一个局部最小点），则存在 ε，$\boldsymbol{x}$ 在 $S = \{\boldsymbol{x} \mid |\boldsymbol{x} - X_{CF}| \leqslant \varepsilon\}$ 且

$$f(\boldsymbol{x}) - f(X_{CF}) = \nabla f(X_{CF})^T (\boldsymbol{x} - X_{CF}) + o(\nabla f(X_{CF})^T (\boldsymbol{x} - X_{CF}))$$

式中，o 表示低阶无穷小量。

在泰勒展开式中，如果 $\varepsilon \to 0$，则在区域 S 中，如果存在一个点 x_1 及 $x_1 - X_{CF} = \Delta x$，则存在一个点 x_2 及 $x_2 - X_{CF} = -\Delta x$。这种情况下，生成一个适应度值比核心烟花小的火花的概率非常高，因为存在对应的两个点 x_1 和 x_2 满足

$$\left(f(x_1) - f(X_{CF}) \right)\left(f(x_2) - f(X_{CF}) \right) < 0$$

一旦核心烟花生成一些火花而没找到一个更好的位置，很可能 $A_{CF} \geqslant \varepsilon$。我们不能要求区域 $T = \{\boldsymbol{x} \mid \varepsilon \leqslant |\boldsymbol{x} - X_{CF}| \leqslant A_{CF}\}$ 内是否存在一个位置其适应度值比核心烟花更好，因此，如果核心烟花在每一维以均匀分布产生火花，一个火花位于 S 内的概率：

$$p' = \frac{\Omega_s}{\Omega_s + \Omega_T}$$

式中,Ω_s表示区域S的超体积。如果核心烟花没有找到一个更好的位置,则爆炸半径A_{CF}会下降以提高核心烟花在区域S生成一个火花的概率p',从而提高找到一个适应度值小于核心烟花的点的概率。

3. 非核心烟花爆炸半径策略

非核心烟花的爆炸半径计算方法和 EFWA 相同,即类似 EFWA 但没有 MEACA。与核心烟花相比,非核心烟花只能在更大范围内产生更少量的爆炸火花,从而对群体进行全局搜索。当核心烟花陷入局部最小值时,这一组烟花常能使得算法避免过快收敛,因为这些烟花持续在搜索空间的不同区域搜索。

4. 移除高斯变异算子

在 FWA 中,设计高斯变异算子的目的是进一步提高群体的多样性。在 EFWA 中,高斯变异算子的计算公式为

$$x_i^k = x_i^k + (X_B^k - x_i^k)e$$

式中,X_B是当前适应度值最优的烟花,e 为一个服从均值为 0、方差为 1 的高斯分布随机数,$e \sim N(0,1)$。显然新生成的火花会落在 X_i 和核心烟花之间的方向上。任何新生成的高斯变异算子要么①接近核心烟花X_{CF},要么②接近烟花X_i,要么③落在核心烟花X_{CF}和烟花X_i之间的方向上。而且,距离核心烟花X_{CF}和烟花X_i都比较远。在前两种情况下,这个算子将会产生与核心烟花X_{CF}和烟花X_i生成的爆炸火花类似的作用。在第③种情况下,高斯变异算子产生的火花可以被看作一个爆炸半径较大的烟花生成的爆炸火花。因此,基于以上分析可以断定,在许多情况下,高斯变异算子产生的火花都不会有效提高烟花群体的多样性。这样,高斯变异算子就变得无足轻重了,移除也不仅不会影响算法的性能。而且,可以节省计算资源,提高算法速度。

5. dynFWA 的框架

基于以上关于核心烟花、非核心烟花和高斯变异算子产生的火花分析,最终我们提出了dynFWA,如算法 5-8 所示。在 dynFWA 中,首先初始化 N 个烟花,计算非核心烟花的爆炸半径和烟花种群中每个烟花的爆炸火花数目,对于核心烟花,其爆炸半径初始化为搜索空间的大小。在后面的迭代过程中,核心烟花的动态爆炸半径大小依据算法 5-7 进行更新。在dynFWA 中,我们移除了高斯变异算子。算法迭代直到满足终止条件。

算法 5-8　dynFWA 的框架

---

1. 可行搜索空间中初始化 N 个烟花;
2. 评估群体中所有初始烟花的质量;
3. 初始化核心烟花的动态爆炸半径;
4. **while** 没有达到终止条件 **do**
5. 　　计算爆炸火花的数量;
6. 　　计算非核心烟花的爆炸半径;
7. 　　**for** 每个烟花 **do**
8. 　　　生成爆炸火花;
9. 　　　把无效位置的火花映射回搜索空间;
10. 　　　评估爆炸火花的质量;
11. 　　**end for**
12. 　　更新核心烟花的动态爆炸半径(算法 5-7);

13.　　　为下一代选择 N 个烟花；
14. **end while**

5.3.3　实验

为了验证所提出的动态搜索策略的性能以及移除高斯变异算子的性能,我们比较 EFWA 和 EFWA-NG、dynFWA 和 dynFWA-G 两组实验。另外,为了验证提出的 dynFWA 的性能,我们除了比较 dynFWA 和 EFWA,最新版本的 SPSO 也被用于性能比较。接下来我们简要介绍一下用于实验评估的五个算法。

EFWA：基准算法。

EFWA-NG：从 EFWA 中移除高斯变异算子。

dynFWA-G：dynFWA,包含高斯变异算子。

dynFWA：类似 dynFWA-G,但不包括高斯变异算子。

SPSO2011：相比于早先的 SPSO 版本,它以旋转不变性的思想改进了速度的更新,替代了原来的逐维相继更新的方式。

1. 实验设定

设定类似 EFWA,dynFWA 的烟花数量设为 5,但在 dynFWA 中,每一代爆炸火花数量的最大值被设为 150。dynFWA 的缩小和放大因子 C_r 和 C_a 根据经验依次设定为 0.9 和 1.2。A_{CF}初始化设为搜索空间的大小,从而在开始阶段保持高探索能力。其余 dynFWA 和 EFWA 的参数都依照文献[3],SPSO2011 的参数依照文献[6]。

在实验中,对每个算法,在每个函数上进行 51 次重复试验。我们呈现 300 000 次函数评估后的最终均值结果。我们采用的实验平台是 MATLAB 2011b(Windows 7,Intel Core i7-2600 CPU @ 3.7 GHz,8GB RAM)。为了公平验证所提出算法的性能,我们使用最近的 CEC2013 测试集,它包括 28 个不同类型的测试函数。

2. 实验结果及分析

在这里,我们首先评估移除高斯变异算子的影响。然后,我们评估新提出的 dynFWA 并比较它与 EFWA 和 SPSO2011 的性能。

1) 高斯变异算子的评估

为了评估 EFWA 与 dynFWA 移除高斯变异算子后是改进了还是退步了,我们分别比较了 EFWA 和 EFWA-NG 的结果,以及 dynFWAT 与 dynFWA-G 的结果。为了显示任意两个算法之间的进步,我们进行了 Wilcoxon 符号秩检验。显著性判定方法是：假定数据 $X、Y$ 是两个不同算法运行若干次的适应度值结果。如果 X 的均值小于 Y 的均值,并且 Wilcoxon 符号秩检验在 5% 显著性水平上为真,则认定 X 的结果显著好于 Y。

EFWA 和 EFWA-NG 的 t 检验结果如图 5-3 所示。在五个函数上,EFWA 显著好于 EFWA-NG,而只在一个函数上,EFWA-NG 显著好于 EFWA。因此,这些结果意味着高斯变异算子不应该被移除,尽管 EFWA-NG 在运行时间上稍快(见图 5-4)。

总体而言,dynFWA 和 dynFWA-G 表现十分相近。只在函数 f_1 上 dynFWA 表现显著好于 dynFWA-G。这表明没有高斯变异算子的 dynFWA 结果比 dynFWA-G 稍好,而且在运行时间上也更快(见图 5-4)。

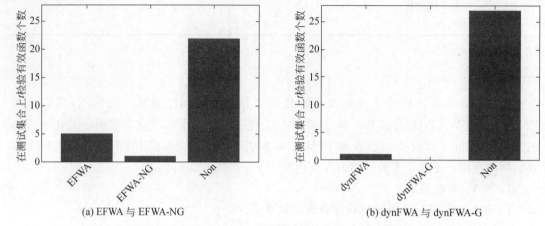

(a) EFWA 与 EFWA-NG　　　　　　　(b) dynFWA 与 dynFWA-G

图 5-3　验证高斯变异算子有效性(在测试集合上符号秩检验有效的函数个数)

接下来我们用最好的 EFWA(包含高斯变异算子)和 dynFWA(不包含高斯变异算子)做进一步比较。

2) dynFWA 和 EFWA 的比较

表 5-1 显示了 SPSO2011、EFWA 和 dynFWA 三个算法在每个函数上 51 次运行的平均适应度值,以及相应的适应度值均值排名,排名为 1 表明该算法是三个算法中优化结果最优的算法。此外,表 5-1 的底部展示了每个算法的平均适应度值排名,即将算法在 28 个函数上的排名求均值。一般平均适应度值排名越低表明该算法的性能越优异。图 5-4 显示了每个算法的运行时间。运行时间最快的算法(dynFWA)被设为 1,其余算法对 dynFWA 的相对时间展示在图中。

表 5-1　SPSO2011、EFWA 和 dynFWA 在测试函数上的平均适应度值及排名

F.	SPSO2011	排名	EFWA	排名	dynFWA	排名
f_1	**$-1.4000E+03$**	**1**	$-1.3999E+03$	3	**$-1.4000E+03$**	**1**
f_2	**$3.3719E+05$**	**1**	$6.8926E+05$	2	$8.6937E+05$	3
f_3	$2.8841E+08$	3	**$7.7586E+07$**	**1**	$1.2317E+08$	2
f_4	$3.7543E+04$	3	**$-1.0989E+03$**	**1**	$-1.0896E+03$	2
f_5	**$-1.0000E+03$**	**1**	$-9.9992E+02$	3	$-1.0000E+03$	2
f_6	$-8.6210E+02$	2	$-8.5073E+02$	3	**$-8.6995E+02$**	**1**
f_7	**$-7.1208E+02$**	**1**	$-6.2634E+02$	3	$-7.0010E+02$	2
f_8	$-6.7908E+02$	2	$-6.7907E+02$	3	**$-6.7910E+02$**	**1**
f_9	$-5.7123E+02$	2	$-5.6846E+02$	3	**$-5.7587E+02$**	**1**
f_{10}	$-4.9966E+02$	2	$-4.9916E+02$	3	**$-4.9995E+02$**	**1**
f_{11}	$-2.9504E+02$	2	$5.8198E+00$	3	**$-2.9589E+02$**	**1**
f_{12}	**$-1.9604E+02$**	**1**	$3.9944E+02$	3	$-1.4222E+02$	2
f_{13}	**$-6.1406E+00$**	**1**	$2.9857E+02$	3	$5.3830E+01$	2
f_{14}	$3.8910E+03$	3	**$2.7240E+03$**	**1**	$2.9180E+03$	2
f_{15}	**$3.9093E+03$**	**1**	$4.4595E+03$	3	$4.0227E+03$	2
f_{16}	$2.0131E+02$	3	$2.0063E+02$	2	**$2.0058E+02$**	**1**
f_{17}	**$4.1626E+02$**	**1**	$6.2461E+02$	3	$4.4261E+02$	2

续表

F.	SPSO2011	排名	EFWA	排名	dynFWA	排名
f_{18}	**5.2063E+02**	**1**	5.7361E+02	2	5.8782E+02	3
f_{19}	5.0951E+02	2	5.1022E+02	3	**5.0726E+02**	**1**
f_{20}	6.1346E+02	2	6.1466E+02	3	**6.1328E+02**	**1**
f_{21}	**1.0088E+03**	**1**	1.1178E+03	3	1.0102E+03	2
f_{22}	5.0988E+03	2	6.3181E+03	3	**4.1262E+03**	**1**
f_{23}	5.7313E+03	2	7.5809E+03	3	**5.6526E+03**	**1**
f_{24}	**1.2667E+03**	**1**	1.3452E+03	3	1.2729E+03	2
f_{25}	1.3993E+03	2	1.4426E+03	3	**1.3970E+03**	**1**
f_{26}	1.4861E+03	2	1.5461E+03	3	**1.4607E+03**	**1**
f_{27}	2.3046E+03	2	2.6210E+03	3	**2.2804E+03**	**1**
f_{28}	1.8013E+03	2	4.7651E+03	3	**1.6961E+03**	**1**
平均排名						
SPSO2011	1.75	EFWA	2.68	dynFWA	**1.54**	

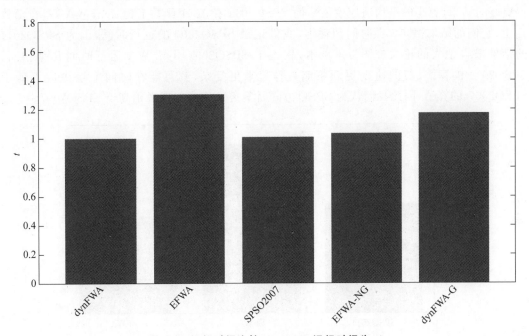

图 5-4   运行时间比较(dynFWA 运行时间为 1)

对比 dynFWA 和 EFWA 的实验结果,可以发现 dynFWA 在平均适应度值、平均适应度排名和运行时间等方面优于 EFWA。可以看到,dynFWA 在除了 f_2、f_3、f_4、f_{14}、f_{18} 的其他 23 个函数上取得了更好的适应度值结果。平均适应度排名表明 dynFWA 对 EFWA 有巨大优势。为了测试 dynFWA 对 EFWA 的优势是否显著,我们进行了一组 Wilcoxon 符号秩检验,表 5-2 展示了符号秩检验结果。可以看到,dynFWA 相比于 EFWA,在 22 个测试函数上的优势是显著的。而且,对比时间消耗,在函数评估次数相同的情况下,dynFWA 显著降低了运行时间。这主要是因为移除了高斯变异算子,该算子计算代价是相当高的(EFWA 和 EFWA-NG 的时间对比上也表明了这一点)。

表 5-2   符号秩检验结果

F.	f_1	f_2	f_3	f_4	f_5	f_6	f_7
p-value	0.00E＋00	6.94E－03	9.90E－02	0.00E＋00	0.00E＋00	1.58E－03	0.00E＋00
F.	f_8	f_9	f_{10}	f_{11}	f_{12}	f_{13}	f_{14}
p-value	1.73E－02	0.00E＋00	0.00E＋00	0.00E＋00	0.00E＋00	0.00E＋00	1.41E－01
F.	f_{15}	f_{16}	f_{17}	f_{18}	f_{19}	f_{20}	f_{21}
p-value	5.10E－05	3.20E－01	0.00E＋00	6.35E－02	1.41E－04	0.00E＋00	0.00E＋00
F.	f_{22}	f_{23}	f_{24}	f_{25}	f_{26}	f_{27}	f_{28}
p-value	0.00E＋00	0.00E＋00	0.00E＋00	0.00E＋00	0.00E＋00	0.00E＋00	0.00E＋00

3）dynFWA 和 SPSO2011 的比较

图 5-5 给出了所提出的 dynFWA 和 SPSO2011 的实验结果,可以发现 dynFWA 相比 SPSO2011 能够取得更好的平均排名。总体而言,dynFWA 在 17 个函数上比 SPSO2011 取得更好的结果(更小的平均适应度值),而 SPSO2011 在 10 个函数上比 dynFWA 好,在函数 f_1 上,它们的结果相同。在时间消耗上,我们记录 SPSO2007 的运行时间,因为 SPSO2011 的结果来自他人的论文。图 5-4 显示,相比于 SPSO2007,dynFWA 运行时间几乎相同。SPSO2011 的算子(新的速度更新策略)看起来更复杂,其可能在时间上至少应不低于 SPSO2007 的算子,因此我们认为 SPSO2011 计算复杂度类似或者稍高于 SPSO2007。

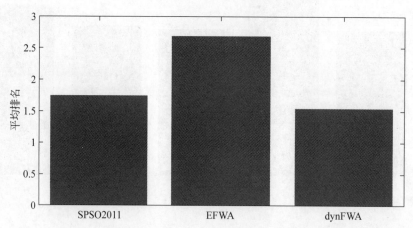

图 5-5   SPSO2011、EFWA 和 dynFWA 在测试函数上的平均适应度值和平均排名

5.3.4   小结

在本节中,提出了 dynFWA,作为 EFWA 的一种新的改进。dynFWA 为核心烟花——当前最佳位置的烟花——采用一种动态爆炸半径。这种动态爆炸半径用于当前核心烟花周围区域的局部搜索。此外,我们分析了移除 EFWA 中相当费时的高斯变异算子的可行性。从实验结果我们得到如下结论。

（1）dynFWA 显著提高了 EFWA 的性能,而且降低了超过 20% 的运行时间。

（2）相比于 SPSO2011，dynFWA 在 28 个测试函数上取得了更好的平均排名，而计算代价相近或略低。

（3）EFWA 中的高斯变异算子不应该被移除。然而，在 dynFWA 中，移除此算子却可以显著降低运行时间而不损失优化结果的精度。

5.4　引导烟花算法

5.4.1　引导烟花算法概述

本节简略介绍一种基于信息利用的思想提升 FWA 中变异算子效率的方法。在 FWA 中，搜索任务主要由爆炸算子完成。但是，无论在基本 FWA 还是 EFWA 中，爆炸火花所携带的关于目标函数的信息，并没有得到充分利用。因此，我们提出利用爆炸算子产生的信息来指导变异。具体而言是取烟花生成的火花中最好的和最差的两部分，分别求其质心，然后作差得到引导向量，再将引导向量加到目前烟花的位置上，即得到引导变异火花。具体算法如下。

算法 5-9　产生引导变异火花

---

1. 将烟花 X_i 产生的火花 s_{ij} 按适应度值 $f(s_{ij})$ 升序排列；

2. $\Delta_i \leftarrow \dfrac{1}{\sigma \lambda_i} \left(\sum\limits_{j=1}^{\sigma \lambda i} s_{ij} - \sum\limits_{j=\lambda i - \sigma \lambda i +1}^{\lambda i} s_{ij} \right)$

3. $G_i \leftarrow X_i + \Delta_i$

其中，λ_i 表示第 i 个烟花的火花数量。

由于通常差的火花与好的火花的差是一个指向好的方向的向量，因此将这个向量加到烟花位置之后得到的变异火花很可能具有较好的适应度值。引导变异示意图如图 5-6 所示。

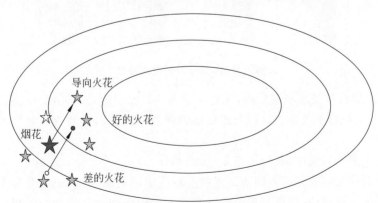

图 5-6　引导变异示意图

之所以选用最好和最差的部分火花而不仅是用最好的和最差的那一个火花，有以下一些理由。

首先，通过利用最好和最差的解的群体，它们在无关方向的值可以相互抵消。好的火花的大部分维度是好的，但剩下的维度可能不好，这也就是意味着仅仅从最好的个体身上学习会同时学到它好的和坏的属性。但从好的群体身上学习就可以学到它们的共同优点,而其余的部分可以被看作随机噪声。对差的火花也是如此。在实验中,我们观察到通过利用群体的信息,学习到的方向会更稳定和准确。

其次,考虑的是步长。如果目标函数的最优点在烟花的爆炸半径之外,我们希望这个算法能够产生精英解引领烟花并加速优化过程。而如果最优点在爆炸半径之内,则步长就不应该太长,否则就无法对搜索做出贡献。所以,我们希望步长应该是根据离最优点的距离适应性调整的。在本节余下的部分中,我们会证明通过利用群体的信息,步长的确能够根据距离自动调节。

5.4.2 实验

实验同样在 CEC2013 测试集上进行。维数为 $d = 30$,独立重复运行 51 次,每次运行的最大评估次数为 $10000d$。

对于动态爆炸半径的两个参数,我们仍然沿用 5.3 节的参数选择,即 $C_a = 1.2$,$C_r = 0.9$。剩下两个参数 λ 和 σ 我们通过实验来进行测试。我们对每一组参数在每个函数上取得的误差均值进行排名,在 28 个函数上的平均排名如图 5-7 所示。总的来说,随着 λ 的增大,算法性能会变好,但性能变化还是比较平缓的。在实际应用中,如果维数不那么高,或者最大评估次数有限,则 λ 可以设得小一些,算法依然能稳定运行。

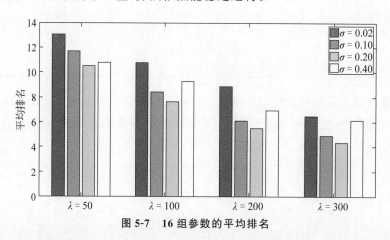

图 5-7 16 组参数的平均排名

至于 σ,0.2 通常都是表现最好的,无论 λ 是多少。相对地,$\sigma = 0.02$ 一般表现最差,因为方向不准确,而步长过于激进。这说明使用好的和差的火花群体的效果要好于只使用最好的和最差的单个火花。

因此在接下来的实验中,我们采用 $\lambda = 300$ 和 $\sigma = 0.2$。

为了度量引导变异火花在不同测试函数上对搜索的贡献,我们记录有多少次更好的解是由引导变异火花找到的,以及有多少次更好的解是由爆炸火花找到的。归一化之后的贡献比例如图 5-8 所示。

注意在每一代中有 300 个爆炸火花,仅有 1 个引导变异火花。在大部分函数中,引导变异火花的贡献都远大于爆炸火花的 1/300,这意味着引导变异火花效率很高。还可以看到,在多模函数(F6~F28)上引导变异火花的贡献比在单模函数上(F1~F5)更大,这意味着引导变异火花对探索的贡献大于开采。

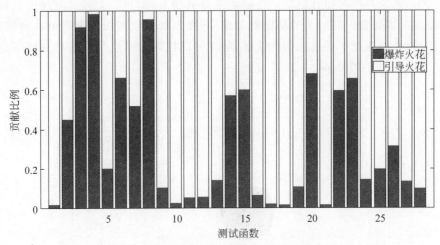

图 5-8　引导变异火花和爆炸火花的贡献比例

为了测试引导烟花算法(Guided FWA，GFWA)的相对性能，我们将它与其他进化算法在 CEC2013 测试集上优化得到的误差进行 Wilcoxon 秩和检验。对比算法有：EFWA、AFWA、dynFWA、BBFWA、CoFFWA(协同框架烟花算法)、SPSO2011、ABC 和 CMA-ES。GFWA 表现显著好于(用"胜"表示)和差于(用"负"表示)对比算法的数量如图 5-9 所示。在所有一对一的比较中，GFWA 都表现更好。

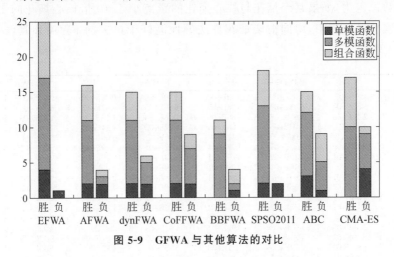

图 5-9　GFWA 与其他算法的对比

5.5　协同框架烟花算法

在过去的 FWA 版本中，选择算子都是将所有烟花生成的火花集合到一起，然后进行选择的。这样选择的坏处在于，生成火花少的烟花很难将自身的信息有效地继承下去。实验表明，通常只经过很少的代数，这些烟花就会逐渐消亡。因此，在这种选择机制下，非核心烟花很难发挥出强大的搜索能力。

在协同框架烟花算法中，研究者主要提出两点改进。第一是独立选择机制：下一代的某个烟花只由该烟花自身产生的火花中选出。这种选择机制可以保证所有烟花都能够将信息继承下去。第二是拥挤弹开机制。在独立选择机制下,烟花都会各自向最优点移动。因此,有可能多个烟花会向同一个局部极值靠拢,导致浪费搜索资源。为避免这种情况,研究者提出将与核心烟花过于接近的烟花重启,这样可以提高找到全局最优点的概率。拥挤弹开机制示意图如图 5-10 所示。

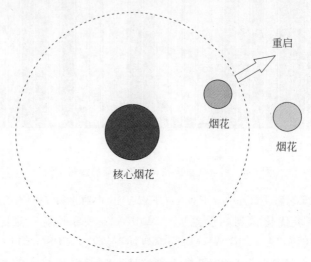

图 5-10　拥挤弹开机制示意图

具体参数设定为,如果某个烟花与核心烟花的距离小于 10 倍核心烟花的爆炸半径,则将它重启。实验结果表明,协同框架烟花算法的性能好于过去的 FWA 和其他一些进化算法,如图 5-11 所示。

F.	ABC		DE		SPSO2007		SPSO2011		EFWA		AFWA		dynFWA		CoFFWA	
1	0.00E+00	1	1.89E-03	7	0.00E+00	1	0.00E+00	1	8.50E-02	8	0.00E+00	1	0.00E+00	1	0.00E+00	1
2	6.20E+06	8	5.52E+04	1	6.08E+06	7	3.38E+05	2	5.85E+05	3	8.92E+05	6	8.71E+05	4	8.80E+05	5
3	5.74E+08	7	2.16E+06	1	6.63E+08	8	2.88E+08	6	1.16E+08	3	1.26E+08	5	1.23E+08	4	8.04E+07	2
4	8.75E+04	7	1.32E-01	1	1.03E+05	8	3.86E+04	6	1.22E+00	2	1.14E+01	4	1.04E+01	3	2.01E+03	5
5	0.00E+00	1	2.48E-03	7	0.00E+00	1	5.42E-04	5	8.05E-02	8	6.00E-04	6	5.51E-04	4	7.41E-06	6
6	1.46E+01	2	7.82E+00	1	2.52E+01	4	3.79E+01	8	3.22E+01	7	2.99E+01	5	3.01E+01	6	2.47E+01	3
7	1.25E+02	7	4.89E+01	1	1.13E+02	6	8.79E+01	2	1.44E+02	8	9.19E+01	4	9.99E+01	5	8.99E+01	3
8	2.09E+01	6	2.09E+01	2	2.10E+01	7	2.09E+01	5	2.10E+01	8	2.09E+01	4	2.09E+01	3	2.09E+01	1
9	3.01E+01	8	1.59E+01	1	2.93E+01	6	2.88E+01	5	2.98E+01	7	2.48E+01	4	2.41E+01	3	2.40E+01	2
10	2.27E-01	5	3.24E-02	1	2.38E-01	6	3.40E-01	7	8.48E-01	8	4.73E-02	3	4.81E-02	4	4.10E-02	2
11	0.00E+00	1	7.88E+01	3	6.26E+01	2	1.05E+02	7	2.79E+02	8	1.05E+02	6	1.04E+02	5	9.90E+01	4
12	3.19E+02	7	8.14E+01	1	1.15E+02	2	1.04E+02	2	4.06E+02	8	1.52E+02	5	1.58E+02	6	1.40E+02	4
13	3.29E+02	7	1.61E+02	1	1.79E+02	4	1.94E+02	3	3.51E+02	8	2.36E+02	4	2.54E+02	6	2.50E+02	5
14	3.58E-01	1	2.38E+03	3	1.59E+03	2	3.99E+03	7	4.02E+03	8	2.97E+03	5	3.02E+03	6	2.70E+03	4
15	3.88E+03	4	5.19E+03	8	4.31E+03	7	3.81E+03	3	4.28E+03	8	3.81E+03	2	3.92E+03	5	3.37E+03	1
16	1.07E+00	5	1.97E+00	8	1.27E+00	6	1.31E+00	7	5.75E-01	3	4.97E-01	2	5.80E-01	4	4.56E-01	1
17	3.04E+01	1	9.29E+01	2	9.98E+01	3	1.16E+02	5	2.17E+02	8	1.45E+02	7	1.43E+02	6	1.10E+02	4
18	3.04E+02	8	2.34E+02	7	1.80E+02	4	1.21E+02	1	1.72E+02	2	1.75E+02	3	1.88E+02	6	1.80E+02	5
19	2.62E+01	1	4.51E+00	2	6.48E+00	3	9.51E+00	7	1.24E+01	8	6.92E+00	5	7.26E+00	6	6.51E+00	4
20	1.44E+01	6	1.43E+01	5	1.50E+01	8	1.35E+01	4	1.45E+01	7	1.30E+01	1	1.33E+01	3	1.32E+01	2
21	1.65E+02	1	3.20E+02	6	3.35E+02	8	3.09E+02	3	3.28E+02	7	3.16E+02	5	3.10E+02	4	2.06E+02	2
22	2.41E+01	1	1.72E+03	2	2.98E+03	3	4.30E+03	7	5.15E+03	8	3.45E+03	6	3.33E+03	5	3.32E+03	4
23	4.95E+03	5	5.28E+03	6	6.97E+03	8	4.83E+03	4	5.73E+03	7	4.70E+03	2	4.75E+03	3	4.47E+03	1
24	2.90E+02	7	2.47E+02	1	2.90E+02	6	2.67E+02	4	3.05E+02	8	2.70E+02	5	2.73E+02	5	2.68E+02	3
25	3.06E+02	6	2.80E+02	1	3.10E+02	7	2.99E+02	4	3.38E+02	8	2.99E+02	4	2.97E+02	3	2.94E+02	2
26	2.01E+02	1	2.52E+02	3	2.57E+02	4	2.86E+02	7	3.02E+02	8	2.73E+02	6	2.61E+02	5	2.13E+02	2
27	4.16E+02	1	7.64E+02	2	8.16E+02	3	1.00E+02	8	1.22E+03	3	9.72E+02	5	9.80E+02	6	8.71E+02	4
28	2.58E+02	1	4.02E+02	5	6.92E+02	7	4.01E+02	4	1.23E+03	8	4.37E+02	6	2.96E+02	3	2.84E+02	2
	AR: 4.14		AR: 3.18		AR: 5.04		AR: 4.64		AR: 6.79		AR: 4.25		AR: 4.43		AR: 3.00	

图 5-11　协同框架烟花算法在 CEC2013 测试函数集上的性能

5.6　败者退出烟花算法

为了进一步提升烟花之间协同的效率,文献[36]在独立选择机制的基础上提出了一种新型的竞争性交互方式。具体而言是,对每个烟花,计算其当前一代的进步速度,如果它按照目前的进步速度无法赶上最优烟花的适应度值,则将其称为失败者,并对它重新进行初始化。这样做的好处在于:

(1)避免了协同框架烟花算法中的参数。

(2)不必等到烟花过于接近就能预判继续搜索该区域是否有价值。

5.6.1　败者退出机制

多模优化的关键在于平衡探索与开采。但是,平衡这个词可能会有些误导性:探索和开采并非对立关系。有时候它们可以同时达成,有时候它们会相互帮助。也就是说提升开采不一定会损害探索,反之亦然。对于 FWA 来说,开采的目的是能够尽快收敛到局部极值;而探索的目的在于降低陷入局部极值的概率。如果探索被看作开采的对立面,则它的目的应该是减慢收敛,但这并非一定是有用的。

如果有有效的交互机制,则利用多个种群而非单个种群可能有利于探索。交互机制可以大体分为合作和竞争两类。对于人工算法而言,合作和竞争之间并没有实质区别,只是概念不同。

在个体层面的合作和竞争在启发式算法中都很常用。大部分群体算法喜欢用合作,这样可以实现去中心化。而进化算法更多使用竞争,因为选择机制就是一种最自然的竞争方式。也有些算法提出将两者进行组合。

群体层面的合作与竞争更加复杂,也更少被用于启发式算法。自然界中,不同物种之间的关系一般称为协同进化。而在同一物种的不同种群之间,竞争一般比合作更常见,否则它们就可能会合二为一了。多种群之间的合作现象被应用于 PSO、遗传算法、文化算法等算法中。而多种群之间的竞争现象被应用于人工蜂群算法、遗传算法、文化基因算法等算法中。

战争是竞争的最激烈的一种形式。战争中的败者往往会被驱逐或者消灭。但战争也有它正面的作用:

(1)被击败的种群可能在新的环境中重新演化。

(2)资源(领土、食物等)被腾出来为新种群发展和演化提供条件。

这些影响对于自然进化过程而言是很重要的。因此,我们认为这样一种机制也有助于多模优化中的探索。

与大多数进化算法不同,FWA 设计之初就含有多种群的交互框架,因为每个烟花在它自己的火花位置上较为详尽,具有类似的性质。基于这样的框架,我们可以实现一种交互机制。下面的问题是:

(1)如何设计种群间的竞争机制。

(2)如何通过竞争的结果提升探索能力。

战争中一种最为简单的方式之一称为单挑,也就是两军首领之间的一对一决斗。这两个首领通常是两边的最强者。单挑时常能够降低一场战争的伤亡和节省时间。尤其对于设计优化算法而言,比较两个种群中所有个体的适应度值非常耗时而且没有必要,因为到最后我们只关心找到的最好的解。

在 FWA 中,烟花代表了群体中的最佳个体。因此,我们提出的算法中的竞争机制基于烟花之间的适应度值比较。但是,一个当前较差的烟花在将来不一定较差。我们希望从比较中获得的信息并非烟花当前位置的适应度值,而是它所在的局部区域的前景如何。因此,我们对每个烟花给出一个预测值,即它在搜索结束时可能达到的适应度值,这些预测值能够反映烟花是否有前景。如果一个烟花的预测值差于当前最优烟花的适应度值,则这个烟花被看作一个败者。

自然界中,竞争的败者通常会被驱逐或者消灭。为了保持算法的探索能力,消灭所有败者显然不合理,因为这样烟花的数量很快就会减少到只剩一个。在败者退出机制中,败者会被强迫从当前位置离开。这其实对败者来说是重新给予它们希望的一种机制。在自然界和人类社会中,都常见这样的现象:一个种群在被驱逐之后重新夺回领地或者在其他地方取得更大成就。败者退出可以看作自然界的一种“逃离局部极值”和保持多样性的机制。

对多模优化而言,败者退出机制是通过重新初始化实现的。即,为败者烟花随机重新选择一个位置开始探索,并重置它的参数(爆炸半径)。通过这种方式,找到全局最优解的概率就会提高。比如,1 次运行找到全局最优解的概率是 0.1,则 10 次独立运行找到全局最优解的概率就是 0.65。

当然,如何设定竞争机制和如何使用竞争结果应该一同考虑。比如,如果竞争过于频繁,则败者退出机制可能不会有助于探索,反而会严重地影响开采,因为一个败者烟花的局部搜索可能会被错误地打断。

预测一个烟花的最终适应度值的问题可以被看作一个时间序列预测问题,有许多现成的方法来解决。但使用这些方法的话,每一代要预测每个烟花可能会非常耗时。在这个问题中,我们无法对序列做很多假设,而且我们也不需要很高的准确性。同时,低估的风险远远高于高估的风险,也就是说我们宁愿给一个烟花更多时间在它当前位置周围搜索,也不能武断地放逐它,因为我们已经用了一些资源在搜索这个区域。考虑到这些因素,我们认为就这个任务而言使用一种简单的线性预测是合适的。

5.6.2　实验

败者退出烟花算法(LoTFWA)中需要设定的参数包括烟花数 μ、爆炸火花总数 λ、动态爆炸半径参数 C_a 和 C_r、变异参数 σ 和幂律分布参数 α。

基本上,较小的 μ 会使算法善于开采,因为每个烟花会有更多资源。而较大的 μ 会使算法探索更多区域但每个烟花资源会更少。这里我们采用基本 FWA 的设定 $\mu = 5$。其他参数设为 $C_a = 1.2$、$C_r = 0.9$、$\sigma = 0.2$。

下面我们通过实验测试 α 和 λ 对算法性能的影响。我们考察 16 组不同的参数。维数为 $d = 30$,每组独立运行 51 次,每次运行最大评估次数为 $10\,000d$。我们对 16 组参数的误差均值进行排名,其在 28 个函数上的平均排名如图 5-12 所示。

根据实验结果,我们有如下结论。

(1) 对单模函数,λ 应该设得较小。这意味着对单模函数进行优化,代数比种群规模更

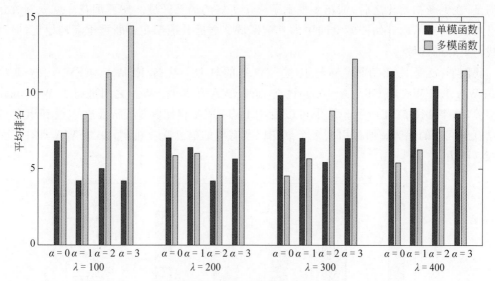

图 5-12　16 组参数的平均排名

重要。较小的种群和更多的代数有利于单模函数优化。

（2）对单模函数，α 应该设得较大（设为 1、2 和 3 的性能差不多）。这意味着对单模函数进行优化，资源应该集中于精英烟花。其他烟花的作用主要是探索，而对单模函数而言探索并不重要。

（3）对多模函数，α 应该设得较小。对多模函数而言，平均主义是较好的策略，因为它平均分配资源，使所有种群都能有效搜索。

（4）对多模函数，$\alpha= 0$、$\lambda= 300$ 表现最好。对多模函数而言，种群规模和代数都很重要。因此，应该根据最大函数评估次数和问题的复杂程度平衡这两者。对于这个测试集而言，最大函数评估次数相对而言比较充足，因此种群规模可以设得较大。对于实际应用，可以考虑较小的。

图 5-13 展示了 LoTFWA 工作过程的一个例子。在开始阶段，烟花 3 找到了所有烟花中最好的局部区域，而其他烟花开始被重新初始化，因为它们无法追上烟花 3 的评估值。幸

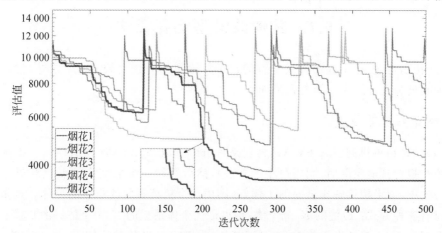

图 5-13　5 个烟花在 f_{23} 上的适应度值曲线

运的是,在重新初始化之后,烟花 4 找到了一个更好的局部区域。然后烟花 3 就立刻放弃了自己当前的位置,而开始搜索空间中的其他区域。之后其他烟花不断被重新初始化,但没能再找到更好的区域。

我们首先对比 LoTFWA 与其他 FWA 的性能,包括 EFWA、AFWA、dynFWA、CoFFWA、BBFWA 和 GFWA。我们也在 LoTFWA 和其他 FWA 之间进行了 Wilcoxon 秩和检验,结果如图 5-14 所示。从中可以看出 LoTFWA 相比其他 FWA 在多模和组合函数上具有压倒性的优势。通过引入多个烟花以及有效的信息交互机制,LoTFWA 具有了强大的探索能力。

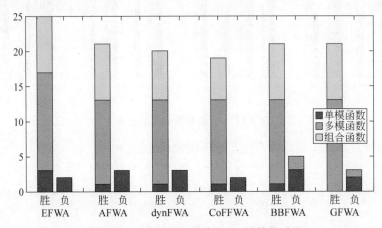

图 5-14　LoTFWA 与其他 FWA 的性能对比

比较结果还表明 CoFFWA 中的拥挤弹开机制不如败者退出机制那么有效。实际上,拥挤弹开机制仅考虑了败者退出机制的一种特殊情况,即有另一个烟花与最优烟花位于同一个局部区域的情况。而且,在拥挤弹开机制中,当最优烟花的爆炸半径缩小时,触发条件的可能性也会变小。这样其他烟花就会停滞在自己所处的局部极值。而败者退出机制即使当烟花之间距离很远时也能触发。而且,败者退出机制可以不需要参数,但拥挤弹开机制需要一个参数去控制触发距离。

5.7　其他改进型烟花算法

FWA 提出至今,已引起了大量学者的兴趣。除了以上介绍的 FWA 之外,学者们也提出了多种改进和混合算法。简要列举如下。

5.7.1　烟花算法的改进

Pei 将一种精英机制引入 FWA。每代从种群中选取部分个体,分别在每一维做一次或二次多项式拟合其适应度值(利用最小二乘法),然后在每一维取最小值点组合成一个精英解。每一代中,如果精英解比最差的个体好,则用这个精英解取代最差的个体。这里选取部分个体时有三种方式:最优的 K 个个体;距离最优个体最近的 K 个个体;随机选取 K 个个体。他在 CEC2005 测试集的前 10 个测试函数(大都经过平移和旋转)上做了实验,结果表明,精英机制的确能够加速收敛;随机选择机制比其他机制好;二次多项式拟合比一次多项式好。

Liu 等通过实验分析指出,基本 FWA 中爆炸半径和爆炸火花数的计算方式很不稳定。因此提出一种基于烟花适应度值排名的转移函数。他们也同样注意到了基本 FWA 中变异算子会倾向于搜索原点附近的点的问题,因此提出一种纯随机变异算子,在搜索空间中随机取一点。他们还指出基本 FWA 的选择机制仅考虑了距离而没有考虑到火花的适应度值,因此提出两种替代方案:

(1) 基于适应度值的轮盘赌。

(2) 贪心地取前几个最好的。

他们采用 CEC2005 测试集的 14 个测试函数,分别在 10 维和 30 维上进行了测试,结果表明贪心选择好于轮盘赌选择(RWS);所提出的改进算法性能好于基本 FWA,与 PSO 相当。

Li 等提出了两种适应性控制爆炸半径的策略。他们指出,EFWA 中的最小半径检测机制是人为设定的函数,不能根据不同目标函数和不同搜索阶段的需求自动调整,它限制了 FWA 的搜索能力。因此他们提出适应性烟花算法。其核心是在每一代中,当找到更优解时扩大最优烟花的爆炸半径,当找不到更优解时缩小最优烟花的爆炸半径。在 CEC2013 测试集的所有 28 个测试函数上的测试结果表明,适应性烟花算法好于 SPSO 和 EFWA。

Zhang 等在 EFWA 的基础上进行了两点改进。在采用新的高斯变异算子后,对每一维选择两个个体,从较差的那个向较好的那个的位置进行高斯变异。在新的选择机制中,对每个个体,随机选择 q 个对手,统计它适应度值好于对手的次数,最后从种群中选择获胜次数最多的若干个体作为下一代烟花。在 18 个 30 维测试函数上的结果表明,仅采用新的高斯变异算子效果会好于 EFWA,而采用两种新机制,效果又会好于仅采用新高斯变异算子。

Si 等在文献[38]的基础上提出一种新的转移函数,其中在 Liu 等使用的烟花适应度值排名的基础上增加了适应度值的差异信息。在 CEC2013 测试集的 28 个函数上的测试结果表明,新提出的方法性能要好于基本 FWA、EFWA 和 Liu 等的改进方法。

Zheng 等在 dynFWA 的基础上通过实验指出,爆炸算子中爆炸维数较少时,容易产生好于烟花的火花。因此作者提出,每过若干代,将爆炸维数乘以一个缩小系数的方法,给出了该方法在 CEC2015 测试集上的实验结果,但没有进行对比。

Pei 等考察了在低维、高维、原始维度的回归,以及不同选取个数的影响。这次在 CEC2005 测试集的所有 25 个测试函数上做了实验。结果表明,低维近似的效果好于高维和原始维度;随机选取仍然好于其他两种选取方式。

5.7.2 烟花算法与其他算法的混合

Zhang 等将生物地理学优化中的迁移算子与爆炸算子进行混合,以一定概率执行爆炸算子,一定概率执行迁移算子。在 CEC2015 测试集上的实验结果表明,经过改进之后的算法性能好于 EFWA、生物地理学优化,与自适应差分进化和水波优化性能差不多。

Chen 等在基本 FWA 的基础上提出一种利用地形信息平衡探索和开采的方法。如果火花在某一维上覆盖搜索空间大于 1/2,则随机产生下一代火花;如果覆盖搜索空间大于 1/5 而小于 1/2,则利用局部地形信息产生火花;如果覆盖搜索空间小于 1/5,则仍利用原始爆炸方式产生火花。在 8 个 30 维测试函数(没有旋转和平移)上的实验结果表明,该算法的性能好于基本 FWA 和 EFWA。

Gao 等将 FWA 与文化算法混合用于数字滤波器的设计。

Yu 等将 EFWA 中的变异算子用差分变异算子替代,每一代的烟花各自生成一个爆炸火花,每个烟花和对应爆炸火花中较好的保留下来作为烟花,进行差分变异,如果变异得到的解更好就取代原有烟花。在 CEC2014 测试函数集(30 维)上的实验结果表明,带差分变异算子的 FWA 性能显著好于 EFWA 和 SPSO2011。

5.8 多目标烟花算法

FWA 作为一种新型群体智能算法,自提出就表现出了强大的问题解决能力。FWA 采用了一种新型的搜索机制,即爆炸算子,可以通过调整种群中的每个烟花的爆炸半径的大小展示出其全局和局部的搜索能力。多目标群体智能算法、多目标进化计算方法(MOEA)是群体智能、进化计算领域研究的一个重要分支。本章详细阐述了基于 FWA 的多目标(MOFWA)烟花算法的框架及其在农作物施肥这一多目标优化问题的求解中的应用。

相对于传统的多目标群体智能算法和多目标进化计算方法,MOFWA 展示了其强大的问题求解能力。

5.8.1 基本概念

为了接下来叙述方便,这里对多目标群体智能算法和多目标进化计算方法常用的基本概念和定义给出说明。假设待优化的多目标优化问题的形式如下:

$$\min f(x) = \left[f_1(x), f_2(x), \cdots, f_n(x) \right]$$

满足

$$g_i(x) \leqslant 0, i = 1, 2, \cdots, m$$
$$h_i(x) \leqslant 0, i = 1, 2, \cdots, p$$

式中,$x \in \Phi$。

1. 支配和非支配

假设对于两个变量 x_1 和 x_2,如果 $f_i(x_1) \leqslant f_i(x_2), i = 1, 2, \cdots, n$,则称 x_1 支配 x_2,x_2 被 x_1 支配,记作 $x_1 \prec x_2$。如果对于一个集合,集合中的任意两个元素不能够互相支配,则称集合为非支配解集合。如图 5-15 所示,其中黑色的解称为非支配解,灰色的解称为支配解,所有黑色的解组成的集合称为非支配解集合。

2. 帕累托最优解

在可行域 Φ 内,如果不存在 x 并且其支配 x_1,则称解 x_1 为帕累托最优解。

3. 帕累托前沿

由帕累托最优解对应的适应度函数值所形成的区域称为帕累托前沿,如图 5-15 所示,由黑色解组成的区域称为帕累托前沿。

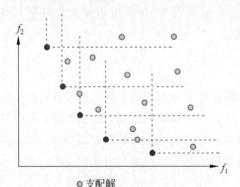

图 5-15 帕累托前沿示意图

5.8.2　施肥问题

油料作物的各种肥料的分布比例(即施肥问题)对于油料作物的生长至关重要。在这个问题中,除了作物产量和肥料的成本,我们也关注整体作物品质、能耗以及剩余的生育能力。这一优化问题的解可以表示为 $x=(x_{ij})_{m\times n}$,其中元素 x_{ij} 为在土地 i 上面肥料 j 的剂量。对于土地 i,预计作物产量可以通过受精作用函数 $Y_i(X)$ 来估计。有许多模型可以用于描述产量和肥料之间的关系,其中最广泛使用的二次函数形式如下:

$$Y_i(X)=\sum_{j=1}^{n}\sum_{k=1}^{n}a_{ijk}\hat{x}_{ij}\hat{x}_{ik}+\sum_{j=1}^{n}b_{ij}\hat{x}_{ij}+c_i$$

式中,a_{ijk} 为二次回归系数;b_{ij} 为简单回归系数;c_i 为常数系数;$\hat{x}_{ij}=x_{ij}+x_{ij}^0$,为施肥和土地自身残留的肥料之和。

通常,作物有许多质量指标,例如,蛋白质浓度、含油量、种植密度等,在许多情况下,大多数指标之间并不互相矛盾。因此,我们可以建立一个施肥效应函数评估的综合质量指标。这样的功能也可以通过一个二次回归方程式建模:

$$Q_i(x)=\sum_{j=1}^{n}\sum_{k=1}^{n}a'_{ijk}\hat{x}_{ij}\hat{x}_{ik}+\sum_{j=1}^{n}b'_{ij}\hat{x}_{ij}+c'_i$$

式中,a'_{ijk}、b'_{ij}、c'_i 是回归系数。

若确实有一些质量指标之间的冲突,则可以建立一套质量指标模型,例如,Q'、Q''等,并为每个质量指标构建计算模型。

假设对于化肥 j 的单价为 p_j,则化肥总价为

$$C(x)=\sum_{i=1}^{m}\sum_{j=1}^{n}p_j x_{ij}$$

我们用下面的经验公式来估算作物施肥的消耗、土地的种植密度、土地梯度之间的关系:

$$E_i(x)=\lambda\sum_{j=1}^{n}\alpha_i d_i^{1/3}x_{ij}$$

对于农业土壤,剩余的生育能力是评价土壤质量的重要指标。可以用一个简单的公式来估算土地 j 施肥后的剩余生育能力:

$$y_{ij}=\mu_j x_{ij}+\upsilon_j x_{ij}^0$$

式中,μ_j 和 υ_j 是和肥料相关的两个参数。

因此,土地 j 残留肥料的均一性指数的计算方法为

$$R_j(x)=\sum_{i=1}^{m}(y_{ij}-\hat{y})^2$$

式中,$\hat{y}=\left(\sum_{i=1}^{m}y_{ij}\right)/m$。基于上面的分析,我们可以为该多目标优化问题建模:

$$\max Q(x)=\sum_{i=1}^{m}Y_i(x)Q_i(x)$$

$$\min C(x)=\sum_{i=1}^{m}\sum_{j=1}^{n}p_j x_{ij}$$

$$\min E(x) = \sum_{i=1}^{m} E_i(x)$$

即

$$\sum_{i=1}^{m} Y_i(x) \geqslant Y_L$$

$$\sum_{i=1}^{m}\sum_{j=1}^{n} p_j x_{ij} \leqslant C^{\cup}$$

$$\sum_{j=1}^{n} R_j(x) \leqslant R^{\cup}$$

$$x_{ij} \geqslant 0, \forall i \text{ and } j$$

式中，Y_L是总作物产量的下限，$C^{\cup}$是总肥料费用的上限，$R^{\cup}$是肥料残留均一性指数的上限。在一般情况下，上面总体构成非线性多目标优化问题。

5.8.3 多目标烟花算法概述

多目标进化计算方法被认为是求解多目标优化问题的最有效的方式，主要原因是在多目标进化计算方法中算法维护着一群解，可以使得算法能够在一次算法执行过程中确定多个帕累托最优解。在过去的几十年里，有很多著名的基于帕累托前沿的多目标进化计算方法相继被提出，其中比较著名的有 NSGA、NSGA-II、SPEA、SPEA-II、PAES、PDE、DEMOC 和 NSPSO。这些算法的提出引起了进化计算学术界的重视，很多科研工作者尝试着将多目标进化计算方法应用到实际问题的求解中并获得了不错的效果。

FWA 是一个受到烟花爆炸而提出的新型的群体智能算法。算法每次在搜索空间中选择一定数量的位置，每个位置放置一个烟花，每个烟花在算法执行过程中会爆炸并得到爆炸火花和高斯变异火花，进行解空间的搜索。在一代执行完成后，算法首先选择种群中最优的烟花/火花作为下一代的烟花，对于其余的个体，以浓度的方式进行选择。最近 Zheng Y 等提出了一种将 FWA 和差分进化算法进行混合的新型算法 FWA-DE。目前，研究 MOFWA 的工作并不多。接下来，我们讲述的 MOFWA 是 Zheng Y 等基于 FWA-DE 算法提出的多目标算法。

1. 适应度函数值计算策略

多目标进化计算方法里的适应度函数值计算策略有很多种，这里我们采用的是 SPEA-II 用到的基于帕累托前沿的策略。具体来说，对于种群集合 P 和非支配档案 NP 里的每一个个体，按如下公式计算它的支配强度值：

$$s(x_i) = | x_i \in P \cup NP | x_i \succ x_j |$$

式中，$\succ$表示的是帕累托支配关系。随后，一个简单的适应度值计算公式如下：

$$r(x_i) = \sum_{(x_i \in P \cup NP)(x_j \succ x_i)} s(x_i)$$

需要注意的是，这个值越小越好。$r(x_i)$再加上一个密度值$d(x_i)$就构成了最终的适应度函数$f(x_i)$。

$$d(x_i) = \frac{1}{\delta_k(x_i)}$$

$$f(x_i) = r(x_i) + d(x_i)$$

式中，$\delta_k(x_i)$ 表示 x_i 到它的第 k 个近邻的距离。k 的值一般取群体数量 $P \cup N$ 的平方根。另外，如果某个解违反了问题约束条件，可以分别计算每个约束违反的程度：

$$u_Y(x_i) = \begin{cases} Y_L - \sum_{i=1}^{m} Y_i(x_i), & \sum_{i=1}^{m} Y_i(x_i) \leqslant Y_L \\ 0, & \text{其他} \end{cases}$$

$$u_C(x_i) = \begin{cases} C(x_i) - C^\cup, & C(x_i) \geqslant C^\cup \\ 0, & \text{其他} \end{cases}$$

$$u_R(x_i) = \begin{cases} \sum_{i=1}^{m} R_j(x_i) - R^\cup, & \sum_{i=1}^{m} R_j(x_i) \geqslant R^\cup \\ 0, & \text{其他} \end{cases}$$

然后用下面这个惩罚函数 $p(x_i)$ 乘以适应度函数 $f(x_i)$：

$$p(x_i) = w_1 u_Y(x_i) + w_2 u_C(x_i) + w_3 u_R(x_i)$$

式中，w_1、w_2、w_3 是三个预设的权值。

2. 进化策略

像绝大多数多目标进化计算方法一样，MOFWA 也维护两个解集，一个种群集合 P 和一个非支配档案 NP，在算法的每一次迭代中，从 P 中选择非支配解去更新 NP。不过，在 MOFWA 中，每代会额外做一次更新：用轮盘赌方式从种群中选择 k 个解，其选择概率正比于自己的适应度值，然后进行下面的差分进化操作：

(1) 变异：对 k 个解中的每一个，随机选择另外两个解，把它们的差加权后加到原来这个解，作为这个解的变异解。

$$v_i = x_{r_1} + \gamma(x_{r_2} - x_{r_3}), r_1, r_2, r_3 \in \{1, 2, \cdots, p\}, \gamma > 0$$

(2) 交叉：通过交叉原解和变异解，生成一个交叉解 u_i。交叉解的第 j 个元素是这样确定的：

$$u_i^j = \begin{cases} v_i^j, & \text{rand}(0,1) < C_r \text{ or } j = r(i) \\ x_i^j, & \text{其他} \end{cases}$$

式中，C_r 是 $[0,1]$ 间的常数，表示交叉概率。$r(i)$ 是 $(0,N]$ 的一个随机整数。

(3) 选择：选择交叉解和原解中好的进入下一代。如果选择的是交叉解，就需要看它是不是当代解集里面的非支配解，如果是，还需要用它去更新 NP：

$$x_i = \begin{cases} u_i, & f(u_i) \leqslant f(x_i) \\ x_i, & \text{其他} \end{cases}$$

3. 多目标烟花算法框架

MOFWA 框架如算法 5-10 所示。一般来说，用作算法终止条件的可以是最大迭代次数，也可是最大计算时间，还可以是连续一定代数没有找到更优解。

算法 5-10　基于适应度函数值估计的精英策略加速型 FWA

---

1. 初始化：
2. 随机生成 p 个解，组成解集 P；

3. 创建一个空的非支配解集 NP，从解集中选择非支配解放进 NP；

4. 迭代：

5. 对于 P 中的每个解 x_i；

6. 计算每个烟花的爆炸火花数目；

7. 计算每个烟花的爆炸半径；

8. 生成爆炸火花进行搜索；

9. 生成高斯爆炸的火花；

10. 计算所有火花的适应度值；

11. 从这些火花中选出非支配解来更新 NP；

12. 用轮盘赌方式从烟花和火花中选择 p 个解。选择概率为 $\dfrac{f(x_i)}{\sum\limits_{j\in P} f(x_j)}$

13. 对这 p 个解中的每一个解 x_i；

14. 根据变异、交叉和选择得到一个交叉解 u_i；

15. 如果 u_i 的适应度值比 x_i 好，则用 u_i 替换 x_i 并且用 u_i 去更新 NP；

16. 选择一个适应度值最好的解，再用轮盘赌方式选择 $p-1$ 个解，组成新的 P。轮盘赌方式的选择概率基于这个解与其他解的距离；

17. 如果终止条件满足，则算法停止；否则跳至算法第 4 步；

18. 返回优化结果。

4. 非支配档案维护方法

档案 NP 里的解的数目会随着搜索过程迅速增加，尤其是对大的目标维数。因此，有必要给 NP 的大小设定一个上限。当试图将一个新的非支配解放入 NP 时，需要检查 NP 的大小是否达到上限：如果没有达到上限，可以直接放进去；如果达到上限，需要进一步处理。设定 x_a、x_b 是 NP 里面距离最小的一对，即

$$\text{dis}(x_a, x_b) = \min_{x, x'\in \text{NP}\wedge x\neq x'} \text{dis}(x, x')$$

新的解 x 是否能放进 NP 需要逐步判断：

(1) 如果 NP 里面存在某个解支配 x，则 x 被舍弃。

(2) 如果 x 支配 NP 里面的某些解，则从 NP 中删掉这些被 x 支配的解，并放入 x。

(3) 在 NP 里面找到离 x 最近的点，如果两点的距离大于 $\text{dis}(x_a, x_b)$，则删掉 x_a 或者 x_b（选择删掉的这个点不是找到的那个离 x 最近的点即可），并将其放入 x，否则，舍弃 x。

5.8.4 实验和讨论

这里将 MOFWA 与其他四种多目标进化计算方法做了对比，这四种方法分别是 NSGA-II、PDE、DE-MOC 和 NSPSO。作物产量和质量评估的数学模型基于文献[19]和文献[20]的结果。对于所有的算法，档案大小的上限设为 20，最大迭代次数设为 $100n\sqrt{m}$。如果算法在连续的 300 代内没有找到新的非支配解，则算法停止。MOFWA 的种群大小是 30，NSGA-II 的种群大小是 200，PDE、DE-MOC 和 NSPSO 的种群大小是 100，其他的一些参数设置如表 5-3 所示。

表 5-3 算法参数设置

参数	m	$s_{\min}$	$s_{\max}$	$\hat{A}$	N	w_1	w_2	w_3
值	25	2	20	$\min\limits_{1\leqslant k\leqslant D}(x^k_{\max}-x^k_{\min})/7$	$5p$	4.8	1.5	2.0

注 m 为爆炸火花数，$s_{\min}$ 为烟花最小爆炸火花数目，$s_{\max}$ 为烟花最大爆炸火花数目，$\hat{A}$ 为爆炸半径常数，N 为烟花个数。

对于每种作物,我们生成了 10 组测试问题,也就是将其中的一个维度取值从 20 逐渐变到 800。对每个测试实例,每个算法重复运行 30 次,每次随机初始化。实验结果的评价标准包括:

(1) CPU 运行时间。

(2) 超体积(Hypervolume,HV)。

(3) 覆盖度量:假设有两个解集 S_1、S_2,则 $C(S_1,S_2)$ 指的是 S_2 里被 S_1 支配的解在 S_2 中所占的比例。

$$C(S_1,S_2)=\frac{|\{x_2\in S_2\mid \exists x_1\in S_1:x_1\succ x_2\}|}{|S_2|}$$

在 MOFWA 与其他算法的对比实验中,我们计算了 MOFWA 的解集与其他四个算法的解集的覆盖度量,记为 C_1、C_2、C_3、C_4,其他四个算法也分别计算了对 MOFWA 的覆盖度量 C'。在油菜和橄榄这两类作物的施肥问题 Brassica Napus (BN)、Canarium Album (CA) 上的实验结果如图 5-16 和图 5-17 所示。从中可以看到,在问题规模较小时,所有的算法几乎能求得相同的帕累托前沿,而 MOFWA 会显得比其他算法多消耗一点时间。但是,当问题规模变大以后,MOFWA 的表现比其他几个算法好多了,例如 $m>400$ 以后的几个实例,由 MOFWA 得到的 HV 和覆盖度量明显优于其他几个算法。时间消耗也基本属于最少的,尽管 PDE 的时间消耗稍微比 MOFWA 少一点,但它得到的解的质量比 MOFWA 差太多。在着重考察覆盖度量后可以发现,由 MOFWA 发现的非支配解几乎不会被其他算法找到的解支配。只有在 m 比较大时,NSPSO 偶尔获得了几个可以支配 MOFWA 的一些结果的解决方案,但覆盖值总是小于 C_4,并且应该指出的是 NSPSO 比 MOFWA 消耗更多的计算成本。相反,除了在一些小尺寸的问题情况下,对于其他算法,总有被 MOFWA 支配的解。对于非常大的问题的实例($mn>1000$),这些被支配值是比较高的,这意味着帕累托前沿和 MOFWA 的结果集之间的距离比其他算法更接近。

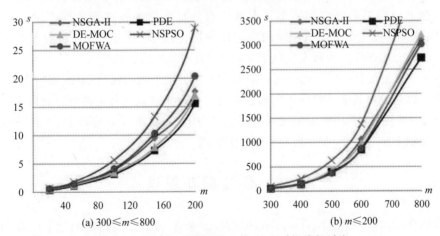

图 5-16　在 BN 施肥问题上的 CPU 时间消耗对比

从实验结果来看,不管是解的质量还是收敛速度以及稳定性,MOFWA 都是最好的。这主要归功于:在 MOFWA 中,质量好的烟花提供了优秀的局部搜索能力,而质量坏的烟花却保证了种群和搜索的多样性。同时,在算法中引入差分进化的操作也可提高探索能力。此外,基于密度多样性的选择方式使得算法能够避免过早收敛到局部最优解。总的来说,

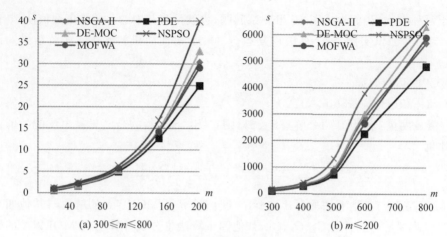

(a) $300 \leqslant m \leqslant 800$ (b) $m \leqslant 200$

图 5-17　在 CA 施肥问题上的 CPU 时间消耗对比

MOFWA 几乎是最适合用来处理施肥问题的算法了。

然而,MOFWA 也是有些不足之处的。在 MOFWA 中,每个烟花要生成 2~20 个爆炸火花,这导致 MOFWA 需要的函数评估次数显著大于其他几个算法。所以,在设置种群大小时,MOFWA 只能取相对其他算法较小的值。而且,MOFWA 中参数相对于其他标准的算法被手动设置了更多的次数,同时,FWA 和 DE 的结合使得 FWA 引入了更多的参数,这导致 MOFWA 存在更多的参数,从而不利于其更广泛的应用。但是,MOFWA 作为一种新型的多目标群体智能算法,在实验中表现出了相对于其他算法的优势,而且本章给出了推荐使用的参数,使其能够在更多优化问题上得到更好的应用。

5.8.5　小结

FWA 是一种在很多全局优化问题中都有着优秀表现的群体智能算法,然而,关于它在多目标问题上的应用的研究却不多。本章针对油料作物的施肥问题提出了一种高效的 MOFWA,使用支配强度来评估个体的适应度并进行选择,引入差分进化的操作来提高算法的搜索能力和多样性。大量实验结果显示了 MOFWA 的高效性。

本章为 FWA 在多目标优化问题上的研究方向提供了新的视角,除去初始化操作,其他的操作都可以移植到其他多目标优化问题中去。接下来可以在如下两个方面做进一步的研究:一是进一步提高 MOFWA 的表现,并把它应用在更多的工业领域中去;二是将人工神经网络结合到 FWA 中来,希望能带来更好的表现。

5.9　离散烟花算法

本节将介绍离散烟花算法(Discrete FWA,DFWA)及其在旅行商问题上的应用。鉴于 FWA 在连续优化问题上的出色性能,我们提出一种用于求解旅行商问题的离散烟花算法。

5.9.1　旅行商问题

旅行商问题又被称为旅行推销员问题、货郎担问题,是基本的路线问题。该问题是寻求单一旅行者由起点出发,通过所有给定的需求点,最后再回到起点的最小路径成本。最早的旅行商问题的数学规划是由 Dantzig 等提出的。旅行商问题有多种数学表示形式,这里给出一种典型的定义方式。

给定 N 个城市的集合 $\{c_1, c_2, \cdots, c_N\}$,每两个城市 c_i, c_j 之间的距离为 $d(c_i, c_j)$,则旅行商问题定义为:寻找一个排列 $\boldsymbol{x} = (x_1, x_2, \cdots, x_n)$,$x_i \in \{1, 2, \cdots, N\}$,使得排列 $\boldsymbol{x}$ 的路径长度最小。

$$L(\boldsymbol{x}) = \sum_{i=1}^{N-1} d(c_{x_i}, c_{x_{i+1}}) + d(c_{x_n}, c_{x_1})$$

并满足条件:

$$\forall i \in \{1, 2, \cdots, N\}, \exists j \in \{1, 2, \cdots, N\}, x_j = i$$

本章仅讨论对称旅行商问题,即每个城市之间都连通,并且相邻城市之间的距离与路径方向无关 $[d(c_i, c_j) = d(c_j, c_i), 1 \leqslant i, j \leqslant N]$。对称旅行商问题有很多具体的应用,比如 VLSI 芯片制造、X 射线晶体衍射。旅行商问题同样对应于一些现实问题,例如在物流行业中,它对应于一个物流配送公司如何将若干客户的订货全部送到并回到公司,如何确定最短路线,减少时间和成本开支。所以,对旅行商问题进行研究有着广泛的现实意义。

旅行商问题规则虽然简单,但在地点数目增多后其解空间规模却极为庞大,是离散优化问题中的典型 NP 完全问题。它的搜索空间为 $O(n!)$,随着城市数量的增长而呈指数级增长。以 42 个地点为例,如果要列举所有路径后再确定最佳行程,则可行路径总数量为 $41! = 3.3\mathrm{e}+49$,这导致了不可承受的计算代价。如果 NP 不等于 P,则对于任何给定的算法,在最差的情况下寻找最优解所需的时间都是指数形式的。所以,目前有两种不同的用于求解旅行商问题的方法。一种是运用启发式策略寻找次优解,另一种是利用群体智能算法等适用于"实际"数据的全局优化算法,在大多数现实情况下能得到最优解。到目前为止,由于计算性能和算法的发展,被证明得到最优解的样例中,城市数量已经从 318 增长到 2392,并在 1994 年达到 7397。虽然,最后一个结果依赖当时的高性能计算机群长达 3~4 年的计算。

5.9.2　离散烟花算法概述

离散烟花算法是近年来提出的全局优化算法,已经展现出了良好的优化性能。2010 年,Tan 和 Zhu 受烟花爆炸时火花绽放的过程启发,提出了 FWA。他们为该算法设计了良好的全局搜索方法和局部优化方法,让群体在全局范围内进行迭代,保证了火花的多样性和局部搜索能力。标准 FWA、标准 PSO 和克隆 PSO 在 9 种基准测试函数上进行了比较,结果显示 FWA 的全局解精度和收敛速度都优于上述两种 PSO。鉴于 FWA 在连续优化问题上的出色性能,将 FWA 应用于离散优化问题是个合理的方向。离散优化是最优化领域的一个非常重要的方面,是应用数学和计算机科学中优化问题的一个重要分支。在这种数学规划中,变量被限制为离散变量,比如整数。典型的离散优化问题有:

(1) 组合优化:指关于图、拟阵等数学结构的问题,如旅行商问题、图同构问题等。

(2) 整数规划:规划中的变量(全部或部分)限制为整数。与连续空间相比,离散问题的目标函数不连续,相邻空间内函数适应度值一般变化较大,为优化带来了很大困难。

本章将 FWA 应用在旅行商问题上取得了较好的效果。

传统烟花算法的主要组成部分为爆炸算子、变异算子、映射规则和选择策略。其中,爆炸算子和变异算子用于搜索,而选择策略将爆炸产生的花火筛选进下一代。由于离散问题目标函数在局部函数空间内变化大,局部最优解多,类似连续烟花算法中的各向同性的随机变异对问题的求解无益。寻找一种有效的爆炸方式是 DFWA 的关键。为此,我们特别设计了两种不同的爆炸算子。另外,我们修改了各个烟花产生的爆炸幅度。DFWA 的整体框架与传统烟花算法相同。下面详细介绍离散烟花算法(针对旅行商问题)的有关细节。

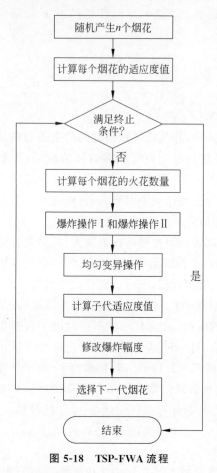

图 5-18　TSP-FWA 流程

1. 离散烟花算法框架

DFWA 框架与传统烟花算法框架相似,保留了爆炸算子、变异算子、选择策略,但舍弃了映射规则。对于爆炸算子,我们设计了两种爆炸操作,分别为爆炸操作Ⅰ和爆炸操作Ⅱ。对于变异算子,我们采用了均匀变异算子。另外,选择策略与传统烟花算法和改进的 FWA 也不相同。由于离散烟花的变异都不会超出旅行商问题的定义域,映射规则在这里是没有必要的。DFWA 流程如图 5-18 所示。整体框架保持了 FWA 的规则。下面我们具体介绍框架中的每一部分。

2. 烟花爆炸算子

在 FWA 中,爆炸算子是一个重要的部分,能够起到局部搜索和全局搜索的作用。在旅行商问题中,DFWA 定义了特殊的爆炸算子。由于连续优化函数在局部的光滑性,当爆炸半径较小时,爆炸产生的烟花可以用于局部搜索。但在离散问题中,优化函数非连续,不光滑,函数空间的局部领域空间内的适应度值可能相差巨大,所以无规律的随机变异并不可取。因此我们需要另外设计一种合适的爆炸操作,即爆炸操作Ⅰ和爆炸操作Ⅱ,使得爆炸产生的烟花的适应度值是相近的。

1) 爆炸操作Ⅰ

与离散粒子群优化算法类似,我们需要定义一种基本操作。在离散粒子群优化算法中,节点对换被定义为基本操作,旨在根据个体之间的不同,修改个体。然而,在 FWA 中,个体之间的交互主要在于指导全局搜索,而缺少局部的具体信息交互,所以随机的节点交换在 FWA 中是不合适的。考虑到旅行商问题是路径规划问题,我们将基本操作定义为两条边的交叉互换,相当于 2-opt 局部搜索。

如图 5-19 所示,移除边 (a,b) 和边 (c,d),替换为边 (a,c) 和边 (b,d)。这个操作保证了回路的完整性,并且可以改变回路长度。如果改变使得回路长度减小,则接受这种改变。需要注意的是,替换为边 (a,d) 和边 (b,c) 会破坏回路,使其分割成两个独立的回路。如果把一个回路定义成城市序列 x,则该操作等价于翻转子序列。这里,定义 (a,b) 表示连接城市 c_a 和城市 c_b 之间的边,$x_{i,j}$ 表示解 x 中从路径中第 i 个城市到第 j 个城市的路径子序列。

然而,爆炸操作Ⅰ与 2-opt 操作存在着两处不同。爆炸操作Ⅰ包含 2-opt 操作,并在它

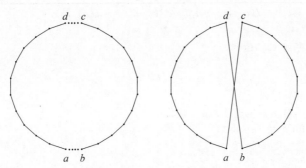

图 5-19　2-opt 局部搜索操作（左侧为原始回路,右侧为结果）

的基础上进行了改变。具体如下。

爆炸操作Ⅰ并非 2-opt 操作这样的贪婪选择。

在搜索过程中,爆炸操作Ⅰ有可能接受较差解:以图 5-19 为例,令

$$L_o = d(c_a, c_b) + d(c_c, c_d)$$

为原始两边长之和,

$$L_m = d(c_a, c_c) + d(c_b, c_d)$$

为改变之后两边长之和,在每次搜索过程中,设定一个接受该解的概率:

$$p_a = \exp\left(-\frac{L_m}{L_o} \cdot \theta\right)$$

式中,θ 为控制参数。

根据定义可知,L_m/L_o 越小,接受的概率越高;控制参数 θ 越小,接受的概率越高。这样设定是为了使算法有一定的概率接受局部改变,同时减少一些无意义的改变。直观上,如果被选择的点在坐标空间相距太远,L_m 与 L_o 相差太大,则这个操作基本上是无效的。参数 θ 能够控制 p_a 的大小,防止其过大,或者过小。

若接受差解,则再进行一次 2-opt 局部优化。

该操作不仅限于 2 元局部操作,在接受差解后,将再次进行 2-opt(贪婪)局部优化。这样操作为算法跳出 2-opt 最优提供了可能,并且降低了有可能跳出局部的解被舍弃的概率。2-opt 最优是指一种局部最优解状态,在这个状态下,2-opt 操作不能减小回路长度。

这里给出爆炸操作Ⅰ的伪代码,如算法 5-11 所示。其中,2-opt(c, k) 表示对边(x_c, x_{c+1})和边(x_k, x_{k+1})进行 2-opt 操作。遍历所有城市 k,对城市 c 进行 2-opt(c, k)操作称为对 c 进行 2-opt 优化。rand 函数产生$[0,1]$范围内的均匀随机实数。

算法 5-11　爆炸操作Ⅰ

1. 输入:产生爆炸的烟花 x;
2. 输出:生成的烟花 spark;
3. spark $= x$;
4. $z = \mathrm{randi}(n)$, %n 为城市数量,randi 随机生成 $1 \sim n$ 的整数;
5. rp $= \mathrm{randperm}(n)$, %randperm 随机成一个 $1 \sim n$ 的排列;
6. for $i = 1 : n$, where rp$(i) \neq z$ do
7. 　　$a = z; b = z + 1; c = \mathrm{rp}(i); d = \mathrm{rp}(i) + 1$ 为序列下标;
8. 　　sort(a, b, c, d);

9.　　　$L_o = d(c_{x_a}, c_{x_b}) + d(c_{x_c}, c_{x_d})$, $L_m = d(c_{x_a}, c_{x_c}) + d(c_{x_b}, c_{x_d})$

10.　　if $L_o > L_m$ then

11.　　　　翻转序列 $x_{b,c}$, 返回;

12.　　else

13.　　　　if rand $<p_a$ then

14.　　　　　　翻转序列 $x_{b,c}$;

15.　　　　　　%对 a 分别进行 2-opt 优化;

16.　　　　　　for $k = 1{:}n$ do

17.　　　　　　　　2-opt(a, k);

18.　　　　　　end for

19.　　　　　　%对 c 分别进行 2-opt 优化;

20.　　　　　　for $k = 1{:}n$ do

21.　　　　　　　　2-opt(c, k);

22.　　　　　　end for

23.　　　　　　返回;

24.　　　　end if

25.　　end if

26. end for

2) 爆炸操作Ⅱ

在算法迭代过程中,最优烟花个体的适应度值接近局部最优点时,爆炸操作Ⅰ的优化能力可能已经基本无效。这时,需要更有力的爆炸算子,即爆炸操作Ⅱ。爆炸操作Ⅱ与爆炸操作Ⅰ类似,不同的是爆炸操作Ⅱ是同时修改三条边,基于 3-opt 局部搜索操作。两种 3-opt 交换如图 5-20 所示。在 3-opt 操作中,我们移除了边(a,b)、(c,d)、(e,f),添加了新的三条边使得变换之后仍为可行的回路。如果变换使得总路径长度减小,则接受这种改变。如果解由城市序列 $x = (x_1, x_2, \cdots, x_n)$ 表示,则 3-opt 变换可以由若干次序列反转完成。以图 5-20 中间所示为例,序列操作为:反转子序列 $x_{b,d}$ 和子序列 $x_{c,e}$。3-opt 总共有四种变换,这里不一一列举。

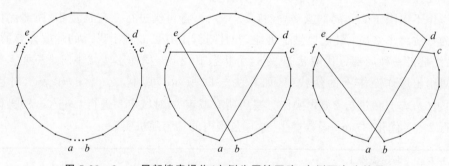

图 5-20　3-opt 局部搜索操作(左侧为原始回路,右侧两个为结果)

对于爆炸操作Ⅱ,我们对其进行了与爆炸操作Ⅰ相同的改变。具体的细节可以参看伪代码如算法 5-12 所示。

算法 5-12　爆炸操作Ⅱ

1. 输入: 产生爆炸的烟花 x;

2. 输出: 生成的烟花 spark;

3. spark $= x$;
4. $z_1 =$ randi(n)；$z_2 =$ randi(n)，$%n$ 为城市数量，randi 随机生成一个 $1 \sim n$ 的整数；
5. rp$=$ randperm(n)，$%$randperm 随机成一个 $1 \sim n$ 的排列；
6. **for** $z_3 = 1 : n$, **where** $z_3 \neq z_1$ **and** $z_3 \neq z_2$ **do**
7. 　　sort(z_1；z_2；z_3)；
8. 　　$a =$ rp(z_1)；$b =$ rp(z_1)+1；$c =$ rp(z_2)；$d =$ rp(z_2)+1；$e =$ rp(z_3)；$f =$ rp(z_3)+1；
9. 　　**for** 对四种可行的改变 **do**
10. 　　　　计算 L_o 和 L_m；
11. 　　　　**if** $L_o > L_m$ **then**
12. 　　　　　　接受这种改变，返回；
13. 　　　　**else**
14. 　　　　　　**if** rand $< p_a$ **then**
15. 　　　　　　　　接受这种改变，进行相应的序列变换；
16. 　　　　　　　　对 a、c、e 分别进行 2-opt 优化；
17. 　　　　　　　　返回；
18. 　　　　　　**end if**
19. 　　　　**end if**
20. 　　**end for**
21. **end for**

3）爆炸数量和爆炸幅度

　　烟花爆炸数量的计算公式与基本烟花算法相同。在 DFWA 中，我们规定所有烟花的爆炸幅度都相同，即为控制参数 θ。θ 与连续烟花算法中的幅度有相同的作用：在连续烟花算法中，幅度越小，局部搜索能力越强，幅度越大，搜索区域越大；在 DFWA 中，θ 越小，则接受较差解的概率越大，越容易离开局部极值达到更优值。在离散优化过程中，烟花的整体适应度值相差不多，个体之间差异较小，所以各个烟花接受较差解的概率应该相同，以使它们有相近的概率跳出局部极值。另外，由于 θ 对 p_a 的影响是指数形式的，如图 5-21 所示，可以看出，p_a 对参数 θ 非常敏感。因此，在 DFWA 中，我们将所有烟花的爆炸幅度都规定成相同的值。

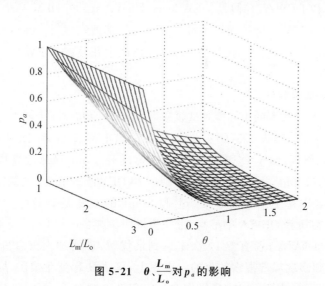

图 5-21　θ、$\dfrac{L_m}{L_o}$ 对 p_a 的影响

3. 离散烟花算法

前面详细描述了 DFWA 中每一部分的具体实现方法。将这些部分以 FWA 的方式结合起来就得到了 DFWA。这里的 DFWA 的各组成部分都是针对旅行商问题设定的,还不能直接用于其他离散组合优化问题。

其算法过程为:首先,随机产生若干初始烟花;其次,根据爆炸算子和变异算子生成火花;最后,根据火花的适应度值和选择策略选择若干火花进入下一代。具体计算过程如算法 5-13 所示。

算法 5-13   DFWA

1. 随机产生 N 个烟花 $x^{(i)}$;
2. **while** 未达到结束标准 **do**
3.   对每个烟花,根据爆炸算子产生火花;
4.   对每个烟花,根据均匀变异算子产生火花;
5.   改变爆炸幅度;
6.   选择 N 个产生的烟花进入下一代;
7. **end while**

5.9.3　实验结果及其分析

本节的主要内容是介绍 DFWA 在旅行商问题上的实验效果,以及结果分析。首先,DFWA 将在小规模旅行商问题上进行实验,验证其是否有能力达到小规模问题的最优解。然后,在中等规模与大规模问题上对其进行检验。测试数据来自标准测试数据集 TSPLIB,用于测试的网络都是对称无向的。实验环境为 Windows 7-64bit 系统,i3-370m CPU,MATLAB2013R。烟花数量为 5,最大火花数量设为 50,迭代次数统一为 40 000 次,由于不同规模的网络需要的局部搜索时间不同,因此不同规模的测试数据需要不同的测试时间。实验中,设定了 3 种 DFWA,它们是 DFWA-na、DFWA-nri 和 DFWA-ri。这里,DFWA-na 表示 p_a 设置为零的 DFWA,即爆炸算子都是单纯的局部搜索(仅作为对照算法,不属于标准离散烟花算法),DFWA-nri 表示不重启的自适应离散烟花算法,DFWA-ri 表示带重启的自适应离散烟花算法。

1. 小规模数据集实验结果

oliver30 和 att48 是典型的小规模测试数据集,oliver30 包含 30 个城市,att48 包含 48 个城市。实验结果如表 5-4 和表 5-5 所示。DFWA-na、DFWA-nri 和 DFWA-ri 都可以找到 oliver30 的最优解,然而,由于 DFWA-na 没有能力离开 3-opt 局部最优状态,在 10 次测试中共有 7 次未达到最优值,相比之下,DFWA-nri 和 DFWA-ri 在 10 次测试中全部达到了最优解。这说明在爆炸算子中相对于 2-opt 和 3-opt 的改变是有效的。在 att48 测试中,DFWA-na 平均值在所有 DFWA 中最高,进一步说明单纯 2-opt、3-opt 局部搜索不能有效地解决旅行商问题。DFWA-nri 有 5/10 次未达到最优解,说明加入重启机制能够使 DFWA 多次重新搜索,达到多次局部搜索的目的。直观上,算法没有交互操作,局部极值区域进行很大的变换操作的可能性较小。重启操作在一定程度上减少了这种情况的出现,避免了计算资源的浪费。

表 5-4　oliver30 数据集上的实验结果,除 DFWA 以外的其他数据引用自文献[28],最优路径长度为 420

比较项	算　法					
	DFWA-na	DFWA-nri	DFWA-ri	基本 SA	基本 GA	基本 ACO
平均值	421.4	420	420	437.663 2	482.467 1	447.325 6
最优解	420	420	420	424.991 8	424.991 8	440.864 5
最差解	429	420	420	480.145 2	504.525 6	502.369 4

表 5-5　att48 数据集上的实验结果,除 DFWA 以外的其他数据引用自文献[24],最优路径长度为 33 522

比较项	算　法					
	DFWA-na	DFWA-nri	DFWA-ri	基本 SA	基本 GA	基本 ACO
平均值	33 878.5	33 608	33 522	34 980	37 548	41 864
最优解	33 522	33 522	33 522	35 745	36 759	43 561
最差解	34 140	33 700	33 522	41 864	34 559	42 256

2. 中等规模数据集实验结果

接下来的实验基于一个中等规模测试数据集 d198(含有 198 个城市)进行。实验设置不变。下面是几个算法在这个数据集上的实验结果,如表 5-6 所示。DFWA-ri 的误差为 0.4%,DFWA-nri 的误差为 0.3%,好于 MMAS(最大最小蚂蚁系统)的 1.2% 和 ACS(基本蚁群系统)的 1.7%。需要指出的是,加入局部搜索策略的 ACO 在本数据集上能够找到最优解。

表 5-6　d198 数据集上的实验结果,除 DFWA 以外的其他数据引用自文献[29],最优路径长度为 15 780

平均值	DFWA-na	DFWA-nri	DFWA-ri	MMAS	ACS
d198	16 334	15 838.6	15 855	15 972.5	16 054

3. 大规模数据集实验结果

最后在若干大规模测试数据集上进行了实验,测试数据集包括 pcb442、att532、rat783。结果如表 5-7 所示。该表表明此版本的 DFWA 在大规模测试数据集上相对于传统 ACO 没有优势,还有改进的空间。

表 5-7　大规模测试数据集实验结果,ACS 测试数据集引用自文献[28]

测试集	算　法				
	DFWA-na	DFWA-nri	DFWA-ri	ACS	最优解
pcb442	54 351.8	52 255.6	52 341.3	51 690	50 778
att532	92 317.5	89 230	89 237	88 177.4	86 729
rat783	9586.9	9198.1	9180.8	9066	8806

5.9.4　小结

上述实验表明 DFWA 在小规模问题上快速有效,有很大概率能够找到最优解,效果比基本 SA、基本 GA 和基本 ACO 更优。在求解中等规模问题时，DFWA 也能够找到较优的解，效果略好于基本 ACO。这表明了 DFWA 良好的局部搜索能力。然而，在大规模网络中，DFWA 的性能有待提高。由于 FWA 的主要方法在于局部搜索，缺少交互机制，其相对于优化过的 GA、ACO、PSO，DFWA 在大规模问题上没有特别突出的效果。综上所述，此版本的 DFWA 有如下特点：

（1）此版本的 DFWA 能够有效解决小规模旅行商问题，并且能够在很大概率上保证获得最优解。而且，在求解中等规模问题时也有优势。

（2）此版本的 DFWA 有很强的局部搜索能力，其依据 FWA 的计算框架，结合了三种局部搜索机制，并且进行了改变，增强了这些机制的搜索能力。

（3）此版本的 DFWA 尚缺少个体间交互机制，在求解大规模问题时，在解决局部极值问题上还有很大的改进空间。接下来的工作将主要集中在解决 DFWA 个体间的交互问题上。

5.10 烟花算法典型应用举例——垃圾邮件检测算法参数优化

电子邮件（E-mail）因其高效、便捷、成本低廉等特点成为人们的主要沟通方式之一，然而这些特点也成为垃圾电子邮件（Spam）滋生的温床。数量庞大的垃圾电子邮件不仅占用网络资源、浪费用户时间，不良信息和恶意软件的传播甚至侵犯用户隐私、助长网络犯罪、威胁网络安全，引起一系列技术、社会和法律问题。为了解决这些问题，相关研究人员从多个角度出发研究垃圾电子邮件的处理方法。法律手段最有威慑力，但因取证、跨国家问责等方面的困难而缺乏实际价值；邮件地址保护、黑/白名单等简单技术手段操作简便，却容易被垃圾电子邮件发送者避开；邮件协议方法可以从根本上杜绝垃圾电子邮件，然而设施更替需要巨大代价，不具备可行性。

在现有的方法中，智能检测算法准确率高、鲁棒性好、自适应性强，得到广泛应用，具有良好的发展前景。智能检测算法将垃圾电子邮件检测看作一个典型的两类（two-class）分类问题，通过特征提取和分类两个步骤将电子邮件样本分为垃圾电子邮件和合法电子邮件（Ham），并由系统的其他模块对垃圾电子邮件做进一步处理。相关学者对电子邮件特征提取方法和分类算法进行了大量研究，结果表明可以将特征提取方法和分类算法进行有效组合构建不同的垃圾电子邮件智能检测算法，这一过程中算法参数的设置将对算法性能产生很大影响。传统的简单设置方法，即固定其余参数，对某一参数逐步调整，直到取得较好性能后固定该参数，再用类似的方法逐个调整其他参数，不仅效率低，而且很难得到最优参数组合。本节将介绍如何利用 FWA 对垃圾电子邮件智能检测算法进行参数优化。

垃圾电子邮件智能检测算法包括邮件特征提取方法和分类算法两个部分，前者是将邮件样本进行抽象表示，并进一步为后者所用，从而得到邮件样本的类别。本节分别采用局部浓度（Local Concentration，LC）方法和支持向量机（Support Vector Machine，SVM）技术作为邮件特征提取方法和分类算法，对利用 FWA 优化垃圾电子邮件智能检测算法参数进行介绍。图 5-22 所示是垃圾电子邮件智能检测算法模型。该模型包括训练和分类两个阶段，训练阶段的主要流程是：对一个电子邮件数据集（训练集），可以是标准数据集，也可以是企业或个人私有的电子邮件样本数据，进行预处理，包括分词和词性还原，前者是将字符串切割成单词,后者则是将不同时态、单复数的单词还原为同一个单词。对上一步得到的大量单词依据重要性以从高到低的顺序进行筛选,保留信息量最大的单词。基于这些单词,构造垃圾邮件检测器集和正常邮件检测器集,并进一步计算电子邮件数据集中每一封邮件样本的浓度特征(Concentration Feature),将特征向量集合作为输入构建分类器。分类阶段主要流程是:对一封新到来的邮件(测试集)做类似的预处理和特征计算,将得到的特征向量作为输入由训练阶段所构建的分类器对其进行分类,以判断这封新到来的邮件是垃圾邮件还是正常邮件。

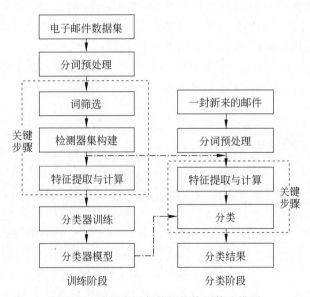

图 5-22　垃圾电子邮件智能检测算法模型

上述模型涉及关键参数的步骤分别是词筛选、检测器集构建、特征提取与计算和分类。其中,词筛选是利用词筛选策略(如信息增益、词频方差、文档频率等)筛选出信息量较大的单词,减少对于分类没有帮助的单词带来的额外计算开销和降低噪声词对分类结果的干扰,词筛选比例 $m\%$ 决定了用于构建检测器集的基因库的大小和质量;检测器集构建是通过计算词筛选阶段保留下来的单词的倾向度(即出现在某一类别邮件中的概率较大)构建正常邮件检测器集和垃圾邮件检测器集,倾向度阈值衡量的是一个单词在两类邮件中出现的后验概率差的绝对值;特征提取与计算是基于检测器集计算邮件样本每一个局部区域的浓度特征,并构造邮件样本的特征向量,窗口个数 N 定义了邮件样本局部区域的划分粒度;分类过程中分类器参数的设定对于算法性能十分关键。

由此可见,垃圾电子邮件智能检测算法涉及较多的关键参数,这些关键参数设置的好坏对算法性能影响极大,利用 FWA 对这些关键参数进行优化,寻找最优参数组合从而提高算法性能是十分必要的。

本节采用 FWA 对垃圾电子邮件智能检测算法进行参数优化。我们将"一封电子邮件是正常邮件还是垃圾邮件?"这个分类问题转化为一个优化问题(以错误率为衡量准则为例):寻找一组最优的参数,使得衡量准则函数的值达到最小。最优向量 $P^* = <F_1^*, F_2^*, \cdots, F_n^*, C_1^*, C_2^*, \cdots, C_m^*>$ 由两部分组成:第一部分是与特征提取相关的参数组 $<F_1^*, F_2^*, \cdots, F_n^*>$,第二部分则是与分类器相关的参数 $<C_1^*, C_2^*, \cdots, C_m^*>$。最优向量 P 的代价函数是

CF($\boldsymbol{P}$)，这个向量指的是使得与分类有关的代价函数达到最低的那一组参数向量。

$$CF(\boldsymbol{P}) = Err(\boldsymbol{P})$$

式中，Err($\boldsymbol{P}$)代表在训练集上进行交叉验证实验所得的分类错误率。

输入向量 $\boldsymbol{P}$ 由两部分组成：参数组$<F_1,F_2,\cdots,F_n>$与某个特定的提取方法有关，而参数组$<C_1,C_2,\cdots,C_m>$与某个特定的分类器有关。参数组$<F_1,F_2,\cdots,F_n>$独立决定了特征构建的性能，而参数组$<C_1,C_2,\cdots,C_m>$影响着特定分类器的性能。

不同的特征提取方法有着不同的参数组。对于局部免疫浓度方法而言，主要包括词筛选比例 $m\%$、倾向度阈值 Θ 和滑动窗口个数 N，即$<m\%;\Theta;N>$。

不同的分类器也拥有不同的参数。支持向量机方法的参数决定了特征空间中最优超平面的位置，主要包括代价函数值 C 和核函数参数 γ，即$<C;\gamma>$。

向量 $\boldsymbol{P}$ 是我们的优化目标，它的性能由 CF($\boldsymbol{P}$) 来衡量。因此，该优化问题可以表示为：寻找到$\boldsymbol{P}^* = <F_1^*,F_2^*,\cdots,F_n^*,C_1^*,C_2^*,\cdots,C_m^*>$，满足

$$CF(\boldsymbol{P}^*) = \min_{<F_1,F_2,\cdots,F_n,C_1,C_2,\cdots,C_m>} CF(\boldsymbol{P})$$

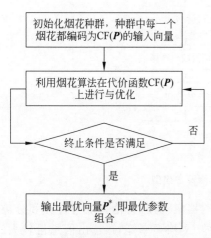

图 5-23　利用烟花算法优化垃圾电子邮件智能检测算法参数的框架

图 5-23 显示了利用 FWA 优化垃圾电子邮件智能检测算法参数的框架。基于该框架，我们定义了两种不同的优化策略。出于效率的考虑，策略一在训练集上定义一个独立验证集，将最初的训练集分为两个集合，一个新的训练集和一个验证集。在新的训练集上对 FWA 中的烟花进行训练，并在验证集上进行验证，直至得到一个最优的烟花，即最优参数组合，用于测试集的检测。这个策略中，每一次交叉验证中烟花的适应度值都在一个独立的验证集上计算得出，计算复杂度相对较低。

考虑到鲁棒性的问题，策略二不再定义独立的验证集，而是把训练集随机分为 10 部分，采用 10 次交叉验证的方式计算烟花的适应度值。如此一来，单个烟花能通过在训练集上的 10 次交叉验证得到了一个较为全面综合的评价，直至得到一个最优的参数组合，并用于测试集的检测。

为了验证利用 FWA 优化垃圾电子邮件智能检测算法参数的有效性，我们在标准邮件数据集 PU1、PU2、PU3 和 PUA 上进行实验。所有实验均采用 10 次独立运行、10 倍交叉验证的方式，以确保实验结果的客观性。

实验中，词筛选比例参数 $m\%$ 的取值范围设定为$[0,1]$，倾向度阈值 Θ 的取值范围定为$[0,0.5]$，滑动窗口个数 N 取值范围设定为$[1,50]$；支持向量机的主要参数 $c \in (1,100)$ 以及 $\gamma \in (0,20)$。FWA 的参数设置同基本 FWA，即初始种群大小为 5，烟花高斯爆炸个数为 5，火花总数为 50，单个烟花爆炸的火花上限为 40、下限为 2，最大爆炸幅度为 40。

图 5-24 为采用策略一优化垃圾电子邮件智能检测算法前后性能对比。很明显，在使用策略一进行优化之后，算法性能得到了全方位提升，也就是说，基于 FWA 优化参数能够有效地提升原有垃圾电子邮件智能检测算法模型的性能。同时，使用策略一对原有模型进行优化，所得到的性能提升还是有限的，其主要原因在于，验证集并不总能很好地反映出测试集的数据分布特征。

出于以上考虑,我们对策略一进行了修正。为弥补第一个策略中,验证集与测试集的数据分布不一致的不足,我们设计了策略二。该策略旨在消除这种不一致,使用二次 10 倍交叉验证的方式,令验证集和测试集的数据分布趋向一致。出于对实验运行速度的考虑,我们在测试策略二时,对数据集进行了随机采样,而不是在整个数据集上进行计算。我们抽取了 20% 的 PU1、PU2、PUA,分别组织成为新的数据集 PU1s、PU2s、PUAs;还抽取了 10% 的 PU3 组织成为新的数据集 PU3s。

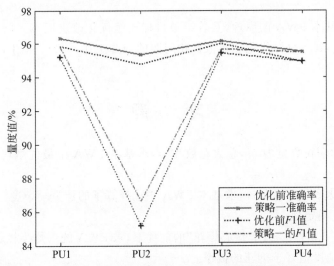

图 5-24 采用策略一优化垃圾电子邮件智能检测算法前后性能对比

在第二个策略中,每个烟花的适应度值都从 10 倍交叉验证中得出,这就弥补了策略一的不足——垃圾电子邮件智能检测算法模型的性能提升完全依赖验证集和测试集之间数据分布的一致性。策略二增强了优化过程的鲁棒性,并展示出垃圾电子邮件智能检测算法模型的优化框架有着优于其他算法模型的性能。

图 5-25 为采用策略二优化前后垃圾电子邮件智能检测算法性能模型对比。可以看到,

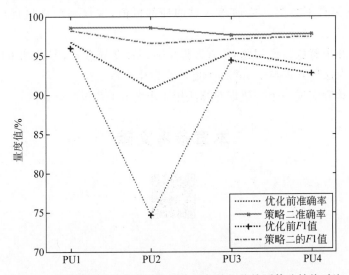

图 5-25 采用策略二优化前后垃圾电子邮件智能检测算法性能对比

策略二确实给原有模型性能带来了非常明显的提升,表明策略二是非常成功的。然而,策略二的不足之处在于,在计算每个烟花的适应度值时,需要采取二次 10 倍交叉验证,而这个过程是非常耗时的。幸而,在实际应用中,垃圾邮件过滤器都是离线进行训练的,所以这个策略仍然有着较高的实用价值。

本 章 小 结

本章介绍了基本 FWA 的原理,及若干单目标连续优化改进版本。同时也介绍了尝试将基本 FWA 推广到多目标优化和离散优化问题的一些工作。最后介绍了 FWA 的一些典型应用。

习　　题

习题 5-1　设烟花数量为 N,总火花数为 m,求基本 FWA 中最优烟花的火花数量的范围(忽略 ε)。

习题 5-2　设总火花数为 m,求基本 FWA 中选择算子的计算复杂度。

习题 5-3　证明定理 5-1。

习题 5-4　在 5.3.1 节"2. 非核心烟花"的前提下,求 FWA 的爆炸半径趋近零时,产生的一个爆炸火花适应度值好于烟花的概率。

习题 5-5　如果 dynFWA 执行的一段时间内,爆炸半径始终稳定,求每次爆炸找到更优解的概率。

习题 5-6　FWA 中的算法 5-9 是否可用更高效的算法实现?其计算复杂度为多少?

习题 5-7　设搜索空间有 m 个局部极值,其中仅有一个是全局最优。若单个烟花每次重启能以均匀概率随机找到某一个局部极值:

(1) 若其有可能落入之前落入过的局部极值,求找到全局最优所需的期望重启次数。

(2) 若能确保它不会落入之前落入过的局部极值,求找到全局最优所需的期望重启次数。

习题 5-8　在求解旅行商问题时,有人提出另一种变异方式,即在城市序列中直接对换两个城市,你认为这种方式与 2-opt 哪个更好?为什么?

习题 5-9　编程实现一个二值烟花算法用于求解 0-1 背包问题。

本章参考文献

第6章

新型的群体智能优化算法

6.1 算 法 分 类

人们通常通过观察自然界中各种生物的行为和动作,受到其启发而归纳出基于群体的新型进化计算方法。随着人们对自然界的不断探索,越来越多的复杂而有序、混沌而精妙的群体性生物行为被发现和应用于进化计算领域中来。例如鸟群、鱼群和蚁群等的群体性生物行为已经被应用到了进化计算方法中来,形成了 PSO、FSA 和 ACO 等。简单的个体通过相互间的协作和互动往往能够表现出个体所不具有的、复杂的群体智能行为,从而以此产生出个体所不具备的解决问题的能力,这正是群体智能算法的优势所在。

Kennedy 指出群体智能是指一些简单的具有信息处理能力的单元结构在交互作用的过程中表现出的一种解决问题的能力。与常规的进化计算方法不同,群体智能通常指大量简单个体在无中心控制的前提下,通过其自我组织能力和自我适应能力相互协作地搜索最优解的过程。组成群体智能优化算法模型的简单个体可以是受生物的群体行为启发而模拟的生物学对象,也可以是自定义的机械单元或简单的机器人;可以是真实存在的个体,也可以是假想的实验体,只要可以保证群体间的协作性和组织性即可。

根据不同的分类准则,可以将群体智能优化算法进行以下分类。

根据研究对象的不同,可以将群体智能优化算法划分为生物群体智能优化算法和人工群体智能优化算法两种。其中,生物群体智能优化算法的研究对象主要是自然界中的具有生命现象的生物种群,通过观察它们群体间的协作行为可以归纳总结出新的群体智能优化算法,比如鸟群、蝙蝠群、鱼群、布谷鸟、磷虾群和细菌菌落等生物种群;人工群体智能优化算法的研究对象主要是非生物系统,即人为构造或模拟的计算机程序或机械单元,其通过预先定义的协作策略和沟通模式进行个体间的交流和合作。

在群体智能优化算法的发展历史中,最先引起人们兴趣的正是自然界中的昆虫、鸟群等生物群体。人们发现,这些生物群体通过彼此间的协作和沟通,往往能够拥有个体所不能拥有的能力,例如大雁通过排列不同的队形,减少了飞行的体能消耗,使得长途迁徙成为可能的任务;蜜蜂通过"8"字舞蹈交流关于花粉位置和数量的信息,使得采蜜过程更加省时省力。最著名的两个算法分别是 PSO 和 ACO。其中,PSO 模拟的是鸟类的捕食行为:鸟群为了更快地找到食物,通过相互间的协作来共享各自拥有的信息,从而更快地找到食物所在点。PSO 模拟了这个群体协作过程,通过设定简单个体作为单个鸟,单个个体在局部进行搜索,同时与其他个体进行信息的交互和传递,得到更完善的全局信息,以此知道其个体的搜索行为,使得单个个体的搜索行为更加合理,减少不必要的搜索,从而使搜索速度加快。ACO 则是受启发于蚁群觅食的行为：蚁群通过群体间的沟通协作，能很高效地找到巢穴和食物之间的最短路径，ACO 被广泛承认为群体智能优化算法的开山鼻祖，因为其首次提出了根据生物种群的行为构建优化算法的概念。ACO 中，每只蚂蚁个体在搜索最初行为是随机的，但随着每只蚂蚁个体在其局部的搜索积累了一定量的信息后，信息共享的重要性就体现了出来。蚂蚁个体间通过信息素这种机制传递彼此的局部地图信息，使得蚂蚁个体能够识别出更有效的搜索路径，从而加快搜索的速度。信息素的具体机制是：蚂蚁在寻找和搬运食物的途中，会在经过的路径之上连续释放一种名为"信息素"的物质，每只蚂蚁个体具有识别"信息素"浓度的能力，而且趋向于寻找"信息素"浓度更高的路径，同时"信息素"的浓度会随着时间的流逝逐渐衰减。因此，当一条路径之上的"信息素"浓度较高时，会吸引更多的蚂蚁个体经过此路径搜索食物，同时留下更高的"信息素"浓度；同理，一条"信息素"浓度较低的路径往往只能吸引少数的蚂蚁个体，"信息素"浓度也不容易累积。正是这样的一套"正反馈"+"负反馈"的双重机制，使得整个蚂蚁种群能够逐渐优化它们的搜索路径，最终搜索到一条最优或接近最优的路径。

随着 PSO 和 ACO 的提出和在大量优化问题中的广泛应用，近年来，大量基于生物种群的群体智能优化算法涌现了出来，并高速发展，同时领域内的思维不断碰撞且被深入理解，越来越多的算法被提出并应用于相应的优化问题中去。除了非常有名的 GA 和 PSO 之外，2002 年，Kevin M. Passino 根据大肠杆菌在人体内的群体行为提出了细菌觅食算法（Bacterial Foraging Algorithm，BFO）；2005 年，Dervis Karaboga 根据蜂群觅食的群体性行为提出了人工蜂群算法（Artificial Bee Colony，ABC）；2008 年，剑桥大学的 Yang Xinshe 根据萤火虫群体间彼此发光交流的群体性行为提出了萤火虫算法（Firefly Algorithm，FA），同年他又提出了布谷鸟搜索算法（Cuckoo Search，CS），该算法通过模拟自然界中雀类将自己后代寄生于其他鸟类巢穴的行为来进行最优化搜索；2009 年，Carmelo J.A. Bastos Filho 和 Fernando B. de Lima Neto 等通过模拟海洋中鱼群觅食的群体性行为提出了鱼群算法（FSA）；2012 年，Amir Hossein Gandomi 和 Amir Hossein Alavi 根据磷虾群体觅食和自我保护的群体性行为提出了磷虾群算法（Krill Herd Algorithm，KHA）。

和生物群体智能优化算法不同，人工群体智能优化算法的研究对象主要是非生命的系统或元件，研究方法主要为对非生物系统或元件进行高度抽象和建模，采用模拟和预定义的模式给出非生命系统或元件的运作模式，然后让其在虚拟环境中迭代运行，对给定的优化问题进行求解。2008 年，M. H. Tayarani 根据磁性粒子间相互吸引的磁场力提出了磁铁优化算法（Magnet Optimization Algorithm，MOA）；2009 年，Hamed Shah-Hosseini 根据河流中水滴的作用力与反作用力提出了智能水滴算法（Intelligence Water Drops，IWD）；2011 年，Shi Yuhui 提出了头脑风暴算法（Brain Storming Optimization，BSO），通过模拟人类探讨问题时常用的头脑风暴过程进行最优化搜索。

6.2 人工蜂群算法

最近几年，群体智能优化算法引起了大量的关注，许多相关领域的研究人员逐渐把视野投向了这一新兴的领域。Bonabeau 等将群体智能定义为"任何受社会性昆虫种群或其他生物社会群体的启发而设计的算法或分布式求解设施"，他们主要将视线集中于研究社会性昆虫,例如白蚁、蜜蜂、黄蜂以及其他不同的蚂蚁等。然而实际上,群体智能中的"群体"二字通常有着更为广泛的含义,即任何可交互的代理或个体组成的有限集合。对于"群体",最经典的例子有蜂群、鸟群、鱼群和蚁群等,不过随着人工群体智能优化算法的引入,其他可交互的非生命体组成的群体也可以被称为一个"群体"。一个蚁群可以被认为是个体代理为单个蚂蚁的有限群体,一群鸟则是个体代理为单个鸟的群体,免疫系统则可以被看作一群细胞分子组成的群体等。

对于群体智能优化算法来说,自组织性和分工合作性是两大必不可少的性质,以这两条性质为基础,群体智能优化算法才能够形成可分布式的问题求解系统,在给定的环境中自组织和自适应求解优化问题。

自组织性可以被定义为一组动态机制的集合,通过其底层元件相互间的交互和沟通,产生了在全局意义上有效的高层架构,这些动态机制为系统中底层元件之间的交互行为定义了基本的规则,从而使得全局结构的行为有迹可循,有理可依。Bonabeau 为自组织性定义了四个基础的特性:正反馈、负反馈、随机波动和多重交互。

(1) 正反馈可以看作生物界的"大拇指",人类通过为别人竖起大拇指的方式鼓励他人继续努力,生物界则通过正反馈来促进有利于种群进化和生存的行为。类似的鼓励行为如蚁群中的"信息素"追踪和蜂群中的舞蹈都可以被看作生物界中正反馈的具体例子。

(2) 负反馈是正反馈的抵消,用以平衡和稳定搜索最优解的过程。当群体在环境中存在时,可能会出现资源或食物来源枯竭、拥挤和竞争等导致的环境饱和,因此负反馈机制的存在是必要的。

(3) 随机波动如随机游走、误差和个体间的随机任务交换对于群体智能优化算法搜索新的最优解来说是至关重要的。随机波动的引入十分关键的一点是因为它能鼓励新的解的产生,这对于优化算法是很有益的。

(4) 一般来说,自组织性要求群体间的个体之间有着一定程度的可交互容忍度,这样才能使每个个体不仅可以参考自己的行为反馈结果,还可以参考他人的行为反馈结果,以此共同决定下一步的搜索策略。

在一个群体中,通常有很多不同的任务,这些任务往往由不同的特定的个体各自单独执行,这种现象称为分工合作。多个特定的个体同时处理一个任务通常比由一群不特定的个体单独依次执行要更有效率,同时,分工合作的引入也使得整个群体能够更好地感知搜索空间的全局信息和局部信息。综上所述,自组织性和分工合作性是实现群体智能的充分必要条件,基于这两点,群体智能优化算法才能真正实现分布式问题求解和对环境的自我适应。

ABC 的提出受启发于蜜蜂种群在寻找食物时所表现出寻求最小代价的集体智慧,包含四个关键的组件:食物来源、受雇佣的食物采集者、自由雇佣者和环境模型,其中,环境模型定义了两种最主要的行为:采集蜂蜜资源(即食物)和放弃蜂蜜资源。

(1) 食物来源:食物来源的价值取决于它和巢穴之间的距离、丰富程度或浓度、它的能量以及获取该能量的难易程度。简单起见,通常会把食物的这种"价值"表示成一个单一的数量值。

(2) 受雇佣的食物采集者:这类食物采集者通常和一个特定的食物来源有关,它们被雇佣去开采这个特定的食物来源,同时携带着关于这一特定食物来源的具体相关信息,包括它和巢穴的距离、食物资源的丰富程度等,它们以一定的概率和其他食物采集者共享这些信息。

（3）自由雇佣者：这类雇佣者不需要进行实际的食物采集工作，它们一般可以进化为两种类型：侦察者和旁观者。侦察者负责在巢穴周围搜索储藏食物的点，旁观者待在巢穴，负责整合食物采集者找到的关于食物来源的信息，在一个蜂群群体中，侦察者通常占总量的5%～10%。

蜂群个体之间的交流和信息的整合是整个系统最重要的一环。通过对蜂群巢穴的研究，研究人员发现：在蜂群巢穴中广泛存在一个用于蜜蜂交流信息的房间，称为"舞池"，蜜蜂通过在"舞池"之中舞蹈（称为"摇摆舞"）进行信息的交流和传递。旁观者在"舞池"中观察所有食物采集者的舞蹈，然后由它来为每个食物采集者决定新的探索点，由于旁观者整合大量食物采集者关于整个环境的资源信息，因此它有极大的概率为每个食物采集者选出资源更加丰富的采集点。食物采集者的舞蹈长度通常和一个探索点的资源丰富程度有关，舞蹈时间越长，说明这个采集点的资源更加丰富，旁观者可以以此来判断不同采集点的资源丰富程度，因此，一次雇佣的收益和该采集点的资源丰富程度正相关。

结合图 6-1 理解人工蜂群的机制。假设有两个已经被发现的食物资源点 A 和 B，在最开始，一个被指派为自由雇佣者的蜜蜂在对环境信息全部未知的情况下，有以下两个选择：

（1）成为侦察者：在巢穴周围自发地随机搜索食物资源点（图中的 S 线路）。

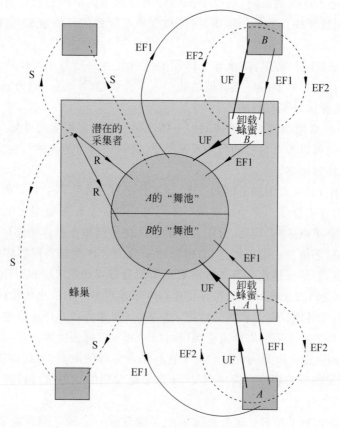

图 6-1　ABC 示意图

（2）成为受雇佣的食物采集者：回到"舞池"分配采集点，然后去执行采集任务（图中的

R 路线）。

在找到食物资源点后,蜜蜂将会采集蜜源并返回巢穴,在指定房间卸载蜂蜜后,该蜜蜂将面临三个选择:

(1) 回归成为一个自由雇佣者,重新等待被雇佣,或进化为侦察者或旁观者(图中的 UF 路线)。

(2) 回到"舞池"跳舞,将拥有的信息反馈给旁观者,等待旁观者分配新的采集点(图中的 EF1 路线)。

(3) 重新回到采集点直接进行下一次的采集(图中的 EF2 路线)。

对于 ABC,自组织性的四个基础特征表现为:

(1) 正反馈:一个采集点的食物资源越丰富,蜜蜂在"舞池"中舞蹈的时间会越长,更多的旁观者将会注意到它并以更高的概率将其分配给更多的食物采集者。

(2) 负反馈:采集点的食物资源过少时,将会被旁观者直接忽视,不再指派采集者进行采集。

(3) 随机波动:侦察者在巢穴周围进行随机自发搜索,以发现新的食物来源。

(4) 多重交互:即个体间的互动蜜蜂通过在"舞池"舞蹈的方式和旁观者共享环境的资源信息。

ABC 的具体步骤如算法 6-1 所示。

算法 6-1　ABC 流程

---

1. 指派侦察者去最初的食物资源点
2. 重复以下步骤,直到满足收敛条件
 i. 指派受雇佣的采集者去采集食物,并确定它们的采蜜量
 ii. 根据旁观者的观察结果计算每个食物资源点的分配概率
 iii. 重新指派采集者去采集食物,并分配采蜜量
 iv. 如果一个资源点的食物被采集完了,就停止开采
 v. 指派侦察者去随机搜索新的食物资源点
 vi. 记录至今为止最优的资源点

6.3　萤火虫算法

FA 受启发于萤火虫的社会行为和生物的发光通信现象,用于解决在连续有界最优化问题上求解代价函数 $f(x)$ 的极小值 x^*:

$$f(x^*) = \min_{x \in S} f(x) \tag{6-1}$$

FA 假设存在一个由 m 个代理(萤火虫个体)组成的群体,用以迭代地求解最优化问题。定义 x_i 为第 i 萤火虫代理在第 k 次迭代时的解,对应的函数值为 $f(x_i)$。每个萤火虫都有一个独立描述其吸引力的变量 β,表示这个萤火虫代理吸引群体内其他成员的能力。通常把 β 定义为一个对该个体和其他成员间距离 $r_j = d(x_i, x_j)$ 的单调递减函数,以便描述现实情况,在 Yang Xinshe 的原始论文中,使用了指数函数来定义 β:

$$\beta = \beta_0 e^{-\gamma r_j} \tag{6-2}$$

式中,β_0 和 γ 为预先设定的参数,分别为初始的 β 值和距离衰减系数。

群体中的每个个体的亮度可以表示为其对应的代价函数值 $f(x_i)$ 的倒数。

算法最初随机地或者采取某种既定的策略在定义域 S 内初始化 m 个萤火虫个体。在算法迭代的过程中,为了更有效地对搜索空间进行搜索,每个萤火虫个体在每次迭代更新其位置时需要考虑两个因素:

(1) 具有更高亮度的萤火虫个体,即 $I_j > I_i$,$\forall j = 1, \cdots, m, j \neq i$。

(2) 更高亮度的萤火虫个体的吸引力,吸引力的值和两个个体间的距离以及一个随机向量 $\boldsymbol{u}_i$ 有关。

如果没有找到比当前萤火虫个体亮度更高的萤火虫个体,则迭代过程将退化为随机选取。

以下为 FA 的伪代码。

算法 6-2　FA 伪代码

输入:代价函数:$f(z), z = [z_1, z_2, \cdots, z_n]^T$,定义域:$S = [a_k, b_k], \forall k = 1, \cdots, n$,算法的超参数:$m, \beta_0, \gamma, \min\boldsymbol{u}_i, \max\boldsymbol{u}_i$

输出:$x^* = \arg\min_{x_i} f(x)$

开始:

　　重复以下步骤:

　　　　$i^{\min} \leftarrow \arg\min_i f(x_i), x_{i^{\min}} \leftarrow \arg\min_{x_i} f(x_i)$

　　　　for i, j **in** $[1, \cdots, m] * [1, \cdots, m]$:

　　　　　　if $f(x_j) < f(x_i)$ **then**

　　　　　　　　$r_j \leftarrow \text{calculate\_distance}(x_i, x_j)$

　　　　　　　　$\beta \leftarrow \beta_0 e^{-\gamma r_j}$

　　　　　　　　$u_i \leftarrow \text{Generate\_Random\_Vector}(x_i, x_j)$

　　　　　　　　for $k = 1$ **to** n **do** $x_{i,k} \leftarrow (1-\beta)x_{i,k} + \beta x_{j,k} + u_{i,k}$

　　　　　　$u_{\min} \leftarrow \text{Generate\_Random\_Vector}(\min\boldsymbol{u}_i, \max\boldsymbol{u}_i)$

　　　　　　for $k = 1$ **to** n **do** $x_{i^{\min},k} \leftarrow x_{i^{\min},k} + u_{i^{\min},k}$

　　直到满足终止条件

结束

在 FA 中,有三个用以控制萤火虫个体间影响力和随机步骤的参数:

(1) 最大吸引力 $\beta_0 \in [0, 1]$,表示当萤火虫个体间距离 $r_j = 0$ 时的吸引力值(β_0 为 0 时表示完全分布式的随机搜索,为 1 时表示个体间具有完全的依赖性)。

(2) 距离衰减系数 γ:用于控制当交互的萤火虫个体间的距离增加时吸引力值的衰减速度(γ 为 0 表示没有衰减,也就是吸引力值为常量,$\gamma \to \infty$ 时趋向于完全的随机搜索)。

(3) 随机向量的上下界 $\min\boldsymbol{u}_i$、$\max\boldsymbol{u}_i$,用于控制随机向量的生成范围。

除此之外,还需要根据问题规模选择合适的种群大小 m,需要注意的是 FA 的计算复杂度为 $O(m^2)$。

对于随机向量上下界的选取,通常也不会直接采用固定常量,而是根据个体间距离进行缩放:

$$u_{i,k} \begin{cases} \alpha \cdot \text{rand}_2 (b_k - x_{i,k}), & \text{sgn}(\text{rand}_1 - 0.5) < 0 \\ -\alpha \cdot \text{rand}_2 (x_{i,k} - a_k), & \text{sgn}(\text{rand}_1 - 0.5) \geqslant 0 \end{cases} \tag{6-3}$$

式中,两个标准随机数 rand_1 和 rand_2 服从分布 $U(0, 1)$,$\alpha \in [0, 1]$。

对于衰减系数的定义可以建立在最优搜索空间的"特征长度"上,如式(6-4)所示:

$$\gamma = \frac{\gamma_0}{r_{\max}} \quad \text{或} \quad \gamma = \frac{\gamma_0}{r_{\max}^2} \tag{6-4}$$

式中,$\gamma_0 \in [0,1]$,$r_{\max} = \max d(x_i, x_j)$,$\forall x_i, x_j \in S$。

6.4　布谷鸟搜索算法

CS 是结合了布谷鸟的专性寄生行为和 Levy 飞行行为提出的新型启发式搜索算法。

布谷鸟在同类的巢穴内产蛋,同时移走其他的鸟蛋以提高自己后代的存活率,这样的生物行为通常被称为专性寄生行为。专性寄生行为主要有三种:相同物种内的专性寄生行为、协作抚养和巢穴转移。大量种类的布谷鸟都有专性寄生行为,通过在其他鸟类(通常是不同物种的鸟类)的巢穴内产蛋,从而将抚养后代的成本转接,实现更高的存活率。有时被寄生的鸟类个体会和入侵的布谷鸟个体产生激烈的冲突:如果一只被寄生的鸟类个体发现自己巢穴内的鸟蛋不是自己的后代,它们通常会直接遗弃这些"外来者"或者直接抛弃这个巢穴重新在别的地方筑建新的巢穴。因此,一些布谷鸟物种,比如一种名为"New World"寄生型褐胸崖燕的鸟类进化出了母性个体能够将自己的后代卵伪装成被寄生鸟类的后代卵的颜色和形状,以此降低自己后代被遗弃的可能性,提高了自己后代的存活率。一些鸟类物种的产卵时机也是经过了相当精密的设计,令人称奇。寄生型鸟类通常会选择一个刚刚产过卵的巢穴,而且一般来说寄生型鸟类的孵化时间会略短于被寄生鸟类,当寄生型鸟类的幼仔孵化出来后,它们将会本能地毁坏其他未孵化的鸟卵,将其推出巢穴,从而可以更好地独占被寄生鸟类提供的食物资源。研究还发现,寄生型鸟类的幼仔通常具有模仿被寄生鸟类幼仔叫声的能力,从而提高自己的存活率。

同时,大量的研究发现,很多动物和昆虫都会使用一种名为"Levy 飞行"的行为。有研究表明,果蝇在探索自己周围的地形时,通常采用一种在直线飞行中夹杂突然的 90°转向的策略,以此为启发点,研究者提出了在搜索中夹杂间歇性变化的 Levy 式搜索模式。另外,在对人类和光能的研究中也发现了类似 Levy 飞行的行为模式。最近,这种搜索模式被大量用于优化问题和最优搜索问题中,表现出了良好的性能,在多种搜索算法中体现出了效果。

接下来详细描述 CS 的具体过程,简单起见,对问题做一些理想化的假设:

(1) 每个布谷鸟个体每次只产一个后代卵,并且产卵的巢穴为随机选取的。

(2) 拥有最高质量后代卵的巢穴在每次迭代中一定会被保留到下一代。

(3) 被寄生者的巢穴数量是固定的,并且每个布谷鸟个体产的后代卵有一定的概率被发现。若被发现,被寄生者可以选择遗弃这个寄生卵或者直接遗弃整个巢穴,并且在其他地方筑建一个完全新的巢穴。

简单起见,条件(3)中将抛弃巢穴重新筑建的比例做一个近似:占巢穴总量 $(n) p_a$ 的巢穴将会被毁灭新建。

对于最优化问题,一个解的质量或者适应度可以简单地定义为损失函数乘以一个系数,简单起见,可以进行如下定义:每个巢穴中的一个后代卵代表一个解,一个布谷鸟个体的后代卵代表一个新的解,目标是要用一个新的或者潜在的较优解(来自布谷鸟个体)来代替巢穴中的一个次优解。当然,该算法可以被扩展到更复杂的情况:每个巢穴中有多个后代卵,表示多个解的有限集合。

基于以上提到的基本定义,CS的伪代码可以写成以下形式。

算法 6-3   使用 Levy 飞行的 CS 伪代码

开始:
  损失函数:$f(\boldsymbol{x})$,$\boldsymbol{x}=(x_1,x_2,\cdots,x_d)^\mathrm{T}$
  初始化种群:n 个被寄生者巢穴 $x_i(i=1,2,\cdots,n)$
  while($t<$最大迭代次数)or(终止条件未满足)
    使用 Levy 飞行随机生成一个布谷鸟个体,并计算它的适应度值 F_i
    在 n 个巢穴内随机选取一个,假设为第 j 个
    if ($F_i>F_j$)
      使用新的解代替第 j 个巢穴内的解
    end
    按比例 p_a 抽取一定数量的包含着次优解的巢穴,将其遗弃并建立新的巢穴
    保留包含目前为止最优解的巢穴
    按适应度值对解进行排序,找到当前的最优解
  end while
  处理解并可视化
结束

生成一个新的解(也就是一个布谷鸟个体)时,使用的 Levy 飞行:

$$x^{(t+1)}=x^{(t)}+\alpha\oplus\text{Levy}(\lambda) \tag{6-5}$$

式中,$\alpha>0$ 代表飞行的步长,和问题的规模有关。大部分情况下,设定 $\alpha=1$。式(6-5)本质上就是随机游走的梯度下降公式。随机游走通常是一个有限阶马尔可夫过程,它的下一步只取决于现在和往前推有限时间内的状态和状态转移矩阵。$\oplus$ 表示点乘,和 PSO 中使用的点乘类似,但这里引入了基于随机游走的 Levy 飞行,增大了后期的步长,使得对搜索空间的探索更加有效率。Levy 飞行本质上提供了一种随机游走的机制,随机游走的步长从 Levy 分布进行采样:

$$\text{Levy}:u=t^{-\lambda} \tag{6-6}$$

式中,Levy 分布的方差和均值都是有限的,在较优解周围进行 Levy 飞行有助于局部搜索。同时,一部分其他的新解应该在远离目前最优解的空间随机生成,这个策略能够使得算法不会陷入局部最优。

6.5   头脑风暴算法

近年来,群体智能优化算法被广泛地接受并成功应用于大量的优化问题,和传统的单点搜索算法不同,群体智能优化算法通过个体间的协同或竞争来解决问题,目前已经有大量的群体智能优化算法涌现出来,比如 GA、进化策略和进化编程等。值得注意的是,近年来有一种新的群体智能优化算法,这种算法通常是受启发于某个自然现象而不是进化思想,被归类为生物群体智能优化算法。

在生物群体智能优化算法中,通常是靠所有个体的群体性行为使得算法在解决优化问题时更有效率。群体中的每个个体互相协作,群体性地向着搜索空间中更优的区域移动,这

些个体通常为算法中的一个简单对象,如 PSO 中的鸟、ACO 中的蚂蚁和 BFO 中的细菌。人类是这个世界上最聪慧的社会性生物,理所当然地,根据人类解决问题的过程而启发得到的群体优化算法有较好的性能。因此,研究者通过模拟人类群体通力讨论产生创造性创意的“头脑风暴”过程,提出了 BSO。

我们或多或少都有过这样的经历:当我们面对一个相当困难的问题时,单个人往往很难很好地解决,这时候,我们会选择聚集尽可能有不同教育背景和成长背景的人来一起进行一种名为“头脑风暴”的活动,问题通常能够迎刃而解。这是因为,来自不同背景的人的思维碰撞和想法交流更能够激发出创新的、之前难以想到的新想法。所以一个能够帮助人们更好地协作和产生新想法的方式就是进行“头脑风暴”活动,一场“头脑风暴”活动通常有以下几个步骤:

(1) 尽可能聚集来自不同背景的人,形成“头脑风暴”小组。

(2) 根据某种规则构想尽可能多的想法。

(3) 选定几个人(一般 3~5 人)作为问题的抛出者,由他们为每个问题各自选出一个自认为最好的想法。

(4) 以步骤(3)中选择的想法为线索,依据步骤(2)中提到的规则构想更多新的想法。

(5) 重复步骤(3),生成新的更好的想法。

(6) 随机选择一个对象,以它的功能和表现作为线索,重新依据步骤(2)中提到的规则,生成尽可能多的新想法。

(7) 由问题的抛出者选择几个更好的想法。

(8) 完成上述步骤,讨论组基本上已经将问题讨论得足够清楚,通过通盘考虑即可产生一个足够好的解决方案了。

一个“头脑风暴”过程中,通常包含一个促进者、一个头脑风暴小组和几个问题拥有者。促进者的任务是督促头脑风暴小组根据四项原始奥斯本规则生成想法,进而促进整个头脑风暴过程。四项原始奥斯本规则如下:

(1) 延缓判决(Suspend Judgement)。

(2) 无所不想(Anything Goes)。

(3) 创意交叉(Cross-Fertilize)。

(4) 多多益善(Go for Quantity)。

促进者本身不参与想法的生成,他仅仅促进头脑风暴过程的进行。促进者的选取规则是:被选取者拥有担任“促进者”的经验,同时对待求解问题有着尽可能少的背景知识,这样做的目的是确保生成的想法尽可能少得受到“促进者”先验知识的干扰。

上面的四项原始奥斯本规则中,第一条——“延缓判决”认为没有一个想法是不好的,相反,它认为每个想法都有其独到之处,同时对想法进行“好”或“坏”的判决并不明智,因此,任何对想法的判决都应该被至少推迟到头脑风暴过程结束之后。第二条——“无所不想”说的是在头脑风暴中产生的任何想法都值得被分享和记录,不要忽视任何突如其来的想法。第三条——“创意交叉”说的是大量的想法可以或者必须建立在已有的想法之上,同时任何生成的想法也都应该在后续的头脑风暴过程中作为线索来引导人们产生更多的新想法。第四条——“多多益善”说的是要尽可能产生更多的想法。在头脑风暴过程中,应该是先以数量为主导,产生尽可能多的想法,当数量足够大时,就会产生质变,形成具有足够质量的好想法。如果一开始不产生足够多的想法,则后续很难想出足够有质量的好想法。

四项原始奥斯本规则的目的是尽可能生成多样化的想法,从而使得头脑风暴小组的人群可以在思想上更加开放。步骤(6)也是为了同样的目的:让人们新产生的想法尽可能和之前的想法有一定差异,从而不至于被之前的想法所拘泥。问题拥有者对现有想法的筛选是为了让大家可以更好地聚焦在问题本身,便于提出更多对问题解决有帮助的想法。

头脑风暴已经被成功应用于解决相当困难和有挑战性的问题中去,因此,以此过程为起点设计的优化算法应该会比其他基于非人类生物群体行为设计的优化算法具有更优的性能,因为人类是这个星球上最具有智慧的物种。BSO 的流程如下所示。

算法 6-4　BSO 的流程

---

1. 随机生成 n 个初始个体
2. 把 n 个个体聚类成 m 组
3. 评估 n 个个体
4. 以步骤 3 中的评价结果为依据对每个组内的个体进行排序,并且指派每组的最优个体为该组的聚类中心
5. 随机生成一个 0~1 的随机数
　　如果随机数小于一个预设的概率 P_{5a}:
　　　　i. 随机选择一个聚类中心
　　　　ii. 随机生成一个个体来代替被选择的聚类中心
6. 生成一个新个体
　　a. 随机生成一个 0~1 的随机数
　　b. 如果随机数小于一个预设的概率 P_{6b}
　　　　i. 以概率 P_{6bi} 随机选择一个类
　　　　ii. 随机生成一个 0~1 的随机数
　　　　iii. 如果该随机数小于一个预先设定的概率 P_{6bii},则在该类的聚类中心上加上一个随机扰动,生成一个新的个体
　　　　iv. 否则,从该类的非聚类中心个体中随机选择一个个体,在其之上加一个随机扰动,生成一个新的个体
　　c. 否则,随机选择两个类来共同生成一个新个体
　　　　i. 生成一个随机数
　　　　ii. 如果该随机数小于一个预设的概率 P_{6c},两个类的聚类中心将被结合起来,加上一个随机扰动,进而生成一个新个体
　　　　iii. 否则,随机从两个类内各自选取一个个体,结合它们并加上一个随机扰动产生一个新个体
　　d. 新生成的个体将会和现有的个体一起参与比较,留下更优的个体,同时遗弃较差的个体。
7. 如果成功生成了一个新个体,就直接进入步骤8,否则,重新回到步骤6
8. 当达到最大迭代次数或满足终止条件时,终止算法

在具体实现 BSO 时,可以选择不同的参数和初始化策略。在算法 6-4 中的第 6 步中,需要根据概率 p_{6bi} 选择一个聚类,这个概率和聚类内的个体数正相关,也就是说,一个聚类内的个体越多,它被选到的概率越大。在生成新个体时,原始算法使用了高斯随机变量作为随机值抖动,具体如下:

$$X_{new}^d = X_{selected}^b + \xi^* n(\mu, \sigma) \tag{6-7}$$

式中,$X_{selected}^d$ 是被选中生成新个体的解的第 d 维的值,X_{new}^d 是新生成的个体的第 d 维的值,$n(\mu, \sigma)$ 是均值为 μ,标准差为 σ 的高斯分布函数,ξ 是控制所选取高斯随机变量的权重,简

单起见，ξ 可以式(6-8)计算：

$$\xi = logsig((0.5max\_iteration - cur\_iteration)/k)rand() \tag{6-8}$$

式中，logsig( )是一个对数 sigmoid 转移函数，max_iteration 为最大迭代次数，current_iteration 是当前迭代代数，k 用于控制 logsig( )的大小，rand()为一个 0～1 的随机变量。

6.6　鱼群算法

生物学研究发现，很多深海鱼类和其他物种都表现出一种群居的行为，主要是为了提升自己的生存能力。我们可以从两个角度来理解这样的群居行为：一个角度是为了互相保护，另一个角度是为了互相协同。互相保护是指减少被掠食者捕食的概率，互相协同是指群体间互相合作达成某种群体性目标，比如觅食。群体性行为还降低了鱼群内每个个体的行动自由度，从而提升了整个群体在一些食物不够丰富区域的竞争力。考虑整个鱼群群体，大量对各种水域的鱼类的研究表明：群体性行为利大于弊，因此学者们根据鱼群的群体性觅食行为提出了一种新的群体智能优化算法——FSA。

通过对鱼群觅食行为进行归纳和总结，我们将其划分为了以下三种行为：

(1) 进食：来自鱼类个体寻找食物以生存和成长的自然本能。值得注意的是，这里的"食物"是对搜索过程中的候选解的评估结果的隐喻，考虑到进食的概念，必须考虑到鱼类个体在水里行动也会消耗能量。

(2) 行动：算法中最复杂的部分，目的是模拟鱼群群体中唯一显式的具有协同性和群体性的行为。"行动"由"进食"所驱使，进而指导搜索过程。

(3) 繁殖：受启发于进化论中的自然选择机制，具有更高的生存能力和繁殖能力的个体会被以更高的概率保留，而其他较弱的个体将会大概率地被淘汰。"后代"是对个体所生成的候选解的隐喻，在整个搜索空间中的自然选择使得算法拥有了更高的探索能力，便于跳出局部极值。

在鱼群搜索中，搜索过程是通过维持一群只有有限记忆的鱼类个体进行，群体中的每个个体代表一个潜在的解。和 GA 与 PSO 相同，鱼群搜索中的搜索进程由群体中个别个体的优异表现来主导。FSA 的主要区别点在于每个鱼类个体先天地只拥有有限的记忆，这和 PSO 中每个粒子都拥有所有个体的最优解是明显不同的。另一个区别点在于 FSA 只依靠上一代的信息和群体性行动选择不同的行动模式，因此，在迭代时只有上一代的信息是必要的。

在解决高维搜索问题和搜索空间结构缺失问题时，FSA 应当包含以下几项原则：

(1) 所有个体对象的简单计算。

(2) 多种存储历史计算结果分布式信息的方法。

(3) 本地计算。

(4) 相邻个体间只有较少的沟通。

(5) 去中心化。

(6) 个体间的差异性。

上述原则的基本原理如下：

(1) 减小了整体的计算代价。

（2）允许了适应性学习。

（3）在保持较小的计算代价的同时，允许了一定程度的局部知识共享，从而加速了收敛。

（4）个体的独特性也加速了收敛，同时避免算法陷入局部极值。

FSA 的算子如下。

1. 进食算子

在现实中，鱼群中的每条鱼都会被散布在水里的食物所吸引，进而独立行动去觅食，每条鱼的体重都会随着进食和行动产生波动。在算法中，假设每个个体的权重与归一化后的适应度值差分有关：

$$W_i(t+1) = W_i(t) + \frac{f[x_i(t+1)] - f[x_i(t)]}{\max\{|f[x_i(t+1)] - f[x_i(t)]|\}} \tag{6-9}$$

式中，$W_i(t)$ 是个体 i 的权重（体重），$x_i(t)$ 是个体 i 的位置，$f[x_i(t)]$ 是个体 i 在 t 时刻的适应度值。

2. 行动算子

动物的一项基本本能就是在面对刺激时会做出反应。在 FSA 中，行动被设计为了个体在面对刺激时的一系列为了生存的复杂行为。对鱼类来说，行动和所有个体的群体性行为都有很大的关系，比如觅食、逃离捕食者的追杀、移动到更加安全的区域或仅仅作为简单的社交行为。所以，个体的行动可以根据其目的被划分为三类：个体行动、群体性本能和群体性决策。接下来详细阐述每种行动。

（1）个体行动：个体行动在算法的每一代都会发生，其行动方向是随机选取的。个体可以根据群体的知识判断生成的目标点的食物储量是否高于自己现在的位置的食物储量，从而判断是否进行个体行动。每个个体进行行动都将会触发上面提到的进食行为。在个体行动中，定义了一个变量 $step_{ind}$ 作为每个个体每一代移动的最大距离。同时，为了保证随机性，对每个个体移动的步长乘上一个从标准正态分布中随机采样的一个系数。减小步长 $step_{ind}$ 可以提升算法在后期的探索能力。

（2）群体性本能：在每个个体的个体行动结束后，将会根据每个个体的适应能力加权算出一个最优值，这样保证了具有更高适应度值的个体对群体行为的影响更大。当整体的运动方向计算好后，每个个体都将会重新确认它的位置，这个计算过程和个体目前所达到的适应度值有关，详细的计算公式如下：

$$x_i(t+1) = x_i(t) + \frac{\sum_{i=1}^{N} \Delta x_{indi}\{f[x_i(t+1)] - f[x_i(t)]\}}{\sum_{i=1}^{N}\{f[x_i(t+1)] - f[x_i(t)]\}} \tag{6-10}$$

式中，x_{indi} 是算法迭代中个体行动对个体 i 的偏移量。

（3）群体性决策：在个体行动和群体性本能的计算结束后，群体性决策会对之前的结果进行一定的修正，通过对整个群体适应度好坏的评估，群体性决策使得整个群体移动到更优的位置。整个鱼群的重心计算公式如下：

$$\text{Bari}(t) = \frac{\sum\limits_{i=1}^{N} x_i(t) W_i(t)}{\sum\limits_{i=1}^{N} x_i(t)} \tag{6-11}$$

对每个个体的修正公式如下：

$$x_i(t+1) = x_i(t+1) \pm \text{step}_{\text{vol}} \text{rand}[x_i(t) - \text{Bari}(t)] \tag{6-12}$$

式中，step_{vol} 为步长，rand 是采样自标准正态分布的随机变量。在算法迭代过程中，会逐步减小 step_{vol}。

3. 繁殖算子

繁殖算子每次利用两个到达某个阈值的个体，令其繁殖，下一代的个体应该继承上一代两个个体的信息，它的权重和位置为

$$W_k(t+1) = W_i(t) + W_j(t), x_k(t+1) = x_i(t) + x_j(t) \tag{6-13}$$

式中，i 和 j 为父代个体编号，k 为下一代个体的编号。

算法的初始条件是根据给定的鱼群规模随机生成一组鱼群，算法在循环迭代中随搜索空间进行有策略的搜索，直到算法满足停止条件或达到最大迭代条件。在提出 FSA 的论文中，作者给出了最大迭代次数、最大运行时间、最大种群半径、最大种群权重、最大鱼群数量和最大繁殖代数共 6 个终止条件。

6.7　磷虾群算法

基于对磷虾群在特定的生物学环境下行为的仿真，有学者提出了一种名为"磷虾群"的新型生物群体智能优化算法。近年来，对磷虾群体的研究主要集中在理解磷虾群如何进行分布上，虽然目前尚未能完全理解磷虾群体聚集的原因，但已经能够建立对应的概念模型来解释观测到的磷虾群的行为模式。当磷虾群遭受到来自海豹、企鹅或者海鸟之类肉食动物的攻击后，磷虾群的数量会大幅减少，因此对于磷虾群来说，如何通过有效地聚集来减少牺牲并且提高生存能力是非常重要的问题。对于磷虾群来说，聚集的目的只有两个：寻找食物和提升群体密度，因此每个磷虾的个体目标都是搜索有食物或者密度更高区域。在 KHA 中，每个个体的适应度值被定义为和该个体距离食物和群体最高密度的距离，磷虾个体距离食物或者高密度区域越近，其适应度值越高，而决定每个个体时序位置的三个关键的动作是：来自其他磷虾个体的诱导、觅食活动和随机扩散。

被捕食会降低磷虾群体数量，从而降低磷虾群的密度，增加磷虾群距离食物的距离，算法的初始部分模拟了这一过程。现实中，每个个体的位置综合了其距离全体最高密度和食物位置的距离，因此算法将适应度值作为损失函数。每个个体当前的位置的变动受以下三个因素的影响：

(1) 其他磷虾个体的运动。

(2) 觅食活动。

(3) 随机扩散。

由于算法应该具有搜索任意维度搜索空间的能力，因此，将拉格朗日模型扩展到了 n 维数据的情况：

$$\frac{\mathrm{d}X_i}{\mathrm{d}t} = N_i + F_i + D_i \tag{6-14}$$

式中，N_i 是受其他磷虾个体的运动影响的运动，F_i 是觅食活动，D_i 是这个个体的随机扩散结果。下面将详细描述这三个因素。

1. 其他磷虾个体的运动

根据对磷虾群体的研究结果，磷虾个体总是尽可能保持较高密度，根据彼此间的影响互相靠近，每个磷虾个体受其他磷虾个体的运动影响的运动表示为

$$N_i^{\mathrm{new}} = N^{\max}\alpha_i + \omega_n N_i^{\mathrm{old}} \tag{6-15}$$

式中，$\alpha_i = \alpha_i^{\mathrm{local}} + \alpha_i^{\mathrm{target}}$，$N^{\max}$ 是受影响的最大速度，ω_n 是惯性运动的 $0\sim1$ 的权重，N_i^{old} 是上一次受影响的运动，$\alpha_i^{\mathrm{local}}$ 是邻近个体的局部影响因子，$\alpha_i^{\mathrm{target}}$ 是最优个体产生的方向影响因子。

在局部搜索中，邻近个体间的相互作用可以表现为吸引或排斥，在 KHA 中，这部分可以描述为

$$\alpha_i^{\mathrm{local}} = \sum_{j=1}^{\mathrm{NN}} \hat{K}_{ij} \hat{X}_{ij} \tag{6-16}$$

$$\hat{X}_{ij} = \frac{X_j - X_i}{||X_j - X_i|| + \varepsilon} \tag{6-17}$$

$$\hat{K}_{ij} = \frac{K_i - K_j}{K^{\mathrm{worst}} - K^{\mathrm{best}}} \tag{6-18}$$

式中，K^{worst} 和 K^{best} 是算法目前为止所有磷虾个体得到的最差和最优的适应度值；K_i 是第 i 个磷虾个体的损失函数值或者适应度值；K_j 是第 i 个磷虾个体的第 $j(j=1,2,\cdots,\mathrm{NN})$ 个邻近个体的适应度值，NN 是第 i 个个体的邻近个体数；X 是相应的位置。为了避免分母为 0，给它加上一个极小的正数 ε。

选择邻近个体有几种不同的策略，比如，可以简单地设置一个邻近阈值搜索最近邻的磷虾个体。根据现实中对磷虾个体的研究，可以设置一个感知距离用以搜索一个磷虾个体附近的邻近个体。可以采用多种启发式的方法为每个个体设定这个感知距离，在该算法中，该距离如下：

$$d_{\mathrm{s},i} = \frac{1}{5N} \sum_{j=1}^{N} ||X_i - X_j|| \tag{6-19}$$

式中，$d_{\mathrm{s},i}$ 为第 i 个磷虾个体的感知距离，等号右边的"5"是根据先验知识确定的，根据式(6-19)，如果两个个体间的实际距离小于感知距离，则判断它们为邻近个体。

2. 觅食活动

觅食活动由两个主要参数控制，一个是食物位置，另一个是上一代对食物位置的经验，具体可以表示为

$$F_i = V_{\mathrm{f}}\beta_i + \omega_{\mathrm{f}} F_i^{\mathrm{old}} \tag{6-20}$$

式中，

$$\beta_i = \beta_i^{\mathrm{food}} + \beta_i^{\mathrm{best}} \tag{6-21}$$

V_{f} 是觅食速度，ω_{f} 是 $0\sim1$ 的觅食运动的惯性权重，F_i^{old} 是上一次的觅食运动，β_i^{food} 是食物的吸引因子，β_i^{best} 是第 i 个个体目前为止最优适应度值的影响因子。

食物的影响力是根据其位置决定的,首先应该找到食物中心位置,然后计算食物的吸引力。吸引力不能被精确地计算,但可以估计它。受启发于"物以类聚"的思想,在 KHA 中,根据磷虾群的适应度值的分布估计食物的中心点位置,每代的食物中心点位置如下:

$$X^{\text{food}} = \frac{\sum\limits_{i=1}^{N} \frac{1}{K_i} X_i}{\sum\limits_{i=1}^{N} \frac{1}{K_i}} \tag{6-22}$$

因此,第 i 个个体受到的食物吸引力为

$$\beta_i^{\text{food}} = C^{\text{food}} \hat{K}_{i,\text{food}} \hat{X}_{i,\text{food}} \tag{6-23}$$

式中,C^{food} 为食物运动系数,由于现实中食物对磷虾群的吸引力会随时间下降,因此 C^{food} 计算方式如下:

$$C^{\text{food}} = 2\left(1 - \frac{I}{I_{\max}}\right) \tag{6-24}$$

食物的吸引作用是尽可能引导磷虾群移动至全局最优位置,因此,在算法的开始几代,磷虾群会表现出在全局最优位置附近徘徊,这可以被视作全局的系数优化策略,提升了 KHA 的全局搜索能力。

3. 随机扩散

随机扩散是为算法的随机性引入的,可以表达为一个最大扩散速度和一个随机方向的乘积:

$$\boldsymbol{D}_i = D^{\max} \boldsymbol{\delta} \tag{6-25}$$

其中,$D^{\max}$ 是最大扩散速度,$\boldsymbol{\delta}$ 是随机生成的方向向量,向量中的每个元素都属于 $[-1,1]$。现实中,磷虾的位置越好,则希望它的随机运动越少。因此,对 $\boldsymbol{D}_i$ 引入了令其随迭代数变化的因素,使得 $\boldsymbol{D}_i$ 随着时间不断减小:

$$\boldsymbol{D}_i = D^{\max}\left(1 - \frac{I}{I_{\max}}\right)\boldsymbol{\delta} \tag{6-26}$$

在算法中,上述运动算子会频繁地使磷虾个体的位置发生变化,趋向于更优的解。其他磷虾个体和觅食活动两种因素的详细描述中均包含了两个全局策略和两个局部策略,这些算子的并行运算使得 KHA 更有效地运行。根据以上对第 i 个个体的定义,如果它们相应的适应度值比第 i 个个体的适应度值高,则它们产生的是吸引作用,否则,将会产生排斥作用。随机扩散作为算法中的随机搜索部分,赋予了算法脱离局部极值的能力。结合上面的算子,一个磷虾个体在第 t 代的位置更新如下:

$$X_i(t + \Delta t) = X_i(t) + \Delta t \frac{\text{d}X_i}{\text{d}t} \tag{6-27}$$

式中,Δt 是一个很重要的参数,需要根据优化问题的不同精心地设置,因为它确定了速度变量的比例因子。Δt 完全取决于搜索空间本身,可以根据式(6-28)计算:

$$\Delta t = C_t \sum_{j=1}^{\text{NV}} (\text{UB}_j - \text{LB}_j) \tag{6-28}$$

式中,NV 是变量的总个数,LB_j 和 UB_j 是第 j 个变量的上界和下界,因此它们的差可以很好地表现出搜索空间。根据经验,C_t 被设定为一个 $0\sim2$ 的常量,显然地,更小的 C_t 能够使

得磷虾群搜索得更仔细。

算法中还引入了遗传机制来提高性能,主要引入了"交叉"和"变异"两个算子,下面将详细阐述这两个算子。

(1) 交叉算子。交叉算子最初被用于 GA 中作为一个全局优化的很有效的策略,差分进化中使用的向量化交叉算子可以被视为对 GA 中交叉算子的改进。在 HKA 中,引入了一种自适应的向量化交叉算子。

交叉算子主要被交叉概率 C_r 控制,实际中,交叉算子有两种:二项式型和指数型。其中,二项式型的交叉算子通过在变量的每个向量值上做操作来进行,X_i 的第 m 个元素如下:

$$X_{i,m} = \begin{cases} X_{r,m}, & \mathrm{rand}_{i,m} < C_r \\ X_{i,m}, & \text{其他} \end{cases} \tag{6-29}$$

$$C_r = 0.2\,\hat{K}_{i,\mathrm{best}} \tag{6-30}$$

式中,$r \in \{1, 2, \cdots, i-1, i+1, \cdots, N\}$。在这个算子下,全局最优的交叉概率等于 0,并且适应度值越低,交叉概率越高。

(2) 变异算子。在进化策略和差分进化中,变异算子有着很重要的作用。变异算子通常由一个变异概率来控制:

$$X_{i,m} = \begin{cases} X_{\mathrm{gebs},m} + \mu(X_{p,m} + X_{q,m}), & \mathrm{rand}_{i,m} < \mathrm{Mu} \\ X_{i,m}, & \text{其他} \end{cases} \tag{6-31}$$

$$\mathrm{Mu} = 0.05/\hat{K}_{i,\mathrm{best}} \tag{6-32}$$

$$\hat{K}_{i,\mathrm{best}} = K_i - K^{\mathrm{best}} \tag{6-33}$$

式中,$p, q \in \{1, 2, \cdots, i-1, i+1, \cdots, N\}$,$\mu$ 是一个 0~1 的系数。此时,全局最优的变异概率为 0,并且适应度值越低,变异概率越高。

综合上面的算子,KHA 的整体流程如下。

算法 6-5　KHA 的整体流程

开始:
　　随机初始化
　　评估每个个体的适应度值
　　计算活动算子:
　　　　1. 其他磷虾个体的运动
　　　　2. 觅食活动
　　　　3. 随机扩散
　　计算遗传算子:
　　　　1. 交叉算子
　　　　2. 变异算子
　　更新磷虾群个体的位置
　　判断是否达到算法终止条件,决定是终止算法还是继续搜索
结束

在和 PSO 的比较中,KHA 表现出了相当好的效果,后续对它的研究将会主要集中在:

(1) 更好地初始化磷虾群分布策略。

（2）改进和优化活动算子。

（3）优化选取算法参数的策略。

6.8　细菌觅食算法

根据达尔文的"自然选择"法则,具有较差"觅食策略"的生物数量会逐渐削减,具有较好"繁殖能力"和"觅食策略"的生物数量会逐渐增加。研究者们根据人体内大肠杆菌利用群体的力量采用的觅食策略提出了 BFO。

觅食理论建立在动物会尽可能地寻找一种能够最大化单位时间(T)内能量摄入(E)的食物获取方式,即最大化式(6-34):

$$\frac{E}{T} \tag{6-34}$$

显然,对于不同的生物来说,觅食的难度是不同的:食草动物通常很容易获取食物,但进食量也很大;食肉动物寻找食物相对困难,但进食量并不需要很大,因为肉类食物的单位能量通常比较大。环境通常已经建立了可获取食物的模式,并且对食物获取的难度进行了一定的限制。在觅食过程中往往存在着被捕食的风险,同时觅食者的生理特征也决定了其觅食的能力和成功率。最优觅食理论使得觅食问题变成了一个最优化问题,通过计算和分析可以提供一种指明如何进行觅食决策的最优觅食方案。由于信息的不完整性和潜在的风险,觅食策略必须在有限制的情况下最大化长期的平均能量摄取率。总体来说,最优觅食理论本质上就是一个能够给出最优觅食行为的模型。实际上,已经有研究表明,启发式觅食决策在实际问题中有着非常好的效果,尤其在给定了具体限制的情况下。

对大肠杆菌的研究表明,它们存在一种群体性的觅食行为,保证了物种的生存能力和繁殖能力,避免被自然选择机制淘汰。简单起见,在 BFO 中,只选取大肠杆菌的三个最基本的群体性行为:趋化性(chemotactic)行为、繁殖(reproduction)行为和驱散(elimination-dispersal)行为。

（1）趋化性行为是指大肠杆菌天生地趋向于营养素资源的性质,它们会根据环境和其他个体传递给自己的信息尽可能地向营养素移动。

（2）繁殖行为是指大肠杆菌通过分裂产生后代,从而使得物种能够延续下去,避免被自然选择机制淘汰。

（3）驱散行为是指大肠杆菌在人体中的生存食欲有一定概率被人体免疫机制驱散,这是生存环境本身所决定的。

假设想要找到函数 $J(\theta)$,$\theta \in \mathbf{R}^p$ 的表示,且对该函数的梯度信息 $\nabla J(\theta)$ 没有任何的先验知识和描述。在 BFO 中,假设 θ 为细菌的位置,$J(\theta)$ 为环境所表现出的吸引和排斥的状态集合,$J(\theta)<0$、$J(\theta)=0$ 和 $J(\theta)>0$ 分别表示位置 θ 富含营养素、有中等营养素和有害三种情况。细菌的"趋化性"是一种细菌所具有的觅食行为:尽可能地趋向于富含营养素的区域,同时尽可能地避开有中等营养素和有害的区域。

将趋化性行为定义为多次滚动(tumble)动作的序列。令 j 为趋化性行为的索引,k 为繁殖行为的索引,l 为驱散行为的索引。令

$$P(j,k,l)=\{\theta^i(j,k,l) \mid i=1,2,\cdots,S\} \tag{6-35}$$

表示每个细菌个体在第 j 次趋化性行为、第 k 次繁殖行为和第 l 次驱散行为的位置的集合。同时,令

$$J(i,j,k,l) \tag{6-36}$$

表示第 i 个个体在位置 $\theta^i(j,k,l) \in \mathbf{R}^p$ 时的损失函数值。对现实中的细菌个体来说,细菌的种群数可以非常大(如 $S=10^9$),但位置的维度 p 只能为 3。在 BFO 中,细菌种群数不会这么大,但位置维度 p 可以大于 3,用于解决更高维度的优化问题。

令 N_c 表示一个细菌的生命周期,用于控制趋化性行为的代数;令 $C(i)>0,i=1,$ $2,\cdots,S$ 表示趋化性行为的步长;在一次滚动中,随机生成一个方向向量 $\phi(j)$ 用于控制滚动的方向,综上,有

$$\theta^i(j+1,k,l)=\theta^i(j,k,l)+C(i)\phi(j) \tag{6-37}$$

上述讨论没有涉及细菌个体间的互相吸引,下面令 $J_{cc}^i(\theta,\theta^i(j,k,l)),i=1,2,\cdots,S$ 表示细菌个体间的吸引力:

$$
\begin{aligned}
J_{cc}(\theta,P(j,k,l)) &= \sum_{i=1}^{S} J_{cc}^i(\theta,\theta^i(j,k,l)) \\
&= \sum_{i=1}^{S} \left[-d_{attract} \exp\left(-\omega_{attract} \sum_{m=1}^{p} (\theta_m - \theta_m^i)^2 \right) \right] \\
&\quad + \sum_{i=1}^{S} \left[h_{repellant} \exp\left(-\omega_{repellant} \sum_{m=1}^{p} (\theta_m - \theta_m^i)^2 \right) \right]
\end{aligned} \tag{6-38}
$$

式中,$\theta=[\theta_1,\theta_2,\cdots,\theta_p]^{\mathrm{T}}$ 是优化域上的一个点,其中 θ_m^i 为第 i 个细菌个体的位置向量的第 m 个元素;$d_{attract}$ 表示细菌间的吸引深度;$\omega_{attract}$ 表示吸引信号的宽度;$h_{repellant}$ 表示排斥信号的高度;$\omega_{repellant}$ 表示排斥信号的宽度。

由于细菌群体的动态移动性,$J_{cc}(\theta,P(j,k,l))$ 是时序相关的,因为当一个细菌个体周围的细菌数增多时,它受到的吸引或者排斥的力度会变化,这个性质使得算法具有了群体性。

在 N_c 次趋化性行为迭代后,会进行一次繁殖行为。令 N_{re} 为繁殖行为的代数,令 $S_r=\dfrac{S}{2}$ 表示拥有足够营养素进行无变异繁殖的个体数。在繁殖过程中,种群会先根据损失函数值从小到大排序(更高的损失函数值表示这个解不够优,因为没有繁殖的必要)。后 S_r 个个体被判定为死亡,其他个体会分裂成同一位置的两个细菌个体。

令 N_{ed} 为驱散行为的总代数,在驱散过程中,每个个体都有 p_{ed} 的概率被驱散。驱散过程引入了随机的概念,使得算法拥有跳出局部极值的能力。

BFO 的具体流程如下。

算法 6-6　BFO

初始化参数:$p,S,N_c,N_s,N_{re},N_{ed},p_{ed},C(i)$
1. 控制驱散行为的迭代数 $l=l+1$
2. 控制繁殖行为的迭代数 $k=k+1$
3. 控制趋化性行为的迭代数 $j=j+1$
　　a. For $i=1,2,\cdots,S$,如下为第 i 个细菌个体进行趋化性行为
　　b. 计算 $J(i,j,k,l)=J(i,j,k,l)+J_{cc}(\theta^i(j,k,l),P(j,k,l))$

---

c. 令 $J_{last}=J(i,j,k,l)$，作为备份

d. 一次滚动(tumble)：生成一个随机向量 $\Delta(i)\in\mathbf{R}^p$，其中每个元素 $\Delta_m(i)$，$m=1,2,\cdots,p$ 都是 $[-1,1]$ 的一个随机数

e. 移动：令 $\theta^i(j+1,k,l)=\theta^i(j,k,l)+C(i)\dfrac{\Delta(i)}{\sqrt{\Delta^T(i)\Delta(i)}}$

f. 计算 $J(i,j+1,k,l)$，然后令
$$J(i,j+1,k,l)=J(i,j,k,l)+J_{cc}(\theta^i(j+1,k,l),P(j+1,k,l))$$

g. 潜伏(swim)：

　i. 令 $m=0$（用于控制潜伏的长度）

　ii. while $m<N_s$：

　　└ 令 $m=m+1$

　　└ 如果 $J(i,j+1,k,l)<J_{last}$，令 $J_{last}=J(i,j+1,k,l)$，

　　　$\theta^i(j+1,k,l)=\theta^i(j+1,k,l)+C(i)\dfrac{\Delta(i)}{\sqrt{\Delta^T(i)\Delta(i)}}$，并用这个

　　　$\theta^i(j+1,k,l)$ 来计算新的 $J(i,j+1,k,l)$

　　└ 否则，令 $m=N_s$，结束循环

h. 如果 $i\neq S$，则结束对第 i 个细菌个体的操作，继续进行下一个

4. 如果 $j<N_c$，回到第 3 步，因为此时细菌的生命尚未结束

5. 繁殖行为(reproduction)：

a. 对给定的 k 和 l，及每个 $i=1,2,\cdots,S$，令 $J_{health}^i=\sum\limits_{j=1}^{N_c+1}J(i,j,k,l)$，作为第 i 个细菌个体的健康度度量，根据每个个体的 J_{health} 对 $C(i)$ 进行升序排序

b. 具有最高 J_{health} 的个体 S_r 死亡，其他细菌个体分裂

6. 如果 $k<N_{re}$，回到第 2 步，在这种情况下，没有达到规定的繁殖(reproduction)步数，所以要在趋化性(chemotactic)循环内重新开始新的一代

7. 驱散行为：For $i=1,2,\cdots,S$，以概率 p_{ed} 减少细菌个体数量，这一步使得细菌群体的数量保持稳定

8. 如果 $l<N_{ed}$，回到第 1 步，否则结束算法

通过在常用的测试函数上对 BFO、PSO 和 GA 等算法进行比较，BFO 达到了较好的效果，未来将有更多的工作建立在该算法之上。

6.9　其他 SI 算法简述

蝙蝠算法(Bat Algorithm，BA)是根据蝙蝠的回声定位行为提出的新型群体智能优化算法。蝙蝠的回声定位能力非常强大，即使在完全黑暗的环境中，它们也能够准确地识别天敌，判别不同种类的昆虫。通过不断地发出超声波脉冲并听取反射回的回声，蝙蝠可以实时地判断周围环境的状态，包括目标的距离和方向、猎物的类型和移动速度等。算法最开始初始化一群个体作为潜在的解，在每一次迭代时，根据当前的校正声波频率生成两个新个体：一个是在当前最优解周围随机选取，作为对当前最优解的开采(exploitation)，另一个是随机生成一个新个体，但需要根据和其他个体的频率响度决定是否保留，作为探索(exploration)。在不停地迭代中，算法能够有更高的概率逼近全局最优解。在标准测试集上，与 GA 和 PSO 的比较中，BA 展示出了良好的性能。

MOA 是根据磁性粒子间的互相吸引力提出的新型群体智能优化算法。在该算法中，磁铁粒子在磁场力的影响下，形成了晶格状结构，彼此间保持着吸引力。每个个体都会对其

他个体产生吸引,即使最差的个体。算法最开始初始化一群形成晶格状结构的磁铁粒子,在每一次迭代时,算法会根据每个个体的适应度值计算并归一化其对其他粒子的影响力,然后对每个粒子,加权其相邻 8 个粒子对其的磁力形成该粒子此时所受的外力。然后对每个磁铁粒子,计算其此时的加速度,模拟磁铁粒子的运动过程,更新它的速度和位置,进入下一次迭代。在标准测试集上,与 GA 和 PSO 的比较中,MOA 展示出了良好的性能。

IWD 是基于动态河流系统中水滴间的作用力与反作用力提出的新型群体智能优化算法。IWD 的问题表示通常是一个包含 N 个点和 E 条边的图,通过不断地沿着图中的边遍历图中的点来逐渐地完善自己的解,直到找到最优解。IWD 通常被应用于 NP 难的组合优化问题中,如旅行商问题、多重背包问题和 n 皇后问题。IWD 模拟水滴在河流中流动的过程,令流速快的水滴携带比流速慢的水滴更多的泥土,使得水滴在泥土较少的路径上获取更多的速度增量,因此水滴将会以更大的概率选择泥土较少的路径前进,从而促使算法能够尽可能地找到泥土更少的路径,求得最优解。

6.10　实　验　对　比

6.10.1　人工蜂群算法

在仿真实验中,ABC 被用于在著名的三个测试函数上寻找全局极小值,三个测试函数分别如下,具体如表 6-1 所示。

表 6-1　ABC 的函数表达式

函数表达式	定　义　域	全局最小值
$f_1(\vec{x}) = \sum_{i=1}^{5} x_i{}^2$	$-100 \leqslant x_i \leqslant 100$	$f_1(\vec{0}) = 0$
$f_2(\vec{x}) = 100\,(x_2 - x_1^2)^2 + (x_1 - 1)^2$	$-2.048 \leqslant x_i \leqslant 2.048$	$f_2(\vec{1}) = 0$
$f_3(\vec{x}) = \sum_{i=1}^{10} (x_i^2 - 10\cos(2\pi x_i) + 10)$	$-600 \leqslant x_i \leqslant 600$	$f_3(\vec{0}) = 0$

(1) Sphere 函数:一个连续的凸单峰函数,x_i 的取值范围为 $[-100, 100]$,全局极小值为 0,对应的 x 值为 $(0, 0, 0, 0, 0)$。

(2) Rosenbrock Valley 优化问题:经典的优化问题,全局最优在一个狭长的、抛物线形状的平坦山谷里,因此收敛到全局最优是很难的。变量间的相互依赖性很强,基于梯度的方法通常都不能收敛到全局最优。x_i 的取值范围为 $[-2.048, 2.048]$,全局最优点为 0,对应的 x 值为 $(1, 1)$,最优点为唯一的极值点并且函数是单峰函数。

(3) Rastrigin 函数:是在 Sphere 函数的基础上加了余弦调制,从而产生了许多局部极值点,加大了搜索难度。x_i 的取值范围为 $[-600, 600]$,全局最优点为 0,对应的 x 为 $(x_1, x_2, \cdots, x_{10}) = (0, 0, \cdots, 0)$。

实验中的 ABC 设定的最大迭代次数为 2000,旁观者和采集者各占了蜂群总数的 50%,侦察者的数量被恒设定为 1。侦察者越多,算法越重视探索(exploration),旁观者越多,算法越重视利用(exploitation)。实验中的具体参数设置如表 6-2 所示。

表 6-2　ABC 的具体参数设置

种 群 数 量	**20**
上限	旁观者数量×维数
旁观者数量	种群数量的 50%
采集者数量	种群数量的 50%
侦察者数量	1

每个测试函数使用 ABC 用不同的随机种子重复了 30 次,每次的搜索解被记录,表 6-3 展示了三组实验的搜索解的均值和标准差。

表 6-3　三组实验的搜索解的均值和标准差

函　　　数	均　　　值	标　准　差
$f_1(\vec{x})$ (5D Sphere)	4.45E−17	1.13E−17
$f_2(\vec{x})$ (2D Rosenbrock)	0.002 234	0.002 645
$f_3(\vec{x})$ (10D Rastrigin)	4.68E−17	2.64E−17

从实验结果来看,ABC 在处理单峰和多峰函数时具有很好的效果,和现有的群体智能优化算法相比,具有很好的可扩展性和鲁棒性。

6.10.2　萤火虫算法

很多研究已经表明了在解决许多优化问题上,PSO 的性能要优于 GA,这主要是由于 PSO 对于已经求解出的全局最优的广播能力使得算法能够更好更快地收敛于最优解。而在对 FA、PSO 以及 GA 的研究中,FA 也展现出了比 PSO 和 GA 更好的性能,如表 6-4 所示。

表 6-4　FA 结果

测 试 函 数	算　　　法		
	GA	**PSO**	**FA**
Michalewicz's ($d=16$)	89 325±7914(95%)	6922±537(98%)	3752±725(99%)
Rosenbrock's ($d=16$)	55 723±8901(90%)	32 756±5325(98%)	7792±2923(99%)
DeJong's ($d=256$)	25 412±1237(100%)	17 040±1123(100%)	7217±730(100%)
Schwefel's ($d=128$)	227 329±7572(95%)	14 522±1275(97%)	9902±592(100%)
Ackley's ($d=128$)	32 720±3327(90%)	23 407±4325(92%)	5293±4920(100%)
Rastrigin's	110 523±5199(77%)	79 491±3715(90%)	15 573±4399(100%)
Easom's	19 239±3307(92%)	17 273±2929(90%)	7925±1799(100%)
Griewank's	70 925±7652(90%)	55 970±4223(92%)	12 592±3715(100%)
Shubert's (18 minima)	54 077±4997(89%)	23 992±3755(92%)	12 577±2356(100%)
Yang's ($d=16$)	27 923±3025(83%)	14 116±2949(90%)	7390±2189(100%)

从表 6-4 可以看出,FA 在搜索全局最优的问题上具有更高的效率和准确率,说明 FA 在解决 NP 难问题上值得更多深入的研究,未来的工作可以建立在改进随机策略和收敛方式上,或者将 FA 与其他群体智能优化算法结合从而产生出更有效率的新型群体智能优化算法。

6.10.3 布谷鸟搜索算法

表 6-5 和表 6-6 展示了 CS 与 GA 以及 PSO 的结果比较。

表 6-5 CS 与 GA 的结果比较

测 试 函 数	算　　　法	
	GA	**CS**
Multiple Peaks	52 124±3277(98%)	927±105(100%)
Michalewicz's ($d=16$)	89 325±7914(95%)	3221±519(100%)
Rosenbrock's ($d=16$)	55 723±8901(90%)	5923±1937(100%)
DeJong's ($d=256$)	25 412±1237(100%)	4971±754(100%)
Schwefel's ($d=128$)	227 329±7572(95%)	8829±625(100%)
Ackley's ($d=128$)	32 720±3327(90%)	4936±903(100%)
Rastrigin's	110 523±5199(77%)	10 354±3755(100%)
Easom's	19 239±3307(92%)	6751±1902(100%)
Griewank's	70 925±7652(90%)	10 912±4050(100%)
Shubert's (18 minima)	54 077±4997(89%)	9770±3592(100%)

表 6-6 CS 与 PSO 的结果比较

测 试 函 数	算　　　法	
	PSO	**CS**
Multiple Peaks	3719±205(97%)	927±105(100%)
Michalewicz's ($d=16$)	6922±537(98%)	3221±519(100%)
Rosenbrock's ($d=16$)	32 756±5325(98%)	5923±1937(100%)
DeJong's ($d=256$)	17 040±1123(100%)	4971±754(100%)
Schwefel's ($d=128$)	14 522±1275(97%)	8829±625(100%)
Ackley's ($d=128$)	23 407±4325(92%)	4936±903(100%)
Rastrigin's	79 491±3715(90%)	10 354±3755(100%)
Easom's	17 273±2929(90%)	6751±1902(100%)
Griewank's	55 970±4223(92%)	10 912±4050(100%)
Shubert's (18 minima)	23 992±3755(92%)	9770±3592(100%)

可以看到,CS 在相关测试函数上的表现比 GA 和 PSO 更优。由于 CS 只有种群规模和巢穴遗弃率 p_a 两个参数,调参过程大大简化,并且 CS 具有更强的遗传性和鲁棒性,可以期

待其未来在更多 NP 难问题上有较好的表现。

6.10.4　头脑风暴算法

在测试函数 Sphere 和 Rastrigin 上,BSO 展现出了相当有竞争力的性能(见表 6-7),可以期待未来在其之上的更多改进工作。

表 6-7　BSO 实验结果

测 试 函 数	维 度	均 值	最 好	最 差	方 差
Sphere	10	3.82E−44	1.51E−44	7.13E−44	1.58E−88
	20	3.10E−43	1.61E−43	4.56E−43	4.05E−87
	30	1.15E−42	8.07E−43	1.70E−42	4.70E−86
Rastrigin	10	3.820 643	1.989 918	6.964 713	1.954 026
	20	18.068 44	8.954 632	26.863 87	19.651 72
	30	32.913 22	17.909 26	58.702 49	82.825 22

6.10.5　鱼群算法

在表 6-8 所示的测试函数(表 6-9 给出了每个函数的相关参数)上,FSA 实验结果如表 6-10 所示,可以看出,和其他生物群体智能优化算法相比,FSA 具有相当好的效果,尤其对于具有非结构化的高维搜索空间的搜索问题,可以期待未来将会有更多的工作建立在 FSA 之上。

表 6-8　FSA 测试函数

测 试 函 数	表 达 式
Rosenbrock	$F(x) = \sum_{i=1}^{n-1}\left[100\,(x_{i+1}-x_i)^2 + (1-x_i)^2\right]$
Rastrigin	$F(x) = 10n + \sum_{i=1}^{n}\left[x_i^2 - 10\cos(2\pi x_i)\right]$
Griewank	$F(x) = 1 + \sum_{i=1}^{n}\frac{x_i{}^2}{4000} - \prod_{i=1}^{n}\cos\left(\frac{x_i}{\sqrt{i}}\right)$
Ackley	$F(x) = -20\exp\left(-0.2\sqrt{\frac{1}{n}\sum_{i=1}^{n}x_i^2}\right) - \exp\left(\frac{1}{n}\sum_{i=1}^{n}\cos(2\pi x_i)\right) + 20$
Schwefel 1.2	$F(x) = \sum_{i=1}^{n}\left(\sum_{j=1}^{i}x_i\right)^2$

表 6-9　FSA 测试函数参数

测 试 函 数	参 数		
	搜 索 域	初 始 化	最 优 值
Rosenbrock	$-30 \leqslant x_i \leqslant 30$	$15 \leqslant x_i \leqslant 30$	1.0^D
Rastrigin	$-5.12 \leqslant x_i \leqslant 5.12$	$2.56 \leqslant x_i \leqslant 5.12$	0.0^D

测 试 函 数	参　数		最 优 值
	搜 索 域	初 始 化	
Griewank	$-600 \leqslant x_i \leqslant 600$	$300 \leqslant x_i \leqslant 600$	0.0^D
Ackley	$-32 \leqslant x_i \leqslant 32$	$16 \leqslant x_i \leqslant 32$	0.0^D
Schwefel 1.2	$-100 \leqslant x_i \leqslant 100$	$50 \leqslant x_i \leqslant 100$	0.0^D

表 6-10　FSA 实验结果

测 试 函 数	适应度的均值和标准差			
	原始 PSO	收缩 PSO（G_{best}）	收缩 PSO（L_{best}）	FSA
Rosenbrock	54.686 7 (2.857 0)	8.157 9 (2.783 5)	12.664 8 (1.230 4)	16.118 (0.729)
Rastrigin	400.719 4 (4.298 1)	140.487 6 (4.853 8)	144.815 5 (4.406 6)	13.386 (4.005)
Griewank	1.011 1 (0.003 1)	0.030 8 (0.006 3)	0.000 9 (0.000 5)	0.002 7 (0.002)
Ackley	20.276 9 (0.008 2)	17.662 8 (1.023 2)	17.589 1 (1.026 4)	0.040 0 (0.020)
Schwefel 1.2	5.457 2 (0.142 9)	0.0 (0.0)	0.125 9 (0.017 8)	0.080 8 (0.022)

本 章 小 结

　　本章对新型群体智能优化算法进行了分类,并详细阐述了 ABC 等 7 种比较具有代表性的算法。

　　6.1 节对新型群体智能优化算法进行了简单分类。

　　6.2 节对 ABC 进行了介绍。ABC 模拟了自然界蜂群中设立不同岗位,使得觅食活动更具有效率的群体行为。

　　6.3 节对 FA 进行了介绍。FA 通过给每个萤火虫个体定义不同的发光强度,模拟自然界萤火虫之间的彼此吸引,逐步迭代保留较优解,淘汰次优解,最终搜索到最优解。

　　6.4 节对 CS 进行了介绍。CS 模拟的是自然界中某些雀类在其他鸟类的巢穴内产卵来转移抚养后代成本的行为,令较优解具有更高的概率存活下来,从而搜索最优解。

　　6.5 节对 BSO 进行了介绍。BSO 模拟的是人类在讨论问题时经常会进行的“头脑风暴”方法,提高了对全局信息的搜索能力。

　　6.6 节对 FSA 进行了介绍。FSA 模拟的是海洋里鱼群尽可能保持群体,以此提升生存能力和觅食能力。

　　6.7 节对 KHA 进行了介绍。KHA 模拟的是磷虾群体内每个个体向食物点和群体密度最高点的移动行为。

　　6.8 节对 BFO 进行了介绍。BFO 模拟的是人体内大肠杆菌的趋化性行为、繁殖行为和驱散行为。

6.9 节简单介绍了 BA、MOA 和 IWD。

本章对新型群体智能优化算法进行了分类,并详细阐述了人工蜂群算法等七种比较具有代表性的算法。

习　　题

习题 6-1　根据研究对象的不同,可以将群体智能优化算法分为哪几类? 每一类给出至少三个算法实例。

习题 6-2　ABC 中,蜜蜂个体被分为几种类型? 每种类型的蜜蜂的数量如何设置?

习题 6-3　写出 FA 的伪代码。

习题 6-4　描述 CS 中的 levy 飞行。

习题 6-5　列出并简单描述 BSO 中的四项基本奥斯本规则。

习题 6-6　描述 FSA 中的群体性本能和群体性决策。

习题 6-7　说明 KHA 中引入交叉和变异算子的目的。

习题 6-8　BFO 中有哪几个基本算子? 请简单介绍。

习题 6-9　简单介绍 BA、MOA 和 IWD。

习题 6-10　从本章介绍的算法中选取一个你最感兴趣的算法并用代码实现。

本章参考文献

第7章

基于群体的进化计算方法

7.1 进化计算方法分类与介绍

在计算机时代,随着人们处理的问题越来越多变而复杂,冯·诺依曼结构下传统的数值计算方法遇到越来越多的困难:越来越难以建立足够精确的模型、越来越庞大的数据量与数据维度、越来越复杂的数据结构与特征等。例如:对于图像数据,用传统方法建立模型精确描述一类图像的分布难以实现,而现实网络中的种种图像数据数不胜数,常见高清图像维度已经达到了 1920×1080 即上百万的维度,这些图像中可能还出现局部的模糊、遮挡等干扰现象。这些不可避免又难以解决的问题,限制了数值计算方法在图像、音频等复杂数据处理上的进一步发展。

反观人类和自然界中众多动物,虽然在各种数值计算问题上远远赶不上计算机的能力,但对图像、音频的众多复杂、抽象任务,却能在瞬间解决。例如:图像上的实体识别、画面的回忆重建与想象(图像生成)、风格识别,以及音频上的音源定位、噪声识别和多个声音的分离识别。这反映出人与动物的某些特点对特定计算问题有着优越的能力,吸引了学术界和产业界的长期关注与思考,成为当今人工智能(Artificial Intelligence)热潮的一大组成部分。

本章介绍进化计算(Evolutionary Computing),它是计算智能(Computational Intelligence,CI)的重要部分,旨在利用生物群体的智慧进行复杂计算。

7.1.1 进化计算

进化计算受启发于生物繁衍的遗传现象和达尔文学说中"优胜劣汰"的自然选择法则,模仿生物种群在环境中生存、进化,最终高度适应的现象。进化计算方法将问题看作环境,维护一个可行解的群体,通过不断产生新解再排除较差的解更新这个群体,使得群体最终能够找到问题的最优解。进化计算主要用于处理难以用梯度方法解决的优化问题,如离散问题、多模问题、不可导问题,甚至是没有目标函数解析表达式的优化问题。同时,进化计算方法还能快捷地应用到多目标优化、动态优化等复杂问题上,并有较好的可并行性等。

算法 7-1 进化算法框架

种群初始化
迭代以下步骤直到满足终止条件:
    生成新个体
    在新旧个体中选择固定数量个体成为新种群

进化计算的三个主要算子为交叉算子、变异算子与选择算子。前两者是模仿生物繁殖过程,生成新个体的方法。交叉算子将两个随机选择的个体进行组合得到新的解,而变异算子通过对单个个体加入扰动获得新的解。选择算子则是将种群中优秀个体保留、较差个体排除的方法,同时需要保证给当前虽然较差但潜力较高(例如靠近全局最优)个体的压力不会过高而使其被过早地剔除。在不同的算法中,三种算子的具体实现有所不同。算法的其他部分(主要为解的编码、初始种群分布和终止条件)和具体优化任务密切相关。

7.1.2 进化计算方法分类

基础的进化计算方法和常见变体如下。

(1) GA 是最基本、应用最广泛的进化计算方法。GA 模仿生物基因的演化规律设计向量编码(通常为 01 向量)、交叉、变异,常用于处理各种离散优化问题。

(2) 遗传编程(Genetic Programming,GP)将 GA 中解的编码方式由向量拓展为树,支持多种个体,以及更复杂的交叉、变异操作,以适应具体问题。

(3) 进化策略(Evolutionary Strategy,ES)对进化中的控制变量进行了建模与适应。

(4) 差分进化(Differential Evolution,DE)引入了一种简单高效的个体生成方式,处理连续优化问题。

(5) 文化算法(Cultural Algorithm,CA)对种群文化的形成以及文化给种群带来的影响进行建模,实现更复杂的种群演化过程。

(6) 协同进化(Co-Evolution,CoE)进一步考虑了种群中个体间通过相互合作、学习或竞争促进种群演化的方法。

其中 GA、GP 和 ES 都是模拟生物基因进化的方式,不同之处在于解的编码结构和策略参数控制机制。DE 与 GA 有相似之处,其独到之处在于引入了一种简单有效的差分机制产生新个体。CA 模拟种群文化形成的特点同时控制种群和策略参数。而 CoE 重点在于不同模拟生物种群间的协同与竞争。

以上进化计算方法与群体智能优化方法非常相似:它们都维护一个群体来寻找最优解,其中每个个体代表问题的一个可行解。不同之处在于:群体智能优化方法的核心在于群体中个体间的相互协作、共同进步。而进化计算方法的核心在于基于群体的遗传、繁殖、自然选择完成的种群进化。如今,不少群体智能优化方法同样将选择算子作为一种协同方式,因此两者有所重叠。

本章介绍各种基于群体的进化计算方法。

7.2 遗 传 算 法

GA 是基于遗传学原理,模拟达尔文自然选择法则实现的生物进化过程的计算模型。GA 首先由 Fraser 提出,其后由 Bremermann 和 Reed 等再次提出,最终在 Holland 的大量工作和推广下得到广泛应用和研究,因此 Holland 也被认为是 GA 的奠基人。

7.2.1 遗传算法概述

在生物体中,同一种群中具有一致结构的遗传物质控制了每个体的性状,进而影响其环境适应能力,即生存能力。基因(gene)是生物遗传物质结构的基础,它们线性连接组成染色体(chromosome),进而编码了生物全部的遗传信息。在生物繁殖过程中,来自两个个体的基因通过交叉操作(crossover)进行等位交换,形成性状组合;有时还会在某个基因发生变异(mutation),产生种群中没有的新性状。同时,不适应环境的个体不断被淘汰,其各性状对应的基因也因此不断消亡。

在 GA 中,问题的一个解对应一个染色体,同时也对应具有此基因的一个个体;解的每一个维度对应染色体中某个固定位置的基因。解或其对应个体的优劣用其目标函数值表示,称为适应度值,用 $f(x)$ 表示。通常考虑最小化问题,个体的适应度值越小越好。

基础的 GA 里,使用定长 01 向量编码个体的遗传信息,每一位表示是否具有对应的基因。初始时,种群中每个个体的基因随机指定,算法不断迭代直到满足某终止条件。交叉、变异和选择三个算子是 GA 迭代过程中的核心。

算法 7-2　GA 框架

建立初始种群 P_0,评估适应度值,$t=0$
while 未满足终止条件 **do**
　　对种群 P_t 进行交叉
　　对种群 P_t 进行变异
　　评估生产的子代的适应度值
　　对种群 P_t 和其生成的子代进行选择,得到新的种群 P_{t+1}
　　$t=t+1$
end

7.2.2　交叉算子

大部分交叉算子模拟生物有性繁殖的过程,即由两个亲代染色体进行等位交换,得到的两个新个体全部或取其一加入种群当中。种群中的任意一对个体都以概率 p_c 进行交叉操作,通常 p_c 稍高,以保证种群的基本演化速度。离散编码下,具体算法如下。

算法 7-3　GA 的交叉算子

复制亲代个体 $\hat{x}_1 = x_1$,$\hat{x}_2 = x_2$
计算掩码 m
For $i=1,\cdots,n$ **do**
If $m_i=1$ **then**
　　//交换亲代基因
　　$\hat{x}_{1i} = x_{2i}$,$\hat{x}_{2i} = x_{1i}$
　　End
End

其中掩码 m 为 01 字符串,用以确定交叉位置。交叉位置的选择上,常见的方法有单点交叉(One-Point Crossover)、两点交叉(Two-Point Crossover)与均匀交叉(Uniform Crossover)。单点交叉即随机选择一个分隔位置,前后遗传信息重组;两点交叉随机确定两个位置,之间所有位置进行交换;均匀交叉对于每个位置,以概率 p_x 进行交叉。

7.2.3　变异算子

变异算子的目的是向种群中引入新的遗传物质,提高其多样性。对每个个体 x_i,变异以概率 p_m 在每个基因上发生,产生子代 $\hat{x}_i$。 通常 p_m 选择 $[0,1]$ 中稍小的值,确保变异子代不会变化过大。离散编码中,基因的变异以逻辑取反进行;而对连续编码,通常对变异基因位置加上一个随机扰动。

实际应用中,对于不同问题,同样开发了不同的变异算子。对于离散编码问题,均匀变异在所有基因上以 p_m 取反;顺序变异对一个随机区段上的基因按概率取反;高斯变异将离散编码先转换为连续编码,对变异位置加入高斯噪声,再转换回离散编码。而对于连续编码问题,高斯扰动和均匀扰动是最常见的选择。

7.2.4　选择算子

选择算子用以在 GA 中实现自然选择,剔除适应力差的个体,并保持种群的大小不变。在 GA 中,一般按照先生成子代,再从子代和当前种群中选择若干个体作为下一代种群。此外还有两类选择策略:世代遗传算法(Generational Genetic Algorithm,GGA)获取所有子代后,用子代替代父代,成为新的群体;稳定状态遗传算法(Stable State Genetic Algorithm,SSGA)中,每个子个体生成后,便会判断其是否替代某个父代。因此,GGA 中每一代种群都完全不同,而 SSGA 中种群是逐渐变化的。

选择压力定义为在选择算子作用下最优个体占领整个种群的速度。较高的选择压力会使得种群快速集中到最优个体附件,降低多样性,但同时会导致算法过早地收敛到次优解,限制种群的探索能力。

下面是 GA 中常用的选择算子:

- **比例选择**:依据正比于 $f(x_k)_{max} - f(x_i)$ 的概率分布抽取下一代个体进入新种群。其中 $f(x_k)_{max}$ 是所有适应度值中的最大值。也称为轮盘赌选择。
- **锦标赛选择**:锦标赛选择从种群中抽取出多个大小为 n_{ts} 的小组,其内部进行竞争选出最好的个体。
- **排序选择**:排序选择与比例选择类似,但依据序数而不是适应度值分配个体权重,这使得最优解不至于过快地主导整个群体,对种群适应度值差距过大的情况鲁棒性更强。
- **精英选择**:精英选择确保最优个体或是最优的几个个体总是保留到下一代,其余个体使用随机选择或其他选择方式。

7.2.5　变体与应用

经典遗传算法(Canonical Genetic Algorithm,CGA)由 Holland 提出,它使用比特串编码、单点交叉、均匀变异以及比例选择,交叉变异的子个体直接替代父代。之后更多研究者提出了 GA 的不同变体以提升其性能或解决不同的具体问题,如杂乱遗传算法、交互进化算法、岛屿遗传算法等。

由于 GA 简单有效,被应用在许多应用问题中,尤其是各种离散优化问题。GA 最常用的是智能全局搜索算法。

7.3 遗传算法的收敛性

GA 历史悠久,应用广泛,也吸引了一部分研究人员对其进行理论原理方面的研究。20世纪 70 年代初,Holland 提出了模式定理(Schema Theorem),揭示 GA 中优良个体的数目将以指数速度增长,奠定了其理论研究的基础。本节介绍模式定理的相关概念和推导过程。

模式定理考虑长度为 n 的离散 01 编码的基本 GA。记全部长度为 n 的 01 串,即所有可能的个体,为集合 C。其中模式的定义如下。

定义 7-1 一个模式是由 0、1 或通配符 * 串联成的基因模板(或字串)s,代表了其匹配的所有 01 基因(字符)串的集合,即

$$H := \{x \in C \mid x_i = H_i \text{ 或 } H_i = *, i = 1, \cdots, n\} \tag{7-1}$$

例如模式 10**10,包含了 4 个元素,分别为 100010、100110、101010 和 101110。具有同一个模式的个体,在 01 位置上一致,在 * 位置上则任意变化。

定义 7-2 模式的阶 $o(H)$ 为模式中 01 的个数。模式的定义距离 $\delta(H)$ 为 H 中第一个和最后一个 01 位置间的距离。模式的适应度 $f(H)$ 是其包含的全部个体适应度的均值。

定义 7-2 中的三个概念描述了模式的特点:前两者反映了模式中元素的一致性或元素数目;后者反映了模式中个体的优劣。种群中每种模式的个体数量在迭代过程中的变化受到交叉、变异和选择的影响,大致分析如下。

7.3.1 交叉算子对模式的作用

CGA 使用单点交叉算子,考虑任意模式 H,当交叉点位于 H 的定义距离之内(第一个非 * 位置到最后一个非 * 位置之间)时,它的两个交叉子代都可能不再符合模式 H;当交叉点位于 H 的定义距离之外时,则必有一个子代仍然符合模式 H。由于交叉点随机选择,因此直观上看,模式 H 的交叉中被保留的概率与定义距离 $\delta(H)$ 相关:定义距离越大,模式越容易在交叉中被破坏;定义距离越小,模式越容易生存。模式在交叉算子作用下的生存概率用式(7-2)表示:

$$p_s > 1 - p_c \cdot \frac{\delta(H)}{(n-1)} \tag{7-2}$$

式中,p_c 为交叉概率。式中取不等号的原因是在少数情况下,交叉对象的取值使得子代恰好也符合模式 H。

7.3.2 变异算子对模式的作用

变异算子对模式的作用相对简单:当变异位置在模式的通配符位置时,变异后个体仍符合此模式;否则,变异个体不再属于该模式。模式在变异算子作用下的生存概率用式(7-3)表示:

$$p_s = 1 - o(H) \cdot p_m \tag{7-3}$$

式中,p_m 为变异概率。

7.3.3 选择算子对模式的作用

在 CGA 中,选择算子使用概率选择,因此模式数量变化的比例与其适应度与种群平均

适应度的比例相关,具体可由式(7-4)表示:

$$E(m(H,t+1)) \geqslant \frac{f(H)}{a_t} m(H,t) \tag{7-4}$$

式中,$m(H,t)$ 为种群中模式 H 在第 t 代的个体数,$f(H)$ 为模式 H 适应度值,a_t 为第 t 代种群平均适应度值。这里假设算法处理最大化问题,且任意个体 x 适应度值 $f(x) > 0$。

可以看出在选择算子的作用下,模式数量的增长速度与适应度值比例 $\frac{f(H)}{a_t}$ 相关;假设 a_t 不变,模式都以指数速度变化。

7.3.4　模式定理

模式定理综合了上面三个算子的结果,给出每一代种群中模式 H 对应个体数目的变化情况。

定理 7-1(模式定理)　在 CGA 中,定义距离短、低阶、优于种群平均适应度的模式所包含的个体数量会按照指数速度增多。数学公式表达如下:

$$E(m(H,t+1)) \geqslant \frac{m(H,t)f(H)}{a_t}(1-p) \tag{7-5}$$

p 代表交叉与变异操作破坏模式 H 的概率。其具体表达式如下:

$$p = \frac{\delta(H)}{n-1} p_c + o(H) p_m \tag{7-6}$$

式中,各符号定义与之前一致。

模式定理指明了种群中各类模式的变化规律:在种群平均适应度值和模式适应度值稳定的情况下,种群中符合某个模式的个体数目按照指数速度变化。在实际情况中,种群的平均适应度值和各模式的适应度值都是变化的,相关研究者也指出了模式定理的一些其他不足,导致实际优化过程内模式个体的变化速度有所偏差。模式定理依然有下面几方面的重要意义:

第一点,模式定理初步证明了 GA 的有效性,分析了交叉算子、变异算子、选择算子的作用,成为之后各类理论研究的基础。

第二点,模式定理提出的模式概念意义深刻,对其他离散启发优化算法也有借鉴意义。优良的模式不仅适应度值好,同时需要低阶、定义距离短[这在解空间中划分出一个有潜力的搜索区域,其包含个体尽可能多(低阶)且对交叉操作尽可能封闭(定义距离短)]。通过将种群逐步集中到这样的优良区域,全局搜索过程将更加高效。

第三点,模式定理指出 GA 有着优良的搜索行为。模式定理指出了 GA 的种群,每一步是按照更快的速度集中到上述优良模式中的,这说明 GA 能够通过几种基本算子实现上述的复杂全局搜索能力,从而实现高效优化。

7.4　遗　传　编　程

GP 通常被视为 GA 的一个特例:两者的基本思路都是模仿任务基因的演化,不同之处则在于采用的表示方法。不同于 GA 的向量表示,由于 GP 最初由 Koza 开发出来应对计算机程序的进化,它使用树表示个体基因。

本节介绍 GP 的基本实现和在具体问题中的应用方法。

7.4.1　基于树的基因表示

GP 使用树表示个体基因,使得算法中解的表示有了与向量表示截然不同的能力与特点:

- **适应性的个体**:与大小固定的向量不同,树表示使得 GP 的群体可以包含大小、形状不同的个体,每个个体也可以在大小、形状上产生变异。
- **特定领域语法**:对于不同的问题,需要明确的语法反映解的构成、变化规则等。

由此可以看出,解的语法规则是 GP 的重要组成部分:它描述了对于 GP 中表述个体基因的一棵树,如何对应到问题的一个真实可行解、有哪些约束条件、根据怎样的规则进行变换或组合。

尽管不同的问题中,GP 个体的意义各不相同,但可以统一地描述一些一致的语法特点:GP 解的一个基本语法由元素集 U 和运算集 V 构成。U 中包含问题的基本常量或变量,而 V 是这些元素的基本运算(通常是二元运算)。对于数学表达式的优化问题,U 是所有常数以及变量,V 是加、减、乘、除、三角函数等一些基本算子;对于布尔表达式的优化,U 是所有常量或变量布尔比特,V 是与、或、非及附加的基本运算。GP 还能用以编码计算机程序、决策树等。

通常,每一个子树对应一段式或子程序,其结果可以作为一个 U 中的基本元素。因此树中每一个叶子节点拓展为一棵子树,或某棵子树替代为一个叶子节点,得到新的树仍然符合语法要求。根据这种特点,才能对编码为树的解进行变异、交叉等变换和组合。

处理具体问题时,对于树往往还有各种约束条件。有的运算具有受限的定义域,如除法运算中除数不能为 0。解决这类问题,需要确定更加复杂的语法规则,以规范各算子的设计。

7.4.2　初始化和适应度评估

通常在给定最大树深度和具体语法规则的条件下,GP 随机地生成初始种群。常用的随机生成方式为从根节点开始逐步构建整棵树。每一步随机决定当前节点为 U 或 V 中一个随机元素,当该节点为 V 中运算时,再继续确定其各运算元对应的节点。当前节点深度达到最大深度时,应限制其只能为 U 中的基本元素。

对于不同的问题,适应度有不同的衡量方式:数学表达式可以用与实际数据的契合度作为适应度,计算机程序由其实际效率确定适应度,决策树以其分类准确度作为适应度。此外,还可以附加惩罚性以实现对树结构本身的优化,例如控制树的深度和非叶子节点的分支数。

7.4.3　交叉算子

由上面对语法规则的介绍,可以自然地得到两个父代的交叉算子:交换两个父代各自的一个随机子树,子代数量可以是一棵或两棵树。图 7-1 展示了两个数学表达式的例子。

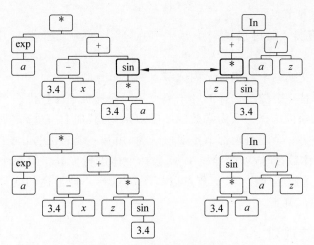

图 7-1　GP 中的交叉算子

7.4.4　变异算子

GP 中通常针对不同的应用开发不同的变异算子,图 7-2 展示了一些常用的变异算子,适用于大部分问题。

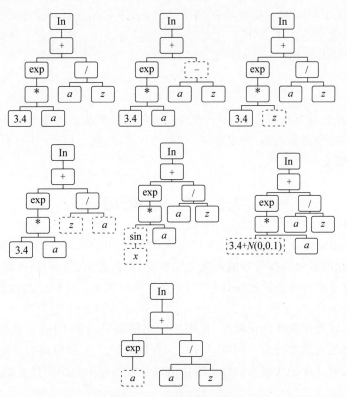

图 7-2　GP 中的变异算子

图 7-2 中第一棵树为原始树,其余分别为下列变异结果:

- **内部节点变异**:随机选择一个内部节点,将其换为运算集 V 中一个与该节点的操作数相同的运算节点。

- **叶子节点变异**：随机选择一个叶子节点，将其换为元素集 U 中一个随机的基本元素。
- **交换变异**：交换一个随机多元内部节点的子节点顺序。
- **生长变异**：将一个随机选择的叶子节点用一棵随机子树替代。
- **高斯变异**：随机选择一个为常数的叶子节点，为其加上一个高斯噪声。
- **裁剪变异**：将一个随机内部节点对应子树，用其一个随机的叶子节点替代。

不固定变异个体数目时，以变异概率 p_m 选择个体进行变异。对每个变异个体，还需要从根节点开始逐渐遍历整棵树，每个节点以概率 p_n 进行一种上述的变异操作。此时，变异的子代个数由 p_m 和 p_n 确定。

7.4.5　积木块遗传规划

目前为止讨论的 GP，在整体流程上与 GA 没有太大的区别，仅仅是各算子的实现不同。一种专门针对决策树的遗传规划中采用了积木块遗传规划（Blocks Genetic Programming，BGP）的进化策略。在 BGP 中，初始种群仅由深度为 2 的树构成；仅当简单的群体无法应对待求解问题的复杂性，也就是群体适应度无法再提升时，才会通过生长变异拓展树的深度；通常只选择较优的个体进行拓展。这里拓展加入的随机子树便被称为一个新的"积木块"。

总体而言，BGP 从具有少量自由度的个体开始，逐步拓展群体中个体的复杂度。BGP 有助于产生尽可能小的个体，降低进化过程中的计算复杂度。同时对于分类问题，更小的决策树有助于提升泛化能力。

7.4.6　应用

GP 最初为进化计算机程序而开发，现今已经拓展到解决各类复杂的问题当中，包括布尔表达式、规划、符号函数识别、经验发现、求解方程式组、概念形成、自动编程、模式识别、博弈策略、神经网络设计等。

7.5　进　化　策　略

ES 由 Rechenberg 在 20 世纪 60 年代首次提出，并由 Schwefel 进一步发展。ES 的核心思路在于"进化的进化"，即生物的进化方法本身，也在进化过程中被不断地优化。实际实现中，ES 中的算子由策略参数控制其行为，并在算法过程中不断调整此参数，以达到进化行为的进化。

通常，ES 用以处理连续优化问题，使用连续向量编码。ES 同时考虑基因型和表现型，但重点在于个体的表现型行为。同时，ES 一定程度摆脱了生物模拟的束缚，例如，ES 中变异常常只在有效时才使子代进入群体；ES 中有时还使用多于两个亲代生成子代。

7.5.1　基本进化策略

第一个 ES 算法用于流体动力学的实验优化，被称为 $(1+1)$-进化策略，但这种进化策略并不适用于群体优化。在 $(1+1)$-ES 中，每次仅有一个个体，通过变异产生一个新个体，然后从两者中选出一个新个体。(1+1)-ES 是第一个将一个个体视为决策向量 x 和策略向量 σ 的二元组的进化算法之一。这里策略参数表示各维度的变异步长,由优化状态动态调整。

具体而言,每个个体按如下方式表达:

$$\chi(t) = (x(t).\sigma(t)) \tag{7-7}$$

其子代为

$$\chi'(t) = (x'(t).\sigma'(t)) \tag{7-8}$$

决策向量通过高斯扰动产生:

$$x'_j(t) = x_j(t) + N_j(0,\sigma_j(t)) = x_j(t) + \sigma_j(t) N_j(0,1) \tag{7-9}$$

策略参数的调整基于 Rechenberg 提出的 1/5 法则:如果一个时段的成功变异的相关频率大于 1/5,则增加偏移 σ_j;否则降低这个偏移。即

$$\sigma'_j(t) = \begin{cases} \alpha\,\sigma_j(t), & \lambda_j(t) < \dfrac{1}{5} \\[2mm] \beta\,\sigma_j(t), & \lambda_j(t) > \dfrac{1}{5} \\[2mm] \sigma_j(t), & \lambda_j(t) = \dfrac{1}{5} \end{cases} \tag{7-10}$$

式中,$\lambda_j(t)$ 指截止代数 t 一段时间内的变异成功率。这里变异成功指产生相对亲代较优的子代个体。

由于亲代和子代都只有一个个体,直接从其中选择最优者进入下一代。

一般地,一类 ES 为 $(\mu+\lambda)$-ES,指每一代有 μ 个个体,生成 λ 个子代后,从 $\mu+\lambda$ 个个体中选出 μ 个个体作为下一代的进化策略。另一类 ES 为 (μ,λ)-ES,指每代 μ 个个体生成 λ 个子代后,从 λ 个子代中选出 μ 个个体作为下一代的 ES(要求满足 $\lambda > \mu$)。ES 由以下几个主要部分构成:

- **初始化**:初始化每个个体的基因型(决策向量)和策略参数。
- **重组**:由两个或两个以上的亲代通过交叉算子得到子代。
- **变异**:根据自适应策略参数进行变异产生子代。
- **评估**:通过适应度函数确定解的质量。
- **选择**:ES 中选择具有两方面作用。一是选择亲代进行重组;二是选择哪些个体进入下一代。

基本 ES 算法流程如下。

算法 7-4 ES 算法

初始化代数计数器 $t=0$
产生初始群体 $P(0)$,包括 μ 个个体的初始基因型和策略参数
对 $P(0)$ 中个体,分别评估适应度 $f(x_i(t)),\chi_i \in P(0)$
while 终止条件未满足 **do**
    for $i=1,\cdots,\lambda$ **do**
        随机选择 $\rho \geqslant 2$ 个亲代
        通过亲代基因型和策略参数上的交叉算子产生子代
        变异子代策略参数和基因型
        计算子代适应度

```
        end
选择新的群体 $P(t)$
$t = t+1$
    end
```

7.5.2　策略参数和自适应

在 ES 中,策略参数与每个个体相关,并根据个体以及整个群体的搜索状况动态调整,以实现个体的自适应搜索行为。实际应用中,策略参数大部分用于定义抽样变异步长的分布。除了上面(1+1)-ES 中设计的方差策略参数及其更新方法,研究者还提出了其他策略参数方法,用以提升效率。

1. 策略参数类型与变种

如前所述,用于变异的高斯扰动偏移大小是一种基础的策略参数。在进化规划相关研究中,也曾尝试使用静态的参数 $\sigma_{ij}(t) = \sigma$,或是使用个体适应度决定动态策略参数 $\sigma_{ij}(t) = \gamma f(x_i(t))$ 等。

使用更多的策略参数能够为个体提供更多的自由度,使得它们在各维度上的变异能够具有更加多变的分布。

当仅仅使用个体各维度偏移作为策略参数时,则搜索中各维度是独立的;当个体最优搜索方向与坐标轴不平行时,这种变异方式无法达到最优效率。如果适应度函数二阶可导,使用海森矩阵,可以得到下面变异:

$$x_i'(t) = x_i(t) + N(0, \boldsymbol{H}^{-1}) \tag{7-11}$$

但很多情况下使用海森矩阵并不可行。一方面,很多目标函数并不能保证二阶可导;另一方面,即使存在二阶导数,海森矩阵的计算代价也非常大。Schwefel 提出适应个体策略参数的协方差矩阵 $\boldsymbol{C}$,以同时优化变异步长和方向。此时,个体基因型按式(7-12)变异:

$$x_i'(t) = x_i(t) + N(0, \boldsymbol{C}) \tag{7-12}$$

式中,$N(0, \boldsymbol{C})$ 代表从 0 均值 $\boldsymbol{C}$ 协方差的正态分布中采样得到的随机向量 $\boldsymbol{r}$ 的分布,其概率密度为

$$f_G(\boldsymbol{r}) = \frac{\det \boldsymbol{C}}{(2\pi)_x^{n_x}} e^{-\frac{1}{2} r^{\mathrm{T}} C r} \tag{7-13}$$

之前的偏移策略参数即可对应为 $\boldsymbol{C} = \mathrm{diag}(\sigma_{i1}, \cdots, \sigma_{in_x})$。

利用代数方面的知识,可知道:协方差 $\boldsymbol{C}$ 下的正态分布对应参数空间的一个有着椭球状等高线的分布。通过有限次[最大 $n_\omega = (n_x - 1)n_x/2$ 次]旋转操作,可以将椭球的各主轴旋转到坐标轴上,于是此分布也可以由 n 维偏移量和 $n-1$ 维旋转角度编码。即个体可以表达为如下元组:

$$\chi_i(t) = (x_i(t), \sigma_i(t), \omega_i(t))$$

式中,$x_i(t) \in \mathbf{R}^{n_x}$,$\sigma_i(t) \in \mathbf{R}_+^{n_x}$,$\omega_i(t) \in \mathbf{R}^{n_x(n_x-1)/2}$,且 $\omega_{ik}(t) \in (0, 2\pi]$,$k = 1, \cdots, n_x(n_x-1)/2$。

2. 策略参数的自适应

一个最基本的策略参数调整方法为相加法,由 Fogel 等提出并用于第一种自适应进化规划方法中作为策略参数更新方法:

$$\sigma_{ij}(t+1) = \sigma_{ij}(t) + \eta \sigma_{ij}(t) N(0,1) \tag{7-14}$$

式中，η 为学习率。

ES 中最常用的策略参数调整方法为对数正态法：

$$\sigma_{ij}(t+1) = \sigma_{ij}(t)\, e^{\tau N_i(0,1) + \tau' N_{ij}(0,1)} \tag{7-15}$$

式中

$$\tau = \frac{1}{\sqrt{2n_x}}$$

$$\tau' = \frac{1}{\sqrt{2\sqrt{n_x}}}$$

Lee 和 Muller 等提出增强学习可以用于调整策略参数，如下：

$$\sigma'_{ij}(t) = \sigma_{ij}(t)\, e^{\Theta_i(t)\,|\,\tau N_i(0,1) + \tau' N_{ij}(0,1)\,|} \tag{7-16}$$

式中，$\Theta_i(t)$ 是对个体 i 的最后 n_Θ 代的时间回报的总和，例如：

$$\Theta_i(t) = \frac{1}{n_\Theta} \sum_{t'=0}^{n_\Theta} \theta_i(t - t') \tag{7-17}$$

不同的方法可以用于计算每个时间步的每个个体的回报。Lee 等提出

$$\theta_{ij}(t) = \begin{cases} 0.5, & \Delta f(x_i(t)) > 0 \\ 0, & \Delta f(x_i(t)) = 0 \\ -1, & \Delta f(x_i(t)) < 0 \end{cases} \tag{7-18}$$

式中，适应度的衰退被严重惩罚。其中：

$$\Delta f(x_i(t)) = f(x_i(t)) - f(x_i(t-1)) \tag{7-19}$$

Muller 等进一步改进了这种方法。

Ostermeier 和 Hansen，以及 Kursawe 分别设计了两位两种自适应模式。

7.5.3　进化策略算子

ES 使用三种主要算子，分别为选择算子、交叉算子和变异算子。

1. 选择算子

在 ES 中，选择有两个任务：

(1) 选择需要重组的亲代。

(2) 选择新的种群。

在选择亲代时，通常使用随机选择；而选择新的种群时，之前所述的选择方法都可以使用。

如前所述，根据新种群的备选池，ES 被分为 $(\mu+\lambda)$-ES 与 (μ,λ)-ES。最佳的选择需要根据实际问题确定。

由于常常无法获得关于搜索空间的特征信息，因此难以确定何种选择模式对具体问题更合适。Huang 和 Chen 发展出一套模糊控制的方法决定应当存活到下一代的亲代个数。这里模糊控制以种群多样性度量为输入，用以平衡探索性和开采性。

Runarsson 和 Yao 则发展出了一套 ES 中的连续性选择方法，其本质是 (μ,λ)-ES 的连续化。在这种方法中，种群连续地进化：每产生新的子代个体，便将其加入种群中，然后剔除群体中的最差个体。

2. 交叉算子

Rechenberg 首先提出拓展 $(1+1)$-ES 为 $(\mu+1)$-ES,并在 ES 中引入交叉算子。不同于 GA,在 ES 中,交叉算子同时作用于基因型(决策向量)和策略参数,以实现不同个体的解本身与搜索策略上的重组。

ES 与 GA 交叉算子的不同点还有:ES 中的交叉算子可以有任意多个亲代。一般用 $\left(\dfrac{\mu}{\rho},+\lambda\right)$ 表示在交叉算子中使用了 ρ 亲代。当 $\rho=2$ 时,称交叉算子进行局部交叉;当 $\rho>2$ 时,称交叉算子为全局交叉。ρ 的值越大,产生的子代多样性越高,搜索的探索能力也越强。

重组也有两种不同实现:

- **离散重组**:对于基因型和策略参数中每一位,随机地选择一个亲代的值赋予子代。
- **中间重组**:这里子代的每一位由各亲代的对应值求加权平均得到。

基于上面两种方法,ES 中具体实施的主要有五种重组。

- **无重组**:子代直接复制唯一亲代。
- **局部离散重组**:这里:

$$\widetilde{\chi}_{lj}(t)=\begin{cases}\chi_{i_1j}(t), & U_j(0,1)\leqslant 0.5 \\ \chi_{i_2j}(t), & \text{其他}\end{cases} \tag{7-20}$$

子代 $\widetilde{\chi}_l(t)=(\widetilde{x}_l(t),\widetilde{\sigma}_l(t),\widetilde{\omega}_l(t))$ 由两个亲代 $\chi_{i_1}(t)=(x_{i_1}(t),\sigma_{i_1}(t),\omega_{i_1}(t))$ 和 $\chi_{i_2}(t)=(x_{i_2}(t),\sigma_{i_2}(t),\omega_{i_2}(t))$ 得到。

- **局部中间重组**:这里:

$$\widetilde{x}_{lj}(t)=rx_{i_1j}(t)+(1-r)x_{i_2j}(t),\forall j=1,\cdots,n_x \tag{7-21}$$

$$\widetilde{\sigma}_{lj}(t)=r\sigma_{i_1j}(t)+(1-r)\sigma_{i_2j}(t),\forall j=1,\cdots,n_x \tag{7-22}$$

如果还使用到旋转角度:

$$\omega_{lk}(t)=[r\omega_{i_1k}(t)+(1-r)\sigma_{i_2k}(t)]\mod 2\pi,k=1,\cdots,n_x(n_x-1) \tag{7-23}$$

- **全局离散重组**:这里:

$$\widetilde{\chi}_{lj}(t)=\begin{cases}\chi_{i_1j}(t), & U_j(0,1)\leqslant 0.5 \\ \chi_{r_jj}(t), & \text{其他}\end{cases} \tag{7-24}$$

式中,$r_j\sim\Omega_l$,Ω_l 是被选择进行交叉的 ρ 个亲代的指标集。

- **全局中间重组**:与之前局部中间重组类似,只需将指标 i_2 替换为 $r_j\sim\Omega_l$。除此之外,还可以计算所有亲代的均值以产生子代:

$$\widetilde{\chi}_l(t)=\left(\frac{1}{\rho}\sum_{i=1}^{\rho}x_i(t),\frac{1}{\rho}\sum_{i=1}^{\rho}x_i(t)\sigma_i(t),\frac{1}{\rho}\sum_{i=1}^{\rho}\omega_i(t)\right) \tag{7-25}$$

3. 变异算子

交叉算子得到的子代会以一定概率发生变异。ES 中的交叉算子进行以下操作:

第一步按照之前所述的方法更新自适应策略参数。

第二步对子代基因型进行变异:

$$x_l'(t)=\widetilde{x}_l(t)+\Delta x_l(t) \tag{7-26}$$

策略参数的变异(自适应)已经在之前讨论过,本节主要讨论基因型的变异。

基因型的变异同样与策略参数的定义相关,对于仅含偏移策略的参数:

$$\Delta x_{lj}(t) = \sigma_{lj}(t) N_j(0,1) \tag{7-27}$$

当策略参数使用偏移和旋转角度时：

$$\Delta x_l(t) = \boldsymbol{T}(\omega_l(t))\boldsymbol{D}(\sigma)N(0,1) \tag{7-28}$$

式中，$\boldsymbol{D}(\sigma)$ 为各主轴位置上的偏移大小，$\boldsymbol{T}(\omega_l(t))$ 为一系列旋转角度得到的正交旋转矩阵。

除了上面的基本变异方法，Yao 和 Liu 根据进化规划中的相关研究，使用柯西分布产生快速进化策略。Huband 等则对基因型中每个成分依概率 $1/n_x$ 产生变异，发展出一种具有平滑的搜索轨迹的变异方式。

Hildebrand 等假设基因型各成分独立，设计了一种方向性变异算子。由于各成分独立，只需要定义一个一维的非对称概率密度函数。Hildebrand 等使用如下函数：

$$f_D(x) = \begin{cases} \dfrac{2}{\sqrt{\pi\sigma}\left(1+\sqrt{1+c}\right)}\left(e^{-\frac{x^2}{\sigma}}\right), & x < 0 \\[4mm] \dfrac{2}{\sqrt{\pi\sigma}\left(1+\sqrt{1+c}\right)}\left(e^{-\frac{x^2}{\sigma(1+c)}}\right), & x \geqslant 0 \end{cases} \tag{7-29}$$

式中，σ 和 c 都是自适应的策略参数。c 是控制方向的参数，$c > 0$ 表示变异朝向正方向。

Ostermeier 和 Hansen 发展出一种坐标系统无关的变异算子。

7.5.4　进化策略变种与应用

前面讨论了 ES 中策略参数的自适应以及交叉算子、变异算子、选择算子的不同实现。这部分介绍几种不同特殊 ES 的实现，最后介绍一些 ES 的经典应用。

1. 极进化策略

Bian 和 Sierra 等分别独立提出了可以将基因型向量转为极坐标，这种基因型表示方法称为"极基因型"。

对于一个 n_x 维的笛卡儿坐标，其相应的极坐标为

$$x^p = (r, \theta_{n_x-2}, \cdots, \theta_1, \phi) \tag{7-30}$$

式中，$0 \leqslant \phi \leqslant 2\pi$，$0 \leqslant \theta_q \leqslant \pi$，$q = 1, \cdots, n_x-2$，$r > 0$。将极坐标转换为笛卡儿坐标的方法如下：

$$\begin{aligned} x_1 &= r\cos\phi\sin\theta_1\sin\theta_2\cdots\sin\theta_{n_x-2} \\ x_2 &= r\sin\phi\sin\theta_1\sin\theta_2\cdots\sin\theta_{n_x-2} \\ x_3 &= r\cos\theta_1\sin\theta_2\cdots\sin\theta_{n_x-2} \\ &\qquad\vdots \\ x_i &= r\cos\theta_{i-2}\sin\theta_{i-1}\cdots\sin\theta_{n_x-2} \\ &\qquad\vdots \\ x_n &= r\cos\theta_{n_x-2} \end{aligned} \tag{7-31}$$

变异算子使用偏移以调整角度 ϕ 和 θ_q：

$$\phi_l' = (\tilde{\phi}_l(t) + \tilde{\sigma}_{\phi,l}(t)N(0,1)) \bmod 2\pi \tag{7-32}$$

$$\theta_{lq}(t) = \pi - (\tilde{\theta}_{lq}(t) + \tilde{\sigma}_{\theta lq}(t)N_q(0,1)) \bmod \pi \tag{7-33}$$

式中，$\tilde{\phi}_l(t)$ 和 $\tilde{\theta}_{lq}(t)$ 是由交叉算子得到的子代 $\tilde{\chi}_l(t)$ 的成分，而 $\tilde{\sigma}_{\theta lq}(t)$ 为其策略参数。注意 $r = 1$ 没有变异。

2. 带方向的进化策略

之前已经讨论过一种基于方向的变异算子。Zhou 和 Li 提出了一种在变异算子中偏移某些方向的方法,并给出了两种可以选择的实现。

这种方法基于定义在每个决策向量上的一个区间和区间适应度。对基因型的每一个成分,变异向量朝向具有最高区间适应度的领域。假设第 j 个成分在区间 $[x_{\min,j}, x_{\max,j}]$ 上,这个区间又被等分为 n_l 个等长的子区间,其中第 s 个区间为

$$I_{js} = \left[x_{\min,j} + (s-1)\left(\frac{x_{\max,j} - x_{\min,j}}{n_l} \right), x_{\min,j} + s\frac{x_{\max,j} - x_{\min,j}}{n_l} \right] \tag{7-34}$$

区间 I_{js} 的适应度定义为

$$f(I_{js}) + \sum_{i=1}^{\mu} f_I(x_{ij}(t) \in I_{js})\, \tilde{f}(x_i(t)) \tag{7-35}$$

其中:

$$f_I(x_{ij}(t) \in I_{js}) = \begin{cases} 1, & x_{ij}(t) \in I_{js} \\ 0, & x_{ij}(t) \notin I_{js} \end{cases} \tag{7-36}$$

而 $\tilde{f}(x_i(t))$ 是 $x_i(t)$ 的规范化的适应度:

$$\tilde{f}(x_i(t)) = \frac{f(x_i(t)) - f_{\min}(t)}{f_{\max}(t) - f_{\min}(t)} \tag{7-37}$$

式中,$f_{\max}(t)$ 和 $f_{\min}(t)$ 表示当前种群的最大和最小适应度。

每个个体的每个成分依据其所在子区间和相邻的两个(或只有一个)子区间确定方向。即对于成分 $x_{ij}(t)$,变异方向由 $f(I_{js})$、$f(I_{j,s-1})$、$f(I_{j,s+1})$ 确定,其中 $x_{ij}(t) \in I_{js}$。如果 $f(I_{js}) > f(I_{j,s-1})$ 且 $f(I_{js}) > f(I_{j,s+1})$,此时不需要向周围方向移动。如果 $f(I_{j,s-1}) > f(I_{js}) > f(I_{j,s+1})$,则 $x_{ij}(t)$ 以概率 $1 - \dfrac{f(I_{js})}{f(I_{j,s-1})}$ 向子区间 $I_{j,s-1}$ 移动,这个移动的具体实现为将 $x_{ij}(t)$ 替换为一个服从 $x_{ij}(t)$ 到 $I_{j,s-1}$ 的中点的均匀分布的随机值。当 $f(I_{j,s-1}) < f(I_{js}) < f(I_{j,s+1})$ 时,$x_{ij}(t)$ 以相同方式向 $I_{j,s+1}$ 移动。如果 $f(I_{js}) < f(I_{j,s-1})$ 且 $f(I_{js}) < f(I_{j,s+1})$,则 $x_{ij}(t)$ 等概率地向一个随机方向移动。

对上面的讨论,设 $f(I_{j0}) = f(I_{j,n_l+1}) = 0$ 以应对 $x_{ij}(t)$ 在边界上的情况。

在 ES 流程中,方向变量的使用可以在不同地方:第一种是在选择新一代 μ 个个体后,对个体使用方向变量;第二种是对每一个亲代使用方向向量产生一个子代,然后用交叉方法产生剩下的 $\lambda - \mu$ 个子代。

3. 增量进化策略

增量进化策略中,搜索过程被分为 n_x 个阶段,每个阶段用一个决策变量表示,用于搜索最优解。每个阶段由两步构成:第一步在一个决策变量上使用一个单一的变量进化,第二步再附加一个多变量进化。具体的算法细节和实现参见文献[40]。

4. 替换进化策略

替换进化策略用于适应度函数难以计算的情况。此时,需要使用一组替换的基函数逼近适应度函数。替换函数的评估代价应小于原函数。阅读文献[41]以了解进化策略中使用替代函数方法的更多细节。

5. 进化策略的典型应用

第一个 ES 算法应用于流体力学的实验优化。之后的大部分新的 ES 可在函数优化问

题上进行测试。ES 同样被应用到真实世界中各种连续优化问题的解决上,包括参数优化、控制设计、神经网络训练、计算机安全、动力系统等。

7.6　差分进化

DE 由 Storn 和 Price 在 1995 年提出,是一种基于种群的社会性搜索策略。DE 与其他进化算法具有一些共同点,但使用了独特的差分变异方法,高效地利用群体的距离和方向信息指导个体搜索方向。

7.6.1　一般差分进化

之前介绍的进化算法,基本都使用交叉算子和变异算子产生新个体。当两者同时使用时,通常先进行交叉,然后对交叉子代进行变异。在进行变异时,则通常根据相同的概率分布函数抽样得到变异步长。DE 的不同点在于:

- 变异首先被用于产生一个测试向量,之后用于在交叉算子中产生一个子代。
- 变异步长不再以一个概率分布函数抽样的方式得到。

在 DE 中,变异步长受到种群中个体间差异的影响。变异算子是 DE 的最主要特点,在很多 DE 算法的实现中,并不使用交叉算子。

本节首先通过差异向量的介绍,说明 DE 算法的思想。然后介绍 DE 中的变异算子、交叉算子与选择算子,总结一般的 DE 算法流程,并最后大致分析其各控制参数的作用。

1. 差异向量

在群体优化中,个体的位置和适应度包含了种群对于目标函数的最优价值的信息(其他信息来自策略参数等)。一个好的初始化方法,将群体以较大的间距分布,以获得对整个搜索空间的良好认识。随着搜索的进行,个体间的距离逐渐减小,所有的个体最终收敛到一个相同解。注意个体间的距离还与群体大小有关:种群中个体数量越多,距离越小。

因此个体间的距离反映了群体的多样性,在高效的搜索过程中,其大小应当与搜索方式有所关联。当群体中存在两个距离相差过远时,个体应当使用较大的步长探索群体覆盖的更大搜索空间;当群体中个体间距离都较近时,则应当使用较小的步长探索群体所在的局部空间。因此,DE 总是先随机选取一对或几对个体,计算它们位置的差异向量,进而判断变异步长的方向和距离。

使用差分向量有很多好处。首先,它高效地利用了种群关于适应度函数的信息指导搜索方向,且避免了距离计算等较耗时的操作。其次,由中心极限定理,变异步长呈高斯分布,且由于差异向量中个体的随机选择,$(x_{i_1} - x_{i_2})$ 和 $(x_{i_2} - x_{i_1})$ 等概率出现,从而差异向量总是具有 0 均值,保证了种群不会因变异受到偏向。最后,差分向量会随着种群收敛趋向 0,导致非常微弱的变异。

2. 变异算子

DE 变异算子通过附加加权的随机差分步长,对种群中每个个体产生一个变异子代。对于个体 $x_i(t)$,从剩余群体中随机抽取两个不同个体 $x_{i_1}(t)$ 和 $x_{i_2}(t)$,可以计算差分变异的子个体:

$$u_i(t) = x_i(t) + \beta(x_{i_2}(t) - x_{i_1}(t)) \tag{7-38}$$

式中，$\beta \in (0, \infty)$为差分向量的缩放系数，一般取值为$(0, 2]$，通常取 0.5。

可以使用更加复杂的方法选择差分向量起止点个体以及计算差分向量，或者选择多个差分向量。

3. 交叉算子

DE 在变异子代和其对应亲代间通过离散重组产生子代 $x_i'(t)$。其具体方法如下：

$$x_{ij}'(t) = \begin{cases} u_{ij}(t), & j \in J \\ x_{ij}(t), & \text{其他} \end{cases} \tag{7-39}$$

式中，J 是接受差分变异的成分集合（或交叉位置集合）的元素指标集。最常用的指定方法如下：

- **二项式交叉**：交叉位置从所有位置$\{1, 2, \cdots, n_x\}$中独立随机挑选，其中n_x为编码维度。
- **指数交叉**：指数交叉进行连续片段的重组。首先将向量编码视为一个环，从一个随机位置开始，不断将指标加入集合 J，并以概率 $1 - p_r$停止。

4. 选择算子

DE 中的选择算子起到两方面的作用：为变异算子选择差分向量的两个比较个体，以及从亲代和子代中选出进入下一代的个体。

大多数 DE 中，差分向量要么随机选择，要么直接选择最优个体。

在挑选下一代群体时，使用判断选择：如果子代的适应度优于其亲代，则子代替代其亲代；否则，亲代存活到下一代。这样种群的平均适应度才能保证不出现恶化。

5. 算法流程

下面给出 DE 算法的基本流程，其中初始化方法使用均匀分布：$x_{ij}(0) \sim U(x_{\min,j}, x_{\max,j})$。向量 $x_{\max}$和 $x_{\min}$限定了搜索空间的范围。

算法 7-5　DE 算法

初始化代数计数器 $t = 0$
初始化控制参数 β 和 p_r
产生和初始化有n_s个个体的种群P。
while 终止条件未满足 **do**
    for 每个个体 $x_i(t) \in P(t)$ **do**
        评估适应度 $f(x_i(t))$
        通过变异算子产生子代$u_i(t)$
        通过交叉算子产生子代$x_i'(t)$
        if $f(x_i'(t))$优于 $f(x_i(t))$ **then**
            将 $x_i'(t)$加入 $P(t+1)$
        else
            将 $x_i(t)$加入 $P(t+1)$
        end
    end
end
返回最佳适应度的个体作为解

---

6. 控制参数

DE 算法的性能受到三个主要控制参数的影响，它们在算法中分别发挥了不同的作用。

- **种群大小 n_s**：种群大小对于 DE 算法有着直接的影响。种群中个体数量越多，可用的差异向量越多，变异方向的数量也会增加，差异向量的平均长度则会减小。种群数量的增加还会导致计算复杂度上升。经验上，一般种群的数量需要满足 $n_s \approx 10n_x$。

- **缩放因子 β**：缩放因子 β 控制着差异向量 $(x_{i_2} - x_{i_1})$ 的缩放尺度。β 越小，变异步长越小，则搜索过程会更加细致，局部开采能力越强，算法收敛时间一般会更长。β 较大时，种群探索能力更强，但容易在搜索中越过最优值位置。实际应用中，β 值应当足够小以保障搜索粒度，同时足够大以保障种群多样性。种群数量较大时，β 值应当适当减小，经验结果表明较大的 n_s 和 β 经常导致早熟，并且 $\beta=0.5$ 通常能提供最好的性能。

- **重组概率 p_r**：重组概率 p_r 控制着重组子代中继承自亲代 $x_i(t)$ 和变异子代 $u_i(t)$ 的成分比例。重组概率越高，新一代中便引入越多的变种，由此提高了种群的多样性和探索能力。增大 p_r 通常能更快地收敛，而减小 p_r 能增强搜索的鲁棒性。

尽管不同控制参数使得算法具有不同的搜索特点，分别适用于解决不同的具体问题，但大部分 DE 的控制参数仍设置为一个常数。寻找对于具体问题的最优控制参数非常耗时，部分变种 DE 使用自适应方法动态调整控制参数。

7.6.2　差分进化实现方式与变种

1. 差分进化/x/y/z

在上面各算子的介绍中，讨论了许多不同的实现。不同的算子组合，构成了不同的基本 DE 算法。在文献[48]和文献[49]中，引入了一种标记，表示一系列基本 DE 算法，称为差分进化/x/y/z。其中，x 表示变异的方法，y 表示使用差异向量的数量，z 表示使用的交叉方法。之前讨论的一般 DE 算法称为差分进化/随机/1/二项。其他还有：

- **差分进化/最优/1/z**：在这种策略中，变异总是以最优个体为基础。

$$u_i(t) = x_{\text{best}}(t) + \beta(x_{i_2}(t) - x_{i_1}(t)) \tag{7-40}$$

- **差分进化/x/n_v/z**：这里使用了多于一个的差异向量。

$$u_i(t) = x_{i_1}(t) + \beta \sum_{k=1}^{n_v} \left(x_{i_2}^{(k)}(t) - x_{i_1}^{(k)}(t) \right) \tag{7-41}$$

式中，$x_{i_2}^{(k)}(t) - x_{i_1}^{(k)}(t)$ 为第 k 个差异向量，亲代 $x_{i_1}(t)$ 以任意方式确定。n_v 的值越大，可能的探索方向也越多。

- **差分进化/随机至最优/n_v/z**：这种策略结合了随机与最优策略。

$$u_i(t) = \gamma x_{\text{best}}(t) + (1-\gamma)x_i^*(t) + \beta \sum_{k=1}^{n_v} \left(x_{i_2}^{(k)}(t) - x_{i_1}^{(k)}(t) \right) \tag{7-42}$$

式中，$x_i^*(t)$ 是随机选择的个体，参数 $\gamma \in [0,1]$ 控制着变异算子的贪婪程度。γ 越接近 1，开采能力越强；越接近 0，探索能力越强。一个较好的自适应策略是令 $\gamma(0)=0$，$\gamma(t)$ 每代逐渐增加并趋近 1。

- **差分进化/当前至最优/1+n_v/z**：在这种策略中，亲代至少具有两个差异向量。其

中一个差异向量固定为当前亲代指向最优个体,其余随机得到,即

$$u_i(t) = x_i(t) + \beta(x_{\text{best}}(t) - x_i(t)) + \beta \sum_{k=1}^{n_v} (x_{i_2}^{(k)}(t) - x_{i_1}^{(k)}(t)) \qquad (7\text{-}43)$$

这样的策略确保了群体向最优个体接近的趋势。

研究表明,"差分进化/随机/1/二项"保持了更高的多样性,而"差分进化/当前至最优/2/二项"表现了良好的收敛能力。

2. 混合差分进化

由于 DE 方法简单高效,许多研究者将其与其他优化方法相结合,得到了更有效的优化方法。

最早的混合差分进化之一由 Chiou 和 Wang 发展出来,他们利用梯度信息帮助 DE 进行优化。当变异算子和交叉算子无法改进群体中的最优个体时,算法使用加速算子对最优个体进行一步梯度下降,从而加速最优个体朝更好的位置移动,具体如下:

$$x_{\text{best}}(t+1) = \begin{cases} x_{\text{best}}(t+1), & f(x_{\text{best}}(t+1)) < f(x_{\text{best}}(t)) \\ x_{\text{best}}(t+1) - \eta(t)\nabla f, & \text{其他} \end{cases} \qquad (7\text{-}44)$$

式中,$\eta(t) \in (0,1]$ 为学习率,∇f 为目标函数的梯度。

虽然梯度下降可以显著提升收敛速度,但会导致算法陷入局部最优。混合差分进化在种群多样性过低时,使用迁移算子产生新个体以提高多样性:

$$x'_{ij}(t) = \begin{cases} x_{\text{best},j} + r_{ij}(x_{\min,j} - x_{\text{best},j}), & U(0,1) < \dfrac{x_{\text{best},j} - x_{\min,j}}{x_{\max,j} - x_{\min,j}} \\ x_j(t) + r_{ij}(x_{\min,j} - x_j), & \text{其他} \end{cases} \qquad (7\text{-}45)$$

式中,$r_{ij} \sim U(0,1)$。

Magoulas 等结合随机梯度下降(Stochastic Gradient Descent,SGD)与 DE 训练神经网络。大致方法为先利用随机梯度下降找到一个近似最优解,然后在其附件产生群体,用 DE 进化进一步优化。

另一类比较常见的混合差分进化方法是与 PSO 结合,Hendtlass 提出先使用 DE 在特定区间内优化初始群体,若干代后再使用 PSO 进一步优化。Kannan 等对每个粒子应用 DE 若干代,然后用最优个体替代此粒子。

Zhang 和 Xie 及 Talbi 和 Batouche 发展出了一种与此不同的方法。将每个粒子的历史最优位置进行如下进化:

$$y'_{ij}(t+1) = \begin{cases} \hat{y}_{ij}(t) + \boldsymbol{\delta}_j, & j \in J_i(t) \\ y_{ij}(t), & \text{其他} \end{cases} \qquad (7\text{-}46)$$

其中,$\boldsymbol{\delta}$ 为差分向量,定义如下:

$$\boldsymbol{\delta}_j = \frac{y_{1j}(t) - y_{2j}(t)}{2} \qquad (7\text{-}47)$$

式中,$y_1(t)$ 和 $y_2(t)$ 分别为随机选择的个体的历史最优位置;$y_i(t)$ 和 $\hat{y}_i(t)$ 分别为个体的历史最优和邻域最优。得到的子代具有较好适应度时,才替代当前个体历史最优。

3. 自适应差分进化

不同的控制参数让 DE 具有差异较大的搜索特点,通过自适应控制参数,能够使 DE 得到更优的效率,也能尽量避免算法性能对控制参数过于敏感的问题。

第一种动态调整 DE 控制参数的方法由 Chang 和 Xu 提出,这里重组概率从 1~0.7 线性递减,缩放参数从 0.3~0.5 线性递增:

$$p_r(t) = p_r(t-1) - \frac{(p_r(0) - 0.7)}{n_t} \tag{7-48}$$

$$\beta(t) = \beta(t-1) - \frac{(0.5 - \beta(0))}{n_t} \tag{7-49}$$

式中,$p_r(0) = 1, \beta(0) = 0.3, n_t$ 是最大迭代次数。

Abblass 等提出了一种方法,使用正态抽样的缩放系数 $\beta \sim N$,这种方法也用于文献 [53] 和文献 [59]。考虑到 $\beta = 0.5$ 是经验上的较好设置,文献 [53] 将分布设为 $\beta \sim N(0.5, 0.3)$。Abbass 将这种方式拓展到重组概率:$p_r \sim N(0,1)$。注意这类方法中,控制参数不是根据时间变化的。

自适应策略则利用当前种群获取的对于搜索空间的信息自动调整控制参数的值。Ali 和 Tom 使用当前种群个体的适应度判断缩放系数的新值:

$$\beta(t) = \begin{cases} \max\left\{\beta_{\min}, 1 - \left|\dfrac{f_{\max}(t)}{f_{\min}(t)}\right|\right\}, & \left|\dfrac{f_{\max}(t)}{f_{\min}(t)}\right| < 1 \\ \max\left\{\beta_{\min}, 1 - \left|\dfrac{f_{\min}(t)}{f_{\max}(t)}\right|\right\}, & \text{其他} \end{cases} \tag{7-50}$$

式中,$\beta_{\min}$ 为缩放系数的下界,$\beta(t)$ 保持在区间 $[\beta_{\min}, 1]$ 内。$f_{\min}(t)$ 和 $f_{\max}(t)$ 分别为当前种群的最小适应度和最大适应度。当两者接近时,种群多样性较低,$\beta(t)$ 较小以控制步长。而 $\left|\dfrac{f_{\max}(t)}{f_{\min}(t)}\right|$ 或 $\left|\dfrac{f_{\min}(t)}{f_{\max}(t)}\right|$ 较大时,种群多样性高,步长也相对较大。

Qin 和 Suganthan 提出自适应的重组概率:

$$p_r(t) \sim N(\mu_{p_r}(t), 0.1) \tag{7-51}$$

式中,$\mu_{p_r}(0) = 0.5, \mu_{p_r}(t)$ 是 p_r 重组概率下个体被改进的频率值。

其他自适应方法见 Abbass 和 Omran 的相关工作。

4. 其他变种

除了上述的各种实现,DE 方法同样被改进并应用到各种复杂场景中,包括离散优化问题的 DE、约束优化问题的 DE,以及多目标优化、动态优化等。

7.6.3 应用

DE 被应用到众多的连续值优化场景中。具体而言,包括聚类、控制、设计分析、模型选择、神经网络训练等。

7.7 文 化 算 法

之前所述的各种进化算法解决了大量复杂的优化与搜索问题。为了最大化地拓展应用范围,基本的进化算法都不使用或很少使用相关的领域知识帮助搜索。然而,这些相关的先验知识显然能够提升优化算法的性能。基于人类社会进化中的 CA 由 Reynolds 在 20 世纪 90 年代初提出,其利用进化中的领域知识帮助搜索。

进化计算从基因角度模拟生物进化,是一个相对较慢的过程。而文化使得群体能够更快地适应变化的环境。

7.7.1　基本文化算法

与一般进化算法不同,CA 在优化中维持两个空间:一个种群空间用于表示种群中的个体,一个信念空间用于表示文化成分。在搜索中,种群空间和信念空间中的群体并行地进化,并不断相互通信、相互影响。两个空间之间的影响有两方面:一方面种群的信念不断影响种群空间的搜索行为,另一方面种群中个体的适应度信息影响该群体信念的变化。

CA 流程如下。

算法 7-6　CA

设定代数计数器 $t=0$
产生和初始化种群空间 $P(0)$
产生和初始化文化空间 $B(0)$
while 终止条件未满足 **do**
　　评估每个个体$X_i(t) \in P(0)$的适应度
　　调整 $B(t)$以接受 $P(t)$
　　变化 $P(t)$以接受 $B(t)$
　　$t=t+1$
　　选择一个新的种群
end

在算法主循环的每一步中,个体首先计算其适应度值。然后使用一个接受函数判断哪些个体的适应度值会对当前信念产生影响。这些个体的经验被用于调整信念,调整后的信念又被用于控制种群下一步的搜索,通常通过参数控制实现。

种群空间中的搜索可以使用之前所述的任意一种进化算法,或其他群体优化算法,如PSO。下面主要讨论信念空间。

7.7.2　信念空间

信念空间在 CA 中充当一种知识仓库的作用,存储着群体的搜索经验。一方面,信念空间可以有效地对种群空间的搜索进行剪枝,帮助群体向更合理区域集中搜索。另一方面,信念空间具有一定的迁移能力,能够用以提升同类问题上的搜索效率。

种群空间和信念空间的通信协议用于两者间的信息交互,是 CA 最重要的部分。通信协议中定义了一系列操作,一方面控制群体中的新个体对信念空间结构的影响,另一方面表现信念空间对种群进化方法的影响。有研究表明信念空间显著降低了计算复杂度。

已发展出的多种 CA,在信念空间的建模、GA 的应用和通信协议上有所不同。下面讨论其各成分的实现。

1. 知识成分

知识成分建模了种群搜索的历史经验模式,其具体内容和数据结构根据不同方法而变化。CA 的第一个应用使用了版本空间,它用格型存储模式,对函数优化使用向量表示。其他方法还有模糊系统、集合结构以及层次信念空间。

一般而言,信念空间应有至少两个知识成分:

- **一个环境**知识成分：保持每代最优解的轨迹。
- **一个规范**知识成分：代表个体的行为标准。在函数优化中，规范知识成分维持一些区间集合，分别对应各个维度上的良好区域。

  如果仅使用这两个知识成分，信念空间可以表示为

$$B(t) = (E(t), N(t)) \tag{7-52}$$

式中，$E(t)$ 代表环境知识成分，$N(t)$ 代表规范知识成分：

$$E(t) = \{\hat{y}_l(t) : l = 1, \cdots, n_s\} \tag{7-53}$$

$$N(t) = (\chi_1(t), \chi_2(t), \cdots, \chi_{n_x}(t)) \tag{7-54}$$

式中，$\chi_j(t)$ 对应各维度上的信息：

$$\chi_j(t) = (I_j(t), L_j(t), U_j(t)) \tag{7-55}$$

$I_j(t)$ 表示闭区间，即 $I_j(t) = [x_{\min,j}(t), x_{\max,j}(t)]$；$L_j(t)$ 是下界的分数；$U_j(t)$ 是上界的分数。

除了上面的知识成分，其他实现还有：

- **一个域**知识成分：与最优解轨迹类似，保存着种群历史最优的几个个体。
- **一个历史**知识成分，用于搜索场景变化的问题中。对每个变化的环境存储当前最优解、各维度和当前变化距离的方向变化。
- **一个地形**知识成分，包含搜索空间的网格表示。每个网格单元包含相关信息，如个体控制单元的频率，用于强迫变异朝向未探索区域。

2. 接受函数

接受函数用以判断群体中的哪些个体能够被用于塑造整个群体的信念。静态方法固定个体数目，可以选择适应度最优的部分个体，或是 GA 中介绍的任意选择方式，如精英选择、锦标赛选择、轮盘赌选择等。

动态方法下没有固定这些个体的数目。例如，选择适应度高于种群平均水平的个体，或者加入随机、自适应因素。Reynolds 和 Chung 提出一种模糊接受函数，它基于世代数和个体成功率确定个体的数目。

3. 信念空间调整

信念空间调整与知识成分相关，这里考虑环境和规范知识成分，用于最小化一个连续非约束函数，且接受个体的数目 $n_B(t)$ 已知。

- **环境知识**：与知识存储容量有关，假设只有一个元素被保留，则

$$E(t+1) = \{\hat{y}(t+1)\} \tag{7-56}$$

式中：

$$\hat{y}(t+1) = \begin{cases} \min\limits_{l=1,\cdots,n_B(t)} \{x_l(t)\}, & \min\limits_{l=1,\cdots,n_B(t)} \{x_l(t)\} < f(\hat{y}(t)) \\ \hat{y}(t), & \text{其他} \end{cases} \tag{7-57}$$

- **规范知识**：区间的更新策略为：

$$x_{\min,j}(t+1) = \begin{cases} x_{lj}(t), & x_{lj}(t) \leqslant x_{\min,j}(t) \text{ or } f(x_l(t)) < L_j(t) \\ x_{\min,j}(t), & \text{其他} \end{cases} \tag{7-58}$$

$$x_{\max,j}(t+1) = \begin{cases} x_{lj}(t), & x_{lj}(t) \geqslant x_{\max,j}(t) \text{ or } f(x_l(t)) < U_j(t) \\ x_{\max,j}(t), & \text{其他} \end{cases} \tag{7-59}$$

$$L_j(t+1) = \begin{cases} f(x_l(t)), & x_{lj}(t) \leqslant x_{\min,j}(t) \text{ or } f(x_l(t)) < L_j(t) \\ L_j(t), & \text{其他} \end{cases} \tag{7-60}$$

$$U_j(t+1) = \begin{cases} f(x_l(t)), & x_{lj}(t) \geqslant x_{\max,j}(t) \text{ or } f(x_l(t)) < U_j(t) \\ U_j(t), & \text{其他} \end{cases} \tag{7-61}$$

式中,对每个个体 $x_l(t), l=1,\cdots,n_B(t)$。

4. 影响函数

信念最终被用于调整种群中的个体使得其接近全局信念。这里,以一个进化规划为搜索方法的 CA[称为文化算法进化规划(Cultural Algorithm Evolutionary Programming, CAEP)]为例进行介绍。

信念空间用于获取变异步长和变化方向,Reynolds 和 Chung 总结了 4 种方法。

* 只有规范成分决定步长:

$$x'_{ij}(t) = x_{ij}(t) + \text{size}(I_j(t)) N_{ij}(0,1) \tag{7-62}$$

式中:

$$\text{size}(I_j(t)) = x_{\max,j}(t) - x_{\min,j}(t) \tag{7-63}$$

是对于成分 j 的信念区间大小。

* 只有环境成分决定方向:

$$x'_{ij}(t) = \begin{cases} x_{ij}(t) + |\sigma_{ij}(t) N_{ij}(0,1)|, & x_{ij}(t) < \hat{y}_j(t) \in E(t) \\ x_{ij}(t) - |\sigma_{ij}(t) N_{ij}(0,1)|, & x_{ij}(t) < \hat{y}_j(t) \in E(t) \\ x_{ij}(t) + \sigma_{ij}(t) N_{ij}(0,1), & \text{其他} \end{cases} \tag{7-64}$$

式中,σ_{ij} 是个体 i 的成分 j 的策略参数。

* 规范成分决定方向、环境成分决定步长:上面两种方法组合。
* 规范成分同时用于搜索方向和步长:

$$x'_{ij}(t) = \begin{cases} x_{ij}(t) + |\text{size}(I_j(t)) N_{ij}(0,1)|, & x_{ij}(t) < x_{\min,j}(t) \\ x_{ij}(t) - |\text{size}(I_j(t)) N_{ij}(0,1)|, & x_{ij}(t) > x_{\min,j}(t) \\ x_{ij}(t) + \beta \text{size}(I_j(t)) N_{ij}(0,1), & \text{其他} \end{cases} \tag{7-65}$$

式中,$\beta > 0$ 是一个比例参数。

7.7.3 文化算法的变体

除了上面的基本 CA,还有一些拓展的 CA。一个重要 CA 是 Reynolds 和 Zhu 提出的模糊文化算法。在这种算法中,他们设计了模糊的接受函数、模糊的信念空间以及模糊的影响函数。研究表明,模糊化方法使得算法提升了精度和速度。

其他拓展中,CA 被改造用于约束优化问题、多目标优化和动态环境中。

7.7.4 应用

CA 的第一个应用是建模瓦哈卡峡谷的农业进化,其他应用包括概念学习、优化语义网、软件测试、数据挖掘、图像分割、机器人等。

7.8　协同进化

CoE 是进一步模仿生物进化过程的补充。在自然界中,种群的进化不只是依靠其内部个体的繁殖、变异和自然选择,同样与其周围的其他生物群体息息相关。例如,蜜蜂帮助花朵传粉,而花蜜为蜜蜂提供了食物。两个种群相互协作,并向更利于协作的方向进化,以更好地适应环境。同时,捕食者和被捕食者相互对抗,有助于两个群体都朝向更适应环境的方向进化。

协同进化算法(Co-Evolution Algorithm,CoEA)认识到生物群体在进化过程中会受到其他群体的影响,从各种角度提升其适应能力。同时,对抗的群体能够放松适应度函数的严格需求,通过竞争群体来指导目标群体的优化方向。

7.8.1　协同进化类型

正如之前所述,CoE 主要分为竞争协同进化和协作协同进化。对于这两种类型,Fukuda 和 Kubota 分别定义了一些子类。对于竞争协同进化,包括:

- **竞争**:物种相互抑制。两个种群间具有相反的适应度相互作用,一个物种的胜利导致另一个物种的失败。
- **偏害共栖**:其中一个物种被抑制,而另一个物种不受影响。

对于协作协同进化,包括:

- **互助**:两个物种相互获利,一个物种的提升帮助另一个物种的提升。
- **共栖**:一个物种受益,另一个物种不受影响。
- **寄生**:一个物种(寄生者)受益,另一个物种(寄主)受害。

下面主要讨论竞争和互助。

7.8.2　竞争协同算法

竞争协同进化(Competitive Co-Evolution,CCE)通过一个纯自举过程产生最优的竞争物种实现。其进化中包括两个群体:一个群体代表问题的解,另一个群体代表检验用例。解种群中的个体通过进化以处理尽可能多的检验用例,而检验用例种群中的个体则逐渐提升困难程度。解种群中的个体适应度与能够应对的检验用例数目成正比,而检验用例种群中的个体的适应度与能够处理它的解个体的数目成反比。

这就是由 Hillis 推广的竞争协同算法。更早的还有 Miller 和 Axelrod 使用的将竞争协同转换为迭代囚徒困境的进化策略。Holland 则在单一种群的 GA 中利用了 CoE,这里个体与种群中其他个体发生竞争。

1. 竞争适应度

竞争协同算法中,没有确定的适应度函数,每个个体的适应度评估是与另一个种群相对的。为了计算一个个体的适应度,需要下面两个步骤:从竞争种群中选取一些个体,然后使用这些竞争个体判断当前个体的适应度。

关于竞争个体的抽样,常用的方法如下:

- **全部对全部抽样**:每个个体相对另一种群的全部个体做检验。

- **随机抽样**：随机从另一种群抽取一组个体做检验，以降低计算复杂度。
- **竞标赛抽样**：采样相对适应度竞赛获得对手个体。
- **全部对最佳抽样**：所有个体都相对于另一个种群中最优个体做检验。
- **共享抽样**：样本抽样具有最大竞争共享适应度的敌对个体。

假设两个种群为 P_1 和 P_2，对 P_1 中每个个体 x_i，下面是计算相对适应度的方法：

- **简单适应**：对 P_2 中抽取的个体，x_i 获胜的数目作为其相对适应度。
- **适应度共享**：为了考虑 P_1 中个体的相似度，定义了共享函数。一个个体的简单适应度由其与这个种群中所有其他个体的相似度之和来划分。
- **竞争适应度**：这种方法中，竞争适应度奖赏那些打败 P_2 中较少被打败的个体的 P_1 个体。
- **竞标赛适应度**：通过一定数量的单一淘汰赛、二分锦标赛确定个体的相对适应度排序。

另外，精英策略作为进化算法的常用策略，能保证优秀个体在群体中保持下去，在 CoE 中也有应用。Rosin 和 Belew 引入了名人堂以在时间上扩展精英策略。名人堂保证了最优的多个个体被更新并记录，防止单一精英策略过度特化。

2. 应用

CoE 可应用到大部分进化算法能够处理的问题当中，比较特别的游戏学习、军事战术规划、迭代囚徒困境等。

7.8.3 协作协同算法

不同于竞争协同算法，协作协同算法中多个群体以相同的目标共同努力。个体的适应度一方面取决于自身适应度（如果存在），另一方面也需要考虑其合作能力。这种协作协同算法的主要问题是信用指派：各物种间如何共同努力以达到更优适应度以及如何在不同物种的个体之间公平分配。

De Jong 和 Potter 提出了一个通过合并子分量进化复杂解的一般框架，其中各个子分量是相互独立进化的。每个子分量以一个抽样的进化算法优化，然后组合在一起，形成一个全局适应度。根据全局适应度，信用回流到各分类的个体。这个方法被应用于函数优化问题中。

De Jong 和 Potter 发现，当问题参数相关性较强时，这种方法的效果不理想。他们进一步设计了两个协作向量，从而控制各维度种群的合成，以避免上述问题。

协作协同进化还被应用到进化级联神经网络、机器人学习、进化模糊隶属度函数等问题中。

以上介绍了 GA、GP、ES、DE、CA 和 CoE。

这几类方法中，GP、ES 和 CA 都与基本 GA 原理接近，主要在于动态地控制 GA 的搜索行为，或是拓展 GA 的编码表达能力，以便推广到更复杂的问题上并获得性能优化。GA 和 GP 主要用于离散优化问题，能够优化解空间中的结构性成分。而 ES 主要用于连续优化问题。GA 的具体应用领域与其具体实现方式密切相关。

DE 一般用于连续优化问题，其优点是实现简单且高效，因此 DE 也常常与其他优化方法结合，处理更加复杂的问题。

CoE 在实际中应用较少,主要用于处理一些特殊的优化问题。例如:利用多个种群同时搜索以优化复杂多模问题;利用几个竞争的群体模拟博弈问题。

本 章 小 结

本章介绍了进化计算中的多种优化方法。这些方法利用生物进化现象中得到的启示,在优化问题中模拟了生物基因遗传、行为优化和"进化的进化",以及在竞争或协作中进化、在文化环境中进化等复杂现象。

一方面,这些方法反映了研究者们对进化过程本身的逐渐深入认识。通过模拟进化现象获得高效的优化算法,可帮助我们捕捉到生物进化过程中的关键要点。作为智能现象的重要部分,这同样帮助我们深入认识自然中各类智能现象。

另一方面,进化计算有能力处理几乎任何一类优化问题,且同时兼具高效、鲁棒、高并行性等特点,在各种领域中都能够应用。目前,进化算法大量应用于各种工业、领域。在学术研究中,虽然目前很多科学家注重将求解目标转换为凸问题,应用各种凸优化方法,在近期进化计算的优化方法已经越来越得到重视。例如,研究者方向强化学习中,用进化算法替代梯度下降,得到的结果具有许多更优的性质。

如今,GPU、计算集群等硬件设备与技术发展迅速,群体间的交互问题自然而然的产生。在并行环境下的问题求解,与进化计算的各种思想不谋而合。可以预见,利用进化方法的各类算法和技术,将会得到越来越广泛的关注。

习　　题

习题 7-1　概述进化计算的核心操作和它们的作用。

习题 7-2　进化算法和群体优化算法有什么区别?

习题 7-3　种群多样性过低对搜索有什么影响?

习题 7-4　进化算法搜索中,最优解无法进步,连续的子代最优适应度在最优解以上不停抖动,方差较大,这可能是什么原因?

习题 7-5　BGP 相比基本遗传规划有什么优点?

习题 7-6　ES 与 CA 有什么异同?

习题 7-7　使用竞争协同算法训练一个图形识别神经网络,应当如何设计种群和适应度函数?

习题 7-8　协作协同中的函数优化方法为什么在参数相互依赖严重时,效率很低?

本 章 参 考 文 献

第8章

基于 GPU 群体智能算法的并行实现

8.1 GPU 介绍

GPU 是为计算机上图像和图形处理而设计的,计算密集而且高度并行。在实时要求高的图形需求的推动下,GPU 已经发展成为高度并行的多核处理器,能够同时执行多个线程。GPU 的性能和功能日益提高,今天的 GPU 不仅是一个强大的图形引擎,而且是一个高度并行和可编程的设备,可用于通用计算领域。GPU 具有巨大的计算能力和很高的内存带宽,已成为现代主流通用计算系统的重要组成部分,并取得了巨大的成功。

相比于 CPU,GPU 拥有更多的晶体管(见图 8-1)。因此就计算能力而言,GPU 比 CPU 和基于 CPU 的设备功能更强大。同时,为了满足图形所要求的高数据吞吐量,GPU 自出现以来,其带宽远远高于 CPU。由于 GPU 从一开始就设计了许多内核,因此在利用并行性和流水线方面非常有效。与单核和多核 CPU 相比,它有许多优点。

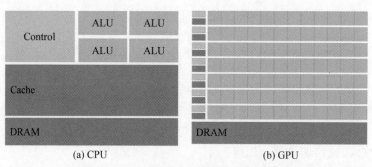

图 8-1　GPU 将更多晶体管用于数据处理

GPU 可以以非常低的价格提供出色的性能。传统分布式计算基础设施提供了巨大的计算能力。例如,北京大学理论与应用地球物理研究所的计算集群有 46 个计算节点(Dell PowerEdge M610),共有 368 个 CPU 核心,理论峰值为 3326.72 GFLOPS。显然,这是许多研究者和小企业所无法企及的。GPU 提供了高性能计算(HPC)的另一种方案。AMD HD 7970 拥有 2048 个处理单元(计算核心),单精度浮点运算的理论峰值高达 4096 GFLOPS,双精度浮点运算的理论峰值高达 1024 GFLOPS。许多 GPU 可以很容易地集成到 HPC 系统中。

GPU 也具有很高的性能功耗比,这是实现超级计算性能的关键。

随着便携式设备在 PC 领域占据主导地位,可穿戴设备越来越流行,GPU 正在侵入嵌入式系统。此外,未来将启用 GPU 的服务器为数据中心提供计算能力。总之,GPU 正像

CPU 一样无处不在。

8.2　GPU 通用计算

群体智能是分散的自组织系统的集体行为。一个典型的群体智能系统由一群简单的个体组成,它们可以直接或间接地在环境中彼此协同。尽管群体中的个体遵循非常简单的规则,但这些个体之间的相互作用可能促使出现非常复杂的全局行为,远远超出个体的能力。群体智能自然系统中的例子包括蚂蚁捕食和鱼类觅食等。

受群体的这种行为的启发,人们提出了一类算法处理优化问题,即群体智能算法。在群体智能算法中,群体由多个人工智能体组成。个体可以以本地交互的形式交换启发式信息。这种相互作用,除了某些随机因素外,还会产生自适应搜索行为,最终产生全局优化行为。

最为著名的群体智能算法是受鸟类的社会行为启发的 PSO,以及模拟蚁群觅食行为的 ACO。PSO 被广泛用于实参的优化,而 ACO 已经成功地应用于解决组合优化问题,其中最为人所知的问题是旅行商问题(TSP)和二次分配问题(QAP)。

当群体智能算法应用于复杂问题时,需要进行许多次目标函数评估才能获得较好的数值解。为了解决这个问题,近年来 GPU 被用于加速优化过程。由于其固有的并行性,群智优化算法非常适合 GPU 平台。

面对计算效率的技术挑战,现代计算机系统越来越依赖增加多个内核提高性能。GPU 最初被设计用于解决密集计算的图形任务,从一开始就有许多计算内核(数千个内核),并且可以以合理的价格提供大规模的并行计算服务。随着 GPU 硬件和编程软件的不断发展,GPU 已经越来越受到图形处理领域以外的通用计算的欢迎,并且在从嵌入式系统到高性能超级计算机等多个领域取得了巨大成功。

群体智能算法自然而然地适合并行计算。群智能算法这样的内在特性使它非常适合在 GPU 上并行运行,从而获得性能的显著提升。

文献中已经提出了许多基于 GPU 的群智计算算法的并行实现。Li 等和 Catala 等首次尝试在 GPU 硬件上实现了群智计算算法。Li 等在 GPU 上实现了标准的 PSO。该算法粒子的操作被映射到纹理渲染过程中。他们提出的实施方案在 3 个基准测试功能上进行了初步测试,当粒子数量较多(6400 个粒子)时,计算速度提高了约 4.3 倍。Catala 等提出了两个 ACO 的具体实现,分别利用 GPU 的顶点着色器和片段着色器并行构建蚂蚁路径(即数值解)。实验中分别观察到 1.3 倍和 1.45 倍加速。

当进行这些早期的研究工作时,像 CUDA 和 OpenCL 这样的 GPU 编程的高级框架还不可用。这些实现依赖使用高级着色语言(HLSL)的图形 API(OpenGL、DirectX 等)。尝试使用 GPU 通过图形 API 加速的群智计算算法还可以在文献[7~10]中找到。

受到硬件架构和软件工具的限制,在这些早期尝试中,一些关键组件(例如随机数生成、排序)仍然由 CPU 完成。对于在 GPU 上运行的这些组件,实现起来要比 CPU 相对复杂得多,并且不能很好地扩展。而且,在这些实现中,实现的总体加速比较小。所以基于图形 API 的算法几乎不适用于现实应用的优化。尽管存在这些缺点,但这些概念验证性的工作证明了使用 GPU 作为计算设备加速群智计算算法的巨大潜力。

在 2006 年年底,NVIDIA 发布了 CUDA。CUDA 为 GPU 上的应用程序提供了一个打包解决方案,无须使用图形 API,从而改变了 GPU 的计算模式。在此之后,GPU 真正引起了群智计算社区的广泛兴趣,基于 GPU 的群智计算算法的研究和应用开始蓬勃发展。

　　Zhou 等、Veronese 等、Zhu 等报道了最早使用 CUDA 加速群智计算算法的研究。Zhou 等首次在 CUDA 平台内提出了并行 PSO。在这项工作中,除了随机数生成外,所有实际的计算都被转移到 GPU 上。他们采用了阵列结构(SoA)的策略实现高效的全局内存访问,该策略在基于 GPU 的群智计算算法实现中得到了广泛应用。他们还对 CPU 和 GPU 之间的性能比较以及种群规模进行了一些有趣的分析。Veronese 等提出了一个类似的并行 SPSO 实现,发布了 CUDA C 代码,并给出了并行和连续部分的时序加速分析。Zhu 等提出了针对非线性连续函数优化的 ACO 的 GPU 特定实现。采用模式搜索(PS)作为本地搜索组件的变体进行并行化。路径构建、函数评估和 PS 步骤被加载到 GPU 上以加速 ACO,从而优化了基准功能。该实现使用了任务并行模型,即每个蚂蚁被映射到一个 CUDA 线程。该提案取得了显著加速(高达 260 倍)。在对解决方案的质量与时间进行比较后,发现 GPU 版本的表现明显优于顺序版本。

　　虽然使用便利,但 CUDA 仅针对 NVIDIA 的 GPU。后来业界为了跨供应商和跨平台而提出了 OpenCL。Arun 等对 CUDA 和 OpenCL 的性能进行了比较。在他们的工作中,分别在 CUDA 和 OpenCL 上实现了多目标 PSO(MOPSO)。Franz 等针对匹配问题研究了多群体 PSO,并在加速处理单元(APU)上采用 OpenCL 实现了算法,将 CPU 和 GPU 融合在一块芯片上。该算法能够提高内核占用率,利用向量化,优化内存访问,减少注册表使用等。APU 的特殊架构通过消除传统的 PCIe 瓶颈提高内存效率。根据最近的研究,OpenCL 和 CUDA 在编程时可以获得几乎相同的性能。

　　有关 GPU 加速 PSO 和 ACO 的许多研究已经有报道。此外,还提出了其他基于 GPU 的并行实现,如 FSA、FA、ABC、BA、CS 等。根据 GPU 的具体架构,引入了新的搜索机制,与顺序实现相比,基于 GPU 并行的算法显著提高了算法效率以及解决方案的质量。

8.3　基于 GPU 的粒子群优化算法

　　PSO 是一种随机的全局优化技术,受到鸟类或鱼类捕食的社会行为的启发。在 PSO 中,群体中的每个粒子根据其找到的最佳位置和整个群体中已知最佳粒子的位置,调整其在搜索空间中的位置,最后收敛到整个搜索空间全局最优的一点。

　　与 GA 和 ACO 等其他基于群体智能的算法相比,PSO 具有易于实现的优点,同时保持了较强的收敛性和全局搜索能力。近年来,PSO 越来越多地被用于解决实际中复杂和困难优化问题。PSO 已经成功应用于函数优化、人工神经网络训练、模糊系统控制、盲源分离等问题的解决中。

　　尽管有这些优点,但是 PSO 需要花费大量的时间寻找大规模问题的解决方案,例如需要大量群体搜索解空间的大尺寸问题。其主要原因是 PSO 的优化过程需要大量的适应度值评估,这些评估通常在 CPU 上按顺序完成,所以计算任务可能非常繁重,因此 PSO 的运行速度可能会很慢。

　　下面将介绍如何使用 CUDA 在 GPU 上并行运行 PSO,以获得良好的优化性能。在 GPU 上实现的 PSO 可以解决复杂问题和高维问题,大幅加速其运行,为用户在合理的时间内提供可行的复杂优化问题的解决方案。

对于单目标优化,通过分别在 GPU 和 CPU 上运行 PSO 进行实验,以优化若干基准测试功能。与基于 CPU 的 PSO(简称 CPU-PSO)相比,基于 GPU 的 PSO(简称 GPU-PSO)运行时间大大缩短。我们在 NVIDIA Geforce 9800 GT 的显卡上实现了 GPU-PSO,可以获得 40 倍的加速性能,与不加速版本相比,具有相同的优化性能。

针对多目标优化,提出了基于 GPU 的并行 MOPSO。在对几个客观的基准测试问题进行实验后,发现与基于 CPU 的顺序 MOPSO 相比,基于 GPU 的并行 MOPSO 在减少运行时间方面要比前者高效得多,达到 3.74～7.92 倍的加速。群体规模越大,可以找到的非支配性解决方案越多,解决方案的质量越高,可以获得的加速比越大。

8.3.1 粒子群优化算法

在原始 PSO 中,优化问题的每个解决方案在搜索空间中被称为粒子。问题空间的搜索是由具有特定粒子数量的群体完成的。

假设群体大小为 N,问题维度为 D。群体中的每个粒子 $i(i=1,2,3,\cdots,N)$ 具有以下内容属性:当前位置 X_i、当前速度 V_i、个体最佳位置 $\widetilde{P}_i$ 和全局最佳位置 $\hat{P}_i$。在每次迭代中,每个粒子的位置和速度根据 $\widetilde{P}_i$ 和 $\hat{P}_i$ 进行更新。原始 PSO 中的这个过程可以表述如下:

$$V_{id}(t+1)=w\,V_{id}(t)+c_1\,r_1(\widetilde{P}_{id}(t)-X_{id}(t))+c_2\,r_2(\hat{P}_{id}(t)-X_{id}(t)) \quad (8\text{-}1)$$
$$X_{id}(t+1)=X_{id}(t)+V_{id}(t) \quad (8\text{-}2)$$

式中,$i=1,2,\cdots,N,d=1,2,\cdots,D$。学习因子 c_1 和 c_2 是非负常数,r_1 和 r_2 均匀分布在区间 $[0,1]$,$V_{id}\in[-V_{max},V_{max}]$,其中 V_{max} 是指定的最大速度,是根据目标函数预设的常量。如果一维上的速度超过最大值,它将被设置为 V_{max}。该参数控制 PSO 的收敛速度,并可以防止其增长太快。参数 w 是惯性权重,它是用于平衡全局和本地搜索能力的在区间 $[0,1]$ 中的常量。

许多研究人员通过不断研究,努力提高原始 PSO 的性能。尽管如此,目前还没有一个针对 PSO 的标准定义。2007 年,Bratton 和 Kennedy 设计了一个标准 PSO(Standard PSO,SPSO),它是原算法的直接扩展。SPSO 旨在用作性能测试的基准,用于对技术进行改进,以及将 PSO 用于更广泛的优化问题。

标准 PSO 主要在两方面与原始 PSO 不同。原始 PSO 使用全局拓扑结构,如图 8-2(a) 所示。

在这个拓扑结构中,负责所有粒子速度更新的全局最优粒子是从整个群体中选择的,而在标准粒子群中没有全局最优,相反,每个粒子都依赖局部最优粒子以进行速度更新,这是从左右邻居和自身中选择的。

标准 PSO 使用局部拓扑结构,如图 8-2(b)所示。

另外,在原始 PSO 中,设计了一个惯性权重参数调整前一粒子速度对优化过程的影响。

通过调整 w 的值,群体有更大的倾向,最终将自己压缩到最适合的地区,并详细探索该地区。与参数 w 类似,标准 PSO 引入了一个新的参数 χ,称为收缩因子,它是从速度更新公式中的现有常量中导出的:

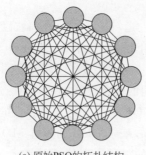 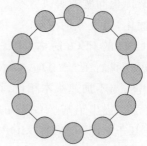

(a) 原始PSO的拓扑结构　　　　(b) 标准PSO的拓扑结构

图 8-2　原始 PSO 和标准 PSO 的拓扑结构

$$\chi = \frac{2}{\{|2 - \varphi - \sqrt{(\varphi^2 - 4\varphi)}|\}}, \varphi = c_1 + c_2 \qquad (8\text{-}3)$$

标准 PSO 中的速度更新公式为

$$V_{id}(t+1) = \chi(V_{id}(t) + c_1 r_1(\widetilde{P}_{id}(t) - X_{id}(t)) + c_2 r_2(\hat{P}_{id}(t) - X_{id}(t))) \qquad (8\text{-}4)$$

这里，$\hat{P}$ 不再是全局最佳位置，而是局部最佳位置。

统计测试表明，标准 PSO 可以找到比原始 PSO 更好的解决方案，同时保留原始 PSO 的简单性。标准 PSO 的引入可以为研究人员提供一个共同的基础，可以用作比较未来 PSO 发展和改进的标杆，从而避免在实际使用的经过严格测试的增强功能上花费不必要的精力。

8.3.2　GPU 的单目标优化 PSO

1. 算法流程

这里介绍的算法是基于文献[12]和文献[30]以前的工作。算法 8-1 说明了 GPU-PSO 的算法流程。这里 Iter 是 GPU-PSO 运行的最大迭代次数，作为函数优化过程的停止条件。

算法 8-1　GPU-PSO 的算法流程

初始化所有粒子的位置和速度
将数据从 CPU 转入 GPU

// "**for**"内的子过程并行运行
for $i = 1$ to Iter **do**
　　计算所有粒子的适应度值
　　更新所有粒子的 $\widetilde{P}$
　　更新所有粒子的 $\hat{P}$
　　更新所有粒子的速度和位置
end for
将数据传回 CPU 并输出。

GPU 与 CPU 之间的区别在于 GPU 内核的操作应该是并行化的，同时应提高 GPU-PSO 的整体性能（注意主要考虑运行速度）。所以必须仔细设计 GPU-PSO 算法所有子过程的并行化方法。

2. 计算粒子的适应度值

适应度值的计算是整个搜索过程中最重要的任务,需要高密度的算术运算。在算法 8-2 中给出了计算所有粒子适应度值的算法。从算法 8-2 可以看出,迭代只适用于维数指数 $i=1,2,\cdots,D$。在 GPU 它也应该适用于粒子指数 $j=1,2,\cdots,N$,其原因是在维度 i 上所有粒子的 N 个数据的算术运算是在 GPU 上并行(同步)完成的。

算法 8-2　计算适应度值

初始化,设置 block size 和 grid size 每个网格中线程数与粒子规模 N 一致
for 每个维度 i **do**
　　将全部线程一一映射到 N 个位置值
　　从全局加载 N 份数据到共享内存
　　并行地计算 N 份数据
　　存储维度 i 的结果为 $f(\boldsymbol{X}_i)$
end for
结合 $f(\boldsymbol{X}_i),i=1,2,\cdots,D$ 以获得全部粒子的适应度值 $f(\boldsymbol{X})$,并存储在向量 $\boldsymbol{F}$ 中

将所有线程映射到一维数组中的 N 个数据应遵循以下两个步骤:

(1) 将块大小设置为 S_1S_2,网格大小设置为 T_1T_2。所以网格中的线程总数是 $S_1S_2T_1T_2$。必须保证 $S_1S_2T_1T_2=N$,只有在这种情况下,才能同步加载和处理 N 个粒子的所有数据。

(2) 假设索引为 (B_x,B_y) 的块中索引 (T_x,T_y) 的线程映射到一维数组中的第 I 个数据,则索引与 I 之间的关系为

$$I=(B_yT_2+B_x)S_1S_2+T_yS_2+T_x \tag{8-5}$$

这样,一个内核中的所有线程都一一映射到 N 个数据。然后对一个线程应用一个操作将导致 N 个线程同步完成相同的操作。这可以解释为什么 GPU 可以大大加快计算速度。

3. 更新 $\tilde{P}$ 和 $\hat{P}$

在适应度值更新之后,每个粒子可以比以前到达更好的位置 $\tilde{P}$,并且可以找到新的局部最佳位置 $\hat{P}$。所以 $\tilde{P}$ 和 $\hat{P}$ 必须根据粒子群的当前状态进行更新。$\hat{P}$(PF)的更新过程可以通过算法 8-3 实现。

$\hat{P}$(PF)的更新与 P 相似。将一个粒子的前一个 $\hat{P}$ 分别与右边邻居、左边邻居和它自己的当前 $\tilde{P}$ 进行比较,然后选择最好的一个作为该粒子的新 $\hat{P}$。

算法 8-3　更新 $\tilde{P}$

将全部线程一一映射到 N 个粒子
从全局转移全部 N 份数据到共享内存

// 并行处理线程 i $(i=1,2,\cdots,N)$
if $\boldsymbol{F}(i)$ 比 $\mathbf{PF}(i)$ 更好 **then**
　　$\mathbf{PF}(i)=\boldsymbol{F}(i)$
　　for 每个维度 d **do**
　　　　将位置 $\boldsymbol{X}(dN+i)$ 存储到 $\tilde{\boldsymbol{P}}(dN+i)$
　　end for
end if

---

4. 更新速度和位置

在所有粒子的个体最佳位置和局部最佳位置被更新之后,速度和位置也应该更新。这个过程是按维度进行的。在同一维 d $(d=1,2,\cdots,D)$ 上,所有粒子的速度值被并行更新(使用算法 8-1)。

5. 随机数生成

在优化过程中,PSO 需要大量的随机数进行速度更新。在当代 GPU 中缺少高精度的整数运算,这使得在 GPU 上生成随机数非常棘手,尽管它仍然是可能的。为了专注于在 GPU 上实现 PSO,我们宁愿在 CPU 上生成随机数并将它们传送到 GPU。但 GPU 和 CPU 之间的数据传输相当耗时。如果在 CPU 上产生随机数,并在每次 PSO 迭代过程中将它们传输到 GPU,由于要传输的数据量很大,算法的运行速度会大大减慢。所以应该尽可能地避免 CPU 和 GPU 之间的数据传输。

可以用以下方法解决这个问题:在 PSO 运行之前,在 CPU 上产生 $M(M>>DN)$ 个随机数。然后将它们传输到 GPU,并存储在全局内存中的数组 R 中,作为随机数"池"。每当速度更新过程完成时,只从 CPU 到 GPU 传输两个随机整数 $P_1,P_2\in[0,MDN]$,然后从 P_1 和 P_2 开始绘制 R 的 $2DN$ 个数 ,而不是将 $2DN$ 个数从 CPU 转移到 GPU。使用这种方法可以明显提高运行速度。

8.3.3 实验结果和讨论

本章的实验平台基于 Intel Core 2 Duo 2.20GHz CPU、3.0 GB RAM、NVIDIA GeForce 9800 GT 和 Windows XP。GPU-PSO 和 CPU-PSO 之间的性能比较是基于 4 个经典基准测试函数进行的,如表 8-1 所示。图 8-3 和 8-4 展示了 GPU-PSO 和 CPU-PSO 运行时间和种群数量的关系,图 8-5 展示了 GPU 相较 CPU 的加速比。

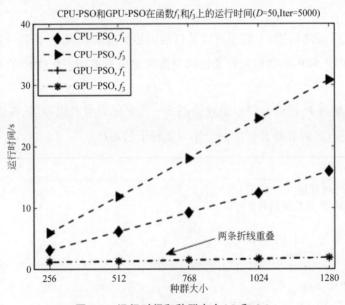

图 8-3　运行时间和种群大小(f_1 和 f_3)

表 8-1　测试函数

序号	名　　称	方　　程	区　　间
f_1	Sphere	$\sum\limits_{i=1}^{D} x_i^2$	$(-100,100)^D$
f_2	Rastrigin	$\sum\limits_{i=1}^{D} \left[x_i^2 - 10\cos(2\pi x_i) + 10 \right]$	$(-10,10)^D$
f_3	Griewangk	$\dfrac{1}{4000}\sum\limits_{i=1}^{D} x_i^2 - \prod\limits_{i=1}^{D}\cos(x_i/\sqrt{i}) + 1$	$(-600,600)^D$
f_4	Rosenbrock	$\sum\limits_{i=1}^{D-1}(100(x_{i+1}-x_i^2)^2 + (x_i-1)^2)$	$(-10,10)^D$

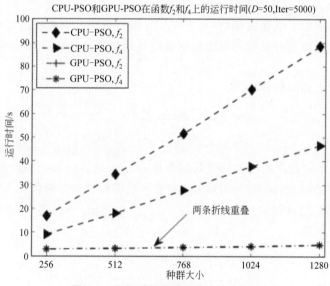

图 8-4　运行时间和种群大小（f_2 和 f_4）

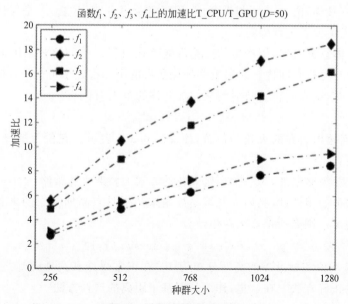

图 8-5　加速比和种群大小

8.4　基于 GPU 的烟花算法

8.4.1　传统烟花算法

回顾一下 FWA。FWA 将 N 个 D 维参数向量 $\boldsymbol{x}_i^G$ 作为每一代的基本个体。参数 i 从 1 到 N 变化,参数 G 代表迭代数。群体中的每一个个体都在爆炸并产生火花。产生火花的数量和每个个体的爆炸幅度是由测定策略决定的。此外,高斯爆炸被用来产生火花,以保持种群的多样性。最后,算法保持群体中最好的个体不丢失,并根据距离为下一代选择其余的 $N-1$ 个个体。FWA 更具体的策略可以描述如下。

爆炸火花策略模拟了烟花的爆炸,是 FWA 的核心策略。当火花爆炸时,火花消失,周围出现许多火花。模拟这种现象的爆炸火花策略被用来产生新的个体。在这个策略中,需要确定两个参数。

第一个是产生火花的数量:

$$s_i = S \cdot \frac{y_{\max} - f(\boldsymbol{x}_i) + \xi}{\sum\limits_{i=1}^{N}(y_{\max} - f(\boldsymbol{x}_i)) + N\xi} \tag{8-6}$$

式中,S 是控制 N 个烟花产生的火花总数的参数,$y_{\max} = \max(f(\boldsymbol{x}_i))\ (i=1,2,\cdots,N)$ 是 N 个烟花中目标函数的最大(最差)适应度值,ξ 表示机器精度。s_i 四舍五入到最接近的整数(如果超出预定范围,则被钳位)。

第二个是爆炸幅度:

$$A_i = A \cdot \left(\frac{f(\boldsymbol{x}_i) - y_{\min} + \xi}{\sum\limits_{i=1}^{N}(f(\boldsymbol{x}_i) - y_{\min}) + N\xi} + \Delta \right) \tag{8-7}$$

预定义的 A 表示最大的爆炸幅度,$y_{\min} = \min(f(x_i))\ (i=1,2,\cdots,N)$ 是 N 个烟花中目标函数的最小(最佳)值,ξ 表示机器精度,用于避免零分割误差。Δ 是保证幅度非零的一个小数字,从而避免搜索过程停滞。

如果一个个体靠近边界,则产生的火花可能落在可行的空间之外。因此需要使用映射方法将火花保留在可行空间内。映射策略确保所有的个体都处于可行的空间。如果边界上有一些边缘的火花,则它们将被映射到它们被允许的范围内:

$$\boldsymbol{x}_i = \boldsymbol{x}_{\min} + |\boldsymbol{x}_i| \% (\boldsymbol{x}_{\min} - \boldsymbol{x}_{\max}) \tag{8-8}$$

式中,$\boldsymbol{x}_i$ 表示任何超出边界的火花的位置,而 $\boldsymbol{x}_{\max}$ 和 $\boldsymbol{x}_{\min}$ 表示火花位置的最大和最小边界。符号 $\%$ 代表模运算。

除了爆炸火花策略之外,另一种产生火花的方式为高斯火花策略。

为了保持种群的多样性,高斯火花策略被用来产生具有高斯分布的火花。假设当前个体的位置表示为 $\boldsymbol{x}_{jk}$,则高斯爆炸火花被计算为

$$\boldsymbol{x}_k^i = \boldsymbol{x}_k^i g, \quad g = \text{Gaussian}(1,1) \tag{8-9}$$

参数 g 服从均值和标准差的高斯分布为 1。在正常爆炸和高斯爆炸之后,我们考虑选择下一代个体的正确方法。在这里,建议采用基于距离的选择方法。

为了选择下一代的个体,最好的个体始终保持不丢失,然后根据它们与其他个体的

距离选择下一代 $N-1$ 个解。远离其他个体的个体比那些与其他个体距离较近的个体得到更多的选择机会。两个地点之间的一般距离计算如下：

$$R(\boldsymbol{x}_i) = \sum_{j \in K} d(\boldsymbol{x}_i, \boldsymbol{x}_j) = \sum_{j \in K} \| \boldsymbol{x}_i - \boldsymbol{x}_j \|$$

(8-10)

式中，位置 $\boldsymbol{x}_i$ 和 $\boldsymbol{x}_j$ $(i \neq j)$ 可以是任何位置，K 是所有当前位置的集合。对于距离测量，可以使用许多方法，包括欧几里得距离、曼哈顿距离和基于角度的距离。最后，使用轮盘赌方式计算选择位置的可能性。

$$p(\boldsymbol{x}_i) = \frac{R(\boldsymbol{x}_i)}{\sum_{i \in K} R(\boldsymbol{x}_j)}$$

(8-11)

离别的个体较远的个体有更多机会被选中。这样可以保证种群的多样性。FWA 的流程图如图 8-6 所示。

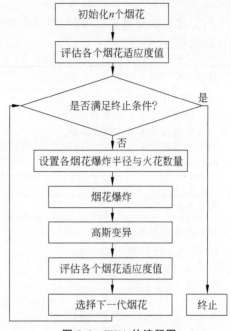

图 8-6　FWA 的流程图

8.4.2　基于 GPU 的烟花算法

基于 GPU 的 FWA(简称 GPU-FWA)是为达到以下目的而提出的。

- 良好的解决方案质量。与最先进的算法相比,该算法可以找到好的解决方案。
- 良好的可扩展性。随着问题变得复杂,算法可以以自然的方式进行扩展。
- 易于实施和可用性,即以很少的控制变量指导优化。这些变量应该健壮且易于选择。

为了达到这些目的,对 FWA 进行了几次重要的修改,以利用这种特定的架构。GPU-FWA 的伪代码由算法 8-4 描述。

算法 8-4　GPU-FWA

初始化 n 个烟花
计算各个烟花适应度值
根据式(8-7)计算爆炸幅度 A_i
while 未满足终止条件 **do**
　　for $i = 1$ **to** n **do**
　　　　根据算法 8-5 进行搜索
　　end for
　　根据算法 8-7 进行变异
　　计算火花的适应度值
　　根据式(8-7)更新爆炸幅度 A_i
end while

与其他群体智能算法相同,GPU-FWA 是一种迭代算法。在每次迭代中,每一个烟花都会独立进行本地搜索。然后触发信息交换机制,利用启发式信息指导搜索过程。这个机

制应该在探索和开采之间取得平衡。

由于该算法是自描述性的,因此需要明确的是算法 8-5 和算法 8-7。下面将分别详细介绍这两种算法。

算法 8-5　FWA 搜索

---

for $i = 1$ **to** L **do**
　　根据算法 8-6 生成 m 个火花
　　评估每个火花的适应度值
　　找到最优火花,若比当前烟花好,则替代该烟花
end for

算法 8-6　火花生成

初始化火花位置:$\hat{x}_i = x_i$
for $d = 1$ **to** D **do**
　　$r = \text{rand}(0,1)$
　　if $r < \dfrac{1}{2}$ **then**
　　　　$\hat{x}_{i,d} = \hat{x}_{i,d} + A_i \text{ rand}(-1,1)$
　　end if
　　if $\hat{x}_{i,d} > \text{ub}_d$ **or** $\hat{x}_{i,d} < \text{lb}_d$ **then**
　　　　$\hat{x}_{i,d} = \text{lb}_d + |\hat{x}_{i,d} - \text{lb}_d| \mod (\text{ub}_d - \text{lb}_d)$
　　end if
end for

---

1. FWA 搜索

在 FWA 中,每个烟花产生一定数量的火花以利用附近的解决方案空间。具有更好适应度值的烟花产生更多幅度更小的火花。这个策略的目的是将更多的计算资源放到更有潜力的位置,从而在探索和开采之间取得平衡。

在 FWA 搜索中,这个策略被采用,但以一种"贪婪"的方式,而不是在 FWA 的全局选择过程中,每个烟花被当前最好的火花更新。该机制展现了一种增强的爬山搜索行为。

每个烟花都会产生固定数量的火花。火花的确切数量(m)是根据特定的 GPU 硬件架构确定的。这种固定的烟花爆炸编码更适合 GPU 上的并行实现。为了避免硬件资源浪费,m 应该是 SM(Stream Multiprocesser)数量的倍数。但是,没有必要选择太大,因为越大越容易过度利用某个位置,而通过更多的爆炸操作可以实现更好的精确搜索。

另外,从算法 8-4 可以看出,与 FWA 不同,在 GPU-FWA 中,烟花在每个爆炸过程中都不交换信息,并且每个烟花产生的火花数量都是固定的。

这样的配置具有许多优点。

首先,烟花之间的全局通信需要同步,这意味着相当大的开销。通过让算法在不交换信息的情况下执行给定次数的迭代,运行时间可以大大缩短。

其次,动态确定每个烟花产生的火花数量,计算任务必须通过优化程序动态分配。由于 GPU 在控制操作上效率低下,动态计算分配容易降低 GPU 的整体性能。通过固定火花数

量,可以将每个烟花分配给一个固定空间,这样,所有的火花隐式同步,没有额外的开销。

最后但并非最不重要的是,在一个线程中实现了爆炸,它可以充分利用共享内存,因此,一旦从全局内存加载了烟花的位置和适应度值,就不需要访问全局内存了。访问全局内存的延迟可以大大减小。

2. 吸引-排斥变异

启发式信息被用来指导局部搜索,但应该采取其他策略保持烟花群体的多样性。保持群体的多样性对优化程序的成功至关重要。

在 FWA 中引入高斯变异提高烟花群体的多样性。在这个变异过程中,会产生额外的火花。为了产生这样的火花,首先,从 $G(1,1)$(具有均值 1 和方差 1 的高斯分布)生成比例因子 g。对于随机选择的烟花来说,烟花的每个相应尺寸与当前最好的烟花之间的距离是 g。因此,新的火花可以更接近最好的烟花或离它更远。

类似于高斯变异,在 GPU-FWA 中,提出了一种称为吸引-排斥变异(AR-Mutation)的机制,以明确的方式实现这一目的,如算法 8-7 所示,其中 x_i 描述了第 i 个烟花,而 x_{best} 描绘了最好的烟花。

吸引-排斥变异背后的理念是,对于非最好的烟花来说,它们要么被最好的烟花所吸引,要么"帮助"利用当前最好的地点,要么被最好的烟花所排斥,以探索更多的空间。事实上,"吸引"与"排斥"之间的选择反映了局部与全局之间的平衡。

尽管在原始 FWA 中使用了高斯变异,但可以采取各种随机分布。由于均匀分布是最直接和最简单的,因此在算法 8-7 中采用均匀分布。

算法 8-7　吸引-排斥变异

初始化新的位置 $\hat{x}_i = x_i$

$s = U(1-\delta, 1+\delta)$

for $d = 1$ **to** D **do**

　　$r = \text{rand}(0,1)$

　　if $r < \dfrac{1}{2}$ **then**

　　　　$\hat{x}_{i,d} = \hat{x}_{i,d} + (\hat{x}_{i,d} - x_{\text{best},d})s$

　　end if

　　if $\hat{x}_{i,d} > \text{ub}_d$ **or** $\hat{x}_{i,d} < \text{lb}_d$ **then**

　　　　$\hat{x}_{i,d} = \text{lb}_d + |\hat{x}_{i,d} - \text{lb}_d| \mod (\text{ub}_d - \text{lb}_d)$

　　end if

end for

8.4.3　实现

CUDA 平台上 GPU-FWA 实现的流程如图 8-7 所示。

1. 线程设计

在 FWA 搜索内核中,每个烟花都被分配到一个单独的 warp(即 32 个连续的线程)。但是,并不是 warp 中的所有线程都需要用于执行计算任务。如果火花的数量设置为 16,则

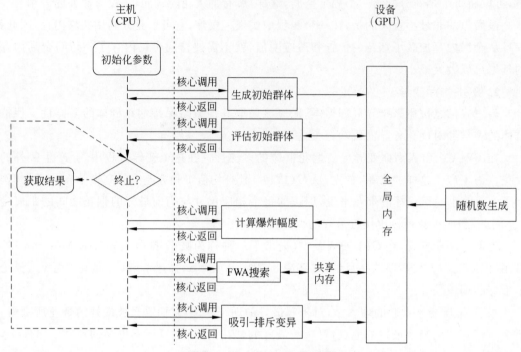

图 8-7　GPU-FWA 实现的流程

使用前面的半经线,或者如果数量设置为 32,则使用经线中的所有线。

由此带来了几个优点。首先,由于同一个 warp 中的线程本身是同步的,因此会减小火花间通信的开销。其次,通过保持每个烟花和火花在同一个弯曲中,爆炸过程在一个单独的块中进行,从而可以利用共享内存。由于访问共享内存的延迟小于全局内存,总体运行时间可以大大减少。最后,由于 GPU 根据计算和内存资源自动分配块,因此该算法很容易随着问题的规模扩大而扩展。

2. 数据组织

在 GPU-FWA 的实现中,每个烟花的位置和适应度值都存储在全局内存中,而火花的数据存储在快速访问的共享内存中。为了合并全局存储器访问,数据通常以交叉配置(即阵列结构)组织。在这里,采取传统的方式,在全局和共享存储器中的烟花和火花的数据以连续的方式存储(即结构阵列)。在实践中,每个烟花都占用一个 SM。运行在同一个 SM 上的线程可以从全局内存中加载特定的烟花的数据,因此同一烟花的数据应该连续存储。

8.4.4　实验

为了观察 GPU-FWA 与 FWA 和 PSO 相比的加速性能,进行了一系列实验,GPU-FWA 的 n 分别设置为 48、72、96、144。对于 PSO 和 FWA,进行 1000 次迭代,并在相同规模下执行相同的功能评估时间。GPU-FWA 与 FWA 和 PSO 相比的加速比如图 8-8 和图 8-9 所示。

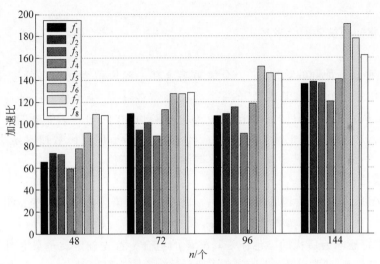

图 8-8　GPU-FWA 与 FWA 相比的加速比

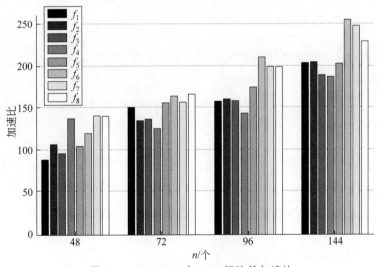

图 8-9　GPU-FWA 与 PSO 相比的加速比

8.5　基于 GPU 的遗传算法

8.5.1　遗传算法

GA 从物种的自然演化中得到启发,包括变异、交叉和选择的概念和操作。GA 已被广泛用于解决分散和连续领域的优化问题。

1. 一般概念

假设 $\{f(\boldsymbol{x}) \mid f : X \to \mathrm{R}, X \in \mathrm{R}^d\}$ 是待优化的函数,一般的目标是找到最小值:

$$\boldsymbol{x} = \arg\min f(\boldsymbol{x}), \boldsymbol{x} \in X \tag{8-12}$$

然而,在 GA 中,搜索不是直接在 X 的空间中完成的,向量 $\boldsymbol{x}$ 通常被认为是"表型",然后将"基因型"——长度为 l 的字符串 c 使用映射函数编码:

$$\{x = z(c) \mid z:C \to X\} \tag{8-13}$$

因此,优化问题被转换并发现:

$$x = \mathrm{argmin} f(z(c)), c \in C \tag{8-14}$$

GA 是一种基于种群的算法,n 个个体被组合在一起模拟生物种群的进化。在 GA 相关文献中,用作每个个体的"基因型"的字符串 c 通常被称为"染色体"。"适应度函数"的另一个概念也是从自然演化中衍生出来的。一旦个体对优化问题有了更好的解决方案,适应度值就会更高,这意味着它的染色体更适应环境。此外,适应度函数通常定义为 $\{\mathrm{fit}(c) = h(f(z(c))) \mid h:R \to R^+\}$,其中 h 是一个单调函数,只有正值。

2. 遗传算法的算子

假设有父母 c_1 和 c_2 及其后代 c_3 和 c_4。每个父母的染色体由 4 个变量组成:

$$c_1 = (g_1 g_2 g_3 g_4), c_2 = (d_1 d_2 d_3 d_4) \tag{8-15}$$

交叉运算符意味着后代的染色体是其父母的组合。首先确定父母染色体的分离位置,如果有 m 个交叉点,通常称为 m 点交叉。然后将每个染色体分成 $m+1$ 个片段。最后子代的染色体是通过结合其父母的相应部分而产生的。对于交叉点 1 和 3 的 2 点交叉,子代将是

$$c_3 = (g_1 d_2 d_3 g_4), c_4 = (d_1 g_2 g_3 d_4) \tag{8-16}$$

变异算子简单地表示染色体中某些点的突变,显著提高了种群的多样性。例如,在 c_3 中的交叉之后,在点 2 上发生变化可能是

$$c_3 : (g_1 d_2 d_3 g_4) \to (g_1 m_2 d_3 g_4) \tag{8-17}$$

在交叉和变异之后,产生足够的后代,为了保持种群规模,选择算子被使用。在自然进化中,只有具有较高适应性的个体才能生存。类似地,根据其适合度值选择新一代。在几种策略中,轮盘赌选择是一种常见的实现策略。在轮盘赌选择中,每个个体的选择概率很容易计算为

$$p(c_i) = \frac{\mathrm{fit}(c_i)}{\sum_j \mathrm{fit}(c_j)} \tag{8-18}$$

然后从 p 的离散概率分布随机抽样新的人口。

3. 算法伪代码

GA 的伪代码如算法 8-8 所示。

算法 8-8 GA

随机生成初始种群 P^0
设置 $i=0$
while 未收敛 **or** $i \leq$ maxIteration **do**
    set $i=i+1$
    if 满足交叉条件 **then**
        随机选择父代基因
        根据 m 点交叉方法随机选择交叉位置
        通过交叉生成子代
    end if
    if 满足变异条件 **then**
        随机选择变异个体

随机选择变异位置
　　　　变异
　　end if
　　计算适应度值
　　使用轮盘赌选择获得下一代群体 P^i
end while
返回最优个体

8.5.2　GPU 实现

1. 交叉

交叉是一个记忆绑定的操作。它可以分两个阶段进行。首先,对于每一个个体,随机选择另一个个体,并妥善保存被选择的个体。其次,根据预先生成的随机数进行实际交叉。根据问题的规模和所采用的并行模型,可以将每个个体分配给单个线程或单个线程块。交叉的过程如图 8-10 所示。

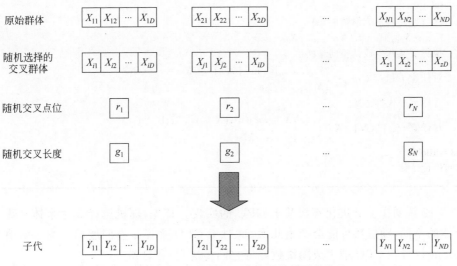

图 8-10　具有 N 个体和 D 个参数的种群的交叉

2. 变异

如图 8-11 所示,变异是一个点向运算符。它可以通过分配一个线程检查是否需要进行变异。

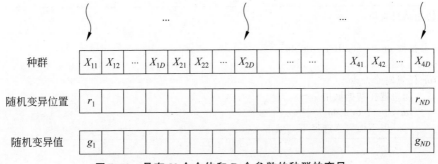

图 8-11　具有 N 个个体和 D 个参数的种群的变异

3. 选择

为了进行基于轮盘赌的选择过程,应该根据每个个体的适应度值计算概率权重。概率权重(0~1)可以用线性复杂度的前缀和进行预处理。预处理可以直接进行,也可以用时间复杂度为 $\log(N)$ 而不是 $O(n)$ 的辅助分段树更高效地进行。

8.6　其他算法的并行实现介绍

8.6.1　基于 GPU 的差分进化算法

差分进化算法的伪代码如算法 8-9 所示。

算法 8-9　差分进化算法

随机生成初始群体 $\boldsymbol{X}$。

set $i = 0$

while 未收敛 **or** $i \leqslant$ maxIteration **do**

　　set $i = i + 1$

　　执行变异并生成捐赠向量 $\boldsymbol{V}_G$

　　$\boldsymbol{V}_{i,G} = \boldsymbol{X}_{r(i,1),G} + F(\boldsymbol{X}_{r(i,2),G} - \boldsymbol{X}_{r(i,3),G})$

　　执行交叉并生成试验向量 $\boldsymbol{U}_G$

　　对任意 j 和 i, $\boldsymbol{U}_{i,j,G} = \begin{cases} \boldsymbol{V}_{i,j,G}, & \text{if rand}[0,1] \leqslant CR \\ \boldsymbol{X}_{i,j,G}, & \text{else} \end{cases}$

　　选择下一代群体 $\boldsymbol{X}_{G+1}$

　　对任意 $i \in [1,N]$, $\boldsymbol{X}_{i,G+1} = \begin{cases} \boldsymbol{X}_{i,G}, & \text{if fit}(\boldsymbol{X}_{i,G}) \geqslant \text{fit}(\boldsymbol{U}_{i,G}) \\ \boldsymbol{U}_{i,G}, & \text{else} \end{cases}$

end while

返回最优个体

图 8-12 说明了差分进化算法基于 GPU 的实现。首先,随机选择 3 个个体。为了保证 3 个个体的不同,随机数可能会产生几次,这对于 GPU 来说是有问题的。为了解决这个问题,Veronese 等在 CPU 端生成随机数并将它们传送到 GPU 端。

8.6.2　基于 GPU 的蚁群算法

ACO 的伪代码如算法 8-10 所示。

算法 8-10　ACO 用于 TSP 问题

设置初始信息素值 $\tau_{ij} = C$

set $i = 0$

while 未收敛 **or** $i \leqslant$ maxIteration **do**

　　set $i = i + 1$

　　for 任意蚂蚁 k **do**

　　　　随机选择初始城市

　　　　for $i = 1$ **to** n **do**

　　　　　　以下面概率选择下一城市 j

$$P_{i,j}^k(t) = \begin{cases} \dfrac{[\tau_{ij}(t)]^\alpha \times [\eta_{ij}]^\beta}{\sum\limits_{\text{kinallowed}_k} [\tau_{ik}(t)]^\alpha \times [\eta_{ik}]^\beta}, & \text{if } j \in \text{allowed}_k \\ 0, & \text{else} \end{cases}$$

　　　　end for

　　end for

　for 每条边 **do**

　　更新信息素数值为

$$\Delta \tau_{ij}^k = \begin{cases} (C_k)^{-1}, & \text{if 第 } k \text{ 个蚂蚁通过}(i,j) \\ 0, & \text{else} \end{cases}$$

　　end for

end while

返回结果

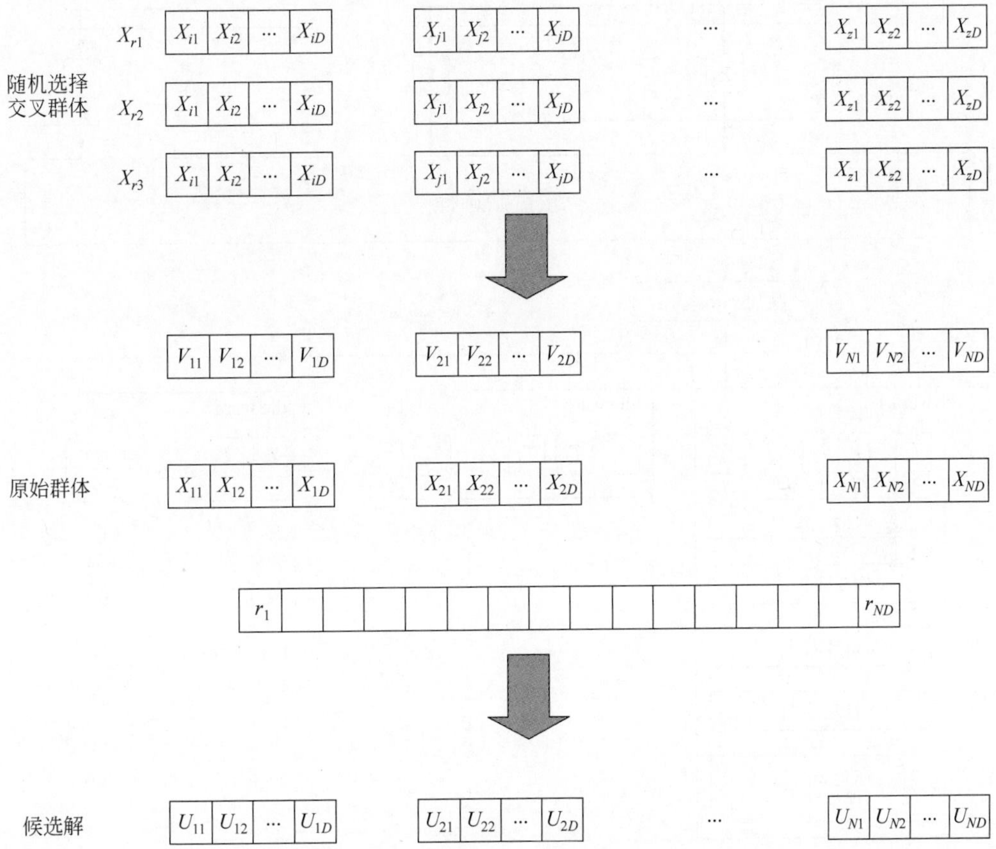

图 8-12　具有 *N* 个个体和 *D* 个参数的群体的交叉

1. 路径生成

　　对于 ACO 来说,路径结构本质上是平行的。有效平衡处理过程的关键是通过轮盘赌选择下一个未经访问的城市。为了解决这个问题,已经有许多方案被提出。

　　Celie 等观察到在所使用的任务并行方法中存在冗余计算和线程分歧。采用细粒度的数据并行方法可以提高处理性能。他们提出了一种称为 I-Roulette(独立轮盘)的新方法复制经典的轮盘,同时提高 GPU 的并行性。

下面描述 Dawson 等提出的方法。

他们提出的轮盘赌选择算法的并行实现被称为双自旋轮盘（DS-Roulette）。DS-Roulette 实际上是一个基于两阶段前缀和轮盘赌选择的利用快速共享内存的实现。该实现如图 8-13 所示。

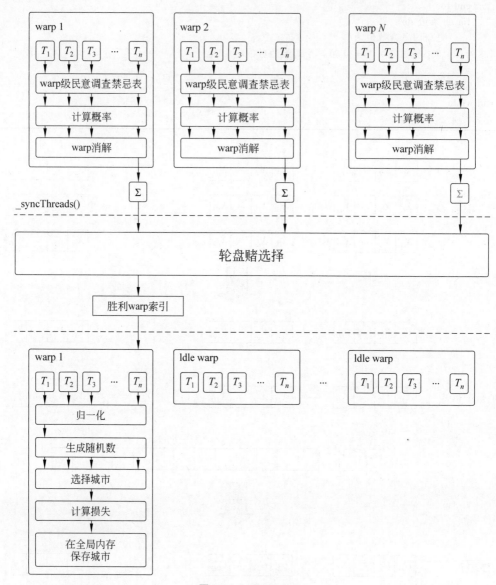

图 8-13　DS-Roulette

在第一阶段,子区块内的每个线程检查它所代表的城市是否在当前旅游中曾被访问过。这个值被存储在共享内存中,被称为禁忌值。然后进行一个 warp 级民意调查,以确定是否有任何有效的城市保留在子区块中。如果有效的城市仍然存在,则每个线程从选择信息数组中检索相应的概率,并将概率乘以相关的禁忌值。在计算子区块概率后对概率进行折减。一旦概率被计算出来,这些子区块就可以确保旅游中所有城市的完全覆盖。

在第一阶段结束时,结果是一个子区块概率列表。接着在这组概率上进行轮盘赌选择以选择将要访问的下一个城市将被选择的特定子区块。

在 DS-Roulette 的最后阶段,使用前一阶段计算的块值,前 32 个线程从共享内存中加载第一阶段中获胜子区块计算的概率。

每个线程加载子区块的总概率,并且概率被归一化。由于每个线程都从共享内存访问相同的 32 位值,因此将值广播到每个线程,从而消除了线程冲突和串行化现象。随后产生一个随机数,每个线程检查数字是否在其范围内,从而完成轮盘的第二次旋转。获胜的线程将下一个城市保存到共享内存和全局内存中,并更新总的旅游成本。经过 n^2 次迭代之后,使用原子最大操作符将旅游成本保存到全局内存中。这个值随后在信息素浓度更新阶段被使用。

2. 信息素浓度更新

信息素浓度更新包括两个任务:信息素蒸发和信息素沉积。

信息素蒸发本质上是一个更新载体的过程,因此容易实现。然而,由于不同的蚂蚁可能试图将信息素同时放到同一边缘,因此信息素沉积实现是有问题的。

信息素沉积可以通过使用原子操作直接实现,以防止竞争条件进入信息素矩阵。尽管原子操作的使用似乎降低了性能,但实验结果表明,基于原子操作的并行实现胜过了更复杂的无原子操作的技术。

Uchida 等提出了另一种基于原子操作的实现。他们引入了一个特殊的数据结构呈现构建的路径。有了这个结构,每个城市的信息素浓度更新可以不断进行。在这种设计中,原子操作发生在共享内存而不是全局内存中。

Celie 等提出了一种分散收集变换技术实现执行指令信息素沉积而不需要原子操作,代价是与原子中的 $O(n^2)$ 相比,大幅增加了对设备存储器的访问次数($O(n^4)$ 实现)。信息素浓度更新内核的配置启动例程将信元矩阵($O(n^2)$)中的信元设置为多个线程,并将这些线程平均分配给线程块。每个线程负责检查由它代表的单元是否被任何蚂蚁访问,即每个线程访问设备存储器以检查该信息。实验结果表明,这种实现比基于原子操作的实现明显低效。

本 章 小 结

当下有越来越多的群体智能算法。我们无法在本节中穷尽所有这些内容。在本章中,我们只介绍若干种流行的群体智能算法的具体 GPU 实现技术。我们相信,利用本章以及前几章的知识,读者可以很好地实现,优化和分析其他算法。

习　　题

习题 8-1　GPU 相较 CPU 有什么特点及主要优势?

习题 8-2　为什么 GPU 被广泛应用于群体智能算法的加速计算?

习题 8-3　简述 PSO。它受到哪些自然行为的启发? PSO 相对于其他群体智能算法有哪些优点?

习题 8-4　在 GPU 上并行运行 PSO 相比于基于 CPU 的 PSO 有什么优势?请解释

GPU-PSO 的算法流程及其中的关键步骤。

习题 8-5　描述 GPU-FWA 的主要特点和优势。

习题 8-6　描述 GPU 实现 GA 的交叉、选择和变异过程的主要步骤。

习题 8-7　根据本章描述的基于 GPU 的差分进化算法，回答以下问题：

（1）差分进化算法的伪代码中的变异操作是如何进行的？

（2）变异后生成的捐赠向量和试验向量分别是如何计算的？

（3）选择下一代群体的依据是什么？

习题 8-8　根据本章描述的基于 GPU 的 ACO，回答以下问题：

（1）ACO 中的路径生成过程是如何实现的？

（2）信息素浓度更新过程中的信息素蒸发是什么意思？ 如何实现信息素沉积？

本章参考文献

第9章

群体智能算法的应用

9.1 应用分类

前面的章节详细介绍了不同的群体智能算法,包括典型的 PSO、ACO 以及 FWA,并讨论了群体智能算法在 GPU 上的并行实现。并行实现大大提高了群体智能算法的执行效率,也为它在实际生活的应用推广起到了促进作用,本章将详细介绍群体智能算法在现实生活中的应用。

群体智能算法的应用从广义上可以分为三大类——离散优化、连续优化和混合优化。

离散优化包括调度和规划、子集问题、分组问题等;连续优化包括神经网络训练、博弈学习、聚类分析、非负矩阵分解(Nonnegative Matrix Factorization,NMF)等;混合优化因为设计个体比较复杂,应用相对较少,比如在聚类分析领域将解和解的中心点混合编码作为个体就属于混合优化的范畴。此外,按应用导向分,规划与优化问题包括调度与规划、子集问题、非负矩阵分解;分类问题包括分组问题、聚类分析;学习算法包括博弈学习、神经网络训练等。

9.2 聚 类 分 析

9.2.1 聚类分析简介

聚类分析是指对于一些给定的样本数据,根据数据个体之间的明显差异以某种特定的规则进行模式分类,使得在给定的规则下,类内相似度尽可能大,而类间相似度最小。给定一个数据集 $P = \{P_1, P_2, \cdots, P_n\}$ 表示 n 个数据样本,假设每个样本可以用 d 维特征表示,可以得到这个数据集的矩阵 $\boldsymbol{X}_{nd}$。对于这个数据集,聚类算法需要找到一种划分 $C = \{C_1, C_2, \cdots, C_K\}$,$K$ 表示划分得到的类别数,以使得每个类别内的个体尽可能相似,而每个类别之间的个体差异尽可能大。聚类的结果需要满足以下 3 个性质:

- 每个类别簇中至少要有一个个体,即 $C_i \neq \varnothing, \forall i \in \{1, 2, \cdots, K\}$。
- 两个不同的类别之间没有共同的个体,即同一个个体不能属于两个不同的类别: $C_i \bigcap C_j = \varnothing, \forall i \neq j (i, j \in \{1, 2, \cdots, K\})$,需要注意的是在模糊聚类中,这个要求是不需要满足的。

- 每个个体必须从属于某个类别 i,即满足 $\bigcup_{i=1}^{K} \{C_i\} = n$。

因为对于一个给定的样本集合,存在许多种划分方法能够保证满足上述性质,这个时候需要定义一种评价准则区别每种方法划分结果的好坏,这种评价准则称为损失函数,聚类问题可以形式化地定义为:对于给定的一个样本数据集,聚类算法需要寻找到一种最优或近似最优的划分 C^*,使得损失函数的值最小。因为聚类的目的,损失函数通常建立在样本之间相似度的度量基础上,一个合适的相似度度量方法在聚类过程中发挥着非常重要的作用。一种常用的度量方法是基于样本之间的欧氏距离的,对于两个 d 维样本 X_i、X_j,距离定义如式(9-1)所示。

$$d(X_i, X_j) = \sqrt{\sum_{p=1}^{d} (X_{i,p} - X_{j,p})^2} = \parallel X_i - X_j \parallel \tag{9-1}$$

聚类分析在图像处理、模式识别、复杂网络分析、文本分类、用户画像等领域都被广泛使用,具有非常大的商业价值和研究意义,是数据挖掘领域一个非常活跃的研究方向。但聚类分析问题很早以前就被证明当类别数超过 3 时,就是一个 NP 难问题。大数据集上的数据挖掘任务往往伴随着大量的特征或属性并需要快速准确地分类,这也就要求使用的聚类方法具有较高的执行效率。受生物行为启发的基于群体智能的方法因为其天然的并行性被成功地应用于许多实际聚类问题的解决。

9.2.2 基于蚁群算法的聚类分析

基于 ACO 的聚类分析是一类非常实用的聚类手段,蚂蚁的移动方式提供了一种自然且有效的启发式方法解决聚类问题。在蚂蚁所有的群体协作行为中,研究者们首先选择了蚂蚁清除尸体保证蚁巢整洁的行为进行模拟,从模拟结果中可以看出蚂蚁倾向于首先将环境中某一特定区域内的尸体聚集在一起,这种行为与聚类过程非常相似。群体智能算法第一次被用于解决聚类问题起源于 Deneubourg 提出基本模型(Basic Model,BM),用于解释蚂蚁尸体堆积成蚂蚁墓的行为,并模拟实现了蚁群的聚类过程。基本模型的主要思想是分散的对象被蚂蚁"拾起"并随机移动,然后在与被拾起对象相似的对象附近被"放下"。Lumer 和 Faieta 对 Deneubourg 的基本模型进行泛化,并应用于数据分析,提出了 LF 算法。LF 算法不必预先指定簇的数目,并能构造任意形状的簇。算法的主要思想是:先将所有多维属性空间中的数据对象随机地投影到二维网格平面上,然后在这个平面上产生一些虚拟蚂蚁,每只蚂蚁在二维平面上随机选择一个数据对象,随即蚂蚁计算该数据对象与邻域半径内其他数据对象之间在属性空间中的相似性。如果不相似,蚂蚁将数据对象拾起并随机移往别处,然后再计算,直到移到与周围对象相似的地方放下,再随机选择下一个数据对象;如果相似,蚂蚁不会拾起该数据对象,将随机选择下一个数据对象。这样,数据对象被逐渐聚类。这种方法也被称为标准蚂蚁聚类算法(standard Ant Clustering Algorithm,ACA)。

目前用于聚类分析的蚁群算法主要分为两类:一类是灵感源于蚂蚁觅食的蚁群路由选择算法,另一类是灵感源于 Lumer、Faieta 等提出的基于蚂蚁堆积尸体和幼体的 LF 算法及其改进蚁群聚类算法。这些算法具有许多优点,如自治性(聚类不再是根据所要求的对数据进行原始分割和分类,而是通过蚁群搜索行为自然地形成)、灵活性(为了避免局部最优不再采用决定性搜索,而是采用随机搜索)、并行性(代理操作是固有的并行)。因为这些优点,基于群体智能的聚类方法被许多研究者推崇。

Monmarche 等将基于蚁群的聚类方法和经典的 K-均值聚类方法进行融合,并将得到的聚类结果与传统的基于 K-均值的方法在不同数据集上进行对比,他们利用分类错误率进行评测,然而因为两种方法之间的显著差异,这种杂交的模型得到的结果比仅仅基于 ACO 的聚类结果要逊色不少。还有一种混合算法是基于蚂蚁系统和模糊 C-均值算法的,这种方法利用经典的模糊 C-均值算法自动确定对于给定的数据集需要分割成类簇的数目,也被称为模糊蚂蚁聚类算法(Fuzzy Ant Clustering Algorithm,FACA)。算法在执行过程的第一阶段,首先利用蚂蚁聚类算法生成初步的类簇,蚂蚁的移动过程会将所有样本聚成不同的堆,然后将这些堆的中心作为模糊 C-均值算法的初始聚类中心,并对这些堆进行调整和更新形成新的类簇;在第二阶段,需要对上一阶段得到的类簇按照事先设定的每一类个体数目上限进行切分形成新的堆,对这些新的堆再利用模糊 C-均值算法进行合并或者移动得到最终划分完成的类簇。

9.2.3　基于粒子群优化算法的聚类分析

另一类常用于聚类分析的是 PSO。PSO 的成功应用得益于研究者们已经将数据聚类问题转换为了一个优化问题进行求解——从一些候选的聚类中心中选出最优的组合。相比于一些局部启发式搜索算法,PSO 的一大优势在于能够从许多候选解中选出最优从而跳出局部最优,而经典的 K-均值算法是一种确定的局部搜索算法,往往会从初始点收敛到一个局部最优聚类结果。

基于 PSO 的聚类分析在 2002 年首先被 Omran 等提出,他们的实验结果显示基于 PSO 的聚类分析显著优于 K-均值、模糊 C-均值和其他当时最好的聚类算法。Omran 等利用一种基于量化误差的适应度函数评价聚类算法对数据聚类结果的好坏,适应度函数定义如式(9-2)所示。

$$J_e = \frac{\sum\limits_{i=1}^{K} \sum\limits_{X_j \in C_i} d(X_j, V_i)/n_i}{K} \tag{9-2}$$

式中,C_i 表示指第 i 个聚类中心,n_i 表示隶属于类别 i 的个体数目。PSO 中的每一个粒子在聚类分析中表示一种类别数为 K 的聚类中心,表示为 $\boldsymbol{Z}_i(t) = \{\boldsymbol{V}_{i,1}, \boldsymbol{V}_{i,2}, \cdots, \boldsymbol{V}_{i,K}\}$,其中 $\boldsymbol{V}_{i,p}$ 表示第 i 个粒子中第 p 个聚类中心的向量。每一个粒子的适应度函数值计算方法如式(9-3)所示。

$$f(Z_i, \boldsymbol{M}_i) = \omega_1 \bar{d}_{\max}(\boldsymbol{M}_i, X_i) + \omega_2 (R_{\max} - d_{\min}(Z_i)) + \omega_3 J_e \tag{9-3}$$

式中,$R_{\max}$ 表示数据集中最大的特征值;$\boldsymbol{M}_i$ 是聚类结果的一种矩阵表示,它的每一个元素 $M_{i,k,p}$ 表示样本 X_p 在第 i 个粒子中是否属于第 k 个类别 C_k;ω_1、ω_2、ω_3 是权重系数,用来控制每一项的重要性。此外,

$$\bar{d}_{\max}(\boldsymbol{M}_i, X_i) = \max_{k \in 1,2,\cdots,K} \left\{ \sum_{\forall X_p \in C_{i,k}} d(X_p, V_{i,k})/n_{i,k} \right\}$$

$$d_{\min}(Z_i) = \min_{\forall p, q, p \neq q} \{ d(V_{i,p}, V_{i,q}) \}$$

式中,$d_{\min}$ 表示粒子 Z_i 中任意两个类簇之间的最短欧氏距离,$n_{i,k}$ 表示粒子 i 中属于类别 $C_{i,k}$ 的样本数目。

至此,聚类问题转换为了使得类内距离最小化、类间距离最大化的多目标优化问题,基于 PSO 的聚类分析算法可以总结为算法 9-1。

算法 9-1   基于 PSO 的聚类分析算法

1. 随机初始化每一个粒子为 K 聚类中心的表示。
2. **for** 迭代次数从 1 到最大迭代次数 **do**
3.   **for** 对每一个粒子 i **do**
4.   **for** 对数据集中的每一个样本 Xp **do**
5.   计算它到每一个聚类中心的欧氏距离,并将它归到离它最近的中心所属的类别。
6.   **end for**
7.   计算式(9-3)所示的适应度函数值。
8.   **end for**
9.   从所有粒子中找到个体最优解和全局最优解。
10.   根据 PSO 更新公式更新粒子表示的聚类中心。
11. **end for**

将 PSO 和其他传统的聚类分析方法相结合也是一个广泛研究的方向。将 K-均值算法用于初始化一部分粒子是文献[10]提出的一种混合手段。还有研究者将 PSO 和自组织映射(Self Organizing Maps,SOM)相结合用于进行数据聚类,在分别利用 K-均值算法、GA、PSO、差分进化算法进行聚类分析的性能对比中,基于 PSO 和差分进化算法的聚类结果要远优于基于 K-均值 W 和 H 算法的划分结果。

以前大量的研究工作都致力于利用进化计算技术解决复杂数据的聚类问题,但很少有工作关注怎么确定最优的类簇个数,大多数基于进化计算的方法都是事先给定类簇数而不是在算法寻优的过程中自主确定。然而在大多数实际问题中数据集应该被划分为多少类是很难确定的,比如对一个搜索引擎面对的所有的搜索问题进行聚类分析,对于一些高维数据,通过可视化技术提前预估大概的类别数也很难实现。这也使得对给定的数据集自动确定聚类类别数始终是一个具有很高挑战性的问题,虽然有一些研究者尝试过解决,但结果都难以令人满意。

Lee 和 Antonsson 在 2000 年试图利用基于进化策略的方法对数据集进行动态聚类,他们采用不同长度的个体同时搜索类别中心和最优的类簇个数。还有研究者首先将整个数据集划分为非常多的类别以降低初始化带来的误差影响,然后利用二值 PSO 选择最优的类簇数目,最后再利用 K-均值算法确定每一个类别的聚类中心。

9.2.4   基于烟花算法的文档聚类分析

FWA 作为近年来新提出的群体智能算法,在函数优化上表现出了优良的寻优能力,因此也期待它在文档聚类上能具备出色的性能。因为它在优化问题上的优势,我们将聚类问题转化为优化问题——寻找最佳聚类中心,然后利用 FWA 求解。

在利用 FWA 进行文档聚类时,优化问题的搜索空间为 MF 维,其中 M 表示需要将文档聚类的类别数,F 表示文档特征向量的维数。设 M 个类别中心为 $c_i,i=1,2,\cdots,M,c_i$ 是一个 F 维向量,搜索空间中烟花定义为 $<c_1,c_2,\cdots,c_M>$。

两个文档相似度的度量标准依旧选择的是欧氏距离,我们的优化目标是类内距离最小化,然后利用 FWA 寻找最优的聚类中心使得每一类的类内距离最小,这个寻优过程可以总结为如下步骤。

(1)在 MF 维的搜索空间中随机选择 N 个点作为初始烟花,其中每个烟花以聚类中心代表文档集的一种聚类方式。

（2）通过计算全部文档与中心文档的欧氏距离,利用类内相似度最大的原则将每一篇文档划分到距离自己最近的聚类中心所在的类别。

（3）在所有文档完成类别划分后,计算整个文档集的类内距离,作为搜索空间中该烟花的适应度值。

（4）在烟花爆炸后,选择下一代烟花,如果满足终止条件转步骤(5),否则转步骤(2)。

（5）得到最后的聚类结果,算法结束。

9.3　非负矩阵分解

9.3.1　引言

随着大数据的日趋火热,我们每天都面对着各种大规模的数据,包括文本、语音、图像等。这些数据在处理时往往会转化为矩阵形式进行存储和表示,但由于数据量的日益增大,矩阵的维度呈现指数式增长。因此,在保证信息完整性的前提下,对高维矩阵的低秩表示显得尤为重要,因为这种低秩矩阵存储可以大大减少存储量和处理时间。

1999 年,Lee 和 Seung 首先在他们的研究工作中提出非负矩阵分解(NMF)的概念,NMF 通过寻找低秩、非负的矩阵 W、H 用于估计原矩阵 A,使得 $A \approx WH$,其中 W 和 H 是相较于 A 的低秩矩阵。在 NMF 的计算过程中,W 和 H 的初始化对于最终的近似结果好坏有很大的影响。另外,NMF 在执行的过程中采用的是一种迭代的模式,迭代过程中存在需要优化的函数,而函数优化是群体智能算法的优势所在。本节将介绍利用 FWA、FSA、GA 和 PSO 等群体智能算法进行非负矩阵分解。

NMF 的表示方法通常不是唯一的,当使用不同初始化方法初始化 W、H 时,往往能得到不同的迭代结果。此外,有许多种 NMF 的计算方法,包括最小均方误差法、梯度下降法等可以得到不同的计算结果。在数学上,NMF 的目的是对优化问题找到一个满足要求的足够好的解：$\min\limits_{x \in \Omega} f(x)$,通常 f 是非凸、非线性、不连续且具有很多极值点的优化函数。基于群体智能的启发式算法因为对这类优化问题的天然优势,可以很好地解决复杂、多模甚至动态的优化问题,虽然基于群体智能的启发式算法并不能保证找到全局最优解,但因为这一类算法在实际优化问题上总能取得不错的实验效果,从而被广泛应用于 NMF 问题求解。实验的一个目标是使用基于群体智能的启发式算法计算 NMF,相对于标准 NMF 计算具有更小的误差率,同时加快 NMF 的收敛速度。实验的另一个目标是当 NMF 被应用于机器学习领域的降维问题上时可以获得更高的分类准确率。

9.3.2　相关工作

目前基于群体智能的 NMF 计算方法主要基于两个策略。第一个策略是使用基于群体智能的启发式算法初始化 W 和 H 矩阵,使得目标函数值最小;第二个策略是在 NMF 的求解迭代过程中,使用基于群体智能的启发式算法进行优化,以期获得更快的收敛速度。

自 1999 年 Lee 和 Seung 首先提出 NMF 计算,在 NMF 计算的发展过程中许多其他有效的算法被相继提出,包括梯度下降法、牛顿类型 NMF 方法、快速 NMF(Fast NMF)方法、贝叶斯 NMF（Bayes NMF）方法等。前面我们提到不同的初始化方法往往会得到不同 NMF 结果，目前对 NMF 计算的初始化研究工作很少，主要使用的是随机初始化方法。Wild 等提出基于球型 K 均值聚类对 A 矩阵的列向量进行分组，也有研究者提出使用基于两个 SVD 过程的初始化策略，取得了更快的收敛速度。

此外，也有少量将 NMF 计算和元启发式算法相结合的工作，主要使用 GA 计算稀疏 NMF。我们也提出过基于元启发式算法的更新策略。在这里，我们对之前的工作进行了扩展。首先，在合成的数据和来自垃圾邮件等的数据集上评估了我们提出方法的性能。

为了便于介绍，我们约定矩阵由一个大写黑体字母（A，B，…）表示，一个向量由一个小写黑体字母表示（u，x，q，…），用小写希腊字母（γ，ξ，…）表示标量。矩阵的行向量、列向量分别表示为 A^r、A^c，矩阵之间的乘法用"$*$"表示，逐个元素相乘表示为"."，相除表示为"/"。

9.3.3 低秩估计——NMF 算法

NMF 算法的本质是利用两个非负且秩较小的矩阵相乘近似表示一个高维度矩阵。因为 NMF 要求 A、W、和 H 都是非负的，所以它计算的是一个非线性优化函数，如式（9-4）所示。

$$\min_{W,H} f(W,H) = \min_{W,H} \frac{1}{2} \parallel A - WH \parallel_F^2 \tag{9-4}$$

式中，$\parallel \cdot \parallel_F$ 是用来度量原矩阵和乘积估计矩阵之间的差异的指标。

通常原矩阵 A 和 WH 估计得到的矩阵之间的差值距离用矩阵 D 表示，$D = A - WH$，如图 9-1 所示。

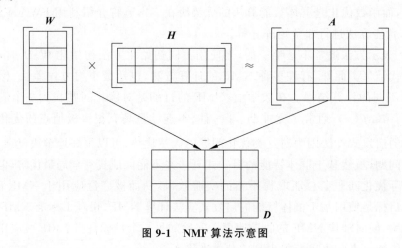

图 9-1　NMF 算法示意图

1. NMF 初始化

NMF 的计算是一个迭代过程，需要首先对矩阵 W 和 H 进行初始化。NMF 陷入局部最优是不可避免的，对于不同的初始化，迭代结果可能陷入不同的局部极值点，这也使得使用随机初始化进行的实验是无法重复的。尽管一个更好的初始化可以使 NMF 计算得到一个更好的解，但在实际问题中必须在初始化的性能增强和初始化的时间复杂度之间进行均衡，一个非常耗时的初始化的代价可能会超过整个迭代过程的计算代价。

2. NMF 计算框架

算法 9-2 给出了 NMF 计算的一般算法框架。算法中 **W** 和 **H** 采用的是随机初始化,整个算法不断迭代执行直到达到提前设定的最大执行次数。还有变种算法执行的终止条件是近似矩阵与原矩阵之间的误差小于一个很小的阈值或者前后两代之间得到的结果非常接近。

算法 9-2 NMF 计算的一般算法框架

---

1. 原待近似矩阵 $A \in \mathbf{R}^{mn}$ 同时 $k \ll \min\{m, n\}$。
2. **for** 重复次数从 1 到最大迭代次数 **do**
3. $W = \mathrm{rand}(m, k)$
4. $H = \mathrm{rand}(k, n)$
5.   **for** 迭代次数从 1 到最大迭代次数 **do**
6.   运行 NMF 更新步骤
7.   判断是否终止
8.   **end for**
9. **end for**

---

3. 乘积更新算法(MU)

为了说明 NMF 计算过程中的更新过程,算法 9-3 对一个特别的算法——MU 算法进行示意说明。MU 算法是文献[15]中首先提出的两个原始 NMF 算法之一,而且到现在依旧是单步更新最快的算法之一。MU 算法的更新过程基于目标函数的均方误差并乘上一个衡量当前近似效果的因子。算法中的 ε 用来避免除 0 操作,$\varepsilon \approx 10^{-9}$。

算法 9-3 MU 算法更新过程

---

1. $H = H.*(W^{\mathrm{T}}A)./(W^{\mathrm{T}}WH + \varepsilon)$
2. $W = W.*(AH^{\mathrm{T}})./(WHH^{\mathrm{T}} + \varepsilon)$

9.3.4 基于群体智能算法的非负矩阵分解算法

在介绍两种基于群体智能的 NMF 计算优化策略之前,我们首先讨论 Frobenius 范数的一些性质。因为 Frobenius 范数有利于将 NMF 计算和优化算法相结合的优势,我们将它作为近似的距离度量。对任意实矩阵,下述的 Frobenius 性质都是满足的,我们假设 **D** 指的是待近似的原矩阵 **A** 和估计得到的矩阵之间的距离,即 $D = A - WH$。**D** 矩阵的 Frobenius 范数计算公式如式(9-5)所示。

$$\| D \|_F = \left[\sum_{i=1}^{m} \sum_{j=1}^{n} | d_{ij} |^2 \right]^{1/2} \tag{9-5}$$

可以通过行或者列进行求解。依据行的解法为 $\| D \|_F^{RW} = \left(\sum_{i=1}^{m} | d_i^r |^2 \right)^{1/2}$,其中 $| d_i^r |$ 是矩阵 **D** 的第 i 行。同理,依据列的解法为 $\| D \|_F^{CW} = \left(\sum_{j=1}^{n} | d_j^c |^2 \right)^{1/2}$,其中 $| d_j^c |$ 为 **D** 的第 j 列。

显然,如果能够减小 **D** 的行或者列的 Frobenius 范数值,则 **D** 的范数值也会随之减小。

下面介绍利用 Frobenius 范数的性质计算 NMF 的优化策略,第一个策略的目的是寻找能够使计算结果比较好的初始化点,第二个策略是提高迭代过程中每一代解的质量从而加速 NMF 计算。前面提及的元启发式算法都会在优化策略 1 和优化策略 2 中用到。

- 优化策略 1:基于群体智能算法的 NMF 初始化算法。

这个策略的目的是能够为 W 矩阵的行和 H 矩阵的列找到一个较优的初始化点,其过程如算法 9-4 所示。算法开始时,H_0 需要使用非负值进行初始化,执行第一个循环时,W 矩阵按行进行初始化,使得距离矩阵 D 第 i 行的 Frobenius 范数最小,这个操作对每一行都是独立的,所以可以并行执行;同理对矩阵 H 的初始化是按列执行的,目标是对 H 矩阵的每一列的优化使得距离矩阵 D 的每一列的 Frobenius 范数最小,这个过程对每一列也可以同时进行。

算法 9-4　NMF 计算 W 和 H 的过程

---

1. 原待近似矩阵 $A \in \mathbf{R}^{mn}$ 同时 $k << \min\{m,n\}$。
2. $H_0 = \text{rand}(k,n)$
3. **for** 重复次数从 1 到最大迭代次数 **do**
4. 　　使用群体智能算法寻找 w_i^r 使得 $\| a_i^r - w_i^r H \|_F$ 最小($\min \| \cdot \|_F$ 是矩阵 D 的第 i 行)
5. **end for**
6. $W = [w_1^r, w_2^r, \cdots, w_m^r]$
7. **for** 迭代次数从 1 到最大迭代次数 **do**
8. 　　使用群体智能算法寻找 h_i^c 使得 $\| a_j^c - W h_j^c \|_F$ 最小,($\min \| \cdot \|_F$ 是矩阵 D 的第 j 列)
9. **end for**
10. $H = [h_1^c, h_2^c, \cdots, h_n^c]$

- 优化策略 2:基于群体智能算法的 NMF 迭代优化算法。

优化策略 2 是针对 NMF 迭代计算过程中优化 W 和 H 矩阵设计的,相对于优化策略 1,这种策略并不对 W 和 H 的每一行或者每一列都进行优化。实验表明,并不是每一个算法都适用于 NMF 迭代计算。对于很多 NMF 算法,在收敛速度或者总体错误率方面,优化策略 2 并没有优势。然而,对于 MU 这种被广泛使用的 NMF 计算算法,优化策略 2 能够提高其分解质量,其过程如算法 9-5 所示,该过程可以被用在 MU 算法的第一代上。实验表明,该算法能够显著降低估计的误差。由于基于元启发式算法计算复杂度较高,该策略只被用到前 m 次迭代过程中,同时只有 c 列(行)进行优化。与优化策略 1 相同,每一列或者每一行的优化过程都是独立的,因此可以进行并行化操作。

算法 9-5　NMF 计算的一般框架

---

1. $H = H .* (W^T A) ./ (W^T W H + \varepsilon)$
2. $W = W .* (A H^T) ./ (W H H^T + \varepsilon)$
3. **if** 迭代次数小于最大迭代次数 **then**
4. 　　d_i^r 是矩阵 D 的第 i 行;
5. 　　$[\text{Val}, \text{IX}_W] = \text{sort}(\text{norm}(d_i^r)', \text{descend}')$
6. 　　$\text{IX}_W = \text{IX}W(1:c)$
7. 　　$\forall i \in \text{IX}_W$,使用群体智能算法寻找 w_i^r 使得 $\| a_i^r - w_i^r H \|_F$ 最小($\min \| \cdot \|_F$ 是矩阵 D 的第 i 行)
8. 　　$W = [w_1^r, w_2^r, \cdots, w_m^r]$
9. 　　d_j^c 是距离矩阵 D 的第 j 列

10.　$[\mathrm{Val}, \mathrm{IX}_H] = \mathrm{sort}(\mathrm{norm}(d_j^c)', \mathrm{descend}')$

11.　$\mathrm{IX}_H = \mathrm{IX}\boldsymbol{H}(1:c)$

12.　$\forall i \in \mathrm{IX}_H$，使用群体智能算法寻找 h_i^c 使得 $\|a_j^c - \boldsymbol{W}h_j^c\|_F$ 最小（$\min\|\cdot\|_F$ 是矩阵 $\boldsymbol{D}$ 的第 j 列）

13.　$\boldsymbol{H} = [h_1^c, h_2^c, \cdots, h_n^c]$

14.　$c = c - \Delta c$

15. **end if**

9.4　路　径　规　划

作为群体智能算法应用的一大主要领域，路径规划因为问题本身的特殊性，非常适用于利用群体智能算法进行优化。本节主要以 TSP 为例简单介绍群体智能算法在调度和规划领域的应用，起到一个抛砖引玉的作用。

TSP 历史很久，最早的描述是 1759 年欧拉研究的骑士周游问题，即对于国际象棋棋盘中的 64 个方格，走访 64 个方格一次且仅一次，并且最终返回起始点。美国 RAND 公司于1949 年引入 TSP 这一名词，该公司的声誉以及线性规划这一新方法的出现使得 TSP 成为一个知名且流行的问题。解决这一问题的方法也多种多样，最容易想到的就是穷举法，遍历所有可能的情况，肯定能得到最优解，但当城市数量大到一定程度时，这种方法就因为速度太慢而完全失效了。其他一些方法，如回溯法、分支限界法，虽然比穷举法有一些改进，但时间复杂度还是太高，而且实现过程比较烦琐。还有一种比较好的方法是动态规划，这种方法在 $O(n^2)$ 的时间复杂度内得到问题全局最优解，是 NP 难问题中用得很多的一种方法。

9.4.1　基于蚁群算法的 TSP 求解

将 ACO 应用于解决优化问题的基本思路：用蚂蚁的行走路径表示待优化问题的可行解，整个蚂蚁群体的所有路径构成待优化的问题的解空间。路径较短的蚂蚁释放的信息素较多，随着时间的推进，较短的路径上累积的信息素浓度逐渐增高，选择该路径的蚂蚁个数也越来越多。最终，整个蚂蚁会在正反馈的作用下集中到最佳的路径上，此时的路径便是待优化问题的最佳解。

算法步骤如下：

（1）初始化参数。在计算之初，需要对相关参数进行初始化，如蚁群规模（蚂蚁数量）m、信息素重要程度因子 α、启发函数重要程度因子 β、信息素挥发因子 ρ、信息度释放总量 Q、最大迭代次数。

（2）构建解空间。将各个蚂蚁随机地置于不同出发点，对每个蚂蚁 $k(k=1,2,\cdots,n)$，按照一定概率去访问下一个城市。直到所有蚂蚁访问完所有城市。

（3）更新信息素浓度。计算各个蚂蚁经过的路径长度 $L_k(k=1,2,\cdots,m)$，记录当前迭代次数中的最优解（最短路径）。同时，更新各个城市的信息素浓度。

（4）判断是否终止。若还没有达到迭代次数，则令迭代次数加 1，清空蚂蚁经过路径的记录表，并返回第（2）步；否则，终止计算，输出最优解。

9.4.2　基于粒子群优化算法的 TSP 求解

PSO 解决 TSP 主要基于以下两个基本原理。

1. TSP 的交换子和交换序

设 n 个节点的 TSP 的解序列为 $S=(ai)$，$i=1,\cdots,n$。定义交换子 $SO(i_1,i_2)$ 为交换解 S 中的点 a_{i1} 和 $a_{i2'}$，则 $S'=S+SO(i_1,i_2)$ 为解 S 经算子 $SO(i_1,i_2)$ 操作后的新解。

一个或多个交换子的有序队列就是交换序，记作 SS，$SS=(SO_1,SO_2,\cdots,SO_N)$。其中，$SO_1,SO_2,\cdots,SO_N$ 等是交换子，它们之间的顺序是有意义的，意味着所有的交换子依次作用于某个解上。

若干交换序可以合并成一个新的交换序，定义 $\oplus$ 为两个交换序的合并算子。设两个交换序 SS_1 和 SS_2 按先后顺序作用于解 S 上，得到新解 S'。假设另外有一个交换序 SS' 作用于同一解 S 上，能够得到形似的解 S'，可定义

$$SS'=SS_1\oplus SS_2$$

SS' 和 $SS_1\oplus SS_2$ 属于同一等价集，在交换序等价集中，拥有最少交换子的交换序称为该等价集的基本交换序。

2. TSP 的速度和位置更新算式

类似交换子和交换序的定义，可以根据标准 PSO 速度更新公式和位置更新公式，重新定义如下速度和位置更新公式：

$$\begin{cases} V'_{id}=\omega V_{id} \oplus \alpha(p_{id}-x_{id}) \oplus \beta(p_{gd}-x_{id}) \\ x'_{id}=x_{id}+V'_{id} \end{cases} \tag{9-6}$$

式中，α 和 β 为 $[0,1]$ 区间的随机数。$p_{id}-x_{id}$ 为粒子与个体极值的交换序，以概率 α 保留；$p_{gd}-x_{id}$ 为粒子与全局极值的交换序，以概率 β 保留。粒子的位置按照交换序 V'_{id} 进行更新，ω 为惯性权重。

算法步骤如下：

（1）初始化粒子群，给每一个粒子一个初始解 x_{id} 和随机交换 V_{id}。

（2）判断是否达到最大的迭代次数 n_{Max}，若是，算法结束，输出结果；否则转到第（3）步。

（3）根据粒子当前位置计算下一个新解：

i. 计算 $A=p_{id}-x_{id}$，A 是一个基本交换序，表示 A 作用于 x_{id} 得到 p_{id}。

ii. 计算 $B=p_{gd}-x_{id}$，B 是一个基本交换序。

iii. 按照式（9-6）更新速度和位置。

iv. 如果得到了更好的个体位置，则更新 p_{id}。

（4）如果得到了更好的个体位置，则更新 p_{gd}。

9.4.3　基于烟花算法的 TSP 求解

FWA 之前的成功应用都是用于解决连续优化问题，但离散优化也是优化领域一个非常重要的方向，研究 FWA 的离散优化性能是一个合理且必要的方向，所以我们在 TSP 这个经典的问题上验证了 FWA 解决离散优化问题的能力，而解决这个问题的主角就是我们提出的离散烟花算法。

离散烟花算法在解决 TSP 上取得了较好的效果。在小规模（城市规模小于 100）问题上，离散烟花算法能够在短时间内找到最优解。在中等规模（城市规模约等于 200）问题上，离散烟花算法可以取得与标准版本的 ACO 相近的结果。

9.5　神经网络训练

随着数据量的急剧增长和计算能力的增强,神经网络迎来了第三次爆发,深度学习成为一个炙手可热的研究方向,无论是大公司还是初创企业、高等院校还是培训机构,都将深度学习作为一个重要的研究方向。深度神经网络因为强大的表示能力在各个领域,包括图像识别、语音识别、自然语言处理、游戏等,都取得了超过传统方法的效果。但随着网络规模的增大,神经网络的结构设计、超参数选择、参数学习都面临着各种各样的困难。目前最常见的解决方法就是人凭借经验和实验效果设计和调整网络结构;根据实验结果手动调整超参数,所以也有人戏称深度学习就是一门调参的手艺;对于参数学习来说,最常见的就是基于梯度信息的方法。

这些方法都存在各种不足。凭借经验人为设计网络结构就像传统机器学习方法手动设计特征一样,总会有欠缺考虑的地方,导致网络性能下降,不能体现深度学习真正的能力。通过实验调整超参数首先是费时费力,这个工作对经验的要求非常高,此外手动调参很容易错过实际的最优点。对于网络权值的学习,随着结构变得复杂,网络所表示的函数形式会变得非常复杂,往往存在很多局部极值,基于梯度的方法无可避免地容易陷入局部最优点,尽管大量的基于梯度的改进方法,比如 Adadelta、Adam 等相继被提出,但问题并没有从本质上解决。

由于以上方法存在的弊端,许多研究者渴望利用群体智能算法强大的搜索能力克服深度神经网络在结构设计、超参数选择、参数学习几方面遇到的困难。

9.5.1　群体智能算法优化神经网络结构

基于群体智能算法优化神经网络结构最经典的工作称为增强拓扑的进化神经网络(Networks through Augmented Topologies,NEAT)。这个算法不同于之前讨论的传统神经网络,它不仅会训练和修改网络的权值,同时会修改网络的拓扑结构,包括新增节点和删除节点等操作。

NEAT 算法的几个核心概念如下:
- 基因:网络中的连接。
- 基因组:基因的集合。
- 物种:一批具有相似性基因组的集合。
- 适应度评分(fitness score):类似于增强学习中的奖励函数。
- 种群(generation):进行一组训练的基因组集合,每一代训练结束后,会根据适应度评分淘汰基因组,并且通过无性繁殖和有性繁殖增加新的基因组。
- 基因变异(mutate):发生在新生成基因组的过程中,可能会改变网络的权重,增加突触连接或者神经元,也有可能禁用突触或者启用突触。

下面以玩游戏系统为例解释 NEAT 的工作过程。

第一,为玩家定义所有允许他们执行的潜在操作是非常重要的。以超级玛丽为例,它能够跳跃、躲闪、向左走、向右走、转动、快跑等。如果将一台机器与这些动作联系起来,并且允许它来执行这些动作,则它将有能力做这些事。

　　第二,要给计算机制定一个目标。NEAT 使用的变量——适应度评分是一个能够对成功做出奖励的数学函数。在类似《超级玛丽》的游戏中,适应度评分就是玩家朝着终点不断前进。适应度评分包含很多类似的变量,例如收集的硬币数、击败的敌人数,或者完成游戏所需的时间。

　　第三,定义进化的规则非常重要。NEAT 允许节点突变、节点之间产生新的连接,以及在新的后代中继承最合适的神经网络。此外,NEAT 确保不同的物种可以共存,直至它们为了生成新的、更适合的后代而进行彼此之间的竞争。为了保证适者生存,已经被尝试过的神经网络不会进行重复,而现存的神经网络会进行自我优化,NEAT 为每一个作为历史记录者的基因都添加了一个新的数字。通过增加连接、添加节点形成基因变异示意图如图 9-2 所示。

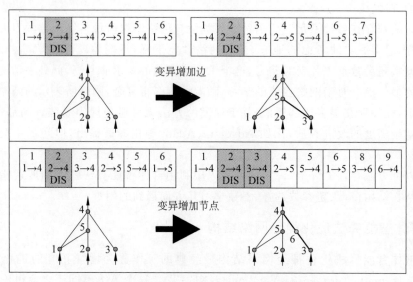

图 9-2　通过增加连接、添加节点形成基因变异示意图

　　NEAT 在执行过程中可以将复杂的问题转换为一个个小的、方便进行优化的简单问题逐个解决,并且通过迭代和进化的方式在优化神经网络权值的同时自适应地调整网络结构,以达到最大的适应度函数值。

　　在 NEAT 的基础上,有研究者提出一种基于超立方体的大规模神经网络简洁编码方法,这种方法旨在缩小人工进化神经网络和生物大脑在体量和复杂度上的差距。HyperNEAT 采用一种被称为连接组合模式生产网络的间接编码方式(connective Compositional Pattern Producing Networks,连接的 CPPN),产生具有对称性和重复图案的连接模式,将在超立方中生成的空间模式解释为低维空间的连接模式。这种方法的优点是,它可以通过将网络规律映射到拓扑结构的方式扩展任务,从而从维度上降低问题的难度。此外,连接的 CPPN 可以以任何分辨率表现相同的连接模式,使人工神经网络规模不用限定输入和输出的维度而适应新的分辨率。通过在视觉识别和采集食物的任务上进行实验,这种方法可以进化超过八百万连接的视觉识别网络,这为利用进化神经网络解决高维复杂问题提供了一种新的思路——探索通用连接模式。相关研究工作还有很多,包括神经网络拓扑规律自主演化、增强型 ES-HyperNEAT 等。进化过程示意图如图 9-3 所示。

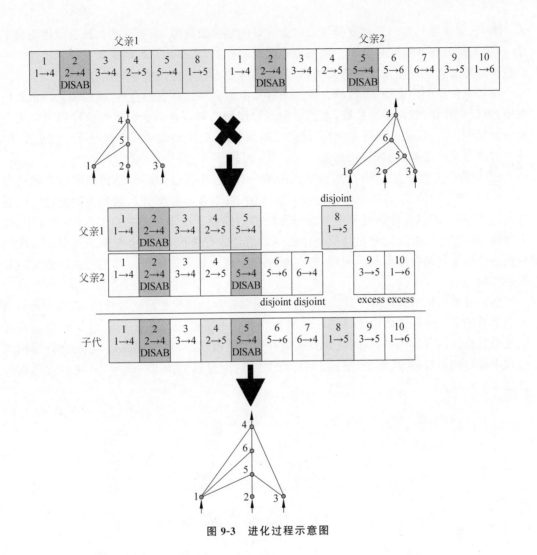

图 9-3　进化过程示意图

9.5.2　群体智能算法优化神经网络超参数

传统的神经网络超参数优化方法基本采用的是密集搜索（Grid Search）、随机搜索（Random Search）、手动调整（Hand-Tuning）这几种方法，谷歌提出了一种基于种群的训练（Population Based Training，PBT）方法进行超参数调优。这个方法是在基于贝叶斯优化的相关工作的基础上提出的，包括 GP-UCB、TPE 等。这一类方法都是基于一种序列优化的方式，前一步获得结果将知道后一步的执行，以期获得更好的结果。这一类方法的一大弊端是速度缓慢且需要占用很多的计算资源。为了加快超参数的搜索速度，一些旨在减少优化迭代步骤、更有效的空间搜索方法被相继提出。

PBT 在继续使用并行化的传统随机搜索的同时，从 GA 受启发而引入了从其他个体复制参数更新迭代的做法，这种方法可以大大提高计算机的资源利用率，训练的过程也更加稳定，取得了不错的实验效果。

PBT 采用的方法其实是两种最常用的超参数优化方法的整合：随机搜索和手动调整。如果单纯使用随机搜索，神经网络群体并行训练，并在训练结束时选择性能最好的模型。一般来说,这意味着只有一小部分群体能接受良好的超参数训练,而剩下的大部分训练质量不佳,基本上只是在浪费计算资源。随机搜索选取超参数,超参数并行训练而又各自独立。一些超参数可能有助于建立更好的模型,但其他的可能不利于构建更好的模型。

而如果使用的是手动调试,研究者必须首先推测哪种超参数最合适,然后将它应用到模型中,再评估性能,如此循环往复,直到对模型的性能感到满意为止。虽然这样做可以实现更好的模型性能,但缺点同样很突出,就是耗时太久,有时需要数周甚至数月才能完成优化,并且对调参者的经验要求很高。

PBT 结合了两种方法的优势,和随机搜索一样,它首先会训练大量神经网络供随机超参数实验,但不同的是,这些网络不是独立训练的,它们会不断整合其他超参数群体的信息进行自我完善,同时将计算资源集中给最有潜力的模型。这个灵感来自 GA,在 GA 中,每个个体(候选解)都能通过利用其他个体的参数信息进行迭代,如一个个体能从另一个性能较优的个体中复制参数模型。同理,PBT 鼓励每个超参数通过随机更改当前值探索形成新的超参数。

随着对神经网络训练的不断深入,这个开采和探索的过程是定期进行的,以确保所有超参数都有一个良好的基础性能,同时,新超参数也在不断形成。这意味着 PBT 可以迅速选取优质超参数,并将更多的训练时间投入最有潜力的模型中,最关键的是,它还允许在训练过程中调整超参数值,从而自动学习最佳配置。这个过程如图 9-4 所示,算法执行过程如算法 9-6 所示。

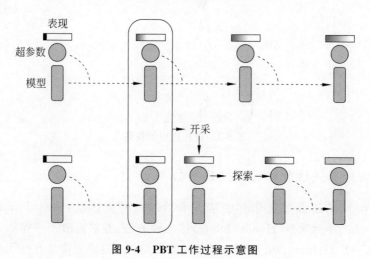

图 9-4　PBT 工作过程示意图

算法 9-6　基于种群的训练(PBT)

1. **procedure** 训练(P)　　　　　　　　　　　　　　　　　　　　　　　　　　　//初始化种群 P
2. 　　**for** $(\theta, h, p, t) \in P$(异步并行化)**do**
3. 　　　　**while** 不满足训练终止条件 **do**
4. 　　　　　　$\theta \leftarrow \mathrm{step}(\theta | h)$
5. 　　　　　　$p \leftarrow \mathrm{eval}(\theta)$
6. 　　　　　　**if** $\mathrm{ready}(p, t, P)$ **then**
7. 　　　　　　　　$h', \theta' \leftarrow \mathrm{exploit}(h, \theta, p, P)$
8. 　　　　　　　　**if** $\theta \neq \theta'$ **then**

9.	$h,\theta \leftarrow \text{explore}(h',\theta',P)$
10.	$p \leftarrow \text{eval}(\theta)$
11.	**end if**
12.	**end if**
13.	根据 $(\theta,h,p,t+1)$ 更新种群信息 $\boldsymbol{P}$
14.	**end while**
15.	**end for**
16.	返回种群中 p 最大的参数 θ
17.	**end procedure**

9.5.3　群体智能算法优化神经网络参数

在确定神经网络的结构之后,一个重要的工作就是训练网络中节点之间的权重,这是神经网络发挥作用的关键所在。目前最主流的参数学习方法都是基于梯度信息的,但这给神经网络的应用带来了很大的局限性。当网络结构中存在不可导的部分时,梯度信息就无法使用了;另外,复杂的神经网络往往存在许多的局部极值点,基于梯度的搜索方法很容易陷入局部最优,无法寻找更好的全局最优;此外,随着网络深度的加大,梯度弥散和梯度爆炸现象也严重阻碍着大规模神经网络的参数学习。

为了克服基于梯度信息的参数学习方法的弊端,研究者尝试利用基于群体智能的算法进行神经网络参数学习。基于群体智能的算法在复杂函数优化领域具有强大搜索能力,被越来越多的研究者尝试用来寻找复杂神经网络的全局最优点。

传统的前馈神经网络因为规模比较小,维度较低,搜索空间相对深度神经网络来说比较小,非常适用于利用群体智能算法进行优化。PSO 作为群体智能算法的代表,很早就被研究者用来完成前馈神经网络的参数学习任务。最常见的就是利用 PSO 优化径向基(Radial Basis Function,RBF)网络,它只有一个输入层、一个输出层,网络结构简单,学习速度快。基于群体智能算法的前馈神经网络优化想法非常自然,种群中的每个个体都代表一种参数组合,通过进化等操作不断选优,通过交叉、变异等操作扩大搜索区域使得跳出局部极值点,这个过程与利用群体智能算法解决函数优化问题的过程基本一致,不过是适应度函数在这里变成了与神经网络任务相关的评价指标,如分类准确率、拟合精确度等。

虽然群体智能算法在很长时间里都被认为是优化问题的一个强有力解决方案,但近年来,以随机梯度下降(Stochastic Gradient Descent,SGD)为主的反向传播算法一直是解决神经网络和深度学习领域优化问题的主要手段,其中的主要原因在于神经网络特别是深度神经网络维度太高,使得进化算法利用种群估计的梯度无法准确反映真实的梯度信息,导致学习得到的参数效果比不上反向传播算法。有研究者致力于解决群体智能算法在高维深度神经网络优化中不起作用的问题,提出一种有限评估进化算法(Limited Evaluation Evolutionary Algorithms,LEEA),这种简单的进化算法出乎意料地在超过 1000 维的神经网络优化问题上取得了比基于 SGD 的变种 RMSProp 算法还要好的实验结果。这个方法的关键在于模拟 SGD 中的小批量的概念,每代的每个个体只在所有数据集中随机的一小部分上进行评估,这极大地降低了算法的时空复杂度,并且降低了陷入局部最优的概率。但这种方法存在的弊端是只在一小部分数据上进行评估很难反映个体在整个数据上的表现,为了弥补这方面的不足,LEEA 首先在选择每一代的批量数据时尽可能保证数据的多样性,此外,在计算个体的适应度函数值时不仅考虑当前代的表现,还要综合它的父母在上一代中的表现,定义如式(9-7)所示。

$$f' = \frac{f_{p1} + f_{p2}}{2}(1-d) + f$$

$$f' = f_{p1}(1-d) + f$$

$$(9\text{-}7)$$

式中,f' 表示当前个体在当前代的适应度值,f 表示当前个体在当前代的批量数据上的适应度值,f_{p1} 和 f_{p2} 表示当前个体父代的适应度值,d 是一个权重因子。式(9-7)表示交叉得到下一代和突变产生下一代两种情况。算法执行过程如算法 9-7 所示。

算法 9-7　LEEA 执行过程

---

1. **while** 代数小于最大种群代数 **do**
2. 　　从整个数据集中随机选择小批量的样本
3. 　　在选择的小批量数据集上评估种群中的个体
4. 　　按式(9-7)调整个体适应度函数值
5. 　　利用轮盘赌方式选择个体作为父代样本
6. 　　通过交叉和变异产生下一代个体
7. 　　通过衰减因子调整变异概率
8. 　　代数加 1
9. **end while**

尽管 LEEA 取得了很好的实验效果,但毕竟网络规模还比较小,对于参数超过百万维的深度神经网络,这种方法的有效性还有待探究,目前基于群体智能算法的大规模神经网络优化还是一个亟待解决的问题,目前提出的方法大多还是凭借计算资源的累积,通过超强的计算能力暴力解决高维优化问题,一种基于群体智能算法的有效的低时空复杂度的参数学习方法是一个非常有前景的研究方向。

9.6　博弈学习

9.6.1　博弈学习简介

博弈学习(Game Learning)是在博弈论基础上发展的一个研究方向。一个游戏具有博弈行为是指,游戏过程中多个智能体之间具有合作、竞争、对抗等性质,或者兼有这些性质。博弈学习考虑在游戏中根据对手的预测行为及其实际行为不断优化自身策略,趋利避害,在相互博弈中学习最有利于自己的决策。

9.6.2　基于协同进化算法的博弈学习

协同进化算法(参见 7.8 节)是博弈学习中主要应用的算法。本节将主要阐述竞争协同进化算法如何用于解决两个智能体之间的零和博弈(Zero-Sum)问题,讨论的方法主要基于 Chellapilla 和 Fogel 在西洋跳棋上的工作,进一步的拓展可以参考在井字棋、迭代囚徒困境、斯瓦希里播棋、雪堆博弈、星际战争上的应用。这里讨论的模型不只适用于零和博弈问题,而是一个通用的模型。

零和博弈是非合作博弈中的一类。在每一次博弈对局中,所有博弈方的利益总和均为

0。举个例子,如果是双人博弈,则两个人是不合作的,结果只可能是 0∶1 或 1∶0,一方有所得,另一方必有所失。零和博弈的实际应用场景包括赌博、期货和选举等。

协同进化算法用于博弈学习,主要通过训练一个神经网络逼近一个游戏树叶节点的评估函数,整个训练过程通过进化算法的方式实现。具体训练过程如下:

(1) 使用某种扩张算法(例如最大最小算法),扩展游戏树直至达到最大深度。树根节点表示游戏的状初始态,下一级节点表示从初始状态可以达到的下一步游戏状态,后续节点以此类推。目标是找到最接近游戏目标的一次从父节点到子节点的移动,比如获得游戏胜利。为了评估游戏局面,每一个叶节点都将带有一个评估函数。

(2) 用一个神经网络作为每一个节点的评估函数。神经网络将当前的全局状态作为输入,输出一个值作为评估值。

(3) 建立一个神经网络种群,每一个神经网络表示一个个体,通过与其他个体竞争的方式进行训练。用进化算法(或者 PSO)调整权值。

协同进化算法详细流程如算法 9-8 所示。

算法 9-8　博弈智能体的协同进化训练

---

1. 随机产生并初始化神经网络种群;
2. **While** 未达到停止条件 **do**
3. 　　**For** 每个个体(神经网络) **do**
4. 　　　　从种群中随机选择一组样本个体作为对手;
5. 　　　　**For** 每个对手 **do**
6. 　　　　　　**For** 迭代次数 **do**
7. 　　　　　　　　神经网络表示游戏树状态评估,以先手与对手进行一次博弈;
8. 　　　　　　　　记录博弈结果(胜/负/平);
9. 　　　　　　　　再以后手与相同的对手进行一次博弈;
10. 　　　　　　　　记录博弈结果(胜/负/平);
11. 　　　　　　**End**
12. 　　　　**End**
13. 　　　　得到每个个体的评分(适应度值)
14. 　　**End**
15. 　　进化整个种群
16. **End**
17. 返回最优个体作为评估函数的神经网络

这一算法的目标是从零开始进化一个博弈学习的智能体,从算法 9-8 可以看出,这一训练过程完全不需要监督信号,不需要提供局面评估的目标状态(可能也无法得到唯一的目标状态)。没有监督信号的这一特性也使得基于进化算法的神经网络训练方法得以使用,通过与其他个体进行博弈(以锦标赛的形式进行),在达到足够的评价代数后,将得分作为这个个体的评价指标,并进行后续的进化操作(选择、交叉、变异等)。需要注意的是,神经网络种群是进行随机初始化的。

9.6.3　基于粒子群优化算法的协同博弈进化训练

Messerschmidt 和 Engelbrecht 设计了一种基于 PSO 的算法训练在协同进化机制中用于近似评估函数的神经网络。这一算法的详细流程如算法 9-9 所示。

算法 9-9　基于 PSO 的协同博弈进化训练

1. 随机产生并初始化神经网络种群；
2. **Repeat**
3. 　　将每个个体的最优位置解加入备选池中；
4. 　　将每个粒子加入备选池中；
5. 　　**For** 每个粒子(神经网络) **do**
6. 　　　　从备选池中随机选取一组对手；
7. 　　　　**For** 每个对手 **do**
8. 　　　　　　作为先手与对手进行一次博弈(使用游戏树决定下一步)；
9. 　　　　　　记录博弈结果(胜/负/平)；
10. 　　　　　　再以后手与相同的对手进行一次博弈；
11. 　　　　　　记录博弈结果(胜/负/平)；
12. 　　　　**End**
13. 　　　　得到每个粒子的分数；
14. 　　　　基于得分计算新的个体最优位置；
15. 　　**End**
16. 　　计算邻域最优位置；
17. 　　更新粒子速度；
18. 　　更新粒子位置；
19. **Until** 达到停止条件
20. 返回全局最优粒子作为博弈智能体的解

算法 9-9 使用了 PSO 作为协同进化神经网络的训练算法,每个随机初始化的粒子都表示一个神经网络个体,并与从备选池中选出的一组对手进行博弈比赛,可根据结果(胜/负/平)得到一个评价分数,再由此更新每个粒子的个体最优解和局部最优解,最后依据粒子的位置和速度通过 PSO 更新权重。

这一算法已经成功应用于井字棋、西洋跳棋、斯瓦希里播棋等零和博弈问题。Franken 和 Engelbrecht 等也将这一框架用于非零和博弈问题,例如迭代囚徒困境等。他们也提出了这一方法的变种(使用两个竞争子群)用于训练博弈智能体,解决概率模型版本的井字棋问题。

9.7　子集问题

9.7.1　子集问题简介

子集问题(Subset Problem)是一类应用广泛的优化问题,其目标是在某个集合 S 中,在满足某些附加条件的情况下,选择出一个具有 s 个项目的最优子集。子集问题是一个经典的组合优化问题,也是一类 NP 完全问题。由于实际问题可能会给予某些额外的限制,并不是所有的子集都有效的。从特征空间中选择一个好的子集能有效地减少特征维度,极大地缩短训练时间并且提高预测准确率,在模式识别和数据挖掘领域都有较高的应用价值和现实意义。

与许多排列问题(例如 TSP)不同,子集问题允许有大小不同的解决方案。本节首先给出子集问题的详细定义,然后详细讲解一种利用启发式算法(ACO)求解子集问题的方法,最后再对其他群体智能算法在子集问题上的应用进行简要综述。

定义 9-1 子集选择问题(Subset Selection problems,SS problems),主要研究如何从一个初始的元素集合中找到一个最优可行的元素子集,它可以由一个三元组$(S,S_{\text{feasible}},f)$定义,其中:

- S 表示元素集合。
- $S_{\text{feasible}} \subseteq P(S)$ 表示集合 S 所有可行子集解的集合。
- $f:S_{\text{feasible}} \rightarrow \mathbf{R}$ 表示目标评价函数,$f(S')$ 表示对每一个可行子集 $S' \in S_{\text{feasible}}$ 的评价值。

一个子集问题$(S,S_{\text{feasible}},f)$的目标是找到一个最优子集 $S^* \subseteq S$ 使得 $S^* \in S_{\text{feasible}}$ 并且 $f(S^*)$ 最大。下面列举两个子集问题的具体应用,最大团问题(Maximum Clique Problem)和多维背包问题(Multidimensional Knapsack Problem)。

定义 9-2 最大团问题:给定一个无向图 $G=(S,E)$,找出一个顶点最多的完全图(即图中任意两点均相邻)。

- S 包含图中所有的顶点。
- S_{feasible} 表示图 G 中所有的完全图(即所有的子集 $S' \in S$ 使得 S' 中任意两个不同的顶点之间都有一条边相连)。
- f 表示基数函数(cardinality function)。

定义 9-3 多维背包问题:给定一组物品,其中每个物品都有各自的质量和价格,选择一个物品子集,使得在给定最高质量的前提下物品子集的总价格最高。

- S 表示物品总集。
- S_{feasible} 包含满足条件限制的所有子集组合。$S_{\text{feasible}} = \left\{ S' \subseteq S \mid \forall i \in 1,\cdots,m, \sum_{j \in S'} r_{ij} \leqslant b_i \right\}$,其中 m 表示资源数目,r_{ij} 表示资源 i 被物品 j 消耗的数目,b_i 表示资源 i 允许的最大可用量。
- f 返回总利润,$\forall S' \in S_{\text{feasible}}, f(S') = \sum_{j \in S'} p_j$,其中 p_j 表示物品 j 带来的利润。

其余的应用问题还包括最大布尔可满足性问题(Maximum Boolean Satisfiability Problem)、最大约束满足问题(Maximum Constraint Satisfaction Problem)、最小顶点覆盖问题(Minimum Vertex Cover Problem)、图匹配问题(Graph Matching Problem)等。

9.7.2 基于蚁群算法求解子集问题

算法 9-10 描述了一个基于 ACO 求解子集问题的流程。

算法 9-10 基于 ACO 求解子集问题

输入:完整定义的子集问题 $(S,S_{\text{feasible}},f)$
      信息素策略$\varnothing \in \{\text{Vertex},\text{Clique}\}$
      参数$\{\alpha,\beta,\rho,\tau_{\min},\tau_{\max},nb\,\text{Ants}\}$
输出:可行子集 $S' \in S_{\text{feasible}}$
1. C 表示信息素成分集合(即策略$\varnothing$),Candidates 表示候选解集
2. 初始化信息素轨迹 $\tau(c)=\tau_{\max}$,其中 $c \in C$
3. **repeat**

4.　　　　**for** 每个蚂蚁个体 $k \in [1, nb\,\mathrm{Ants}]$，按照如下方法建立一个解 S_k：

5.　　　　　随机选择一个初始对象 $O_i \in S$

6.　　　　　$S_k \leftarrow \{O_i\}$

7.　　　　　Candidates $\leftarrow \{O_i \in S \mid S_k \bigcup \{O_j\} \in S_{\mathrm{feasible}}\}$

8.　　　　　**While** Candidates $\neq \varnothing$ **do**

9.　　　　　以概率 $p(O_i, S_k) = \dfrac{[\tau_{\mathrm{factor}}(O_i, S_k)]^{\alpha}\ [\eta_{\mathrm{factor}}(O_i, S_k)]^{\beta}}{\sum_{O_i \in \mathrm{Candidates}}[\tau_{\mathrm{factor}}(O_j, S_k)]^{\alpha}\ [\eta_{\mathrm{factor}}(O_j, S_k)]^{\beta}}$ 选择一个对象 $O_i \in$ Candidates

10.　　　　　　$S_k \leftarrow S_k \bigcup \{O_i\}$

11.　　　　　　从 Candidates 中移除 O_i

12.　　　　　　从 Candidates 中移除所有的 O_j，其中 $S_k \bigcup \{O\}_j \notin S_{\mathrm{feasible}}$

13.　　　　　**end while**

14.　　　　**end for**

15.　　　　在解 $\{S_1, \cdots, S_{nb\,\mathrm{Ants}}\}$ 中利用局部搜索选择一个或多个解

16.　　　　**for** 每个 $c \in C$ 更新信息素浓度 $\tau(c)$：

17.　　　　　　$\tau(c) \leftarrow \tau(c)\rho + \delta_\tau(c, \{S_1, \cdots, S_{nb\,\mathrm{Ants}}\})$

18.　　　　　　**if** $\tau(c) < \tau_{\min}$ **then** $\tau(c) \leftarrow \tau_{\min}$

19.　　　　　　**if** $\tau(c) > \tau_{\max}$ **then** $\tau(c) \leftarrow \tau_{\max}$

20.　　　　**end for**

21.　**until** 最大循环次数 **or** 解集满足要求

22.　**return** 找到的最优解

算法的输入为，一个要解决的子集问题 $(S, S_{\mathrm{feasible}}, f)$，例如 9.7.1 节介绍的最大团问题、多维背包问题等；一个信息素策略 $\varnothing$，定义了蚂蚁散布信息素的路径（例如是在顶点上还是在边上，依据实际问题的定义）；以及其他参数（将在后文陆续介绍）。算法首先将所有路径上的信息素初始化为最大 $\tau_{\max}$，然后开始进行迭代（第 3～21 行）。每次迭代都会建立一个解，蚂蚁利用信息素路径建立解决方案，信息素路径会在构建的解决方案中的对象上被加强。

算法的第 5～14 行描述了蚂蚁个体建立子集的流程。第一个对象是随机选择的，随后的对象将从候选集合（Candidates）中抽取。对于一个给定的蚂蚁，其建立的子集包含所有此蚂蚁迄今选择的所有可行对象。当蚂蚁 k 已经选择了对象子集 S_k 时，会依据概率 $p(O_i, S_k)$ 选择对象 $O_i \in$ Candidates，这一概率的计算依赖两个因子。

- 信息素因子 $\tau_{\mathrm{factor}}(O_i, S_k)$ 基于路径上的信息素值评估将对象 O_i 加入解集合的可能性。

- 启发式因子 $\eta_{\mathrm{factor}}(O_i, S_k)$ 从蚂蚁的局部信息出发评估对象 O_i 的可能性，这一因子的具体定义将由具体的问题决定。

和基本的 ACO 相同，α 和 β 用于决定两种因子的权重。我们注意到，这种递增式地建立解集的方法假设可行子集 S_{feasible} 一定是可递增的，同样对于每一个可行解集的非空子集（注意是子集解，而不是解集的子集）$S' \in S_{\mathrm{feasible}}$，一定存在至少一个对象 $O_i \in S'$ 使得 $S' - \{O_i\}$ 也是可行。一旦每个蚂蚁都建立了一个可行解，就可以通过问题相关的局部搜索方法改进这些解（第 16 行）。

算法的第 17～21 行描述了在每次迭代后信息素浓度的更新方式。首先，通过乘以一个 ρ 因子模拟信息素挥发，$0 \leqslant \rho \leqslant 1$ 表示信息素的残存率。然后附加另一个信息素数值 δ_τ，它

的计算方式如下：

$$\delta_\tau(c,\{S_1,\cdots,S_{nb\,\text{Ants}}\})=$$

$$\begin{cases} \dfrac{1}{1+f(S_{\text{best}})-f(S_k)}, & \text{if}\ \exists\,k\in[1,nb\,\text{Ants}]\ \text{and}\ \forall\,i\in[1,nb\,\text{Ants}],f(S_k)\geqslant f(S_i) \\ \qquad\qquad 0, & \text{其他} \end{cases}$$

这里的 ACO 和基本的 ACO 在更新信息素浓度方面有所不同,这里只在所有蚂蚁都建立完各自的解之后再去选择释放信息素,这是由于在子集选择问题中,许多局部解的质量不好。依据精英策略,只由每一轮中得到的解最优的几个蚂蚁释放信息素,并且释放量由解的评估值和最优解的评估值之差决定。同时,信息素浓度的更新遵循最大最小蚂蚁系统的原则,通过设定 τ_{min}、τ_{max} 限定信息素的上下界($0<\tau_{\text{min}}<\tau_{\text{max}}$),增大了每个个体的探索性。

9.7.3　利用遗传算法求解子集问题

9.7.2 节介绍了子集问题的定义,子集问题可以看成一个组合优化问题,因此可以广泛地使用启发式方法解决。对于相对复杂的特征子集问题,GA 因为具有很强的并行能力,能够跳出局部最优解,因此也是一种应用广泛的解决子集问题的方法。

GA 用于解决子集问题,具有以下特点。

(1) GA 的搜索过程不直接作用到问题的变量,而是作用在编码个体上。如果对于一个特征选择问题,具有 N 个特征,需要从中选出 d 个特征。可以使用由 0 和 1 组成的长度为 N 的二进制染色体个体表示所有的特征子集组合。每个个体编码的第 i 位如果是“1”,则表示该特征被选入特征子集,“0”表示未被选入特征子集。所有个体编码为“1”的个数为 d,GA 通过对字符串进行操作选择最优子集。

(2) GA 是一种非数值计算优化方法,对所求解问题的数学模型没有特殊要求,适用性较广。

(3) GA 是一种全局优化算法,搜索的过程是由一组个体迭代到下一组个体,因此对于子集问题而言,它也能得到一组解,不仅提高了搜索效率,也能跳出局部最优,还增加了解的多样性。

下面简要介绍如何利用 GA 解决子集问题。

1. 生成表示子集的染色体个体

采用二进制对个体进行编码。首先根据设定的群体规模(popsize),随机产生一个长度为 N 的染色体个体(其中 N 表示特征的总数目),即随机产生一个二进制字符串。在初始群体的基础上再进行 GA 中的选择、交叉、变异等遗传操作,产生新的子集。

2. 个体评价

对每个个体子集进行评价,求解每个个体的适应度值。评价标准则取决于具体问题的定义,比如对于特征选择问题,可以设计类内方差(同类样本的差异)和类间方差(类与类之间的距离)作为适应度值评价解的优劣。

3. 终止条件

根据整个群体的演化情况选择何时停止迭代。常见的终止条件包括个体适应度值满足要求、迭代次数达到最大、进化已无较大差异等。

9.8　分　组　问　题

分组问题(Grouping Problem)也是组合优化问题中的一个典型问题。分组问题研究的是如何从一组对象中划分出若干不相交集合,以满足约束条件。本节将介绍分组问题的定义,以及利用分组遗传算法求解分组问题。

9.8.1　分组问题的定义

分组问题通常涉及将具有 n 个项目的集合 V 划分成相互不相交的分组集合 $\{G_i\}$,使得 $V=\bigcup\limits_{i=1}^{D}G_i$ and $G_i\bigcap G_j=\varnothing$, $i\neq j$。也就是说一个分组任务的目的是将一个集合 V 划分成 D 个不同的集合($1\leqslant D\leqslant n$),其中每个项目只属于一个小组。在分组问题中,一般不考虑组与组之间的次序问题。

在大多数分组问题中,项目的分组必须满足一组给定的约束条件,因此并不是所有的划分都是允许的。一般而言,具体的问题都有特定的目标函数用于评估分组的质量。因此,在利用启发式优化方法(如遗传算法)求解分组问题时,在搜索过程中应该保留组成小组的"构件块"(building blocks)等中间单元,在搜索过程中单独关注某些单个项目对求解问题的帮助不大。

9.8.2　利用遗传算法求解分组问题——分组遗传算法

Falkenauer 指出,可使用简单的 GA 求解可能存在冗余性的问题。例如,我们考虑用进化算法中最常见的个体编码方法——数字编码表示每个解(即一个分组划分方案),编码中的第 k 个元素表示项目 k 所属的组的 ID。举个例子,如图 9-5 所示,某个个体的编码为"21321",其中第一项表示第一个项目在组 B 中,第二项表示第二个项目在组 A 中,第三项表示第三个项目在组 C 中,以此类推。如果规定问题中的组别不做区分,则个体"12312"编码着完全相同的解决方案。

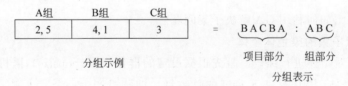

图 9-5　分组个体编码

因此,Falkenauer 提出了一种全新的组编码方式,并将其用于 GA。组编码的主要思想是,将属于同一组的项目放入同一个分区。例如,上述例子中的分组可以表示为(2,5)(4,1)(3)。使用这种编码方案与数字编码不同的是,搜索运算符处理的单位是小组而不是项目(注意这一问题不考虑分区内和分区之间的次序)。这种表达方式的合理之处在于,在分组问题中,一些基础构件(即构成组的小组)是构成组的基础,因为一个小组也是可以分解成多个组的,所以这些基础构件可以包含于它们所属解决方案的质量信息中。因此,在小组上定义的操作符及允许基础构件在遗传个体之间传播的操作更适合应用于分组问题中的遗传搜索。

Falkenauer 提出了一个专门用来解决分组问题的 GA,并定义了对小组进行操作的操作符。这一算法被称为分组遗传算法(Grouping Genetic Algorithm,GGA)。这里假设读者已经熟知 GA 的详细流程,本节只是简单介绍分组问题上的应用,重点放在各个操作与基本 GA 的不同。对于不同的分组问题,算法的具体操作细节也相差很大。

1. 分组表示

通常,一个分组解的编码由两部分组成:项目部分(Item Part)和组部分(Group Part),如图 9-5 所示。项目部分由大小为 n(n 是项目的数量)的数组组成。组部分由 D 个组标签组成,项目部分中的每个元素都可以采用任意的组标签,只要属于同一组的项目都是同一标签即可。

2. 交叉操作

考虑到不同分组问题的约束和适应度函数不同,如何使得经过交叉后产生的新个体的表现不会变得更差,对于不同的分组问题可能有不同的操作方法。图 9-6 展示了一种可能的交叉操作模式。首先两个父个体父代 1 和父代 2 选择交叉点,交叉后获得子代,并将子代内包含重复项目的小组(小组 E 和小组 F)剔除掉,如果剔除后新个体还存在缺失项目,则将缺失项目重新插入某一个小组中。具体怎样插入,以及插入哪一个小组中,不同的问题可能会有不同的启发式方法。

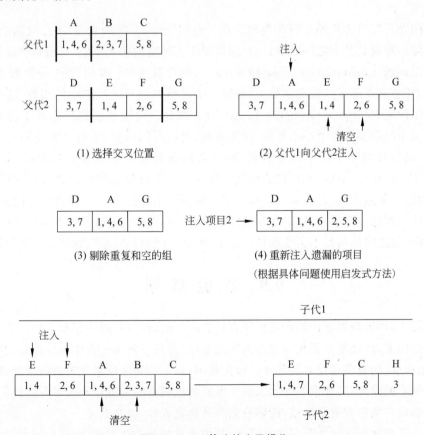

图 9-6　GGA 算法的交叉操作

3. 变异操作

需要注意的是,对于分组问题而言,变异操作算子必须定义在小组上,而不是项目上。一个最简单的变异策略是直接剔除某些小组。比如给定一个染色体,随机挑选几个小组并进行剔除,属于这些组的项目因此从解决方案中缺失。可以使用一些依赖具体问题的启发式方法将遗漏的项目插回分组中。

4. 反转操作

在分组问题中,反转操作符用于反转组标签的次序。如图 9-7 所示,首先在一个个体的组部分中选择两个标记点,标记点之间的组标签进行反转。正如在本节开头中提到的,这一反转标签的操作并不会影响项目的分组情况。

$$\text{BABDCAEE : D | BEA | C} \longrightarrow \text{BABDCAEE : DAEBC}$$

图 9-7　GGA 算法的反转操作

9.8.3　分组问题的应用和分类

有许多常见的组合优化问题都可以看作分组问题。例如图着色问题(Graph Coloring Problem)、装箱问题(Bin Packing Problem)、课程表问题(Various Timetabling Problem)、并行机器调度问题(Parallel Machine Scheduling Problem)、单元形成问题(Cell Formation Problem)等。

分组问题可以分为几种不同的类别。在一些问题中,小组的数量 D 是问题给定的,并行机器调度问题就是其中之一,机器(组)的数量作为问题的输入给定,一般也将这类问题称为定量分组问题(Constant Grouping Problem)。而在其他的一些问题中,分组数量 D 并不是已知的,任务是在满足约束的前提下,找到一个可行的划分产生最小的组数,这些问题称为变量分组问题(Variable Grouping Problem)。图着色问题和装箱问题属于变量分组问题。如果某个问题要求每个小组异构,功能不同,具有不同的特点,即如果交换其中两个小组的内容,结果分组又不同于原始分组,则这类问题称为非等效分组问题(Non-Identical Grouping Problem)。例如,并行机器调度问题就是非等效分组问题,其中每个机器(组)具有自己的特点,如速度、运行成本等。如果某类问题要求小组内的个体都是相同的(或者具有相似特征),则这类问题称为等效分组问题(Identical Grouping Problem)。在这类问题中,交换两个组之内的项目不会改变任何结果,图着色问题和装箱问题属于等效分组问题。

9.9　物　流　规　划

在国际上,物流规划理论的研究已经有较长的历史,但在我国还相对滞后。美国和欧洲的部分发达国家,已经建立了相当完善的物流系统,在整个物流过程中完成高效的物流信息管理、智能调度、物流节点设置等任务。而在我国,真正的物流信息化管理尚未完成,统一物流中心和网点的设置、管理也不尽如人意。发展物流规划相关理论和技术并广泛实施,对我国巨大的物流市场有着重要价值,能够有效降低物流成本,提升效率。

由于物流规划问题涵盖范围非常广泛,其中涉及复杂的众多优化、调度问题。这些问题本身有着复杂的结构,往往离散决策与连续数值变量相结合;同时在问题中存在各种各样的人力、车辆、客户需求等方面的约束条件。普通的优化手段难以奏效,因而相关研究主要依靠兼具普适性、鲁棒性和高效性的进化算法、群体算法。

本节介绍物流规划中的相关优化问题,并概述相关的群体算法应用。

9.9.1 货物装载问题

物流规划中的第一个主要问题是货物装载。在较大规模的物流任务中,货物整车装运,则同一车辆仅装载一种货物,这时货物的装车相对直接。但在很多时候,货车同样需要承载零担业务,即一辆车需要装载几批不同的货物。这时,货物的装车便会遇到相当多的问题。例如:有的货物无法承重过大,需要放置在车辆上层;有的货物长宽不一致,需要考虑摆放方式。在物流管理较发达的美国部分物流园区,使用统一的托盘或货物箱方便装载的管理。但一方面我国相关硬件设施不完善,另一方面这种方式不是总能实际实施。例如,地区网点车辆到各客户处收集货物时,托盘和货箱的使用很不方便,同时还增加了成本。各类车辆的尺寸不一致也为装载增加了难度。物流托盘和货箱如图 9-8 所示。

图 9-8 物流托盘和货箱

研究者将这类装载问题称为 loading problem 或 packing problem。问题的优化目标通常有两种:在一个容器(container)中,如何装入尽可能多的货物,或是对一批货物,如何使用尽可能少的车辆将它们全部装载。在物流装载中,第二种需求更加贴合实际应用。

大部分学者关注于研究二维空间下的装载问题。他们将容器和每一件货物对应于一个矩阵,货物可以进行 90°旋转,尽可能地放入容器当中。约束条件仅仅为货物不重叠。可以预见,如果需要处理三维的装载问题,难度会上升非常多;实际应用中还会有货物承载,甚至重心控制等约束出现。

较早的学者如 Dyckhoff 和 Dowsland 等,使用基于搜索等的确定性算法解决二维的简单装载问题。但当问题引入越来越详细的现实应用需求和约束时,这些方法便不再适用了。Wang 和 Qi 等研究了 PSO 在长方形 packing problem 中的应用。Silveira 等则使用 ACO 解决了三维空间下的装载问题,实现了 ACO 在钢铁工业行业中的应用。

9.9.2 路径规划问题

路径规划同样是物流过程中的重要问题。基本的路径规划就是之前所述的 TSP,但在实际物流过程中,这个规划过程会更加复杂。例如,时段、天气、道路限行或交通事故与施工,都会时时刻刻改变道路情况。有时还会为车辆附加更加复杂的任务,如货物分发和收集同时进行等。或者是具有多个优化目标。这个时候,大部分传统方法甚至基本的进化方法都不再适用。我们需要一种能够随机响应环境变化的动态搜索方式,最好还能从历史数据中学习,提升优化调度的效率。

Eycklhof 和 Snoek 使用蚂蚁系统处理动态 TSP,在这种 TSP 变体中,城市间的道路可能发生断裂(如出现堵塞)或是重连。许多其他研究者也分别利用各种改进的 ACO 对各类动态 TSP 进行求解。

9.9.3　配单问题

配单指将货运订单组合,分配给各个车辆。传统的配单方法使用简单的人工分配法:将货物目的地划分为多个子区域,相同子区域的货物分配到同一辆车上。显然,这样的分配方式是一种贪心策略:当货物目标点分布到区域边界时,或者有的车辆无法满载时,配送效率无法达到最优。

要妥善处理配单问题十分困难,因为它与前面两个问题紧密相关:货物的装载决定了能为一辆货车分配多少订单以及哪些订单;哪些订单组合在一起又决定了之后的路径规划。更复杂的是,货物的装载顺序还需要与路径顺序一致,以免浪费卸货时间。这样的整个流程建模是十分困难的,因此实际应用中需要从各种角度对原问题进行简化。

9.9.4　最优调度问题

从全局供货、收货的角度看待物流配送,我们面对的是应用广泛的最优调度(OT)问题。在这里,调度需要考虑多个供货点、收货点间,货物应当如何转移以降低全局损失。连续的最优调度常常用以计算 Wassertein 距离。离散的源点和目标点下,最优调度对应线性规划问题:

$$\min_{x} \sum_{i=1}^{n_s} \sum_{j=1}^{n_t} c_{ij} x_{ij}$$

$$\text{s.t.} \quad \begin{array}{l} \sum_{j=1}^{n_t} x_{ij} = s_i \quad i = 1, \cdots, n_s \\ \sum_{i=1}^{n_s} x_{ij} = t_i \quad j = 1, \cdots, n_t \\ x_{ij} \geqslant 0 \end{array}$$

虽然离散最优调度为线性优化问题,有专门的数值优化方法处理此类问题。但由于问题包含变量个数达到 $n_s \times n_t$,计算的效率往往不高。部分研究者提出了专门算法以应对 OT 问题,如 ACO。

9.10　混杂应用

基于群体智能的方法还有许多其他的应用。例如美军正在研究利用群体智能技术控制无人驾驶车辆,欧洲航天局考虑设计轨道群用于自组装任务和干涉测量学分析,美国宇航局也正在研究使用群体技术进行行星测绘工作。群体智能在医学方面也具有很好的应用前景。还有一些学者使用群体智能控制纳米机器人以杀死癌症患者体内肿瘤的可能性,使用随机扩散搜索辅助定位肿瘤,以及将群体智能应用于数据挖掘领域等,感兴趣的读者可以参考相关文献。

本节将简单介绍其他几类群体智能技术的混杂应用,包括路由设计、集群仿真、群体预测、艺术创作。

9.10.1　路由设计

一些学者提出了以 ACO 为基础的"蚂蚁路由"方法。Dorigo 等和惠普公司在 20 世纪 90 年代中期率先开创了这方面的探索。"蚂蚁路由"(Ant-Based Routing)方法通过建立一个概率路由表,增强每个成功遍历网络的"蚂蚁"个体(通过一个可控数据包)。研究者们研究了不同类型的路由增强模式,包括前向、后向和双向的方式。前向增强则是不管最后是否能够遍历整个网络,路径都会被增强(就像人们会先付款买电影票,才能知道这部电影好不好看);后向增强的模式要求网络是对称的,并且将两个方向耦合在一起;而双向增强是两者兼有的模式。但通常由于系统运行具有随机性,方法实际应用时缺乏可重复性,使得商业部署面临很大的障碍。

在建立无线通信网络时,基础传输设施的位置选址是一项重要工程问题,需要利用最少的地点为用户提供足够的区域覆盖率。一种基于 ACO 的随机扩散搜索(Stochastic Diffusion Search,SDS)通用模型已被成功地用于解决这一问题,它涉及了圆填充(Circle Packing)和集覆盖(Set Covering)等理论。一些研究表明,即使对于一些大规模问题,SDS 也可以得到合适的解决方案。

一些航空公司也使用基于蚂蚁路由的方法分配航班的着地点与其对应的机场大门,使得在满足安全距离及互不影响的情况下,分配的路径最短。

9.10.2　集群仿真

有许多从事设计工作的研究人员利用群体智能技术创建可视化交互系统或者人群模拟软件。*Stanley and Stella in：Breaking the Ice* 是世界上首个利用群体智能渲染技术制作的动画电影,十分逼真地描绘了鱼群和鸟群的运动。蒂姆·波顿执导的电影《蝙蝠侠》也使用了群体智能技术还原蝙蝠群体的动作。电影魔戒三部曲也在战斗场景中使用了类似的技术——一个被称为 Massive 的动画制作软件。群体智能技术在影视产业中具有很大的吸引力,因为它的成本低廉,技术简单,效果逼真。

航空公司也利用群体智能技术模拟乘客登机。美国西南航空公司的研究员道格拉斯·A. 劳森(Douglas A. Lawson)使用了基于 ACO 的计算机模拟程序,设计了 6 种交互规则并通过仿真结果评估登机时间,为航空公司的相关服务提供了有力的设计依据。

9.10.3　群体预测

Unanimous 人工智能公司设计开发了一个预测引擎 Swarm AI,它利用群体算法结合人类用户的输入数据可以准确地预测时事事件。Rosenberg 等在 2015 年后发表了几篇文章,他们的实时预测系统能够根据网络用户群体的数据建立一个统一的集体智慧,并能够对当下时事进行预测、回答问题和发表意见。这一预测系统已经显示出了增强性的集体智慧,可以得出一系列高精度、高质量的预测。据该公司 CEO Rosenberg 透露,这套工具已经成功预测了美国国家橄榄球联盟冠军总决赛比分、法国大选结果等,并在 2016 年 15 位奥斯卡获奖者中预测对了 11 位。

9.10.4　艺术创作

Al-Rifaire 等已经成功利用一些群体智能混合算法生成新颖的绘画艺术作品。他们综合了两种智能算法,一种是模仿蚂蚁觅食行为的算法(随机搜索算法,SDS);另一种是模仿鸟类迁徙行为的算法(粒子群优化算法,PSO),由这两种算法得到的混合算法集成了 PSO 的局部搜索特性和 SDS 的全局行为。给定一张简笔画,算法可以在保留局部特征(保留简笔画的大致轮廓)的前提下,"探索"画布上的其他区域,从而输出新颖的绘画作品。PSO+SDS 生成艺术作品的示意图如图 9-9 所示。

图 9-9　PSO+SDS 生成艺术作品的示意图

在 Al-Rifaire 等最新的工作中,他们提出了一种"群体草图与注意力机制"(Swarmic Sketches and Attention Mechanism),通过让 SDS 过程选择性地关注数字画布的某些细节区域实现这一"注意力机制"。将渲染过程与注意力机制相关联后,每当"画笔"开始解释输入线图时,参与到绘制的群体就会创建一幅独特的草图。PSO 负责控制绘制的过程,SDS 则控制群体的注意力。

本 章 小 结

群体智能一直都是一个活跃的研究领域,几个简单代理之间的局部交互最终会涌现出复杂的集体行为。有关群体智能计算模型的相关研究正逐渐成为热点,因为它在计算上具有优势,不仅成本低廉,而且十分简单,还具有很强的鲁棒性。基于群体智能优化方法的相关技术在很多研究领域都有深远的影响,也有许多成功的应用,许多研究者已经开始利用群体智能技术解决现实世界许多复杂的问题,并取得了成效。尽管群体智能是人工智能的一个新兴的研究领域,还在不断发展,但其潜力还远远没有枯竭。人们也已经逐渐意识到,利用群体智能和演化计算解决复杂问题的优势,这也极有可能成为近期人工智能和计算智能领域的一个突破点。

习　　题

习题 9-1　在给定数据集上利用 PSO 和经典 K-means 算法进行聚类,并比较聚类效果。

习题 9-2　在给定数据上求解 TSP 的最优解,并比较 PSO、ACO、FWA 三个算法的性能,以及它们与真实最优解之间的差距,并研究随着数据规模增大,真实最优解求解的可能性,以说明基于群体智能算法的 TSP 求解的必要性。

习题 9-3　调研非负矩阵分解在实际生活中的应用,并总结其较传统方法的优缺点。

习题 9-4 尝试复现 LEEA、PBT 算法，并调研 LEEA 在网络规模增大之后的性能。

习题 9-5 求解背包问题：给定各种物品的重量和价值（附件中的 code/Knapsack/data/item.csv），以及背包的最大重量 400，尝试利用 GA 求解一个最优的物品子集。

习题 9-6 利用协同进化算法求解如下迭代囚徒困境问题，定义合适的适应度值，并绘制出适应度值曲线图。

		玩家 B	
		合作	背叛
玩家 A	合作	3，3	0，5
	背叛	5，0	1，1

习题 9-7 求解图着色问题，其定义如下：给定一个无向图 $G=(V,E)$，其中 V 为顶点集合，E 为边集合，图着色问题即为将 V 分为 K 个颜色组，每个组形成一个独立集，即其中没有相邻的顶点。其优化版本是希望获得最小的 K 值。

随机生成一个具有 60 个顶点的邻接矩阵（可以使用 MATLAB 中的 Bucky 函数），采用 4 种颜色对该无向图进行着色。利用 GA 求解，定义该问题的适应度函数，并绘制出适应度值曲线和着色效果图。

习题 9-8 解释物流规划中，货物装载、路径规划、配单、最优调度之间的关系。

本章参考文献

第 10 章

群体机器人

群体机器人学是一个相对新兴的研究领域,启发自社会性的昆虫、鱼类等生物群体,是群体智能与机器人学的一个交叉学科,主要关注如何设计大量的、简单的实物智能体,使得期望的群体行为能够从个体与个体之间,以及个体与环境之间的交互中涌现。群体机器人是一种分布式、泛中心化的系统,具有低成本、高效、并行、可扩展和鲁棒性等众多特点。

10.1 概　　论

10.1.1 生物群体

群体机器人学源于对生物群体如何完成日常任务的研究,包括觅食行为中的路径规划、动物巢穴的构建,以及群体间动态的任务分配等。

如图 10-1 所示,自然界中存在多种多样的群体协同,对于不同的生物群体,可按照复杂程度递增的顺序列举如下。

图 10-1　自然界中的生物群体

菌群:大量细菌个体可以聚集成菌落,个体间可以通过化学信号进行简单的信息交换,相较于单个细菌,聚集而成的菌落可显著提升抵御外部侵害的能力。

鱼群:海中的鱼群可形成密集的阵列,其个体能迅速改变运动方向而避免碰撞,以提升群体躲避天敌的能力。

蚁群:蚂蚁可通过多种方式交流,如信息素、身体触碰。通过在觅食路径上分泌信息素,可以吸引周围的蚂蚁参与搜索。

蝗虫：类似于鱼群的集群运动和觅食行为，蝗虫群体也具有快速转向的能力，随着群体规模和密度上升，个体移动表现为由无序到高度协调的突变。

鸟群：迁徙的鸟群可形成特定的阵型，有效利用气流以减少体力消耗，并可以通过多种方式定位目的地。

灵长类：个体具有一定的智能，可进行更为复杂的协同和交互。

人类：人类间交流方式多样而复杂，能够高效地进行集体决策。随着个体智能程度的提高，群体可在较小的规模下涌现更加复杂的集体行为。

关于生物群体行为的协同机制，最早的假说是拟人化的：个体具备一个独特的身份标识以实现群体间的通信与协作，或者群体具有一个中心化的网络负责信息交互与任务分配等。然而后来学者证明生物群体的社会网络是没有中心的，群体中的个体并没有独特的身份标识。社会性生物群体的组织结构为一个分布式的系统，个体可以基于局部信息概率性地遵循一些交互规则，群体级别的行为可通过个体间的局部交互涌现，具有灵活性和鲁棒性。因此，生物群体具有以下特性：

分布式：即没有中心控制。

个体简单：个体只具有简单的智能甚至没有智能。

自主行为能力：个体自主控制自身的行为。

局部交互：个体之间的通信与交互是局部的。

10.1.2　群体机器人系统

基于生物群体的特点，我们可以设计群体机器人系统的一些特点，为了说明这些特点，我们将群体机器人系统与传统的单体机器人以及一些含有多个体的系统进行对比。

相对于启发自社会性生物群体的群体机器人系统，单体机器人一般是对人类个体的模仿，两者的对比如图 10-2 所示。单体机器人在结构和功能上更加复杂，设计难度高，制造和维护成本高昂，个体的组成部件具有独特的功能，一旦发生故障很难进行自我修复或者替换。而群体机器人的个体都很简单，制造成本低廉，个体能力有限，但通过群体协同可实现一些较复杂的任务，具备单体机器人没有的并行性和处理大规模问题的能力，而且由于不同的个体具有相似性，即使某个机器人发生故障，一般也不会对整个系统造成严重影响。

图 10-2　单体机器人（左）和群体机器人系统（右）

具体而言，相对于传统的单体机器人，群体机器人系统有以下优势。

并行性：群体机器人系统中个体数量多，可以在执行任务时分为多个子种群以并行地处理多个目标，尤其适合大空间的区域覆盖与搜索问题。

可拓展性：系统中个体之间的交互与个体的决策是局部性的，无论群体规模大小，合适的局部的交互与决策机制都可以较好地协调整个群体。

稳定性：类似于可拓展性，当群体中部分甚至大部分个体发生故障时，整个系统依然可以利用现有个体继续完成任务。

涌现性：系统中的个体比较简单，功能有限，但通过合适的协同机制，整个系统可在群体水平上实现复杂的功能，根据这一特性，在面向任务的算法设计中，需要考虑个体间的局部协同对群体层级行为的影响。

低成本：相对于单体机器人，群体机器人系统中的每个个体都设计简单，制造与维护成本低，通过生产线的批量制作可进一步降低成本，随着规模扩大，整个群体的成本依然可以得到有效控制。

低能耗：群体机器人系统中的个体在结构和功能上比较简单，能耗较低，个体续航时间具有更大的提升空间，这可以提高群体在恶劣环境下的生存能力，尤其是在能量难以及时进行补充的情况下。基于这些优势，群体机器人系统非常适合应用于需要大量时间、空间和个体的复杂的实际问题上，以及比较危险的情境中，如灾后救援、军事侦察、群体攻击、协同护卫等。通过个体间的协作，群体可并行高效地完成类似任务，而单体机器人由于在成本和稳定性等方面的限制难以较好地解决这些问题。

包含多个个体的系统，除了群体机器人系统，还有多机器人系统、传感器网络以及多代理系统等。同样是研究通过个体间的协作完成特定的任务，传感器网络与多代理系统主要研究静态的个体，而多机器人系统主要研究多个异构机器人在特定任务中的控制机制，同时可能引入中心与外部控制机制。相对于这些系统，群体机器人系统在设计理念上有很大差异，因此在系统特征和适用条件上有明显区别，各系统之间的对比如表 10-1 所示。从表中可以看到，在群体大小、控制方式、个体同构性和个体功能扩展性等方面，群体机器人系统和其他系统有显著的区别，其在设计时对同构性与扩展性的考虑使得自己在灵活性和适用性上有明显的优势。相对于其他三个系统，群体机器人系统具有以下优势。

表 10-1　群体机器人系统与其他系统的对比

比 较 项 目	群体机器人系统	多机器人系统	传感器网络	多代理系统
群体大小	几十到几万	数量一般固定	数量固定	几十到几百
控制方式	自主控制 无中心控制	中心控制 远程控制	中心控制 远程控制	中心控制 层级控制 网络控制
个体同构性	同构	一般异构	同构	同构或异构
个体功能扩展性	高	低	中	中
先验环境信息	未知	已知或未知	已知	已知
个体运动能力	有	有	无	一般没有
涌现性	有	无	无	一般没有
应用范围	适用范围较广	针对特定应用	针对特定应用	适用范围较广

续表

比 较 项 目	群体机器人系统	多机器人系统	传感器网络	多代理系统
典型应用	目标搜索 军事侦察 灾后救援 危险环境应用	材料运输 坐标感知 机器人足球	目标监视 医疗护理 环境质量监测	网络资源管理 分布式控制

自治性：系统内个体是能够自主移动和与环境交互的物理实体，个体之间可以彼此连接或分离，不存在规划和控制中心。

无中心控制：群体中不存在全局的中心控制机制，从而提高了系统的扩展性和灵活性，该特征可显著减少通信时延或干扰对群体造成的影响，在某些应用中，群体协同可引入部分中心控制机制以提高性能，但任务的完成不应该完全依赖中心控制。

局部感知和通信能力：系统中个体的感知与通信能力受自身硬件和环境所制约，因此机器人之间的交互是分布式的，可以避免全局通信导致的计算与通信成本指数级增加、规模不可拓展和系统稳定性差等问题，只要不涉及群体协调，一些通用的全局广播式的指令是可以应用的，如停止工作或返回充电。

同构性：在一个群体中，不同的角色分工应该较少，充当每种角色的个体数应该尽量多，不同的角色表示个体在硬件结构或程序上具有差异，无法在任务执行中进行相互转换，机器人足球中个体具有不同的角色，这种高度异构的系统通常属于多机器人的范畴而非群体机器人。

可扩展性和自组织性：群体机器人系统的协调机制应该不受群体规模变化的影响，这样整个群体的大小可在很大的范围内变化，从几十到几万，甚至更多。

灵活性：针对不同的任务，群体机器人系统可生成特定的模块化的解决方案，而且无须对软硬件进行改动或只对软件进行少量调整，类似于可完成觅食、围猎、编队、协同搬运等不同任务的蚁群，群体机器人系统也应该具有类似特性，针对环境变化选择不同的协调机制以处理不同问题。

10.1.3　群体机器人的研究现状

群体机器人目前的研究主要集中在算法设计和物理实现两部分。

算法设计往往是面向特定应用的，研究者针对不同的问题设计不同的算法，算法的可复用性一般很弱。一个主要的问题是群体机器人有多种多样的任务，而对于不同任务缺少一个统一的平台和标准，对于不同类型的定义也尚待完善，不同的研究内容往往限制在不同的团队中。同时，对于群体机器人的不同任务，很难抽象出几个模块化的具有实际背景意义的原始应用，这使得不同算法的性能很难直接进行比较。随着时间的推移，群体机器人在算法设计上的研究问题与手段应该会逐渐趋于成熟与统一。

物理实现关心群体机器人的系统模型和硬件实现以及算法在实际物理环境中的性能。实际的研究工作一般要基于仿真环境和对应的硬件平台，由于成本和技术限制，许多实验仍是基于仿真环境的，硬件平台往往只是用于实验室条件下的概念验证，和具体的实际应用还有一定的距离。随着微机电技术的进步，机械传动部件、传感器、执行器和电子元件等的尺寸和造价在逐步降低，我们相信随着研究的不断深入和技术的持续进步，群体机器人将会在多个领域中得到广泛的应用。

10.2 群体机器人的基础模型

一般来说,群体机器人系统中的个体应该具有以下能力:有限感知能力、局部规划能力、局部通信能力、任务分解能力、任务分配能力、简单学习能力以及控制与决策能力等。这里需要强调一下机器人的任务分配和自我学习的能力,这两种能力会影响算法的设计和执行效率。机器人将任务分解后,要按某种原则将任务分配到满足要求的个体,有学者比较了多种任务分配机制的优缺点,并考察了不同机制对实际环境中的干扰因素的适应能力。机器人的学习能力也很重要,若机器人能够根据环境反馈自适应地调节算法参数,那么系统能够表现出更加出色的环境适应能力,其中进化神经网络是一种常用的手段。

10.3 群体机器人系统模型

10.3.1 群体机器人系统的基础模型

群体机器人模型来自对实际系统的抽象,通过研究模型可以更好地理解系统内部的运作规律。模型应该体现出群体机器人系统所具有的灵活性、鲁棒性和可拓展性。群体机器人系统的基础模型如图 10-3 所示,群体机器人的个体(飞机)之间通过局部的感知、交互与决策来搜索目标(图中实线所示),同时机器人群体会接收卫星和后方控制中心的一些统一指令(图中虚线所示),如任务开始或终止等(一般不涉及具体的协同机制)。

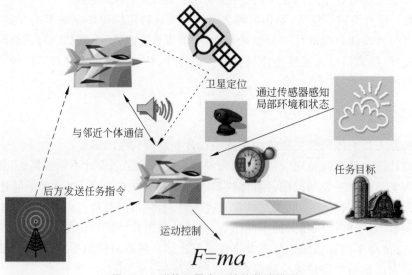

图 10-3 群体机器人系统的基础模型

对于群体机器人系统中的机器人个体,需要建模的功能主要有三类:信息交互机制、基本行为控制机制和高级行为控制机制。在协同机制上,由于系统没有统一的中心控制,因此设计合理的信息交互机制是群体自组织协同的关键。机器人控制机制的设计一般是面向任务的,在不同的任务中,机器人的基本行为一般是相似的,高级行为具有一定的差异。

1. 信息交互机制

信息交互机制是群体机器人系统协同特性的基础,具体包括两部分,即个体与环境的交互和个体间的交互。在生物群体中,个体之间有一些直接的交流,如触碰触角、交换食物等;个体之间还可以通过间接的方式进行交流,比如机器人可以在环境中留下信息素或其他痕迹,其他个体可以感知到这些痕迹从而做出相应决策,在该过程中,环境就像一张纸,而生物个体可以将信息素作为笔来传递信息,类似的反馈机制可促使整个群体涌现出高层的宏观特性。受生物群体启发,群体机器人的信息交互可分为三种方式,即直接通信、通过环境交互、通过感知交互,在一个具体的模型中,可能会同时涉及多种方式,研究者设计了三种不同的虚拟社会昆虫,探究了这三种通信方式的优劣,考察了它们对不同任务的效率的影响。

直接通信的方式与网络通信类似,包括点对点和广播通信,利用现有的技术,可以方便地将现有的通信网络部署到群体机器人系统中,例如可以采用 IEEE 802.11b 无线网络和蓝牙连接的方案。但与计算机网络和移动网络不同,群体机器人系统的网络结构变化很快,而且还应该挖掘系统的局部交互和自主行为等特性,进一步研究实时性要求、网络拓扑等问题。

个体之间也可以通过环境进行交互,机器人个体在执行任务的过程中会在环境中留下信息,其他机器人感知到信息后会进行反应,从而实现了信息的交流。这种通信方式很具有代表性,目前有多种相关的研究工作,比如在区域覆盖任务中,机器人个体可以通过环境中的标志物传递信息,从而避免个体间的直接通信。在具体的实现中,个体之间还可以利用通信来模拟信息素机制,通过虚拟的信息素进行交流,从而降低了对环境的要求。

个体之间还可以通过感知进行交互,这要求机器人具有区分机器人与环境中物体的能力。感知是局部的、单向的,个体之间不存在任何直接通信。个体通过对环境的感知,获得环境中的障碍物、目标等信息,实现躲避障碍物、搜索目标位置和趋向目标移动等行为。这种交互方式可以提供大量的信息,但如何从这些信息中选择有用的内容,则是群体机器人算法设计的一个挑战。

2. 基本行为控制机制

群体机器人系统内个体的基本行为控制机制包括自主运动能力和局部规划能力等,这是与传统的多代理系统、传感器网络的重要区别之一。所有个体的行为控制机制是同构的,这为群体宏观行为的涌现提供了条件和基础。在信息交互的基础上,机器人个体根据交互获得的信息,对自身的运动行为进行控制。合理的行为控制机制,可以减少机器人个体对通信信息的依赖。通过对信息的处理和预测,可以将特定的信息传递给特定的个体,而不是对所有个体进行广播。这样可以提高群体的协同能力,同时减少不必要信息的传输。

3. 高级行为控制机制

要完成一些更为复杂的任务,除了上述两种机制之外,群体机器人还可能需要其他的高级能力,如任务分解和分配能力、简单学习能力和控制与决策能力等。使用具备这些能力的机器人可以简化群体机器人协同算法的设计,提高系统处理问题的能力和效率,提高群体涌现行为的可预测性和稳定性,但这对机器人物理个体的设计具有较高要求。一般情况下,群体机器人系统可以通过精心设计的群体机器人协同机制来实现类似行为。有研究者指出,高级行为控制机制具体是在软件层还是在硬件层实现,需要根据机器人实际搭载的控制器和传感器而定,以便充分利用这些设备的功能。

10.3.2　群体机器人的建模方法

群体机器人的高度随机性决定了模型与实际系统具有相当差异,尚待进一步研究。对于建模方法有学者进行了总结,得出四种群体机器人建模方法:基于传感器-执行器的建模法、微观建模法、宏观建模法和扩展粒子群算法建模法。

1. 基于传感器-执行器的建模法

机器人的传感器和执行器及环境物体是群体机器人系统的主要组成部分。引入传感器、执行器、环境物体的模型后,再分别对机器人间的交互及机器人与环境的交互行为进行建模。使用该方法,交互行为要接近真实并尽可能简化,这在系统规模扩大时显得特别重要。但不容否认的是,要求交互行为真实与尽量简单化之间是矛盾的,需要进行折中。

2. 微观建模法

微观建模法是用数学方法对个体机器人及其交互建模。此方法将机器人的行为定义为若干状态及状态转移组合,这些状态由机器人的内部事件和环境中的外部事件触发。这种建模法与后面将要阐述的宏观建模法的区别主要是模型粒度,即微观法针对个体机器人建模,而宏观法直接对系统级的行为进行模型抽象。在对基于微观建模法的模型进行拓展时,可以引入概率微观模型。通过对机器人行为之间的概率赋值,可以很方便地将系统行为和环境噪声集成到系统的概率模型中。变迁在概率微观模型中,转移事件的概率通常是用真实机器人进行采样后获得的。

3. 宏观建模法

宏观建模法是另外一种数学建模法。在宏观建模法中,系统行为被定义为差分方程式,表示在某个时间步处于每个特定状态的机器人平均个数。在微观模型中,每个机器人均需要迭代,但宏观建模法只需要每次得到模型的稳定状态。与微观建模法相比,尽管此特性允许宏观模型具有很高的加速比,但微观模型允许调控较为细微的特性。换言之,当宏观模型能够很快得到粗略的全局行为时,微观模型得到的全局行为更为实际,虽然所耗时间较长。与微观模型类似,用概率宏观模型处理群体机器人的系统噪声也较为简单。

4. 扩展粒子群优化算法建模法

粒子群优化算法是对群居生物行为的抽象,具有明显的生物学内涵,多用于非线性函数的优化。群体机器人则面向特定应用,这些应用由若干基准问题构成,如搜索、编队、协作搬运等。通过对粒子群优化算法和群体机器人基准问题的特点进行对比分析,可知在这些任务中二者存在映射关系。据此可对粒子群优化算法进行适当修改和扩展,以机器人对外界信号的检测值作为适应度值,以通信范围内的机器人为感知邻域,以确定机器人个体的移动方向、速度及期望位置。再根据机器人的运动学和动力学特性控制机器人运动,同时结合通信模式、通信周期及采样周期等因素实时计算机器人的移动位置。所处环境存在障碍及考虑机器人尺寸时,可进行路径规划。这样便可将粒子群优化算法模型作为机器人的行为控制模型,用于群体机器人运动行为的协调控制,从而使模型涌现群体智能。

10.3.3　群体机器人的协同方式

协同控制属于群体机器人系统中的高级行为控制,具体可分为个体行为和群体行为两个层次。个体行为包括个体对环境的感知、学习、响应及自适应动作的控制,是实现个体间协同的基础,它要求个体具有较强的协作性与自治性。群体行为是在群体规模上实现的协同控制,典型的群体行为有集中、分散和编队等行为。本节主要涉及物理层面上的协同机制,这些机制也可以在软件层面实现。

1. 群体机器人体系结构

群体机器人体系结构为机器人的活动与交互提供所需的框架,决定着机器人之间进行交互的拓扑结构,是实现协作行为的基础。应根据任务类型、机器人个体能力等因素确定群体机器人的规模及相互关系,因此一般体系结构需要根据具体情况进行选择。

2. 机器人定位

在群体机器人中,没有全局的定位系统,每个机器人个体须拥有一个局部定位系统,并且要具备在各自的局部控制系统框架内定位相邻个体的能力。所以如何快速准确定位邻近个体是非常重要的。早期群体机器人的研究有时会直接引入单体机器人的绝对定位技术,现在多数研究者选择使用卡尔曼滤波或粒子滤波等复杂运算将内部传感器和外部传感器信息进行融合估计。传感器所呈现的信息越来越多元化,包括超声波、红外线、可见光和声音等。群体机器人更加倾向于使用运算简单、计算快捷、占用资源少的相对定位技术。有学者基于已有的红外线定位技术,提出了一种改进的相对定位方式,该定位方式可用于在小规模群体中定位邻近个体的方向和距离,也有研究者提出了可以应用到较大群体规模的室内红外定位技术。

3. 直接连接

该机制主要用于机器人个体之间的物理连接,常用于执行单个机器人难以完成的任务,例如翻越大型障碍或者协同搬运等,机器人可以先通过协同组装成一个组合机器人再开始执行任务。有学者介绍了多种不同类型的用于跨越障碍物和台阶的机器人连接方式,以及其中涉及的传感器和动力部件等,也有学者对基于红外线的定位和连接模型,以及用于市内搜索救援的可重构机器人模型进行了研究,这些机器人模块设计得非常简单,具有很强的扩展性。还有研究者使用可以相互连接的机器人实现了搜索、导航和协同搬运的算法,在实验中,机器人通过相互连接可以提高搬运与信息交互的效率。

4. 自组织和自组装

自然界的生物群体通过系统的自组织解决问题,譬如蚂蚁筑巢、觅食等。自组织是一种动态机制,由底层单元的交互呈现出系统的全局性结构。交互的规则仅依赖局部信息,而不依赖全局模式。在蚂蚁筑巢的过程中,与环境的交互分为连续的和离散的两种。离散的交互指由于刺激因素类别不同而产生不同的反应,连续的交互指根据信息素不同而产生不同的反应。有学者基于离散的交互和组织提出一个模型:个体在三维空间运动,可依据其周围砖块的排布决定是否在当前位置放下背负的砖块。该模型的实验结果显示,上述过程可以产生非常类似黄蜂巢穴的结构。自组装的机器人系统也可以借鉴这个筑巢模型,系统内机器人个体遵循已经完成的结构和关于整体结构的先验信息来指引自己的行动。有研究者利用信息素的释放来强化这一过程,尽管一开始个体的行为是随机的,但随着时间的推移,群体逐渐呈现出系统结构。例如,欧盟联合开发的 Swarm-bot 项目就是一种可以自组织和自组装的群体机器人,每个机器人具有多组接口,连接方便。

10.4　群体机器人设计

　　群体机器人的设计方法是群体机器人系统设计的核心。设计是在初始规范和要求的前提下对系统进行规划与开发,设计个体层次的行为使整个群体系统产生期望的行为。在群体机器人这个研究领域,直到现在也没有统一的设计方法能够根据期望的整体行为来设计个体的行为及他们之间的协作模式。设计者的直觉经验在群体机器人的开发中仍扮演主要角色。

　　在本节我们首先对群体机器人的设计方法进行概述,然后分别介绍基于行为的设计方法和基于学习的设计方法。

10.4.1　群体机器人设计方法概述

1. 设计方法分类

　　根据现有的研究工作,设计方法一般分为两大类:基于行为的设计方法和基于学习的设计方法,如图 10-4 所示。

　　这两类方法的区别在于(见图 10-5),基于行为的设计方法是一种自下而上的设计模式,即先从微观的角度,设计机器人的基本行为和机器人之间的协作方式,并通过交互和涌现得到的群体行为来评价当前策略的好坏,反复调整微观的设计行为,直到群体行为实现设计的目标。基于行为的设计方法主要包括概率有限状态机、基于虚拟物理学的方法和群体智能优化方法三种;而基于学习的设计方法是一种自上而下的设计模式,即从群体行为的评价角度出发,根据评价指标学习、进化出个体的微观行为。基于学习的设计方法主要包括基于进化计算的方法和基于强化学习的方法两种。

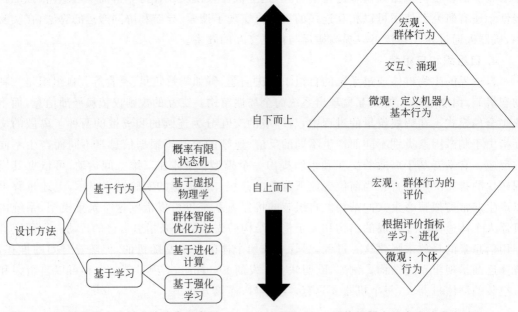

图 10-4　群体机器人设计方法分类示意图　　　图 10-5　群体机器人两类设计方法对比

2. 设计框架

群体机器人设计框架（即算法执行框架）主要包含四个组成部分，即感知、通信、规划和执行，它们构成了机器人的每一个时间周期，如图 10-6 所示。在感知阶段，机器人将读取传感器的数据[包含了自己所在的位置（定位系统）以及周围机器人的相对位置数据]；在通信阶段，机器人接收周围机器人发来的信息，其通过通信和感知获取的数据构成了当前时刻的状态，并唯一决定了下一时刻执行的动作；在规划阶段，机器人将基于传感器数据和通信信息，根据规划算法和任务目标决定下一步的动作；在执行阶段，机器人执行动作。

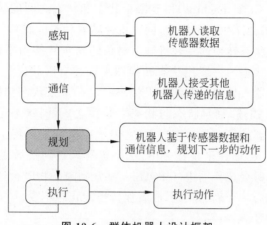

图 10-6　群体机器人设计框架

3. 评价指标

为了验证设计方法在具体问题上的性能，需要明确评价指标。可将群体机器人的评价指标分为两类：通用评价指标和任务评价指标。

通用评价指标包含计算速度、碰撞次数、平均移动距离等。计算速度衡量一个算法的复杂程度，对于简单个体而言，具有较快的计算速度有助于针对变化的环境做出迅速的反应并减少能量消耗；当发生碰撞时可能会影响机器人的使用性能，碰撞次数用于衡量群体躲避障碍物和个体间分散的能力；平均移动距离表示平均每个个体在每一代中的移动距离，主要用于衡量群体的能量消耗，因为能量消耗一般与移动距离成正比。通用评价指标在不同的群体机器人任务中均适用。

任务评价指标需要结合具体的任务来确定，例如运行时间、群体连接度、目标丢失次数等。对于某些具有明确终止状态的任务，运行时间是衡量算法效率最重要的评价指标；群体的连接程度表示信息在群体中的传播程度，其计算方式是将群体看作一幅无向图，每个个体是图中的一个点，两个点之间的连线表示这两个点是邻近个体（即距离小于感知半径，可以相互感知距离和广播目标位置），对于需要集体协作的任务，群体保持聚集状态尤为重要；目标丢失次数则主要应用在目标追踪任务中，表示目标不在群体感知范围内的总迭代次数，即算法在移动和搜索阶段的总迭代次数。目标丢失次数主要用于衡量群体完成追踪任务是否顺利。

10.4.2　基于行为的设计方法

首先介绍基于行为的设计方法。基于行为的设计方法在群体机器人系统的设计中最为常用,简单而言就是通过人工设计个体行为以实现期望的群体行为。行为设计通常是一个试错(trail-and-error)的过程,即对个体行为进行迭代调整与修正,直到获得相应的群体行为,因此该方法是典型的自下而上的过程。

1. 概率有限状态机

一般来说,群体机器人中的机器人个体不会规划自身未来的行动,它仅仅依靠自身的传感输入、内部的历史数据和协作通信信息进行决策。为获取这样的行为,最常采用的方法是有限状态机方法。

有限状态机(finite state machine)由有限个状态和状态之间的转换所构成。当接收到一个事件时,有限状态机会产生一个输出,同时也伴随着状态的转移。有限状态机是用来描述某对象所有状态及其状态转换的一种机制。对象的状态转换由事件所驱动,对象通过对事件的接收来改变当前状态。一般用状态转换图来描述有限状态机。图 10-7 所示为一个简单的用于解决群体机器人聚集问题的有限状态机。在这张状态转换图中,机器人的每一个状态都用一个方框来描述,而且状态与状态之间独立,不同状态之间的转换用箭头来表示。转换由内部或者外部的一个事件来启动,它表示在执行某一特定动作或者发生特定条件时,状态的变化状况。例如在聚集任务中,一个机器人在随机游走(random walk),当它感知到前方机器人群体时会选择前进(forward),感知到障碍物时会选择规避(avoidance)碰撞。可以由当前状态转为一个新的状态,或者保持当前状态不变。

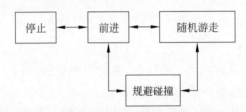

图 10-7　完成群体机器人聚集任务的有限状态机

概率有限状态机(probabilistic finite state machine)则在有限状态机的基础上加入了概率因素,不同状态之间的转移概率可以是固定的,也可以是随时间变化的,非固定的转移概率一般由一个数学函数(自变量是系统参数)定义。这其中最常用的是阈值响应函数(见图 10-8)。注意,转移到新状态的概率与机器人当前状态有关。

概率有限状态机这种设计方法在许多群体机器人任务中都有应用,如扩散任务、聚集任务、协同决策任务等。

2. 基于虚拟物理学的方法

基于虚拟物理学的方法启发自物理学,每个机器人被视为一个虚拟粒子,能够对其他机器人个体施加虚拟力。基于虚拟物理学的方法有人工势场法、社会势场法、拟态物理学法等。

其中虚拟势场法的基本思想:对机器人目标位置构造虚拟引力场,对障碍物表面构造虚拟斥力场。引力场的引力吸引机器人向其运动,斥力场的斥力阻止机器人向其运动,在这两种力的综合作用下机器人向目标运动,其中引力和斥力为引力场和斥力场的负梯度。最常使用的势场函数为 Lennard-Jones 函数,如图 10-9 所示。图 10-10 展示了由 Lennard-Jones 函数生成的六边形编队和正方形编队示意图。

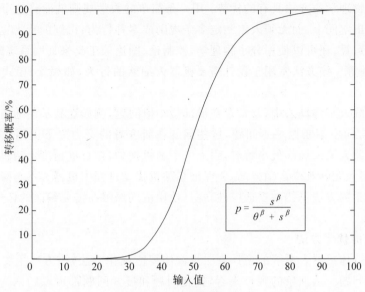

$$p = \frac{s^{\beta}}{\theta^{\beta} + s^{\beta}}$$

图 10-8　阈值响应函数

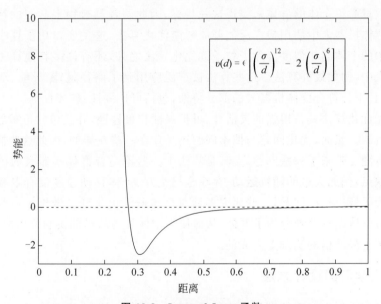

$$v(d) = \epsilon \left[\left(\frac{\sigma}{d} \right)^{12} - 2 \left(\frac{\sigma}{d} \right)^{6} \right]$$

图 10-9　Lennard-Jones 函数

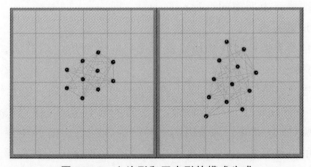

图 10-10　六边形和正方形的模式生成

基于虚拟物理学的方法具有的优势:用一条简单的数学规则就能将整个输入空间映射到执行器的输出空间上,而无须人工制定多条规则或多种行为;得到的行为也可以通过向量操作相互结合运算;还可以使用分子物理学、控制论、图论等工具来证明系统的一些性质,如鲁棒性、稳定性等。该方法常用于设计需要机器人编队的行为,如聚集、模式生成和空间部署等。

然而在传统人工势场法中,常常存在局部最小值问题,例如在狭长的通道中无法找寻路径、在半封闭空间中不断振荡等问题,这些问题在研究者的努力之下得到了一定程度的解决。例如当机器人陷入局部最小解时,引入一个随机扰动,在行进角度上给机器人一个随机变化值,使机器人能够改变运动方向,并保证在随机扰动过程中机器人不与障碍物相撞。但基于虚拟物理学的方法仍然缺乏适应性,并且使用范围局限在需要编队的任务中,无法产生更复杂的行为。

3. 群体智能优化方法

还有一类群体机器人系统的设计方法是群体智能优化方法,该方法主要用于解决群体机器人的搜索问题。从抽象的观点来看,优化问题和搜索问题都可以归纳为一个模型:在未知的环境中找到最符合要求的一些位置。而群体智能优化算法与群体机器人算法都是利用包含一定数量简单个体的群体来实现这一目标,因此两者具有很多共同的特性。粒子群优化算法是群体机器人中使用最广泛的群体智能优化算法,这主要归功于算法中的粒子与群体机器人中的个体高相似度。除了粒子群优化算法之外,还有许多其他算法成功应用到了群体机器人中,例如蚁群算法。这些算法被广泛应用到了路径追踪、导航、动态环境搜索等问题中,并且十分符合群体机器人的部分特性,包括可扩展性、鲁棒性等。

群体智能优化算法具备很强的灵活性、可扩展性和鲁棒性,并且包含很多启发自自然界的群体协同机制。然而,优化问题与搜索问题还是存在一些差异的,因此这些群体智能优化算法的引入也随之带来了一些问题,尤其是算法中一些不适合群体机器人的机制或者算法本身的一些缺点,例如大量的随机运动、存在全局交互、个体移动速度没有限制以及陷入局部极值等。为了解决这些问题,一些研究者针对群体群能优化算法做出了一些改进。例如Couceiro等将群体动态地划分为子群体,从而使得个体具备从局部机制跳出的能力,这一改进是在使用了全局通信的基础上完成的。

10.4.3　基于学习的设计方法

另一类群体机器人系统的设计方法是基于学习的设计方法,该方法能在没有设计者显式干预的条件下自动地产生期望的行为。

1. 基于进化算法的方法

进化算法是受自然界遗传进化规律启发而提出的一种仿生学算法,其代表性算法包括遗传算法、进化策略等。

进化机器人是进化计算与机器人设计结合的一个研究方向。进化机器人的设计方法(见图 10-11)如下:首先随机生成个体行为,然后进行多轮迭代,在每次迭代中对每个个体行为进行若干次实验(所有机器人均采用同一种行为),在每次实验中用一个适应度函数评估由个体行为生成的群体行为,并选择高适应度的行为进行交叉和变异,以用于后续迭代。有部分学者还讨论了适应度的计算层次和群体同异构等问题。

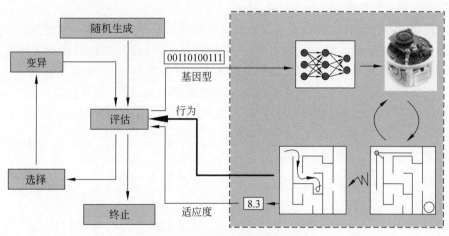

图 10-11 进化机器人的设计方法

基于进化算法的方法可用于高层次的群体机器人系统设计。比如结合有限状态机方法进化机器人的规则树,即将预先定义的状态,以及控制参数编码成个体,通过句法演化的方式进化出变现型越来越好的控制规则树,如图 10-12 所示。这种方法的好处在于得到表现好的个体,可以解析出有意义的规则和行为,方便使用逆向工程指导设计者的设计方向。

R_1:	切换到随机游走是有概率的,只有在到达源头的路径中才会发生		
P_1	ε		
B_1	$B_{\text{PHOTOTAXIS}}$		
A_1	A_B	$p = 0.05$	$B \leftarrow B_{\text{RANDOM\_WALK}}$
R_2:	如果去巢穴并到达巢穴,放下任何物体并回到源头		
P_2	$P_{\text{ON\_NEST}} == \text{true}$		
B_2	$B_{\text{RANDOM\_WALK}}$	$B_{\text{ANTI-PHOTOTAXIS}}$	
A_2	A_B	$p = 1$	$B_{\text{PHOTOTAXIS}}$
	A_{IS}	$p = 1$	$\text{IS}_{\text{DROP\_OBJECT}} \leftarrow \text{true}$
R_3:	每当拿着一个物体时,机器人应该回到巢穴		
P_3	$P_{\text{HAS\_OBJECT}} == \text{true}$		
B_3	$B_{\text{RANDOM\_WALK}}$	$B_{\text{PHOTOTAXIS}}$	
A_3	A_B	$p = 0.1$	$B_{\text{ANTI-PHOTOTAXIS}}$
R_4:	如果尚未到达源头,机器人总是向源头移动		
P_4	$P_{\text{ON\_SOURCE}} == \text{false}$		
B_4	$B_{\text{RANDOM\_WALK}}$	$B_{\text{PHOTOTAXIS}}$	
A_4	A_B	$p = 1.0$	$B_{\text{PHOTOTAXIS}}$
	A_B	$p = 0.001$	$B_{\text{ANTI-PHOTOTAXIS}}$

图 10-12 控制规则树

基于进化算法的方法的优势是无须人工干预,并且在计算资源足够的情况下能找到一个最优解。但该方法也存在一些问题,首先是每一次评价都需要足够的评价时间,并且评价时间和种群个数成正比,这是一个计算密集型的过程;而且大部分基于进化机器人的方法难以解析出有意义的行为,因为进化计算是一个黑箱优化的过程;相比之下人工进化得到的行为的复杂度相对较低,一般可以通过行为获得类似的效果。

2. 基于强化学习的方法

强化学习是一类机器学习问题:一个智能体通过与环境试错进行交互,利用每次动作所带来的正负反馈来学习一个策略。在强化学习中,环境会奖励机器人的动作,机器人的策略是机器人从状态到动作的映射。机器人的目标是自动地学习一个最优动作策略以最大化奖励。强化学习示意图如图 10-13 所示。

利用强化学习设计群体机器人系统最直接的思路是分别训练个体,这称为单体强化学习。如图 10-14(a)所示,单体强化学习方法中的智能体直接将其他智能体视为环境的一部分,并认为联合状态可观测。采用标准强化学习方法进行学习,也称为独立强化学习。独立强化学习方法简单易用,不存在动作空间上维数爆炸的问题,可扩展性好,适用于大规模的集群多智能体系统。从协作学习的角度看,独立强化学习方法有以下特点。

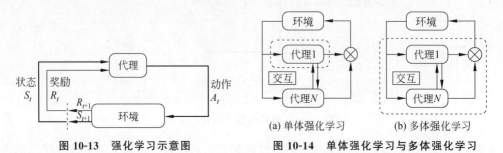

图 10-13　强化学习示意图　　　　图 10-14　单体强化学习与多体强化学习

（1）可拓展性。独立强化学习不存在集中式学习方法随系统规模的增加而面临状态空间规模爆炸的问题。

（2）智能体间的适应性。由于智能体只接收局部观测信息,从而导致了智能体学习信息的不完全问题。智能体间的学习相互独立,为了克服独立学习带来的这些问题,单体强化学习更强调学习智能体间的相互适应以达到协作完成任务的目的。

（3）分布式学习。动作空间的降维以及智能体间的适应性都体现了分布式的特点。前者导致智能体只关注自身动作行为,具有自主性;后者则要求适应其他智能体,从而实现协作,这些特点都与群体机器人系统的定义十分相符。

但其存在的问题也很明显:首先是信用分配(credit assignment)问题,不同的奖励分配方法(只分配给直接完成任务的机器人还是分配给全体机器人)对算法训练效果具有很大的影响,目前尚无这方面的理论分析;最重要的是在单体训练的过程中,其他机器人也同样在学习和进化,这导致每个机器人处在一个环境变化的过程中学习,这和机器学习最基本的假设相悖。

多体强化学习作为单智能体情况下的扩展,学习环境为联合状态动作空间。若将多智能体整体视为一个大的系统,则联合状态为各个智能体状态组合而成的向量,联合动作为各个智能体动作组合而成的向量,并且可定义联合状态转移函数表示某一时刻在当前状态执行某一动作转移到下一状态的概率分布。

多体强化学习如图 10-14 所示,其系统中包括总的学习单元,每个智能体可以通过该学习单元进行策略学习,从而执行策略动作。在这个系统中,需要对总的学习单元进行状态输入,再由学习单元将学习策略分配给每个智能体,其间可采用标准的强化学习算法。

然而其存在的问题也很明显,即模型的输入及输出空间维度都将随着智能体的数量呈指数级上升,对于机器学习模型而言,训练难度很大。

近年来强化学习在群体机器人、多机器人方向的应用主要有协同搬运、避障、围捕等。

10.4.4　小结

设计方法问题在群体机器人的研究中并不独立,所以需要结合具体任务选择合适的设计方法。目前群体机器人的研究主要关注基础任务。同时群体机器人的研究往往工程性较强,在选择设计方法时需考虑工程上的可行性和实用性。基于行为的设计方法易于操作、实现,在工程上已经广泛应用。基于学习的设计方法无须人工干预,有可能产生难以用规则定义出来的行为,具有很强的应用前景和创新价值。

10.5　群体机器人算法

根据前文提到的群体机器人系统的特性,其算法也是基于这样的假设:复杂的群体行为可以通过智能体间简单的局部作用涌现出来。大量的算法已经在群体机器人系统中得到验证:一些算法实现了基本的功能,例如分散;另一些算法演示了相对复杂的团队合作行为,比如形成链状。尽管不同的算法完成不同的涌现行为,各种算法仍然存在一些共同点。

10.5.1　群体机器人算法基本特性

群体机器人算法必须满足群体机器人系统的要求和特性,并保证群体机器人个体之间的协作关系。一般而言,群体机器人算法要满足以下四个基本特性。

(1) 简单性:单个机器人的能力十分有限,因此要求单个机器人的控制算法必须十分简单,大多数情况下,个体机器人往往可以认为是只包含几个状态的有限状态机。

(2) 可拓展性:群体机器人系统必须满足可拓展性的要求,同样设计出的算法应该适用于任意数量的机器人群,同时为了保证算法的自组织性,算法应当适用于加入新个体的情况。

(3) 分布式:每个机器人的行动是自主的,不受控于任何外部命令,尽管一些机器人可能受到另一些个体的影响,但它们是自主做出选择的,分布式往往伴随着可扩展性。

(4) 局部交互:大多数算法用局部交互传播信息,这是系统可拓展的关键。

10.5.2　群体机器人算法分类

根据群体中个体间的协作方式,我们将群体机器人算法分成四大类。

1. 简单智能类

简单智能类算法是在群体机器人中最早提出的算法。这些算法大多是对群体机器人或者群体智能思想的探索性实验,验证了机器人群体中简单个体之间的简单协同确实可以涌现出复杂的群体行为。这些算法设计一般十分简单,但其中却有很多亮点。这些算法实验的结果,对后续的群体机器人研究的影响是十分重要的。

2. 并行类

并行类算法属于单个机器人也可以基本完成的算法。这类算法虽然可以由单个机器人完成,但群体机器人利用个体间的协作能力可以很大程度地提高算法执行的效率,甚至可以使算法完成得更好。这类算法中,机器人之间的协作大多比较简单,有些甚至没有直接的交互行为。这类算法中的机器人个体主要以环境信息和不需要通信交互的其他机器人信息

(如位置、颜色等)为主要的决策参考,控制个体的运动。这类算法模型简单,鲁棒性和扩展性强。

3. 协作类

协作类算法与并行类算法相反,单个机器人无法完成任务。这种限制可能是因为单个机器人能力不足以完成任务,或者需要有足够数量的机器人(比如需要覆盖足够的范围)才能完成任务。相比较而言,协作类算法中机器人之间的通信交互比较复杂,可能需要设计特别的通信协议和传感器。这类算法一般需要较多共享信息,方便群体机器人间进行协调,其应用包括搜索救援、地图绘制等。

4. 自组装类

自组装类的机器人是由大量简单机器人个体组成的一个功能复杂的机器人个体。机器人个体之间的协同方式与一般的群体机器人之间的协同方式有很大差别,相应算法的应用场合也有较大的差别。

10.5.3　群体机器人算法举例

按照上节所述的分类,本节将简单介绍一些群体机器人算法,这些算法可以使群体机器人涌现出有趣的群体行为,体现了群体机器人的思想。

1. 简单智能类

1) 聚类

该算法模拟生物群体中常见的自组织聚类行为,这些行为的关键是局部信息交互和正负反馈。每个个体遵循如下两个规则。

(1) 加入群体的概率与 N 成反比。

(2) 离开群体的概率与 N 成正比。

其中,N 为在一定时间内遇到的个体数。聚类算法效果示意图如图 10-15 所示,可以看出经过一定时间之后,群体逐渐聚集为三个类。

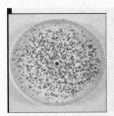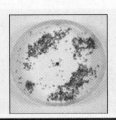

图 10-15　聚类算法效果示意图(26 小时,1500 个体)

2) 清理场地

清理场地算法模拟生物群体在构筑巢穴之前,清理空地的行为。算法中每个个体被看作有三个状态的有限状态机,包括碰撞检测、结束和推土。状态转移图如图 10-16(b)所示。有研究者对蚁群清理场地这一行为进行了观察,也有研究者使用群体机器人实现了清理场地算法,两者结果对比如图 10-17 所示。

2. 并行类

1) 分布式地图绘制

建筑物探测、地图绘制是很常见的机器人任务。Rothermich 等设计出一个算法使

(a) 带有力反馈传感器的个体

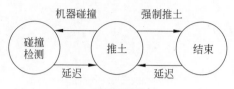
(b) 个体状态转移图

图 10-16　带有力反馈传感器的个体和个体状态转移图

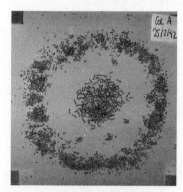
(a) 清理场地的蚁群

(b) 群体机器人的实现

图 10-17　清理场地的蚁群和群体机器人的实现

iRobot Swarm 在室内环境中绘制地图。这个算法的局限是需要保证机器人彼此靠得比较近,以保证个体之间不会失去联络。为此,绘制地图时机器人群体必须整体移动。群体机器人绘制地图的算法是简单、分布式算法实现复杂、实用的复杂群体行为很好的实例。图 10-18 是个体绘图和群体绘图的结果对比。

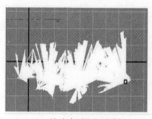

(a) 单个机器人绘制

(b) 多个机器人绘制

图 10-18　地图绘制效果展示

群体绘图方法有两个主要优点。

(1) 多个机器人可以从不同的角度绘图,能比较精确地绘出角落和边缘。

(2) 未知环境下单个机器人定位是困难的,在多机器人绘图中,当机器人群体前进时,全局参考坐标可以保持不变。

2) 队列行进

在密集的障碍物中如何在移动一大群机器人的同时保持机器人之间的联系是一个很重要的问题。Hettiarachchi 和 Spears 提出一个解决此问题的算法,该算法基于吸引和排斥的物理学问题,且简单,具有分散、可扩展、容错的特点。其仿真模拟如图 10-19 所示。

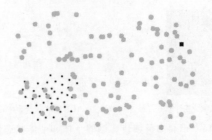

图 10-19　40 个机器人（黑点）避开障碍物（灰点）、
保持紧密队形，行进到目标（黑色方形）

3）动态目标追踪

在动态目标追踪任务中，机器人群体要在保持队列的同时追踪动态目标。在环境中密集散布着障碍物，机器人群体在运动时要躲避障碍物，碰撞到障碍物的机器人会被移出模拟环境；同时整个群体还要保持集群状态，持续追踪动态目标。如图 10-20 所示，左上角框出方块为目标，右下方框出黑色点阵为机器人群体。

4）仓库整理

仓库整体算法模拟蚁群清理墓地的聚类过程。算法中每个机器人个体只按照局部规则进行搬运，没有群体间的交流。算法通过设定每个个体拿起和放下货物的规则从而实现将货物聚类的群体行为。两个机器人个体的算法演示如图 10-21 所示。

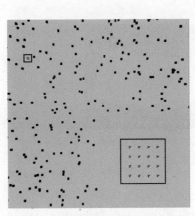

图 10-20　群体机器人用于动态目标
追踪问题

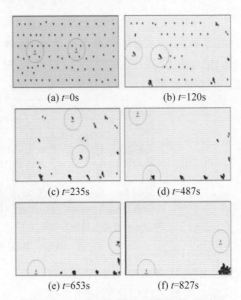

(a) $t=0$s　　　　(b) $t=120$s

(c) $t=235$s　　　　(d) $t=487$s

(e) $t=653$s　　　　(f) $t=827$s

图 10-21　仓库整理算法流程演示（黑点为
货物，圆圈为机器人的感知范围）

3. 协作类

1）协同操作

机器人群体协作抽出空洞中的木棒。木棒的长度保证单个机器人无法完成抽出的任务。这一实验的目的是验证简单的规则可以产生群体协作的智能效果，如图 10-22 所示。每个个体的行动模式十分简单，可以分为两个状态：寻找木棒和抽取木棒。当单个机器人无法抽出木棒时，可以等待一定时间，以方便其他个体进行协同。当一定时间内无法抽出木棒时，则放弃该木棒并寻找其他木棒。

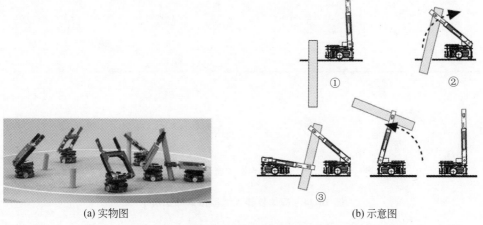

|(a) 实物图|(b) 示意图|

图 10-22　两个机器人合作抽出木棒，左图为实物图，右图为示意图

2）均匀分散算法

均匀分散算法是最早被提出的群体机器人算法之一。Mclurkin 和 Smith 描述了均匀分散算法在 iRobot Swarm 中的应用。这个算法的思想非常简单，可以分为两个子算法：一个使机器人散开，另一个用来检测边界。这两个子算法产生不同的群体行为，交替执行，机器人均匀分散后的状态如图 10-23 所示。

|(a) 复杂的环境|(b) 开放的环境|

图 10-23　机器人均匀分散在相对复杂的环境和开放的环境

3）协同搬运

在群体机器人协同搬运算法中，共有两种货物，一种体形较小，需要两个机器人协同搬运到左侧区域；另一种体形较大，需要四个机器人搬运到右侧区域。机器人之间的协同方式会在搬运过程中不断加强学习。实验中，机器人群体组成人工神经网络，根据目标移动的结果设定适应度值，在搬运过程中不断调整参数，优化协同搬运算法。实验的各阶段如图 10-24 所示。

4）路径生成

Nouyan 和 Dorigo 提出一种链状路径生成算法，用来生成从起始点到目的地的路径链，如图 10-25 所示。在这个算法中，机器人个体被视为仅具备四种状态（搜寻、探索、链接和完成状态）的有限状态机。根据系统模型，每个个体重复某种状态直到传感器接收到的数据导

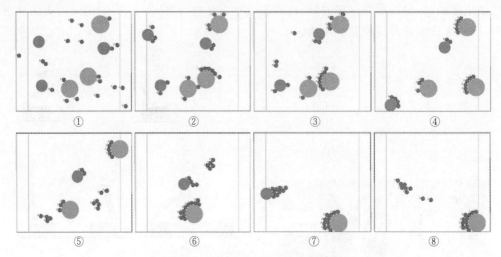

图 10-24　群体机器人协同搬运算法演示

致机器人转移到另一个状态。图 10-26 是路径生成的群体机器人实体演示。此算法是现有的较为高级的群体机器人算法,算法中的机器人只具备有限的传感器和较低的通信能力,从而使得该算法在可扩展和容错能力上表现突出。

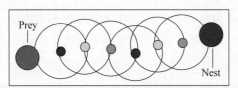

图 10-25　机器人链状路径形成
(在 Nest 到 Prey 路径链中的机器人必在相邻机器人的邻域内)

图 10-26　路径生成的群体机器人实体演示

　5) 群体搬运

　　群体搬运算法是链状路径生成算法的扩展,当机器人寻找到从基地到目标点的路径时,就可以执行搬运任务了。Nouyan 设计算法模拟将猎物协同搬运回巢的群体行为。该算法只需在链状路径生成算法中加入运输模块、增加力矩传感器,就可完成协同搬运。猎物顺着已经形成的路径,被逐个节点,一步步搬运回巢。状态转移图如图 10-27 所示。Nouyan 指出:"我们相信,这项研究是到目前为止机器人自组织研究最复杂的实例。"

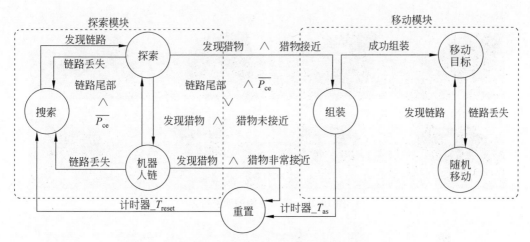

图 10-27 群体搬运算法的状态转移图

6）导航

导航算法模拟蚁群寻找最优路径的过程，这里介绍的是一个多群体之间协同的例子。算法（见图 10-28）基于 Swarmanoid 项目，有一个 eye-bot 群体和一个 foot-bot 群体，foot-bot 群体负责在起点和终点（左下角和右下角）之间来回运动，foot-bot 之间没有交流；eye-bot 群体负责模拟环境中的信息素信息，并对范围内的 foot-bot 发出指令。eye-bot 群体通过不断学习和交互，不断调整所在位置，寻找最优路径。图 10-28 中上方灰色圆形为 eye-bot，下方黑点为 foot-bot。

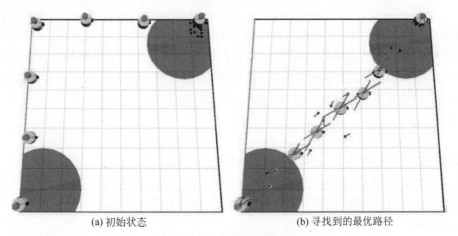

(a) 初始状态   (b) 寻找到的最优路径

图 10-28 导航算法演示

4. 自组装类

丹麦南丹麦大学的一个实验室开发了一个自组装模拟系统，用于模拟群体机器人构建生物的组织结构。该系统通过个体的自组织构建生物的组织结构，并利用关键节点控制个体之间的信息传递。位于关节部位的节点发出指令，通过个体网络传递到所有需要响应的个体，以实现神经信号的传导；通过调整个体之间连接的方向，模拟肌肉组织的运动。模拟结果如图 10-29 和图 10-30 所示。

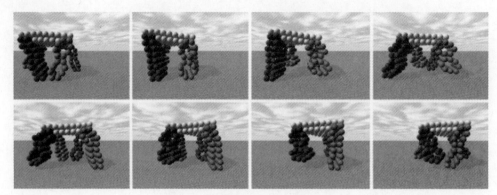

图 10-29　模拟生物的四肢行走

图 10-30　模拟人的手臂骨骼和肌肉组织的活动

10.6　群体机器人的仿真平台与硬件项目

群体机器人的研究工作,需要相应的仿真平台或硬件实体的支持。仿真平台可以快速对面向指定任务的群体协同算法的性能进行验证,通过将算法移植到硬件实体上可以进一步在相对更加真实的环境(考虑噪声等干扰因素)下对机器人的协同机制进行考察与评估。下面我们将分仿真平台与硬件项目两个方面进行介绍。

10.6.1　群体机器人的仿真平台

群体机器人的模拟平台,包括针对单体机器人和多机器人系统的,通过用户自定义,可以实现对于群体机器人的仿真实验。不过多数模拟平台都是针对较少数目的机器人系统进行开发的,相对于群体算法的模拟和测试更加关注物理仿真。

1. Webots

Webots 是一款用于设计和模拟移动机器人的模拟平台。该平台提供了大量的传感器、控制器和一些已有的机器人模型,用户可以根据这些模型快速自定义所需的机器人和测试环境。该平台还提供实体机器人的远程调试功能,目前已经被全球超过一千家大学和研究机构使用。

2. Player/Stage

Player 专门开发用于机器人和传感器仿真的免费软件,该平台提供了大量传感器、控制器等设备的实际物理仿真。在此基础上,Stag 搭建了一个最多可以支持 1000 个机器人个体的二维仿真平台,支持动力学模型,但不能引入包括环境噪声在内的限制条件。尽管可以为群体机器人进行模拟演示,但 Player/Stage 平台更关注物理实现上的模拟,而不是协同机制的测试。

3. Gazebo

Gazebo 是一款基于 Stage 的三维模拟平台,同时拓展了 Player 平台中的物理仿真模块,提供更加逼真的仿真能力。Gazebo 提供了与 Player 平台的双向接口,从而可以方便地与 Player 和 Stage 共享代码。然后与 Stage 类似,Gazebo 也更关注物理实现上的模拟。

4. ÜberSim

ÜberSim 是卡内基梅隆大学开发的一款用于足球机器人的仿真平台。该平台的作用是在将控制程序上传到机器人之前对算法本身进行测试。ÜberSim 与 Gazebo 使用相同的物理仿真模型,同时支持 C 语言自定义机器人参数,并通过 TCP/IP 向机器人实体传输程序。

5. USARSim

USARSim 是一款具有高保真度的多机器人模拟平台。该平台最早用于 Robocup 系列竞赛中,对搜索和救援任务进行仿真,是目前比较完整的通用机器人研究模拟平台之一。该平台基于商业游戏引擎 Unreal 2.0 实现,支持高精度的对物理学、几何学以及环境噪声的模拟。测试结果表明,该平台比较适合科研和教学使用。

6. Enki

Enki 是一款使用 C++ 编写的开源二维机器人模拟器,支持碰撞检测、传感器、视频等功能。该模拟器允许用户自定义机器人的设置,并且可以提供比实体机器人快几百倍的模拟速度。

7. Breve

Breve 是一款专门用于大规模分布式人工生命系统的三维模拟平台。该平台使用 Python 定义机器人之间的行为和交互,使用 ODE 和 OpenGL 等开源软件库实现物理仿真和三维绘制。该平台还支持多个模拟实验之间的信息和个体交互,但用户需要通过网络接口与仿真平台进行交互操作,使用比较复杂。

8. V-REP

V-REP 是一款开源的三维机器人模拟平台,支持分布式的群体结构和并行的仿真测试,因此比较适合机器人群体的仿真。该平台还支持一些预先定义的物理模块和基本算法,简化了开发者的使用。

9. ARGoS

ARGoS 是一款具有很强自定义特性的模拟平台。该平台中的所有实体都可以很容易进行用户自定义,并且在模拟中动态添加或删除。测试结果表明,ARGoS 支持最多一万个机器人,近乎实时地并行模拟运算。该平台开发时间较晚,目前尚未有大规模的运用。

10. TeamBots

TeamBots 是一系列基于 Java 的群体机器人模拟工具包的集合。该平台支持多机器人控制系统的模拟实验,但兼容的实体机器人比较少,自定义机器人模型比较复杂。

10.6.2　群体机器人的硬件项目

近年来,国内群体机器人系统的研究刚刚起步,而且多是一些仿真研究。国外在这方面的研究起步较早且发展很快。早在 20 世纪 80 年代初,欧美、日本等国家和地区的一些研究人员就开始研究移动多机器人系统,起初的项目有 CEBOT、SWARMS、ACTRESS 等。早期的研究主要以仿真为主,而新近的研究更强调实际的物理实现,开展了较多群体机器人项目,如 Swarm-Bots、Pheromone Robotics、I-Swarm、iRobot Swarm、Swarmanoid 和 Kilobot 等。

1. Swarm-Bots

该项目由比利时布鲁塞尔自由大学 IRIDIA 实验室 Dorigo 主持,欧盟技术委员会资助,于 2001 年 10 月开始实施,2005 年 3 月结束。此项目的目的是设计和实现群体机器人的自组织与自组装。该项目中的群体机器人完成的任务有聚集、同向运动、合作运输、编队、动态任务分配、自组装、导航、探测等。该项目开发了仿真平台,设计了简单的实体机器人用于实验,这些机器人的特点是根据需要实现物理连接。在协作控制方面,它们受启发于社会性动物的群体行为,主要采用进化算法和人工神经网络方法实现,如图 10-31 所示。

(a) 单个Swarm-Bots机器人　　　(b) 一组Swarm-Bots机器人连接起来越过壕沟

图 10-31　单个 Swarm-Bots 机器人和一组 Swarm-Bots 机器人连接起来越过壕沟

2. Pheromone Robotics

该项目由美国 HRL 实验室的 David Payton 教授主持,于 2000 年开始,到 2004 年已完成第一阶段的研究。这个项目的目的是提供一种实用、灵活、鲁棒、廉价的群体机器人控制方案,该方案可随意增添机器人数量。研究人员设置了一种虚拟信息素(实质是一种能够仿效生物信息素扩散的消息协议),机器人的行为取决于信息素分布的梯度,此梯度使机器人之间产生吸引力或排斥力来促使机器人移动,如图 10-32 和图 10-33 所示。

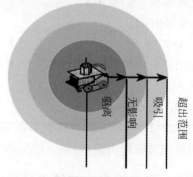

(a) 虚拟信息素检测器　　　　　(b) 信息素响应机制

图 10-32　虚拟信息素检测器和信息素响应机制

(a) 信息素视角　　　　　　(b) 普通视角

图 10-33　虚拟信息素视图

3. I-Swarm

由 Heinz Wörn 教授主持的这个项目开始于 2004 年,其目的是制造出上千个极微小(体积约为 2mm×2mm×1mm)的廉价机器人,使它们在一个小世界(如在生物体内)中从事一些集体任务(这些任务通过一个或少数的机器人是无法完成的),如装配、清洁等。这些任务可采用规划、机器学习的方法进行协同控制。I-Swarm 示意图如图 10-34 所示。

(a) 机器人与火柴棍和硬币的对比　　　　　　(b) 一群机器人排列成文字

图 10-34　I-Swarm 示意图

4. iRobot Swarm

美国麻省理工学院(MIT)在该项目中研制出超过 100 个个体的机器人群体,该机器人群体已经用于实验和研发平台。其中个体模块如图 10-35 所示,这个群体包括机器人个体可以自动对接的自动充电站。该项目大多数的研究工作由 Mclurkin 和他的同事完成。iRobot Swarm 模块的主要软件工具是一个用于控制通信、定位和避障的红外通信系统ISIS。

5. Swarmanoid

Swarmanoid 项目也是由 Dorigo 教授主持的,是 Swarm-Bots 项目的后续,它在 Swarm-Bots 项目结果的基础上展开研究。此项目的主要目标是设计、实现和控制一种新的分布式机器人系统。Swarmanoid 系统由多样的、动态连接的小型自主机器人组成,旨在构建大量(大约 60 个)由三类机器人(Eye-bots、Hand-bots 和 Foot-bots)组成的系统,如图 10-36 所示。Eye-bots 可以飞行或附着在天花板上,在高空感知和分析环境,这是 Foot-bots 和 Hand-bots 不能完成的。Hand-bots 能够在垂直墙面上爬行,在 Foot-bots 覆盖范围(地面)和 Eye-bots 覆盖范围(天花板)之间移动并执行任务。Foot-bots 基于 Swarm-Bots 项目的机

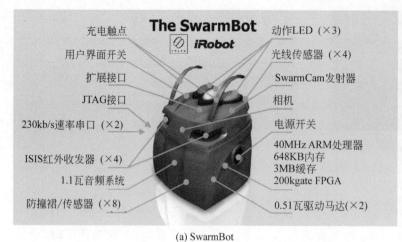

(a) SwarmBot

(b) 机器人群体的
followTheLeader行为演示

图 10-35   SwarmBot 机器人群体的 followTheLeader 行为演示

器人开发平台,能够在不平整地面上移动和搬运其他物体或机器人。这三类自主机器人结合起来组成的异构机器人系统能够在三维环境中执行任务。除了构建上述机器人系统,此项目着重为 Swarmanoid 系统开发分布式控制算法,以研究和定义分布式通信协议,使 Swarmanoid 系统分布式地、鲁棒地、可扩展地执行任务成为可能。

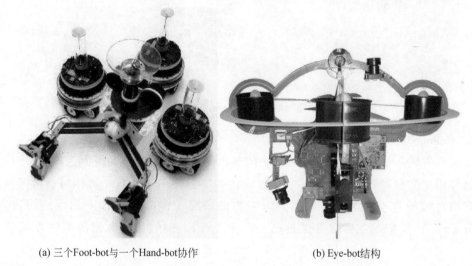

(a) 三个Foot-bot与一个Hand-bot协作

(b) Eye-bot结构

图 10-36   Swarmanoid 系统

6. Kilobot

该项目由哈佛大学的研究者主持,旨在设计一种机器人系统,该系统用于测试成百上千的机器人的集体算法。每个机器人的部件都是低成本的,仅需要 5 分钟的组装时间。该系统还提供了对大规模群体的统一操作指令,如编程、启动和充电等,如图 10-37 所示。

(a) 单个Kilobot机器人　　　　　　(b) Kilobot群体形成的扳手形状

图 10-37　Kilobot 系统

10.7　群体机器人的应用

迄今为止,群体机器人的研究已经积累了若干基准任务。第一类问题是基于模式形成的,包括聚合、网格自组织、分布式传感器部署、区域覆盖、环境地图绘制等。第二类问题集中于环境中的实体,包括目标搜索、归航、定位有害气体的泄漏源、觅食、围猎等。其他类型的问题涉及更为复杂的群体行为,如合作搬运、排雷等。当然,以上罗列的并非完整的任务清单,一些遗传类的机器人任务例如避障、全地形导航等也可应用群体机器人技术。有学者探讨了若干群体机器人可能应用的领域,这些领域中的任务十分适合应用群体机器人系统。

10.7.1　群体机器人的应用范围

1. 区域覆盖类任务

群体机器人是分布式系统,很适合用来感知信息和执行一些与空间状态相关的任务,湖泊环境检测是一个很好的应用领域。群体机器人的分布式感知能力可监视突发事件,如有毒化学物质的偶然泄漏。在解决这类问题时,群体机器人系统有能力通过个体朝着泄漏源的移动,来集中定位事故点,这使得群体系统更好地定位和识别事故的本质,进一步,机器人群体可以自组装形成补丁,堵上泄漏点。

2. 危险性任务

群体机器人系统的低成本特性,使其特别适用于执行危险的任务。例如,清理采掘场的通道这一任务可以用一群机器人以较小的代价完成,而不必设计一个构造复杂、成本高昂的单体机器人。在极端危险的情况下,甚至可以让部分成员以自弃或自爆的方式完成清理任务。

3. 任务规模随时间可拓展的任务

群体机器人系统有能力根据任务及时拓展群体规模。例如,油船倾覆或沉没后,随着船上储油罐的破裂,油液泄漏的范围会急剧扩大。这时,可用一个自组装的群体机器人系统在范围有限的特定区域吸收最初溢出的油液,也可将更多的机器人投入该区域以扩大工作范围。

4. 有冗余性要求的任务

群体机器人系统的鲁棒性源于群体的冗余。冗余性使群体机器人通过自动降级减小失控的可能。例如,当某些通信节点被敌人的炮火破坏后,群体机器人系统能重新部署通信节点,创建动态的通信网络。

10.7.2 群体机器人的应用实例

鉴于以上需求,以欧美为代表的一些研究机构进行了很多相关研究,探索群体机器人的应用领域。

群体智能机器人检测系统是瑞士联邦工学院的群体智能系统研究小组开发的,可用以执行汽轮机喷气涡轮叶片的检测任务。

美国怀俄明大学开发的 Physicomimetics 框架将传统的物理分析技术用于群体行为的预测,它基于拟态物理学,可快速配置,用以验证物理学定理是否满足分布式控制的自组织、优雅降级和自修补性要求。

美国麻省理工学院的研究人员开发出了一种名为"海洋蜂群"(seaswarm)的吸油装置,它由一组小型机器人组成,这些机器人可以评估海洋浮油的状况,并立刻展开清理工作,比起石油回收船等设备,其成本更低,效率更高。

美国《连线》杂志曾报道,科学家认为采用像蜜蜂一样的自治微型机器人群是对火星洞穴进行勘测的最佳策略,并有望发现火星洞穴中的神秘生命。

Roombots 是指一系列能够移动、自我组装、自我修复的模块化机器人,这种模块化机器人由许多简单的、能像积木一样组装和拆散的机器人模块构成。一个 Roombot 机器人模块虽然简单,但也有自己的智慧,尤其与其他机器人一起联合起来,就能组装出想要的家具。

英国研究人员开发出了用于群体智力研究的低成本机器人 Formica,这些微型机器是新一代机器人,它们能够联合起来执行一系列的工作,如在地震过后检查毁坏的建筑物或探索火星。

军事方面,Pettinaro 等以觅食为基础研究搜索、营救、摧毁、排雷、食物储备、组织等,并研究了入侵监控、边界巡逻等。军事专家表示,将来采用超群体技术的仿生直升机将问世,而携带炸弹或侦察设备的机械蟑螂、机械蜜蜂也将出现在战场之上。

本 章 小 结

群体机器人学还是一个相对较新的领域,近年来国内外对该方向的研究已经取得相当进展,然而群体机器人离实用化还有相当长的距离。今后,我们需要进一步研究可借鉴的生物群体行为模型,抽象行为规则,并通过有限感知和局部交互等群体智能机制,获得期望的涌现性群体行为。我们也需要进一步研究:如何将多个抽象层次的群体系统建模方法和群体优化算法应用于群体机器人在特定背景下的实际控制问题,如何用形式化方法描述和预测群体涌现性,提取出协作机制,进而提高群体机器人系统的运行可靠性,真正实现群体机器人系统的工程化建模、仿真和实际应用。

习　题

习题 10-1　什么是群体机器人？

习题 10-2　群体机器人相对单体机器人有哪些优势？

习题 10-3　群体机器人相对多机器人系统、传感器网络以及多代理系统有哪些不同及优势？

习题 10-4　群体机器人有哪些建模方法？选择一种感兴趣的方法进行调研，详细阐述它的建模原理及过程。

习题 10-5　群体机器人有哪两类设计方法？它们的主要区别在哪里？

习题 10-6　选择一种设计方法进行调研，并选择一个具体应用进行详细阐述。

习题 10-7　群体机器人算法需要满足哪几个特性？

习题 10-8　选择一种具体的群体机器人算法进行调研，并详细阐述其在具体场景中的应用。

本章参考文献